AF252954

DICTIONNAIRE

DES MERVEILLES

DE LA NATURE.

PAR M. A. J. S. D.

TOME PREMIER.

A PARIS,

RUE ET HOTEL SERPENTE.

M. DCC. LXXXI.

Avec Approbation & Privilège du Roi.

AVERTISSEMENT.

Tout est merveille dans la Nature.
La réproduction de l'être le moins organisé, les phénomènes qui l'accompagnent
& qui la suivent, seroient autant de merveilles, si nous n'étions habitués à les
observer. On ne regarde donc comme
merveilleux que ce qui contrarie les
loix connues de la Nature, ou que ce qui
s'en éloigne au point qu'il ne paroît pas
possible de l'y ramener. On range cependant encore assez communément dans
cette classe, ces faits extraordinaires qui
ne se montrent que rarement , & qui
par cela seul sont merveilleux aux yeux
du vulgaire. Les uns & les autres sont

l'objet de cet Ouvrage, que nous avons diſtribué par ordre alphabétique, parce que les matières étant iſolées, ne ſont pas ſuſceptibles d'un ordre plus commode & plus ſuivi.

Si notre travail a de quoi ſatisfaire la curioſité du Lecteur, par la ſingularité des objets qu'il préſente, il ne manquera pas d'exercer la ſagacité des Phyſiciens qui veulent tout expliquer, & tout ramener à l'opinion chérie qu'ils ont em-braſſée ; mais les difficultés inſurmon-tables qui ſe préſenteront en foule, ré-volteront ſans doute ceux qui meſurent la puiſſance de la Nature à la foible portée de l'eſprit humain, & le dépit ſuivant de près, ils crieront à l'im-poſture ou à la bonne crédulité du Ré-dacteur.

Nous n'avons cependant rien avancé

que d'après les autorités les plus refpec-
tables, d'après les Mémoires des plus
célèbres Académies, d'après les Journaux
les mieux accrédités ; rarement, & en deux
endroits feulement, d'après notre propre
témoignage, & encore réuni à celui de
plufieurs perfonnes éclairées, & bien
faites pour ne pas fe laiffer furprendre.
Auffi fommes-nous perfuadés que le Public
éclairé, qui ne doute nullement que nos
connoiffances font très-bornées, & que
nos facultés ne peuvent atteindre à toute
l'étendue de la puiffance de la Nature,
nous faura gré du foin que nous avons
pris de recueillir cette multitude étonnante de faits, plus merveilleux les uns
que les autres, épars dans une quantité
innombrable de Volumes. Si ces faits,
préfentés féparément, dans le tems qu'ils
fe font manifeftés, ont fait l'admiration
de ceux qui en ont eu connoiffance,

nous pouvons croire qu'ils ne feront pas
moins admirables lorfqu'on les verra réunis en un corps d'Ouvrage.

DICTIONNAIRE

DICTIONNAIRE

DES MERVEILLES

DE LA NATURE.

A

ABSTINENCES EXTRAORDINAIRES.
La chaleur naturelle qui atténue & volatilise les
parties de nos liquides, leur circulation non-
interrompue, les exercices habituels auxquels
nous nous livrons, font autant de causes qui
occasionnent & entretiennent une perte continuelle de substance, qui doit être nécessairement
réparée. Aussi la Nature, attentive à nos besoins,
nous avertit de celui-ci par un sentiment vif &
particulier, qu'on connoît sous le nom de *faim*.
Ce sentiment, si nécessaire à la conservation de
notre être, & qui se réveille assez régulièrement,

en certains tems périodiques, nous porte, pour ainsi dire, malgré nous, à le satisfaire. Une diminution sensible dans les forces, un dérangement plus ou moins marqué dans l'ordre des mouvemens & des sentimens, un certain plaisir qu'on éprouve à suivre les impressions de ce sentiment, font autant d'aiguillons que la sagesse de la Nature met en jeu, pour nous engager à veiller à notre conservation.

Malgré cela cependant, il est des circonstances dans lesquelles l'homme peut se passer, & même très-long-tems, de ce secours habituel. Nous en trouvons des exemples assez multipliés dans des personnes jouissantes d'une bonne santé. Nous ne citerons ici que Dom *Leauté*, Religieux de la Congrégation de Saint-Maur. On l'a vu passer plusieurs Carêmes, sans boire ni manger de la semaine que ce qu'il prenoit en célébrant la Messe : mais ces sortes de phénomènes sont bien plus remarquables, & bien plus extraordinaires dans certains cas de maladie, particuliérement dans celles qui attaquent le cerveau & les nerfs, telles que la folie, la stupeur des sens, l'assoupissement, la paralysie. Les femmes hystériques encore soutiennent merveilleusement le jeûne.

Il y a, par exemple, quelque chose de bien extraordinaire dans celui d'un certain fou, nommé *Isaac Henedrisse Stiphont*, né en 1644, d'une mère sujette à avoir des absences d'esprit. Ce fou, s'imaginant être le Messie, se mit dans l'esprit de surpasser le jeûne de Jesus-Christ, qu'il regardoit comme un faux Messie. Il ne prit aucun aliment depuis le 6 Décembre 1684, jufqu'au 15 Février 1685 ; après ce tems il revint à fon train ordinaire. On pourroit peut-être imaginer que ce jeûne fut fimulé, & que notre fou prit de la nourriture en cachette ; mais le fait fut conftaté dans le tems par des gens irréprochables & attentifs ; & ils atteftent que pendant tout ce tems, cet homme fuma feulement du tabac comme à fon ordinaire, & prit de l'eau, plus pour laver fa bouche que pour boire. Auffi ne rendit-il aucun excrément pendant cet efpace de tems, comme l'obferve très-bien *Vander-wiel*, de qui nous tenons cette obfervation ; & lorfqu'il fut revenu à l'ufage des alimens, la première foupe qu'il mangea lui caufa des tranchées très-vives, & il ne fut à la garde-robe que trois jours après ; ce qui prouve que fes inteftins s'étoient finguliérement retrécis, effet naturel d'un jeûne auffi long. Quelque furprenant que paroiffe ce phénomène, on peut néanmoins en rendre raifon jufqu'à un certain point, & dire que la frénéfie, qui empêche fouvent les corps de fe geler dans les froids les plus âpres, auxquels des corps fains ne réfifteroient point, a pu contribuer ici à défendre le corps de notre fou de l'anéantiffement où il eût dû tomber. Le tabac d'ailleurs, qu'il fumoit réguliérement, ne contribuoit pas peu au même effet. On fait par l'exemple des Sauvages & des Soldats, qu'il a la propriété d'émouffer l'appétit, & de fortifier le corps de telle manière, qu'on a vu plufieurs perfonnes faines fe foutenir des femaines entières, par le feul ufage de l'eau & du tabac.

M. *Vander-wiel* cite encore pour exemple d'une longue abftinence, l'hiftoire d'un Potier de

Londres, qui, après avoir dormi pendant quinze jours consécutifs, crut en se réveillant n'avoir dormi qu'une seule nuit, & ne se trouva nullement affoibli d'une aussi longue abstinence. M. *Beccari* assure qu'une Religieuse vécut l'espace de vingt jours, dans un état apoplectique, & qu'elle ne prit pendant ce tems aucune nourriture. Il fait aussi mention d'une fille, attaquée d'une passion hystérique, qui étoit restée sans mouvement, sans sentiment, & sans prendre de nourriture pendant huit à neuf jours. Mais les faits que nous allons rapporter, aussi certains que ceux-ci, sont bien plus surprenans, par la durée des abstinences qu'ils comprennent.

On écrivoit au Docteur *Wepfer* en 1669, qu'une fille du Comté de Derby, nommée *Marthe Tayler*, reçut un coup au dos, qui lui fit garder le lit pendant long-tems : elle se trouva ensuite un peu mieux ; mais quelques jours après elle éprouva une grande difficulté d'avaler, & perdit entiérement l'appétit ; de sorte que depuis les Fêtes de Noël 1667 elle avoit cessé de prendre de nourriture solide. La difficulté d'avaler ayant augmenté de jour en jour, il lui étoit devenu impossible de prendre même des alimens liquides, à l'exception du jus de raisins secs & de pruneaux cuits, & d'eau sucrée qu'on lui faisoit distiller quelquefois, mais très-rarement, dans la bouche avec une plume. Il y avoit déjà treize mois qu'elle étoit dans cet état, & pendant tout ce tems il ne s'étoit fait aucune évacuation. Souvent on lui trouvoit la paume des mains humide, le teint assez bon, la voix forte ; mais toutes les parties du bas-ventre dans le plus grand degré d'affaissement. On a examiné ce phénomène avec l'attention la plus scrupuleuse, pour éviter toute supercherie, & on répond de ce fait sur le témoignage de plusieurs Médecins & de plusieurs Chirurgiens.

Voici un autre exemple de même genre, & également surprenant. Il est certifié par M. l'Abbé *Boisot*, & consigné dans le Journal des Savans, pour l'année 1687.

Une fille de vingt-six à trente ans, dans le Village de Pallet, près Pontarlier, fut renversée par des chevaux attelés à un charoi de foin. Le chariot lui passa sur le dos, & elle vomit pendant plusieurs jours une grande quantité de sang. La fièvre & d'autres accidens survinrent. Il y avoit déjà quatre ans qu'elle étoit dans cet état, & qu'elle éprouvoit continuellement de grandes douleurs, sur-tout à l'estomac, au dos & au sommet de la tête, de sorte qu'on ne pouvoit faire aucun mouvement dans sa chambre, sans que ses douleurs n'augmentassent. Tel étoit l'état de cette malheureuse fille, lorsque M. l'Abbé *Boisot* rendoit compte de cette singulière maladie à M. l'Abbé *Nicaise*. Elle étoit, outre cela, tourmentée d'une fâcheuse insomnie, & elle avoit tellement perdu l'appétit, que depuis quatre ans, elle n'avoit mangé au plus qu'une livre & demie de pain, ou d'autre nourriture, avec un peu de sucre qui couvroit quinze ou vingt grains d'anis, & gros comme une noix de confitures : elle n'avoit pareillement bu dans cet espace de tems, que deux verres d'eau ; mais ce qui passe toute croyance, ajoute M. l'Abbé *Boisot*, c'est que depuis trente-cinq semaines elle n'a absolument rien bu ni mangé, au rapport des Domeſtiques, qui ne peut être ſuſpeƈt.

Un Médecin du voiſinage fut curieux d'obſerver cette maladie. Il vint voir la malade ; il lui trouva un peu de fièvre, le pouls inégal, mou & fréquent, la couleur aſſez bonne & naturelle, la langue ni ſèche ni humide, les chairs aſſez dures & pleines ; & s'étant informé de quelques autres particularités, il apprit qu'elle ne rendoit aucun excrément ; qu'elle avoit ſouvent de petites ſueurs, & que depuis le commencement de ſa maladie, ni l'inſomnie, ni l'inedie, ni la ſièvre n'avoient interrompu le cours ordinaire menſtruel. A cette époque cette ſille paroiſſoit être encore en état de vivre long-tems. Il eſt à regretter qu'on ne nous ait point appris l'iſſue de cette ſingulière maladie.

Voici encore un exemple d'une autre perſonne qui a obſervé pendant long-tems une abſtinence fort rigide. Ce fait eſt conſigné dans le Journal Encyclopédique, pour le mois de Juillet 1774. On y lit qu'à Dumingen, petit Bourg, éloigné de deux lieues de Hotweil, Ville Impériale d'Allemagne, en Souabe, la nommée *Monique Mutſcheterin*, âgée de trente-ſept ans, mariée depuis quinze ans, & mère de ſix enfans, dont cinq étoient encore vivans, ayant ſouffert de grandes douleurs de nerfs, devint ſi foible qu'elle fut obligée de ſe ſervir de béquilles pendant l'eſpace de deux ans. Elle ne put, pendant ce tems, ſupporter d'autre nourriture, que celle d'un peu de lait caillé & d'eau.

Au mois de Février 1773, on lui fit avaler un peu de bouillon chaud & un jaune d'œuf frais ;

mais elle en eut un vomiſſement ſi violent qu'on craignit pour ſes jours. Depuis ce tems elle a gardé le lit, & n'a pris aucune drogue, aucune nourriture, aucune boiſſon, pas même une goutte d'eau. Ses paupières ne ſe ſont point fermées pendant l'eſpace de ces trois années : elle entendoit très-bien, elle voyoit de même, & elle liſoit même diſtinctement quoiqu'un peu bas. Son odorat étoit extrêmement fin ; mais elle n'avoit de ſentiment que dans les mains, ſeules parties de ſon corps qu'elle pouvoit remuer, depuis qu'elle s'étoit alitée : ſes yeux étoient clairs, ſes lèvres rougeâtres, ſa langue auſſi fraîche que celle des perſonnes les plus ſaines ; ſon viſage même n'étoit point déſagréable. Les Gardes qu'on lui avoit données, ont aſſuré par ſerment la vérité de ces faits, qu'on fit conſtater par une députation en 1774, lorſqu'on publia cette ſingulière maladie, dont on n'a point entendu parler depuis cette époque. Il eût cependant été fort à deſirer qu'on eût publié avec exactitude de quelle manière elle s'eſt terminée, & juſqu'à quel point cette femme a pu ſoutenir une abſtinence auſſi rigide.

En voici une preſqu'auſſi longue, dont *Gaſpard Bartholin* fait mention, avec cette différence qu'elle influoit viſiblement ſur le ſujet. Une fille de douze ans, dit-il, renfermée dans l'Hôpital de Copenhague, a paſſé preſqu'un an entier, ſans rien manger. Tous ceux qui l'ont gardée ont atteſté le fait : ce qu'ils ont pu obtenir d'elle par prières, par menaces, ce fut qu'elle bût un peu, & encore fort rarement. Mais cette longue abſtinence étoit viſiblement marquée ſur ſa figure.

Son corps étoit tremblant, d'une pâleur & d'une maigreur extrêmes. Elle se plaignoit jour & nuit d'un grand mal de tête & de douleurs dans le ventre. Il est également fâcheux que ce célèbre Médecin nous laisse à desirer l'issue de cette maladie, & d'une abstinence aussi forcée.

Quoique moins longue de moitié, la suivante est encore un phénomène bien surprenant. La nommée *Marie Pelet*, de la Paroisse de Laval, près Binch, à trois lieues de Mons, Capitale de la Province du Hainaut, vécut depuis le 6 Décembre 1754, jusqu'au 25 Juin 1757, sans prendre aucun aliment solide ou liquide : voici le fait.

Cette fille, d'un tempérament foible & délicat depuis quelques années, se trouva plus incommodée pendant l'été de 1754. La Nature faisoit effort chez elle pour s'ouvrir une voie à une évacuation qui ne survint point. Alors elle fut attaquée d'un *chlorosis*, ou de la maladie qu'on appelle les *pâles couleurs*.

Au mois d'Octobre de cette année critique pour elle, on lui fit prendre un vomitif qui ne produisit aucune évacuation. Elle en fut seulement beaucoup agitée. Le ventre se gonfla, & elle commença dès-lors à être attaquée de mouvemens convulsifs. Une épouvante subite augmenta le trouble, & le 6 Octobre, elle eut de si grandes agitations, que tout le corps en fut ébranlé de la tête aux pieds. Dès ce jour elle cessa de prendre aucune nourriture. La mâchoire inférieure demeura si fortement pressée contre la supérieure, à la suite de cet assaut, qu'on tenta vainement, à plusieurs reprises, de vaincre la contraction des muscles, par l'intromission d'un *speculum oris*, (*instrument propre à ouvrir la bouche*). Jamais on ne put furmonter cette contraction, & les dents de la mâchoire supérieure qui chevauchoient celles de la mâchoire inférieure, mirent un obstacle insurmontable au passage de toute liqueur.

Après le 6 Octobre elle eut des accès d'épilepsie, qui augmentèrent en violence & en fréquence. Alors les mouvemens convulsifs, qui avoient été universels, n'attaquèrent plus que les bras, & ces assauts se terminoient toujours par un *tetanos*, ou roideur absolue des parties supérieures. Après quelqu'intervalle, ces dernières parties ne souffrirent aucune secousse, ni roideur; mais la mâchoire inférieure resta, jusqu'au commencement du mois de Juin 1755, toujours, adhérente à la supérieure. Dès que les convulsions se furent bornées aux muscles qui servent à rapprocher les mâchoires, le reste du corps parut constamment dans un état de calme & de tranquillité.

Depuis le jour où la malade cessa de prendre de la nourriture, toutes les évacuations furent supprimées : la transpiration même parut cesser, elle entendoit parfaitement, & répondoit par signes. Malgré une abstinence aussi longue, elle avoit le pouls réglé, les couleurs belles, & moins de maigreur qu'avant la maladie.

Il y avoit déjà fix mois que duroit cette abstinence, lorsque, les premiers jours de Juin, on s'apperçut du changement suivant : la peau commença à s'ouvrir, & à donner passage à des

fueurs gluantes & fétides. La difficulté de refpirer devint confidérable ; elle fut même pouffée
jufqu'à faire craindre, par momens, une fuffo-
cation prochaine. Sa façon ordinaire de refpirer, depuis cette révolution, s'exécuta encore
par une action violente de tous les mufcles qui
concourent à cette fonction.

Vers le 20 Juin, la malade fuça un peu de
vin & de lait coupé ; mais la déglutition étoit fi
difficile, qu'elle ne pouvoit prendre une cuillerée de ce lait, fans en épancher la moitié, &
en pouffer une autre portion par les narines.
Dès qu'elle eut un peu avalé de cette boiffon,
elle rendit beaucoup de vents par en haut, & la
tranfpiration fe rétablit de jour en jour. Le 27,
elle rendit une petite quantité d'urine laiteufe :
elle eut enfuite une hémorrhagie par le nez, à
la fuite de plufieurs naufées que lui avoit procuré la petite quantité de lait qu'elle s'étoit effor-
cée d'avaler.

On la mit alors à l'eau pure, qu'on lui fit
prendre à petites gorgées, mais fouvent, & elle
continua d'uriner. Le 3 Juillet, elle vomit des
matières vertes & gluantes, & depuis elle avala
avec plus d'aifance. Le 9 Juillet, jour auquel
on écrivoit cette relation, on remarquoit qu'il
n'y avoit plus d'obftacle de la part de la contraction de la mâchoire inférieure : le feul qui
reftoit, dépendoit de la difpofition de l'œfophage. Mais cette fille a-t-elle été enfin guérie
à l'éruption de fes regles, comme il y a lieu
de le croire ? C'eft ce que nous ignorons. L'obfervation fuivante, non moins furprenante que
la précédente, nous fatisfera à cet égard, &

nous y verrons avec plaifir qu'on n'arrive quelquefois à la régularité qu'après avoir paffé par bien des irrégularités.

Le 9 Novembre 1751, *Chriftine Michelot*, âgée de dix ans & demi, fille d'un Vigneron de Pomard, à une lieue de Beaune, fut attaquée d'une fièvre qu'on regarda comme l'avant-coureur de la rougeole, alors épidémique à Pomard : on lui ordonna d'abord une tifane légère qu'elle prit, & enfuite plufieurs autres remèdes qu'on ne put lui faire prendre. Elle refufa conftamment de rien avaler que de l'eau fraîche ; cependant l'éruption ne fe fit point, & il ne lui refta d'autre fymptôme de cette maladie, qu'un mal de tête fi affreux, qu'elle fortoit de fon lit pour fe rouler fur le pavé. Son père, l'ayant trouvée dans cet état & l'ayant relevée un peu brufquement, elle tomba dans une fyncope fi longue & fi complette, qu'on la crut morte. Cet accident ayant ceffé, elle perdit, peu de jours après, l'ufage de tous fes membres, qui ne confervèrent que la flexibilité qu'on remarque dans ceux du cadavre d'une perfonne qui vient de mourir.

Ces accidens ceffés, elle recouvra l'appétit & la parole ; mais bientôt après elle tomba dans un délire, accompagné de frayeurs, de convulfions, de foubrefauts & de tremblemens dans les bras & dans les jambes. Ces mouvemens étoient fi violens, qu'on avoit peine, même en employant la force, à la tenir dans fon lit.

On effaya de remédier à ces terribles fymptômes, par la faignée du pied & l'application des cantharides aux jambes, & on n'y réuffit que trop bien. La malade tomba prefque auffi-tôt dans une atonie & une inaction totale : elle perdit l'ufage de tous fes membres, celui de manger & la parole ; il ne lui refta que l'ouïe, la vue & le tact, & le jeu de la refpiration. Au délire près, dont nous avons parlé, & qui ne dura que peu de tems, la raifon de la malade ne s'altéra point : elle s'en fervoit pour faire connoître par des fons non articulés, ce qu'elle approuvoit ou ce qu'elle rejettoit. Ces fons n'étoient d'abord qu'au nombre de deux : ils fe multiplièrent enfuite, & elle commença à y joindre quelques mouvemens des mains, & ces mouvement augmentèrent à mefure que ces fons devinrent plus variés. Elle ne prenoit toujours que de l'eau, & d'abord en petite quantité ; auffi fon ventre étoit-il affaiffé à tel point, qu'on croyoit fentir les vertèbres à travers, & qu'on n'y diftinguoit plus de vifcères. Il fembloit que toute cette partie, & que les extrémités inférieures, auxquelles il ne reftoit que le fentiment, fuffent attaquées d'une paralyfie incomplette : du refte, le corps conferva fa couleur ; elle avoit l'œil vif, les lèvres vermeilles, le teint affez coloré, le pouls étoit régulier, & même affez fort.

Le même régime continuoit toujours, mais elle avaloit l'eau plus aifément & en plus grande quantité. Un Médecin de Beaune qui la vit en cet état, ne put imaginer que l'eau fût fa feule nourriture. Il n'en fut certain qu'après qu'une Dame, qu'il avoit priée de la prendre chez elle, l'eut gardée affez de temps pour s'en affurer. Il imagina alors de tromper la malade, en lui faifant donner, au lieu d'eau fimple, un léger bouillon de veau très-clarifié. Il trompa effectivement ses sens, mais non son estomac, qui le rejetta avec des nausées & des convulsions violentes, & cette supercherie lui occasionna la fièvre.

Au sortir de chez cette Dame, le père de la malade mena sa malheureuse fille en pélerinage. Au retour, la soif la pressa si fortement, qu'elle fit un effort, & que la parole lui revint pour demander à boire de l'eau. Elle conserva la faculté de parler, & sa parole devint de plus libre en plus libre : elle augmenta aussi la quantité de sa boisson, qu'elle rendoit abondamment par les urines. On juge bien qu'avec le régime qu'elle observoit depuis si long-tems, les garderobes étoient totalement supprimées.

Elle reprit alors peu à peu l'usage de ses bras, au point de pouvoir filer, s'habiller & se servir de deux petites béquilles, avec lesquelles elle se tenoit sur les genoux, ne pouvant encore faire usage de ses jambes. Par ce moyen elle se transportoit auprès du seau qui contenoit toutes ses provisions ; elle alloit même chez quelques voisins. Ce fut en cet état que M. *Lardillon* la vit, le 9 Décembre 1754, plus de trois ans après sa maladie. Il observa qu'elle commençoit alors à élever son genou droit ; que la cuisse, ni la jambe du même côté n'étoient point décharnées, non plus que les bras & les mains : qu'elle avoit la peau souple, le visage assez plein, un air de sérénité, qui n'annonçoient aucune mauvaise disposition. Il osa prédire qu'elle guériroit absolument, & plutôt même qu'on ne le pensoit. Sa prédiction fut parfaitement vérifiée ; car dès qu'elle eut atteint l'âge auquel elle devoit être affujettie aux évacuations menftruelles de fon fexe, l'appétit lui revint : elle commença à manger peu à peu, & à l'aide de quelques légers remèdes, tous les accidens de fon mal difparurent les uns après les autres ; en forte qu'au mois de Juillet 1755, elle mangeoit comme toute autre perfonne, & elle commençoit à marcher fans béquilles, ayant été près de quatre ans fans prendre d'autre nourriture que de l'eau fraîche.

M. *Lardillon* fuivit de près cette maladie ; mais comme elle n'offre rien d'intéreffant que pour le fujet, qui s'eft totalement rétabli à la longue, nous pafferons fous filence les obfervations qu'on trouvera dans les Mémoires de l'Académie pour l'année 1761.

En 1772 on voyoit en Dauphiné un Jeûneur bien plus obftiné, fans qu'il paroiffe, d'après le rapport qu'en fit dans le temps le frere *Calixte Gautier*, Religieux de la Charité, que la difpofition de fes organes l'obligeât à ce régime. M. *Pajot de Marcheval*, Intendant de cette Province, chargea ce Religieux de fe tranfporter au village de Château-Roux, Diocèfe d'Embrun, pour y voir le nommé *Guillaume Gay*, âgé de treize ans trois mois, fils d'un Laboureur de cet endroit, qui y vivoit, difoit-on, depuis deux ans & demi, fans boire & fans manger. Il s'y tranfporta, & y arriva le 10 Août : il prit d'abord tous les renfeignemens que le Chirurgien du lieu put lui donner, & enfuite il fe renferma avec cet enfant dans une chambre, après avoir pris toutes les précautions néceffaires pour n'être point trompé. Il y refta jufqu'au 15 du même mois, & il attefta que cet enfant ne prit, pendant tout ce tems, le moindre foupçon de nourriture.

Je l'ai laiffé, dit-il dans le rapport qu'il en fit, en affez bonne fanté : il eft d'un tempérament trifte & mélancolique, d'une grandeur proportionnée à fon âge; il a la peau des extrémités extrêmement fèche & terreufe; celle du vifage polie & vermeille, la phyfionomie fort gracieufe; fon pouls ordinaire eft très-petit, mais réglé. Son peu de goût pour les alimens lui eft venu depuis une efquinancie qu'il eut en 1760: il ne prit aucun remède pour cette maladie, & depuis cette époque, il a abfolument renoncé au boire & au manger. Il fut attaqué d'une petite vérole confluente, au mois de Mai de la même année; il ne prit encore aucun remède, & guérit dans l'efpace de trois femaines. Dans le cours de cette maladie, il rendit par en-bas quantité de vers morts, fans aucun excrément. Actuellement il eft très-foible, & il ne peut marcher que courbé. Il eft probable que l'iffue de cette maladie n'aura point été heureufe.

Nous ajouterons encore de nouveaux faits auffi-bien conftatés que les précédens, & qui prouvent tous qu'il eft certaines maladies dans lefquelles on fupporte long-tems une abftinence qu'on ne fupporteroit point dans un état de fanté. Il eft cependant des cas où le corps habitué à une grande abftinence, fupporte en fanté, le régime le plus rigoureux, & ne pourroit fe faire à un meilleur. Témoin le fait que voici.

Les nouvelles publiques de 1772, parlent d'une fille nommée *Olivone*, qui avoit près de quarante - neuf ans, & qui ne mangeoit que des fruits. Elle tomba, dès l'âge de dix-fept ans, dans un fommeil léthargique, qui dura dix-huit jours. Cet accident n'a pas varié depuis, & par chaque année, au mois de Mars, elle s'endort, & ne fe réveille qu'après le même terme. Pendant fon fommeil elle devient roide, & n'a qu'un mouvement convulfif aux paupières. Dans l'été, cinq à fix cerifes compofent fa nourriture par jour. En automne, deux abricots, une pomme ou une poire fuffifent. En hiver, deux fruits fecs. Jamais on ne lui préfente de viande; elle la rendroit fur le champ, ainfi que toute autre nourriture.

On écrivoit d'Ecoffe, vers la fin de 1753, qu'un jeune garçon d'environ quinze ans, nommé *Gilbert Jackfon*, de Garfegranje, tomba malade au commencement de 1746, & eut près d'un mois une fièvre violente, qui lui caufoit des douleurs par tout le corps. Il revint en fanté; mais deux mois après, la fièvre le reprit: elle étoit accompagnée d'un tremblement général, qui paroiffoit tendre à la paralyfie. Il eut au mois de Juin fuivant, une rechûte pareille, pendant laquelle il devint muet, perdit l'appétit & l'ufage de tous fes membres. Il refta dans cet état pendant près d'un an, fans boire, ni manger, & tous les remèdes furent inutiles. Au mois de Mai 1747, la fièvre le quitta; mais le 10 Juin de la même année, il fut attaqué de nouveau d'une fièvre extraordinaire, & la parole lui revint le lendemain. La fièvre continuant, il fut encore jufqu'au mois de Novembre fuivant fans prendre de nourriture, ni aucune boiffon, & fans pouvoir

s'aider

s'aider de ses membres. Alors la santé lui revint : il commença à remuer une jambe ; mais il ne mangeoit point encore : il se lavoit quelquefois la bouche avec de l'eau , & quand il voyoit ceux de la maison se mettre à table , il en ressentoit quelque peine. Au mois de Juin 1748 , la fièvre lui revint , & ne le quitta qu'au mois de Septembre ; mais on ne put le faire boire , ni manger. Il resta en assez bonne santé , avec un teint assez bon , jusqu'au mois de Juin 1749 , qu'il fut encore attaqué d'une très-grosse fièvre. Un jour enfin son père le pressant de prendre un peu de lait bouilli avec de la farine d'avoine , il en prit une cuillerée , qui resta si long-tems dans son gosier , qu'on crut qu'il étoit suffoqué. Depuis ce tems , il prit toujours un peu de nourriture ; mais en si petite quantité , qu'un pain d'un sol lui suffisoit pour dix jours. Pendant tout le tems qu'il a été sans manger , il n'a eu aucune évacuation , ni par les selles , ni par les urines , & ce n'a été que quatorze à quinze jours après qu'il a commencé à manger , que les évacuations ont repris leur cours. La lettre dans laquelle on faisoit part de cette étonnante maladie , ajoutoit qu'il continuoit à être en bonne santé , mais qu'il lui manquoit encore l'usage de ses jambes.

Voici encore une abstinence intermittente , qui , quoique moins longue , n'en est pas moins extraordinaire.

On conduisit en 1732 , à l'Hôpital du Mans , une jeune fille de dix-huit ans , de la Paroisse de Saint-Vincent. Elle étoit tombée dans une aliénation d'esprit , à la suite d'un délire , qu'on regarda comme l'effet d'une fureur utérine. Elle avoit de l'embonpoint, la peau blanche, & elle étoit affez bien réglée.

Deux & quelquefois trois fois l'année, tantôt avant, tantôt après fes règles, vers le printems & vers l'automne, fa folie augmentoit de telle forte, qu'elle parloit, crioit & chantoit fans ceffe. Devenant furieufe dans ces paroxifmes, elle ne vouloit ni boire, ni manger, quoi qu'on fît pour l'y déterminer. Ces accès d'abftinence duroient depuis vingt jufqu'à vingt-cinq jours, pendant lefquels fon embonpoint diminuoit : elle dépériffoit & fondoit vifiblement. Il ne fe faifoit alors que très-peu de tranfpiration, & les autres évacuations fe réduifoient également à très-peu de chofe. Sa peau, de belle & blanche qu'elle étoit, devenoit fèche, jaunâtre & chagrinée. Sa bouche fe defféchoit confidérablement, fes lèvres, fa langue & fes dents devenoient arides, & fa voix rauque. Ce tems paffé, elle reprenoit de la nourriture, & elle fe calmoit peu-à-peu. Les fécrétions reprenoient leur cours ; fon embonpoint revenoit, fa peau devenoit belle, fans que pour cela la folie diminuât. Elle a été en cet état jufqu'à fa mort, arrivée en 1746.

Les effais de Médecine de la Société d'Edimbourg, font mention d'une abftinence réitérée, qui dura trente-quatre jours la première fois, & cinquante la feconde.

Le fait fuivant eft encore plus fingulier que les précédens, vu que la fanté du fujet n'en fut point altérée. Ce fait eft attefté par une lettre de M. *Marteau* de *Granvilliers*, Médecin, & confirmé par le témoignage de M. *Thibaut*,

Curé de la personne dont il est ici question.

Une femme veuve, nommée *Anne Harley*, du village d'Orival, Diocèse & Généralité de Rouen, dit M. *Marteau*, vit depuis vingt-six ans dans un état bien extraordinaire. Elle ne mange ni pain ni viande, & elle ne prend aucun autre aliment solide. Toute sa nourriture consiste en un peu de lait, qu'elle boit tous les jours, & qu'elle vomit presqu'aussi-tôt après. Elle vit cependant depuis un aussi long tems, & sa santé n'en paroît pas manifestement altérée.

C'est sans contredit dans la conservation apparente de la santé, que gît ce qu'il y a de plus merveilleux dans cette observation, vu la durée étonnante de l'abstinence. Cependant on pourroit imaginer que la petite quantité de lait que cette femme prenoit réguliérement, pouvoit lui procurer suffisamment de nourriture ; mais, dès qu'elle le vomissoit aussi-tôt, il ne paroît pas probable qu'elle fût propre à cet effet. D'ailleurs ce vomissement habituel étoit une marque bien assurée du dérangement de l'estomac, & on sait que du dérangement de ce viscère suit nécessairement une altération plus ou moins sensible de la santé.

Les faits que nous allons rapporter, quoique moins extraordinaires, n'en sont pas moins intéressans, & ne prouvent pas moins qu'on peut supporter, pendant un laps de tems plus ou moins long, une abstinence assez rigoureuse. Le premier est consigné dans les Transactions Philosophiques pour l'année 1678.

Plusieurs ouvriers travaillant dans une mine de charbon de terre, à Herstal, éloigné de

Liege d'environ une demi-lieue, l'un d'eux ouvrit une veine d'eau, laquelle coulant auſſi-tôt
avec rapidité dans le terrein, noya un de ces
ouvriers. Pluſieurs furent aſſez prompts pour
s'évader & ſortir de la mine ; mais il en reſta
quatre, qui, n'ayant pu ſe ſauver, montèrent
ſur un petit tertre, ſitué au-dedans de la mine,
& parvinrent par ce moyen à ſe garantir d'être
ſubmergés. On employa vingt-quatre jours pour
épuiſer l'eau dont cette mine étoit inondée, &
le vingt-cinquiéme on en retira ces quatre ouvriers. Ils n'avoient pris pour toute nourriture,
pendant ce tems, que de l'eau d'une petite fontaine qu'ils avoient découverte dans l'intérieur
de la mine.

Le fait ſuivant eſt encore du même genre.
Le 17 Décembre 1760, neuf ouvriers étant
occupés dans une mine de charbon de terre
près Charleroy, l'un d'eux ſe fit jour dans un
endroit qui contenoit toutes les eaux amaſſées
d'un ancien travail, dont on n'avoit point connoiſſance. Ces eaux s'élancèrent avec tant d'impétuoſité, qu'il n'y eut que deux de ces ouvriers
qui ſe ſauvèrent. Les ſept autres furent entraînés
par le torrent, avec les décombres qu'il charioit. L'un d'entr'eux, nommé *Evrard*, âgé
de vingt-ſept ans, fut aſſez heureux pour ſe
ſauver & gagner un petit endroit élevé ; mais
il s'y trouva renfermé par les éboulemens que
l'eau avoit cauſés. Ses habits étoient mouillés,
il avoit été maltraité par le choc des différentes
matières avec leſquelles il avoit été entraîné.
Il cria & appella au ſecours inutilement pendant long-temps ; &, ayant regagné ſa hauteur,

il s'y endormit de fatigue. A son réveil ses habits se trouvèrent séchés. Il n'avoit pour toute provision que quatre chandelles; mais il ne put, malgré le besoin, vaincre sa répugnance à les manger, & il se contenta, dans l'espace de neuf jours qu'il passa en cet état, de boire trois fois des eaux qui avoient causé son désastre. Ce jeûne, si long & si sévère, lui laissoit cependant assez de force pour aller & venir, & tâcher de se faire entendre. C'étoit sa seule occupation, & la fatigue l'endormoit ensuite. Il assure avoir beaucoup dormi.

Le 25, on se mit à déblayer les galeries encombrées, & à chercher les cadavres; car on les croyoit tous morts. *Evrard* entendit du bruit, & se mit à crier de son côté. On le prit pour un revenant, & on l'abandonna à son mauvais sort. Une autre troupe d'ouvriers étant survenue, ils percèrent jusqu'à lui. Dès qu'il apperçut du jour, il s'y précipita, se saisit d'un des travailleurs, qu'il prit au collet, & ne le quitta point qu'il ne fût arrivé au haut du puits. On le mena chez le Curé, où plus de cent personnes se trouvèrent assemblées, & où M. *Santorrin* lui administra des secours qui le rétablirent. Son rétablissement fut long, & il fut encore plus long-tems à être en état de reprendre son travail.

Ces deux faits, que le plus grand nombre regardera comme très-merveilleux, n'ont rien qui puisse surprendre celui qui connoît les forces de la Nature, & qui sait qu'il n'est pas encore déterminé jusqu'à quel point il est possible à l'homme de supporter l'abstinence. Cette fa-

culté d’ailleurs doit varier, en ce qu’elle eft relative à la conftitution & à la difpofition des fujets; de forte que, malgré la multitude d’obfervations que nous pourrions recueillir, on ne
pourroit encore rien conclure de pofitif fur l’é-
tat de cette queftion.

Belvig rapporte qu’une fille de Nuremberg,
pouffée à bout par la haine de fes parens, fe
retira au plus haut étage de la maifon, & qu’elle
y refta dix-huit jours fans prendre de nourriture, & fans en être fenfiblement affectée. Le
feiziéme jour cependant, elle avoit léché une
tranche de pain trempée dans de l’eau. Mais
voici des faits bien plus furprenans, par rapport à la durée de l’abftinence, & qui nous
prouvent que les animaux peuvent la fupporter
auffi bien que l’homme.

Redi rapporte qu’il avoit gardé deux aigles
en vie, l’un pendant vingt-huit jours, & l’autre
pendant vingt-un, fans leur donner de nourriture. Le même Auteur dit avoir vu deux petits chiens vivre fans prendre aucun aliment,
l’un pendant vingt-cinq jours, & l’autre pendant
près de trente-fix. D’où il infère que fi les
chiens, qu’on regarde comme des animaux
très-chauds, peuvent néanmoins foutenir d’auffi
longues abftinences, à plus forte raifon des animaux plus froids.

Sans admettre la théorie des anciens fur les
tempéramens chauds & froids, voici un exemple
rapporté par *Mendoza*, qui paroît confirmer
l’opinion de *Redi*. Il dit avoir vu une poule
qui a vécu quatre-vingt-dix jours fans boire ni
manger. M. *Beccari* vient à l’appui de tous ces

faits, par une observation qu'il rapporte & qu'il
dut au hasard. Il avoit laissé, par inadvertance,
un chat dans un endroit renfermé de toutes
parts, & où les rats ne pouvoient pénétrer.
Trente-un jours après, dit-il, on trouva cet animal en vie, & se tenant sur ses pattes.

Il suit de la plupart de ces observations, &
de quantité d'autres que nous passons sous
silence, pour éviter la prolixité, que quelque
nécessaire que paroisse la nourriture, pour réparer les pertes que nous faisons habituellement, on peut néanmoins supporter une abstinence plus ou moins longue, sans en être manifestement incommodé, & on peut la supporter sur-tout pendant un laps de tems, qu'il n'est
pas possible de fixer & de déterminer dans des cas
de maladies extraordinaires, qu'on ne peut observer avec trop de soin, & suivre avec assez
d'attention, pour juger des forces de la Nature
& des moyens qu'elle emploie pour veiller à
la conservation de l'espèce humaine.

ACCOUCHEMENS EXTRAORDI-
NAIRES. Les Naturalistes, qui veulent tout
expliquer par les loix de la méchanique, sont
sans doute fort embarrassés, lorsque les phénomènes de la nature paroissent contraires à
ses loix générales. Cependant, tout extraordinaire que paroisse un phénomène, il seroit facile de le ramener aux principes de la plus saine
méchanique, si on pouvoit saisir tous les agens
qui concourent ou qui ont concouru à sa production. On en jugera par l'exemple que voici.

On lit dans le Journal de Médecine de M. de

la Roque, qu'à Reuft, dans le voifinage de Ronnebourg, une payfanne d'une affez bonne complexion, ayant vécu jufqu'à vingt-fept ans fans fouffrir de notables maladies, époufa à cet âge, en 1662, un jeune homme de fon village. Dès la première nuit de fes noces elle devint groffe, & fes règles fe trouvant fupprimées quelques jours après, fon ventre fe tuméfia un peu : il lui prit des envies de vomir, & elle éprouva tous les accidens d'une véritable groffeffe. Ces fymptômes devinrent tous les jours plus fâcheux, de forte qu'elle ne pouvoit plus vaquer aux travaux de la campagne : & on remarqua, entr'autres chofes, qu'elle jettoit du fang menftruel avec fes crachats. Le fecond mois de fa groffeffe, elle fe fentit cruellement tourmentée, & crut qu'elle alloit accoucher. Après les plus grandes douleurs elle vomit, & parmi ce qu'elle jetta par la bouche, il y avoit un petit fœtus de deux mois, environné d'un placenta ; ce qui reffembloit à un œuf de poule ; après quoi elle fe fentit foulagée. S'étant trouvée groffe l'année fuivante, elle eut les mêmes fymptômes, & vomit un œuf femblable au premier. Un an après, elle devint encore groffe pour la troifiéme fois, dans l'attente d'un plus heureux fuccès, & elle entretint fon efpérance jufqu'au commencement du troifième mois, où elle fe fentit attaquée des mêmes accidens qu'elle avoit éprouvés les deux premières années : ils furent même fuivis de quelque chofe de plus étrange ; car, au lieu d'un fœtus entier, elle jetta par la bouche, avec un placenta & un arrière-faix, des os entiers, des morceaux de chair, une tête

& les autres membres d'un fœtus, que l'on distinguoit affez pour y reconnoître un véritable
avortement. Les Médecins effayèrent en vain de
remédier à ces défordres. Elle vécut encore peu
de tems, & elle mourut d'une pleuréfie en 1667.

M. *Marould*, célèbre Phyficien d'Allemagne,
fit dans le tems une differtation affez curieufe
fur cet accident, dont il attribue la caufe à une
conformation extraordinaire de la matrice, à
laquelle il fuppofe deux orifices; & de fait il
affure en avoir vu une de cette efpèce dans la
diffection d'une autre femme. C'étoit, dit-il, un
canal qui alloit s'ouvrir dans l'eftomac. Or ,
en fuppofant une femblable conformation dans
la femme dont il eft ici queftion, le fait que
nous venons de rapporter devient affez facile
à concevoir. Ce fera donc de la même manière
qu'il conviendra d'expliquer plufieurs autres faits
du même genre, qu'on lit dans différens Auteurs. *Bernard Montanus*, par exemple, rapporte qu'une femme réduite à la derniere extrémité, & prête à rendre le dernier foupir,
jetta par la bouche une groffe maffe de chair
& d'os, qui reffembloient entiérement à des os
& à des chairs; & ce qui prouve que c'étoit
un véritable fœtus, c'eft que cette femme étoit
enceinte avant de tomber malade.

Bartholin rapporte un fait femblable, dans fon
Livre des Enfantemens extraordinaires. Il dit
qu'une femme de qualité, ignorant qu'elle fût
groffe, vomit, avec de cruelles douleurs, tous les
os d'un enfant.

Salmutz parle d'une femme qui jetta par la
bouche un fœtus de la longueur du doigt. Nous

pourrions raſſembler un plus grand nombre de faits du même genre; mais les précédens ſuffiſent pour nous faire voir que ſi la Nature s'écarte quelquefois de la manière la plus extraordinaire, de ſes loix générales, on peut néanmoins la ſuivre, & donner d'aſſez bonnes raiſons de ſes bizarreries.

Ce qu'on n'expliquera pas auſſi facilement, & ce qui ne dépend peut-être que d'une connoiſ-ſance plus approfondie de la ſtructure du corps humain, c'eſt le fait ſuivant. On lit dans les Mémoires d'une Société ſavante, qu'en Thuringe, près de Naumbourg, une femme accoucha d'une fille, laquelle accoucha d'une autre au bout de huit jours. Tout extraordinaire que paroiſſe ce fait, il n'eſt cependant pas ſans exemple; car *Bartholin* fait mention d'une jument qui fit une mule, qui en portoit une autre ; belle matière pour exercer les talens de nos ſavans Naturaliſtes, qui ne peuvent ſouffrir de myſtères dans les opérations de la Nature.

Quoique moins ſurprenans, les faits ſuivans n'en ſont pas moins extraordinaires. On lit dans le Journal des Savans, qu'une femme de Stotteſ-don en Shrosphire, près de Bridgenorth, étoit accouchée de deux enfans, l'un mâle, l'autre femelle. Le garçon, qui vécut ſept ans, ne pouvoit parler, ni ſe tenir debout, parce que ſes jambes étoient fourchues. Ainſi on le tenoit habituellement couché dans un berceau. On ne s'appercevoit pas qu'il comprît rien de ce qu'on lui diſoit, & il marquoit ſeulement par ſes grimaces, qu'il ſouffroit généralement de tout ſon corps ; mais laiſſons de côté cette monſtruoſité : voici ce que nous avons deſſein de remarquer ici. La tête de cet enfant étoit couverte d'un peu de poil follet, & étoit entiérement tranſparente ; de ſorte que ſi on mettoit quelque choſe ſur un des côtés, & qu'on tînt l'enfant contre la lumière, on appercevoit diſtinctement le corps étranger. La tête de la fille étoit également tranſparente. On tient ce fait de M. *Gilbert*, qui demeuroit à deux milles de l'endroit, & aſſure avoir vu les deux enfans. Il ne vit cependant le garçon qu'après ſa mort ; mais il vit la fille vivante, & elle avoit alors quatre ans. Elle lui parut d'une taille aſſez régulière, quoiqu'elle ne pût, comme ſon frère, ni parler ni marcher. M. *Gilbert* remarqua cependant une grande différence entre ces deux enfans. La petite fille ne paroiſſoit point ſouffrir, comme on l'aſſura que ſon frère avoit toujours ſouffert. Elle paroiſſoit entendre & concevoir ce qu'on lui diſoit, & on en jugeoit par un petit ſouris qu'elle faiſoit à ceux qui l'alloient voir, & qui lui parloient.

Quoique ces ſortes de phénomènes ſoient on ne peut plus rares, il s'en trouve cependant pluſieurs exemples. L'Abbé *de la Roque* après avoir fait mention, dans ſon Journal de Médecine, pour l'année 1686, d'une tête de la groſſeur d'un petit œuf de poule, dont une femme avorta, & dans laquelle on diſtinguoit deux yeux, un nez, une bouche, & généralement tous les traits du viſage, rapporté une ſemblable obſervation, faite dans le Maine. Je vis, dit l'Auteur de cette obſervation, il y a quelques mois, un enfant venu à terme, dont le derrière de la tête étoit entiérement tranſparent, de ſorte qu'on voyoit le

cerveau au travers. Sa mère ne foupçonnoit
d'autre caufe de cette tranfparence, finon qu'en
paffant par un lieu étroit, elle s'étoit frotté le
ventre contre quelque chofe de fort dur. Cet
enfant vécut quatre à cinq jours feulement.

Ce frottement auroit-il comprimé le derrière
de la tête de cet enfant, au point d'empêcher
cette partie de prendre de la nourriture, & de
refter dans l'état membraneux où elle étoit alors?
C'eft une idée qui ne paroît pas dépourvue de
vraifemblance.

On a vu à Paris un enfant, dont le derrière de
la tête étoit également tranfparent; & les Tranfactions Philofophiques de Londres font mention
d'un autre, dont la tête étoit entiérement tranfparente. Or il n'eft pas probable que tous ces
phénomènes, & les femblables que nous ignorons, dépendent de la même caufe extérieure:
mais tous dépendent de l'état membraneux dans
lequel les parties folides de ces fortes de têtes
font reftées.

On doit encore ranger parmi les accouchemens
extraordinaires ces retards furprenans, tous dé-
pendans de différentes circonftances très-diffi-
ciles à faifir, & qu'on ne peut découvrir par la
feule connoiffance des loix de l'économie animale. Nous en donnerons quelques exemples.

M. *Panthot*, Médecin de Lyon, écrivoit en
1695, que *Catherine Crepieu*, femme d'un tempérament {robufte & fanguin, avoit eu fix enfans
tous venus heureufement à terme au bout de neuf
mois: mais qu'à l'âge d'environ trente-quatre
ans elle étoit devenue groffe d'une fille, qu'elle
a portée pendant vingt-deux mois & demi.

Pendant tout ce tems elle n'a ceſſé de perdre une grande quantité de ſang par la matrice, & au neuvième, au onzième, quinzième, dix-huitième & vingtième mois, elle ſouffrit les douleurs de l'enfantement. Enfin elle accoucha avec les plus vives douleurs vers le milieu du vingt-troiſième mois.

Cet enfant ne fut pas plutôt né, qu'il pouſſa des cris plus forts & plus graves que les nouveaux-nés de neuf mois n'ont coutume de faire. Ces cris, qui continuèrent environ une demi-heure, furent ſuivis d'une voix plaintive, mêlée de ſoupirs & de gémiſſemens, qui durèrent autant que ſa vie. Ces changemens de ſons déterminèrent les aſſiſtans à lui donner quelques cordiaux, & à le porter à l'Egliſe, pour y être baptiſé. Il fut porté & rapporté avec toutes les précautions poſſibles ; malgré ces ſoins il ne vécut que deux heures. Au reſte, cet enfant avoit tout au plus la taille d'un enfant de neuf mois ; mais ſes cheveux étoient de la longueur de deux travers de doigts. Les ongles de même étoient longs à proportion. Il avoit les gencives blanches & les dents prêtes à ſortir. Le crâne n'étoit point foible & ouvert comme au commun des nouveaux-nés. La peau étoit dure, de couleur olivâtre. Tout le corps étoit formé & ſolide, comme aux enfans de trois ans. L'arrière-faix étoit deſſéché, & ſemblable à une vieille baſanne. Toutes ces circonſtances, jointes au ton de voix dont nous avons parlé, confirmèrent le témoignage de la mère ſur la durée de ſa groſſeſſe.

En voici une qui fut prolongée bien plus long-tems, & dont le réſultat n'eſt point venu à notre

connoiſſance. Ce fait ſurprenant ſe trouve conſigné dans le Journal des Savans, année 1685.
Il eſt tiré d'une lettre que M. *de Buſſiere* écrivit de
Copenhague. Il y a, diſoit-il alors, dans cette
Ville une femme de Soldat, enceinte depuis cinq
ans. Pendant les neuf premiers mois elle a ſenti
les mouvemens de ſon enfant, & ſes mamelles
ſe ſont remplies de lait, ainſi qu'il arrive aux
autres femmes. Vers le neuvième mois elle ſentit
quelques douleurs, comme ſi elle avoit dû accoucher ; mais elles ceſſèrent bientôt ſans accouchement. Peu-à-peu ſes mamelles ſe déſemplirent
& revinrent à leur première conſtitution. Son
enfant eſt reſté dans ſon ventre d'une manière
extraordinaire. Je l'ai examiné moi-même, dit
M. *de Buſſiere :* il eſt ſitué en travers, repoſant
ſur la hanche droite, & les pieds ſur la gauche,
le dos tourné vers le devant de la mère, à la
hauteur du nombril. On le ſent à travers la peau
du ventre, laquelle eſt ſi mince, qu'il n'y a pas
l'épaiſſeur d'un demi-doigt juſqu'au corps de cet
enfant, qui paroît n'être qu'un ſquelette. La
mère aſſure ne l'avoir pas ſenti remuer depuis
plus de quatre ans ; & quoique l'incommodité
qu'elle en ſouffre ne l'empêche point d'agir,
elle voudroit bien qu'on lui fît·une inciſion au
ventre, pour lui tirer par-là cet enfant. Ce même
fait ſe trouve encore atteſté par M. *Scultz.* Il
examina cette femme avec pluſieurs autres Médecins célèbres, & tous furent d'avis que le
fœtus qu'elle portoit étoit ſorti par l'extrémité
flottante de la trompe, & qu'il étoit tombé dans
la cavité de l'abdomen ; mais ils croyoient que
le placenta étoit reſté dans la trompe. Il eſt bien

certain, dit à ce fujet M. *Scultz*, qu'il n'y a rien du tout dans la cavité de la matrice, & il eſt même à remarquer que cette femme eſt préſentement fort bien réglée. De dire, ajoute-t-il, comment le fœtus peut demeurer ſi long-tems dans le bas-ventre ſans s'y corrompre, c'eſt ce que je ne puis expliquer.

L'idée de M. *Scultz* & de ſes confrères eſt d'autant mieux fondée, que ce n'eſt point ici le ſeul exemple qu'on puiſſe citer d'un enfant ſorti de la matrice, & tombé dans la cavité du bas-ventre. On a obſervé plus d'une fois que le fœtus engendré & nourri dans la matrice, la briſe, & ſe fait un paſſage dans l'abdomen, vers le tems de l'accouchement. Ce fait arrive par la réſiſtance qu'il peut éprouver à ſa ſortie par la voie ordinaire. On ne trouvera rien de trop extraordinaire en cela, ſi on conſidère qu'à cette époque la matrice eſt extrêmement tendue, ſoit à ſon fond, ſoit à ſes côtés, & ſur-tout à ſon col, qui n'eſt pas ſuſceptible d'une ſi grande dilatation. M. *Gregoire*, fameux Accoucheur de Paris, aſſura à l'Académie Royale des Sciences, que pendant l'eſpace d'une pratique de trente ans, il avoit vu cet accident arriver ſeize fois. Ce témoignage eſt conſigné dans l'Hiſtoire de l'Académie, pour l'année 1724. M. *Dionis* avoit publié un fait du même genre en 1681.

Mais un accouchement plus extraordinaire ſans doute, car il ne s'agit point ici d'une ſimple groſſeſſe comme dans le cas précédent, c'eſt l'accouchement d'une femme qui portoit un autre fœtus depuis vingt-ſept mois : voici le fait, & il eſt d'une date aſſez moderne.

Une femme demeurant à Remon, village voifin du bourg d'Oyfans, tomba du haut d'un arbre le 8 Août 1754, étant enceinte de fept mois : depuis ce moment, fon enfant ne fit aucun mouvement, & elle commença à croire que cette chûte avoit occafionné fa mort ; elle paffa un mois dans la douleur & l'inquiétude, fans cependant demander du fecours. Après ce tems, elle fe détermina à fe tranfporter au bourg d'Oyfans, pour y confulter le Docteur *Bochard*, qui la fit faigner & la faigna encore le mois fuivant. Malgré cela, elle ne fentit point remuer fon enfant, & il n'y avoit aucun fymptôme néanmoins qui pût indiquer fa mort.

Au mois de Décembre, cette femme toujours inquiète, retourna confulter le Médecin, qui la confola autant qu'il put : il la toucha, & il ne découvrit qu'une maffe roulante de côté & d'autre, auffi-tôt qu'on lui comprimoit le ventre. A la fin de ce mois, il furvint à cette femme un écoulement de fang qui charioit avec lui des cheveux & du poil. Le Médecin lui ordonna une potion pour la foutenir pendant cet écoulement, qui dura quatre jours. Huit jours après, fon ventre diminua confidérablement, & on fentit beaucoup moins le corps roulant dont nous venons de parler. Pendant ce tems, la fanté de cette femme ne fut point altérée : elle avoit de bonnes couleurs & bon appétit : elle vaquoit à fes affaires comme à l'ordinaire.

Au mois de Février 1755, elle conjectura, par la fuppreffion de fes règles, qu'elle étoit groffe, & elle ne fe trompa point. Elle accoucha le 8 Décembre, d'un enfant qui fe portoit bien.
Sa

Sa couche ne fut point heureuse ; les vuidanges se supprimèrent ; il survint des coliques, des tranchées, des douleurs de reins, & ces douleurs la retinrent au lit jusqu'au 5 Février 1756. Le 8 Mars, les douleurs de reins se renouvellèrent, & presque dans tout le bas-ventre. Il parut une tumeur vers le nombril, qui lui causoit des douleurs vives & des élancemens qui lui enlevèrent le sommeil & la tranquillité. Le lendemain, cette tumeur perça, & il en sortit une sanie purulente. M. *Glodat*, Chirurgien, qui vint la voir, après avoir nettoyé la plaie, découvrit une seconde tumeur dont il fit l'ouverture, & il en tira plein une écuelle de matière purulente, & pansa la plaie. La suppuration s'arrêta en quatre ou cinq jours ; on la rétablit en dilatant l'ouverture avec une tente spongieuse. Le lendemain, en levant l'appareil, il sortit de la matière & deux petits os qui étoient deux côtes d'un fœtus. Ce phénomène étonna, & le mari de la femme, & le Chirurgien. M. *Bochard* fut consulté par ce dernier, & ils jugèrent qu'il falloit tirer le fœtus qui se présentoit par cette ouverture. M. *Glodat* sonda d'abord, pour s'assurer de la présence du corps étranger ; il sentit des os séparés, & sur-tout ceux de la tête, & il en fit l'extraction avec toute la dextérité possible. Les os étoient découverts, le fœtus étoit un vrai squelette, le placenta étoit pétrifié, ou du moins d'une consistance de pierre ; l'opération réussit, & la femme revint en bonne santé. Voilà donc encore un fœtus sorti de la matrice & tombé dans la cavité du bas-ventre.

Le fait suivant peut servir de pendant au précédent. *Anne Mullerin*, née en 1626 à Limzell, village de Souabe dans le Duché de Wirtemberg, femme d'une conſtitution maigre & sèche, d'ailleurs gaie & de bonne ſanté, eut à l'âge de quarante-huit ans tous les ſignes d'une groſſeſſe, & enfin des douleurs pendant ſept ſemaines, mais ſans ſe terminer par un accouchement. Elle en fut délivrée par les bains d'Aalen, mais non de la tumeur qu'elle avoit cru être un enfant. Cette tumeur ſubſiſta toujours ſans augmenter & ſans lui cauſer de douleurs, mais ſeulement l'incommodité d'un gros fardeau. Avec ce gros ventre, qui étoit parfaitement celui d'une femme enceinte, elle ne laiſſa pas de le devenir encore, & elle eut de ſuite deux enfans qui ſe portèrent fort bien. Elle devint veuve en 1680, & elle ſurvécut à ſon mari quarante ans, pendant leſquels elle a toujours prétendu être groſſe. Enfin, en mourant en 1720, elle ordonna qu'on l'ouvrît, pour qu'on jugeât de ſa groſſeſſe de quarante-ſix ans. Le Chirurgien du village, qui l'ouvrit avec peu d'adreſſe & de précaution, lui trouva dans le ventre une maſſe ronde, groſſe comme une boule à jouer aux quilles, ſans remarquer comme elle étoit ſituée ; & comme elle étoit très-dure, il l'ouvrit d'un coup de hache. M. Camerer, Profeſſeur en Médecine, auquel on fit paſſer cette maſſe, telle qu'elle étoit ſortie des mains du Chirurgien, l'examina. Elle contenoit un fœtus très-viſible dans la plus grande partie de la moitié ſupérieure de ſon corps : le reſte demeura caché, parce qu'on ne voulut pas faire plus de recherches, afin de conſerver cette maſſe pour le cabinet du Duc de Wirtemberg, qui en fit préſent à l'Académie Royale de Chirurgie.

Nous terminerons cet article par un fait bien singulier obfervé dans un accouchement fait à Grenoble au mois de Juin 1774. M. *Girard*, Chirurgien de cette ville, fut appellé à l'accouchement d'une femme, qui fe plaignoit d'avoir été bien plus incommodée de cette groffeffe que des précédentes. Elle accoucha d'un gros garçon. Le Chirurgien foupçonna qu'elle portoit un fecond enfant; il fentit fous fa main une tumeur oblongue, mobile, affez molette, & dégagée dans toute fon étendue. Il parvint à l'extraire fans aucune altération & dans toute fon intégrité. Ce corps mis fur la main, préfentoit une forme fphérique. M. *Girard* obferva à la lumière, qu'il étoit enveloppé d'une membrane très-fine, liffe, polie, tranfparente & fans aucune trace, aucune éminence par où il pût contracter d'adhérence; extrêmement léger d'ailleurs, quoique gros comme une boule à jouer, ce font fes propres expreffions. Il le pofa fur une table; & tandis qu'il s'occupoit à fecourir la malade, il éclata tout d'un coup de lui-même, & prefque fans laiffer la plus légère trace après lui.

AGATHE MERVEILLEUSE. On lit dans l'Anthologie, Feuille périodique Italienne, qu'il fe trouve dans un cabinet en France, mais on n'indique ni le lieu, ni le propriétaire, une agathe qui repréfente des deux côtés un cygne. Si on met, ajoute-t-on, cette pierre dans un lieu humide, & qu'on la tienne pendant quelques heures enveloppée dans un papier mouillé, le cygne difparoît entiérement. L'agathe qui, avant cette opération, étoit grife & parfemée de pointes rouges, n'eſt plus que d'une couleur uniforme, d'un gris cendré, & certaines taches auparavant tranſparentes, deviennent opaques. Qu'on ôte en-ſuite cette pierre de l'humidité, le cygne repa-roît auſſi-tôt, & les taches recouvrent leur pre-mière tranſparence. Au reſte, on ne peut douter que cette pierre ne ſoit une véritable agathe.

Nous ne faiſons aucune réflexion ſur ce phé-nomène qui paroît certainement merveilleux. Nous regrettons ſeulement de ne pouvoir indi-quer l'endroit où l'on pourroit voir cette ſingu-lière pierre, & s'aſſurer de la certitude du phéno-mène qu'on lui attribue. Ce qu'il y a de conſtant, c'eſt que rien n'eſt plus ſuſceptible de ſe prêter au merveilleux que l'agathe, ſur-tout celle qui eſt d'une ſeule couleur, & qu'on appelle *Agathe ſim-plement dite*. Elle eſt ſouvent un peu nuancée de diverſes couleurs ſans ordre, & les jeux de la Nature qui s'y ſont ordinairement remarquer, ſont tout-à-fait bizarres & variés à l'infini. On croit quelquefois y appercevoir différens objets bien diſtincts, tels que des ruiſſeaux, des gazons, des payſages ; & l'imagination ſe prêtant à l'illuſion, certaines perſonnes croyent y appercevoir des payſages entiers. Telle étoit la fameuſe agathe de *Pyrrhus*, ſur laquelle, au rapport de *Pline*, on prétendoit voir *Apollon* avec ſa lyre & les neuf Muſes, chacune avec ſes attributs. Mais tou-jours, celle dont nous venons de faire mention a quelque choſe de plus merveilleux encore.

AIMANT. Les propriétés de ce minéral ſont encore un myſtère en Phyſique, & ſi elles n'étoient point auſſi connues qu'elles le ſont, il

n'en eſt aucune·qui ne dût trouver place dans
cet Ouvrage. Cette eſpèce de ſympathie entre
les poles diſſemblables de deux aimans, cette
antipathie entre les poles de même nom, cette
vertu polaire elle-même ; quoi de plus merveilleux ! Mais tous les Ouvrages de Phyſique font
mention de ces propriétés ; elles ſont connues de
tout le monde, & conſéquemment elles ne
doivent point nous arrêter : nous nous occuperons donc ſeulement d'un phénomène magnétique, qui eſt encore une des merveilles de ce
genre qu'on ne peut trop étudier, & dont la
connoiſſance bien approfondie pourroit peut-
être nous conduire à la théorie du magnétiſme.

On ſait par plus d'une obſervation que les
ferremens expoſés aux injures de l'air, au haut
des édifices, ſe convertiſſent à la longue en de
véritables aimans. On en rapporte trois exemples
fameux. 1°. La croix du clocher de Saint-Jean
à Aix, renverſée en 1634 par un ouragan & un
coup de tonnerre ; 2°. les ferremens qu'on trouva
en 1690 dans la démolition du clocher de
Chartres, ſont bien connus de tous les Phyſiciens.
Le troiſième exemple, découvert à Mantoue,
n'eſt pas moins célèbre. On lit dans une lettre
de *Philippe Coſta*, (cette lettre eſt imprimée à
la fin de ſon Traité de la maniere de compoſer
les antidotes) qu'un morceau de fer, qui avoit
ſoutenu long-tems un ornement de briques au
clocher de l'Egliſe de Saint-Auguſtin à Mantoue, fut courbé par la violence du vent : que
les Religieux voulurent le faire redreſſer, &
qu'alors un Chirurgien, préſent à cette opération, reconnut qu'il reſſembloit à de l'aimant,

& qu'il attiroit le fer. Ces trois aimans factices s'attirèrent, vers la fin du siècle dernier, l'attention de M. l'Abbé *de Vallemont*, & il se proposa d'expliquer cette admirable transformation du fer en aimant. Son systême se trouve dans un petit Ouvrage *in-12.* imprimé à Paris en 1692, intitulé : *Description de l'Aimant qui s'est formé à la pointe du clocher neuf de Notre-Dame de Chartres*. On y trouve encore plusieurs expériences curieuses sur l'aimant ; mais cet objet n'est point du ressort de notre Ouvrage. Nous ne parlerons ici que des faits dont il est question dans ces sortes d'observations.

M. *Felibien* apporta à l'Académie un morceau de pierre ferrugineuse, provenant des débris du clocher de Chartres. Elle ressembloit parfaitement à un morceau d'aimant par sa pesanteur, sa couleur & sa vertu attractive. Il communiqua en même-tems une lettre de M. *Pintart*, Echevin de Chartres, datée du 19 Juillet 1691, par laquelle il lui donnoit avis de la découverte de cette matière magnétique dans la démolition de la pointe du clocher neuf de l'Eglise de Chartres, en lui envoyant quelques morceaux, dont quelques-uns n'attiroient point le fer, quoiqu'entiérement semblables aux autres. Il lui faisoit observer que les morceaux qui s'étoient formés à l'air, & hors de la maçonnerie, n'avoient aucune vertu, & enfin que la pierre dont le clocher étoit bâti étoit de Saint-Leu.

Quelque tems après, M. *Felibien* apporta à l'Académie d'autres morceaux de la même matière qui attiroient fortement le fer, & d'autres qui ne l'attioient aucunement. Il y avoit aussi un

morceau de fer, dont cette matière étoit formée ;
mais il ne jouissoit plus de la vertu magnétique.
On avoit prié M. *Pintart* d'observer la position
du Ciel dans laquelle se trouvoit ce fameux
morceau de fer ; mais il ne put satisfaire l'Académie à ce sujet, parce qu'on ne s'apperçut de
ce phénomène, qu'après la démolition du clocher. Ce fut M. *Cassé-Grain* qui fit cette découverte, ayant remarqué que quelques pièces de
l'ancien fer qui avoit servi au clocher, & dont
plusieurs morceaux tenoient encore aux pierres,
avoient le poids, la couleur & la solidité de
l'aimant. Il éprouva ensuite que plusieurs en
avoient la vertu, & on évalua la quantité de
celles-ci à la huitième ou la neuvième partie du
fer qui avoit été démoli, le reste n'ayant aucune
vertu. M. *de la Hire* remarqua que la plûpart des
morceaux de cette matière magnétique, dont il
y en avoit de fort gros & d'une grande vertu,
avoient leurs poles suivant leur largeur, c'est-à-
dire, suivant la largeur de la barre de fer où elle
s'étoit formée ; ce qui est remarquable, car le fer
ne s'aimante pas aussi bien selon sa largeur que
selon sa longueur.

Cette matière ne parut pas seulement un
changement de fer en une autre matière ; mais
elle parut être une espèce de végétation : elle
avoit acquis un certain volume. Aux endroits en
effet où elle s'étoit formée, elle avoit écarté &
cassé toutes les pierres qui y touchoient, & c'est
ce qui avoit causé la ruine du clocher. Elle étoit
aussi cassante, & beaucoup plus dure que le fer,
la lime ne pouvant y mordre non plus que sur la
pierre d'aimant.

C iv

On trouve presque par-tout dans les vieilles démolitions une semblable végétation sur de vieux fers renfermés dans la maçonnerie ou dans la pierre. M. *de la Hire* en a ramassé en différens endroits; mais il n'en a trouvé aucun qui eût la vertu magnétique. Il a essayé de la leur communiquer avec un aimant, mais sans succès; ce qui prouve que la nature du fer est détruite dans ces sortes de conversions.

Ne pourroit-on pas soupçonner que lorsque cette matière est pourvue de magnétisme, elle doit cette propriété à la foudre qui visite souvent les ferremens des bâtimens exhaussés? Car on démontre que la foudre, ainsi que l'électricité, ont la propriété de communiquer cette vertu au fer.

ANIMAUX TROUVÉS VIVANS, ET RENFERMÉS DANS DIFFERENS CORPS.

Plus un fait est singulier, plus il s'éloigne des loix ordinaires de la Nature, plus il mérite l'attention des Physiciens & des Amateurs. Dès qu'il est constaté, & qu'il l'est suffisamment, il doit être mis au rang de nos connoissances certaines. Dût-il renverser les opinions les plus universellement reçues, il n'en est pas moins constant. Le pyrrhonisme le plus opiniâtre ne peut en détruire la certitude, & ne serviroit qu'à mettre en évidence la morgue & l'orgueil qui nous porte naturellement à nier tout ce que nous ne pouvons expliquer. Les faits que nous allons rapporter sont de ce genre. Quoiqu'inexplicables, ils n'en sont pas moins certains, & nous ne pouvons mieux faire que de les recueillir, & de les présenter avec toute l'exactitude possible, pour les foumettre à l'examen. Plus ils feront multipliés, plus ils préfenteront de rapports à faifir, & peut-être fera-t-on furpris un jour d'avoir été fi long-tems fans en découvrir la caufe.

En 1683, M. *Blondel* rapportoit à l'Académie, qu'on trouvoit affez fréquemment à Toulon, des pierres dans lefquelles étoient renfermées des huîtres bonnes à manger.

En 1685, M. *de Caffini* faifoit mention d'un fait femblable, d'après le témoignage de M. *Duraffe*, qui avoit été envoyé Ambaffadeur à Conftantinople, & qui lui avoit affuré qu'on y trouvoit des pierres très-dures, dans lefquelles étoient renfermés de petits animaux nommés *Dactyles*, & bons à manger. Mais voici des faits qui paroîtront auffi furprenans au moins, & qui font plus récens.

Quelques Ouvriers de la carrière de Bourfvik, en Gothie, ayant détaché un bloc de pierre, l'un d'eux le fendit, & y trouva un crapaud vivant. On voulut détacher la partie qui portoit fon empreinte, mais elle fe réduifit en fable. Cet animal étoit gris-noir, le dos un peu ta-cheté. Il paroiffoit comme incrufté des petites parties de la pierre. La couleur de fon ventre étoit plus claire. Ses yeux, petits & ronds, jet-toient des feux, fous une membrane tendre qui les recouvroit. Ils étoient couleur d'or pâle. Lorfqu'on lui mettoit une baguette fur la tête, il fermoit les yeux comme s'il eût dormi, & les rouvroit peu-à-peu, lorfqu'on ôtoit la baguette. D'ailleurs il n'avoit aucun mouvement. L'ou-verture de fa bouche étoit fermée par une mem-brane jaunâtre. On le preffa fur le dos, il rendit

alors une eau claire , & il mourut. On trouva
fous la membrane qui couvroit la bouche, en
haut & en bas, deux dents aiguës, tranchantes,
& teintes d'un peu de fang. Depuis quand étoit-il
renfermé dans cette pierre ? C'eft une queftion
à laquelle on ne peut répondre.

M. *le Prince*, célèbre Sculpteur, affure avoir
pareillement vu, en 1756, à Ecretteville, au
Château de M. *de la Riviere-Lefdo*, un crapaud
vivant dans le noyau d'une pierre dure, où il
étoit comme encaftré; & les faits de cette efpèce
ne font point auffi rares qu'on pourroit l'imaginer.

En 1764, des Ouvriers des carrieres de Savo-
nieres, en Lorraine, vinrent annoncer à M. *Grignon*, qu'ils avoient trouvé un crapaud dans un
banc de pierre, à quarante-cinq pieds au-deffous
de la furface du fol. Ce célèbre Naturalifte fe
tranfporta auffi-tôt fur les lieux, mais il n'y trouva,
à ce qu'il nous affure dans fon excellent Ouvrage
intitulé : *Mémoires de Phyfique fur l'art de fa-
briquer le Fer*, aucun veftige de la prifon de cet
animal. Il obferva feulement une fente dans le
lit de la pierre; mais aucune impreffion du corps
de l'animal. Le crapaud qu'on lui avoit préfenté
étoit de groffeur moyenne, de couleur grife, &
paroiffoit dans fon état naturel. On affura alors
à M. *Grignon* que c'étoit le fixième qu'on trouvoit depuis trente ans , dans ces carrières. Ce
fait méritoit fans doute qu'on le fuivît de près :
auffi M. *Grignon* promit une récompenfe à celui
qui pourroit en trouver un autre, tellement renfermé dans la pierre, qu'il ne pût en fortir.

En 1770, on lui en fit voir un renfermé dans
deux écailles de pierre concaves, dans lefquelles

on affuroit qu'il avoit été trouvé ; mais en examinant ce fait avec une fcrupuleufe attention, M. *Grignon* trouva que cette cavité étoit l'impreffion d'un coquillage, & conféquemment il crut devoir le regarder comme apocryphe. Mais en 1771, ce même fait reparut fur la fcène, & fit le fujet du Mémoire curieux que M. *Guettard* lut à l'Académie Royale des Sciences de Paris. Le voici tel qu'il eft rapporté par ce célèbre Naturalifte.

En démoliffant un mur auquel on reconnoiffoit plus de cent ans d'exiftence, on avoit trouvé, au milieu du maffif de la maçonnerie, un crapaud, fans qu'on pût reconnoître le moindre paffage par lequel il eût pu pénétrer. On reconnut même à l'infpection de l'animal, qu'il y avoit très-peu de tems qu'il étoit expiré, & ce fut dans cet état qu'il fut préfenté à l'Académie ; ce qui engagea M. *Guettard* à faire des recherches fuivies fur cet objet, & dont on lira avec plaifir le détail dans l'excellent Mémoire que nous venons de citer.

Ces faits en rappellent d'autres de même genre & également conftans. Dans un pied d'orme de la groffeur du corps d'un homme, à trois ou quatre pieds au-deffus de la racine, & précifément au milieu, on trouva, en 1719, un crapaud vivant, de taille médiocre, maigre, & qui n'occupoit que fa petite place. Dès que le bois fut fendu, il fortit, & s'échappa fort vîte. Jamais orme ne fut plus fain, ni compofé de parties plus ferrées & plus liées. On ne vit aucun endroit par où le crapaud eût pu pénétrer ; ce qui fit dire à celui qui rapportoit ce fait, que l'œuf d'où il étoit forti, devoit s'y être trouvé à la naiffance de l'arbre, par quelqu'accident bien singulier. L'animal y avoit vécu sans air, & ce qui doit paroître plus surprenant encore, il s'y étoit nourri de la substance même du bois, & n'avoit crû qu'à mesure que l'arbre s'étoit accru. Ce fait fut attesté à M. *de Varignon*, par M. *Hebert*, ancien Professeur de Philosophie à Caen.

En 1731, M. *Seigne* écrivit précisément le même fait à l'Académie des Sciences de Paris, avec cette différence, qu'il s'agissoit d'un chêne au lieu d'un orme, & ce chêne étoit beaucoup plus gros que l'orme dont nous venons de faire mention ; ce qui augmente la merveille de ce phénomène. M. *Seigne* jugea par le temps nécessaire à l'accroissement de ce chêne, que le crapaud devoit s'y être conservé depuis quatre-vingts ou cent ans, sans air & sans alimens étrangers. Il paroît d'après le récit de M. *Seigne*, qu'il n'avoit aucune connoissance du phénomène précédent.

Nous citerons encore ici un fait du même genre : il est rapporté dans une lettre du 5 Février 1780, écrite des environs de Saint-Mexent, & dont voici la copie. J'ai fait abattre, il y a quelques jours, sur mon domaine, un assez gros chêne, afin d'en faire une poutre pour un bâtiment qui m'occupe. Cette opération s'est faite devant moi. Après que les branches & la tête eurent été séparées du tronc, l'arbre me paroissant propre à l'usage auquel je le destinois : comme j'en avois besoin sur le champ, j'ordonnai aux trois Ouvriers que j'employois à cette besogne, de l'équarrir à la mesure convenable. Il étoit question d'enlever de chaque côté l'épaisseur d'environ quatre pouces ; ce qui fut bientôt fait,

& toujours devant moi , m'étant assis près de là.
Quelle fut ma surprise, lorsque je vis ces trois
hommes jetter à-la-fois leur coignée , se réunir
à la même piece, se presser les uns les autres ,
en se penchant sur l'arbre , avec des signes d'é-
tonnement & d'admiration ! J'approche à la hâte,
& porte mes yeux sur la partie de l'arbre qui les
fixoit. Ma surprise égala bientôt la leur. Que
vis - je ? un crapaud gros comme un œuf, in-
crusté en quelque façon dans l'arbre , à la profondeur d'environ quatre pouces de son diamètre ,
& à la distance de quinze pieds de la racine. Un
coup de coignée avoit atteint & blessé grièvo-
ment cet animal, qui remuoit cependant encore.
Je le fis sortir avec effort de sa demeure , ou
plutôt de sa prison, dont il remplissoit si exactement la capacité, qu'il sembloit devoir y être
comprimé & étouffé. Je l'étendis sur l'herbe : il
paroissoit vieux, maigre, languissant , décrépit.
Nous examinâmes ensuite l'arbre avec l'attention
la plus scrupuleuse , pour tâcher de découvrir
la trace par où il eût pu se glisser dedans ; mais
l'arbre étoit plein & sain de tous côtés.

Ces faits , mais plus particulièrement le Mémoire de M. *Guettard* , dont nous avons parlé
ci-dessus , engagèrent M. *Hérissan* , qui vivoit
alors , à tenter des expériences propres à constater leur certitude.

Le 21 Février 1771 , il renferma trois crapauds vivans dans autant de cases de plâtre ,
fabriquées dans une caisse de sapin , recouverte
de toutes parts d'un massif de plâtre gâché &
fort épais. Le 8 Avril 1774, il fit l'ouverture
de cette boîte , après en avoir enlevé le plâtre,

& il trouva, dans les cafes de côté, les crapauds vivans. Celui du milieu étoit mort. Il fit obferver auffi que ce dernier étoit plus gros que les deux autres, & qu'il étoit très-gêné dans fa cafe. L'examen de cette expérience faite avec foin, fit juger, à ceux qui en furent témoins, que ces animaux avoient été tellement renfermés, qu'ils n'avoient eu, pendant tout ce tems, aucune communication avec l'air extérieur, & ils étoient demeurés, pendant ce laps de tems, totalement privés de nourriture.

L'Académie engagea M. *Hériffan* à répéter cette expérience. Il renferma de nouveau les deux crapauds vivans, après avoir retiré celui qui étoit mort, & il dépofa fa boîte entre les mains du Secrétaire de l'Académie, pour que cette favante Compagnie en fît l'ouverture, lorfqu'elle le jugeroit à propos. Mais ce célèbre Naturalifte étoit trop occupé de cet objet, pour s'en tenir à cette feule expérience. Il imagina donc de faire les trois fuivantes.

1°. Il renferma exactement, le 15 Avril fuivant, deux crapauds vivans dans un culot de plâtre, recouvert d'un verre, afin de voir ces animaux à travers, & de les obferver chaque jour. Le 9 du mois fuivant, il tranfporta cet appareil à l'Académie, & il fit voir que l'un des deux crapauds étoit vivant; l'autre étoit mort de la veille.

2°. Le même jour, le 15 Avril précédent, il avoit renfermé deux autres crapauds vivans dans un autre culot de plâtre, mais fermé fupérieurement par un entonnoir de verre. Ces animaux étoient pofés fur un peu de fable, & à l'aide de l'entonnoir, dont nous venons de parler, M. *Hérissan* leur faisoit tomber de huit en huit jours, trois gouttes d'eau sur le dos, ayant grand soin de refermer ensuite l'ouverture de l'entonnoir avec du mortier.

3°. Il en renferma encore un autre vivant dans un bocal qu'il entoura de sable, de façon qu'il n'eût aucune communication avec l'air extérieur. Cet animal, présenté dans le même tems à l'Académie, se portoit très-bien, & croassoit même chaque fois qu'on agitoit le bocal dans lequel il étoit renfermé.

Il est fâcheux que la mort ayant prévenu M. *Hérissan*, il n'ait pu suivre assez long-tems ces sortes d'expériences. Toujours est-il constant par la première qu'il fit, que deux crapauds ont très-bien vécu pendant l'espace de plus de trois ans sans aucune nourriture, & privés de toute communication avec l'air extérieur. Combien pourroient-ils vivre de cette manière ? C'est ce qu'on ne peut encore décider.

Nous observerons toutefois à ce sujet, que si ces sortes d'animaux soutiennent l'abstinence pendant un tems qui nous paroît extraordinaire au premier aspect, cette faculté leur vient d'un côté, d'une digestion très-lente, & d'un autre côté, peut-être de cette singulière nourriture qu'ils tirent de leurs dépouilles. M. *Grignon* a en effet observé que les crapauds se dépouilloient de leur peau plusieurs fois dans une année, & qu'ils avaloient leurs dépouilles. Un gros crapaud, nous dit-il, en a changé six fois dans l'espace d'un hiver. Enfin, ceux qu'on peut imaginer, d'après les faits rapportés ci-dessus, avoir paſſé pluſieurs ſiècles ſans prendre de nourriture, ont été dans une inaction ſi totale, dans une ſuſpenſion de vie, dans une température qui n'ont permis aucune diſſolution ; en ſorte qu'il ne leur a pas été néceſſaire de réparer aucune perte, & il eſt comme conſtant que l'humidité du local a entretenu celle de l'animal, néceſſaire ſeulement pour empêcher ſa deſtruction, par le deſſéchement de ſes parties.

Les crapauds ne ſont point les ſeuls animaux qui aient le privilége de vivre pendant long-tems privés de nourriture & de communication avec l'air extérieur. Les deux faits rapportés au commencement de cet article, en fourniſſent là preuve, à l'appui de laquelle viennent très-bien les ſuivans.

On a trouvé en Eſpagne deux vers vivans au milieu d'un bloc de marbre, qu'un Sculpteur de Madrid travailloit pour en faire un lion de couleur naturelle pour la Maiſon Royale. Ces vers occupoient deux petites cavités, où il n'y avoit aucune iſſue, par laquelle l'air pût s'introduire. Ils ſe nourriſſoient vraiſemblablement de la ſubſtance du marbre ; car ils en avoient la couleur. Ce fait eſt conſtaté par le Capitaine *Ulloa*, célèbre Eſpagnol, qui fut du voyage que MM. nos Académiciens firent au Pérou, pour déterminer la figure de la Terre. Il aſſure avoir vu ces deux vers.

Un ſcarabée, de l'eſpèce de ceux qu'on appelle capricorne, fut trouvé vivant dans une pièce de bois provenant du fond de cale d'un vaiſſeau, qui étoit dans le baſſin de Portſmouth. A l'extérieur de la pièce on ne remarqua aucune iſſue.

On

On lit dans les Affiches de Province, du 17 Juin 1772, qu'une couleuvre fut trouvée vivante dans un bloc de pierre de trente pieds de dia-mètre, dont elle occupoit le noyau ; elle étoit repliée neuf fois fur elle-même en ligne fpirale ; elle ne put fupporter l'air, elle mourut quel-ques minutes après. A l'examen de la pierre, on ne vit point la moindre fente par où elle eût pu fe gliffer, ni la plus petite ouverture par laquelle elle eût pu refpirer, & tirer aucune forte de fubftance.

Miffon fait mention, dans fon Voyage d'Italie, d'une écreviffe vivante, trouvée au milieu d'un marbre aux environs de Tivoli. M. *Peyffonel*, Médecin du Roi à la Guadeloupe, faifant creufer un puits dans fon habitation, les Ouvriers trou-vèrent des grenouilles vivantes, dans des lits de pétrifications. M. *Peyffonel*, craignant quelque furprife, defcendit dans le puits, fit creufer le lit de roche & de pétrifications, & en tira lui-même des grenouilles vertes, toutes femblables aux nôtres.

Le fait fuivant peut encore très-bien trouver fa place ici. M. *Vendron*, Directeur des Poftes de Dunkerque, écrivoit le 16 Janvier 1776, qu'il avoit un fort beau paon, qui avoit difparu depuis quelques jours : qu'il l'avoit fait chercher inutilement dans toute fa maifon : que fa cour étant pleine de neige, à la hauteur de quatre pieds, il avoit fait porter cette neige dans la rue, dans la crainte qu'elle n'inondât fes caves dans le tems du dégel, & qu'on avoit trouvé fon paon, vivant, renfermé fous un tas de cette neige. Cet animal, dit-il, étoit tout gelé ; je l'ai fait mettre auprès du feu, où il s'eſt dégelé; je lui ai fait donner enſuite à boire & à manger, & il ſe porte très-bien. M. *Vendron* eût dû indiquer combien de tems cet animal a été perdu, & a ſéjourné ſous ce tas de neige.

On a beaucoup raiſonné ſur ces ſortes de phénomènes : on a propoſé nombre d'hypothèſes, dans le détail deſquelles nous ne croyons point devoir deſcendre, vu que nous n'en connoiſſons encore aucune qui ſoit ſatisfaiſante. Il en eſt une cependant qui mérite d'être diſtinguée de la foule, non comme ſuffiſamment fondée, à la vérité, mais comme plus ingénieuſe, mieux ſuivie, & peut - être propre à nous mettre un jour ſur la voie de découvrir la cauſe de ces phénomènes extraordinaires. C'eſt l'opinion de feu M. *Lecat :* il l'expoſe dans un Mémoire ſavant qu'il publia à ce ſujet, & dans lequel il réfute les hypothèſes qu'on avoit imaginées juſqu'alors.

Il y démontre d'une manière très-ſolide, qu'on ne peut attribuer, avec certains Phyſiciens, ces ſortes de phénomènes à des œufs créés par l'Etre ſuprême, & répandus au commencement du monde dans les fluides de l'univers, & renfermés dès-lors dans les matériaux des corps où ces animaux vivans ſe ſont trouvés. Ce n'eſt point aſſez, dit M. *Lecat*, qu'un œuf ſoit formé, il faut qu'il ſoit fécondé. Or, dans l'opinion vulgaire, tous les œufs ſuppoſés répandus dans l'univers par le Créateur, n'ayant pas reçu cette fécondation, ſans quoi le concours du mâle ne ſeroit pas néceſſaire, la première rectification à faire à cette opinion, eſt que ces œufs n'ont point dû être pris dans ce premier & univerſel magasin, qui n'est peut-être pas si nécessaire qu'on le pense au système de la génération : que ces œufs, qui ont donné naissance aux animaux dont il est fait mention dans cet article, ont dû être pris parmi ceux qui avoient été fécondés par un mâle de l'espèce, & que la première époque des animaux trouvés vivans, ne date que d'une révolution quelconque, qui a enveloppé le frai, ou les œufs, dans les matériaux des corps où l'on a trouvé ces animaux.

Cette remarque, ajoute M. *Lecat*, diminue peut-être l'âge de notre amphibie de quelques milliers d'années ; (il parle du crapaud dont nous avons fait mention ci-dessus, trouvé à Ecretteville au centre d'une pierre,) cette révolution, & la formation du rocher pouvant être de beaucoup postérieures à la création du monde ; & on sent que nous ne saurions ici trop aller à l'épargne : quelque ménagers que nous soyons du tems, nous ne faisons que diminuer un peu la difficulté : un rocher est toujours quelque chose de fort vieux, & nous sommes peu accoutumés à regarder ces corps solides comme contemporains des créatures vivantes. C'est pourtant là le cas du crapaud d'Ecretteville. Quand cette fameuse pierre dure n'auroit que trois mille ans, & ce seroit peut-être la plus jeune de toutes les pierres dures, comment concevoir qu'un crapaud, un ver, un misérable insecte, dont la vie ordinaire est bornée à quelques mois, ou tout au plus à quelques années, puisse être portée à cet excès prodigieux. On adoucit un peu le paradoxe, en observant que la sobriété de nos animaux renfermés fut extrême ; que leurs mouvemens ont été nuls, ou infiniment petits, que par-là, leur nutrition, leur accroissement & leurs différens âges, qui en dépendent, doivent avoir eu des progressions infiniment lentes. On peut ajouter à ces causes d'une longue conservation, leur privation d'air, ou plutôt, comme nous l'avons déjà observé précédemment, l'abri où ils étoient des impressions & des variations de cet élément, qui est un des principaux agens de notre destruction. Ces raisons eussent paru victorieuses à M. *Lecat*, s'il ne s'agissoit que de faire vivre un animal plusieurs fois le tems ordinaire de sa vie : peut-être, par exemple, ajoute-t-il, les ferois-je valoir jusqu'à cinquante ans, pour un ver qui ne peut compter que sur une année de la part de la Nature : mais deux ou trois mille ans me paroissent passer les bornes de la possibilité, & me rendent tout mon paradoxe. Si le peu de mouvement, en effet, étoit une recette pour vivre long-tems, que de gens centenaires aurions-nous dans un siecle où il y a tant de gens oisifs ! La sobriété est sans doute le plus sûr moyen pour conserver sa santé ; mais elle n'a jamais porté les jours de personne au-delà d'un certain terme prescrit par la Nature ; & quand on supposeroit que jointe à d'autres précautions encore, on pourroit les doubler, les tripler, & même les quadrupler, ce qui est fort douteux, qu'est-ce que deux à trois cens ans dans un homme, comparés à deux ou trois mille ans dans un ver ? Ce n'est plus ici une vie composée de deux ou trois mises, pour ainsi dire bout à bout, c'en est deux à trois mille.

Pour concevoir la possibilité de cette espèce

d'immortalité, les lampes fépulcrales perpétuelles, tant vantées par quelques Auteurs, peu crues par quelques autres, mais remifes en honneur, en 1756, à Naples, par le Prince *San-Severo*, paroiffent venir à notre fecours. Dans un réduit fort étroit, privé du commerce avec l'air extérieur, & de toute diffipation, ce que la flamme ou la tranfpiration fait perdre à la mèche de la lampe ou à l'animal, eft obligé d'y rentrer; en forte que dans l'un ou l'autre cas, il s'établit une efpèce de circulation extérieure de ces fluides alimentaires qui perpétuent & la flamme de la lampe & la vie de l'animal. Mais qui ne voit au premier abord la foibleffe de ce raifonnement, pour peu qu'on connoiffe l'économie animale? Tranchons le mot avec M. *Lecat*, & difons qu'il n'eft pas poffible que le ver, le crapaud, ou tout autre animal renfermé dans un bloc de marbre, de pierre, foit parvenu à l'âge prodigieux qu'on voudroit lui donner. Pourquoi même feroit-il néceffaire qu'il y fût parvenu? Parce qu'il y a trois mille ans, plus ou moins, que l'œuf qui le contenoit a été renfermé dans les matériaux du marbre, du rocher, &c? mais ce n'eft point une raifon pour que la vie de cet animal date de cette époque. Le frai ou l'œuf fécondé, enfeveli par la révolution qui a formé le lit d'une carrière future de grès, a-t-il dû, a-t-il pu éclore fcellé d'un pareil maftic? Qui ne voit pas que cet état le mettoit dans l'impoffibilité de jamais éclore, & qu'il fe feroit même pétrifié avec toutes les parties animales qu'on y découvre encore chaque jour, s'il fût demeuré exactement uni à ces matériaux? Heureufement

pour lui, que quand ceux-ci prirent de la consistance par l'évaporation du liquide superflu, le
hasard lui laissa un petit vuide, qui l'a exempté
de cette pétrification, & une petite atmosphère
d'air qui a conservé l'existence à son fluide animal, & le principe de vie à tout le composé;
mais ce même réduit, inaccessible à toute impression de l'air & de la chaleur extérieure, bien
fait pour ralentir les opérations de la nutrition,
& la progression ordinaire des âges pendant une
longue suite d'années, aura pu, bien plus aisément, retenir assoupi pendant une longue suite
de siècles, cet esprit séminal concentré dans un
germe, où il n'y a aucun mouvement, ni intérieur, ni extérieur, qui puisse exciter ou dissiper
cet esprit. Si l'on conserve des années entières
la vertu prolifique des œufs par un simple vernis;
si l'on procure le même avantage aux graines
mises exactement à l'abri des impressions de l'air
& de l'humidité, que ne doit-on pas attendre
de la conservation d'un œuf renfermé dans le
centre d'un rocher? On conçoit donc que dans
cet état d'inertie, il peut subsister des milliers
d'années sans éclore, & qu'il ne peut même être
amené à ce dénouement que par des degrés extrêmes de chaleur souvent répétés, ou long-tems
continués. Alors, si nous rappellons la lenteur
des progrès de notre animal éclos, quelqu'inférieure qu'elle soit à celle que lui supposeroient
trois mille ans de vie, elle sera encore assez
considérable pour nous donner le tems de ren-
contrer, dans le grand nombre de pierres qu'on
ouvre, quelqu'un de ces solitaires merveilleux.
Si nous nous y prenons trop tôt, nous ne distin-

guerons pas dans la cavité du rocher, & pàrmi les matières qu'on y trouve d'ordinaire, un œuf que nous n'y foupçonnons pas, & que le microfcope feul pourroit nous y faire découvrir. Si nous nous y prenons trop tard, nous ne trouverons dans cette cavité que les cendres de l'animal, & ne leur foupçonnant pas une fi noble origine, nous les prendrons pour de la terre, ou pour quelqu'autre matière de craie qu'on y trouve communément.

ANIMAUX EXTRAORDINAIRES.

Quoique le phénomène fuivant doive plus à l'art qu'à la Nature, celle-ci a dû néceffairement y contribuer affez pour mériter de le ranger dans la claffe des merveilles de la Nature. Il s'agit d'un chien dont M. *Leibnitz* fait mention. Auprès de Zeitz, dans la Mifnie, j'ai vu, dit-il, un chien de Payfan, d'une figure commune & grandeur médiocre, dans lequel un jeune enfant trouva quelque difpofition à la parole. Il lui avoit entendu póuffer quelques fons qu'il crut reffembler à des mots Allemands, & fur cela il fe mit en tête de lui apprendre à parler. Le Maître, qui n'àvoit rien de mieux à faire, y mit tout fon tems, & au bout de quelques années, le chien fut prononcer environ une trentaine de mots; de ce nombre étoient les mots *thé*, *café*, *chocolat*, *affemblée*, mots François. Il eft à remarquer que le chien avoit bien trois ans quand il fut mis à l'école. Il ne parloit que par écho, après que fon Maître avoit prononcé un mot, & il fembloit qu'il ne répétoit que par force, & malgré lui, quoiqu'on ne le maltraitât pas.

D iv

L'éducation fait beaucoup chez les animaux; ils en font fingulièrement fufceptibles, fur-tout fi on y joint certains moyens qu'il feroit intéreffant de connoître. Le fieur *Wildam*, Anglois, avoit un talent fingulier pour élever des abeilles, des guêpes, & même plufieurs autres mouches. Le 4 du mois de Juin 1774, il fit, en préfence du Prince Stathouder & de la Princeffe Royale fon époufe, des expériences fur l'éducation & fur l'économie des abeilles. Il montra une ruche pleine de ces infectes, & dans l'efpace de deux minutes, il les fit fortir de cette ruche, pour aller fe pofer fur le chapeau d'un des fpectateurs. Delà, il les fit venir fur fon bras nud, & il en forma un manchon. Il les fit venir enfuite fur fa tête & fur fon vifage, fur lequel elles formèrent comme une efpèce de mafque. Il les fit enfuite marcher fur une table à fon commandement. Ce qu'il y a de plus extraordinaire dans la conduite & les talens de cet homme fingulier, c'eft qu'il peut faire les mêmes expériences avec tel effaim qu'on lui préfente, même avec des guêpes & autres mouches, & qu'il apprivoife les plus méchantes dans l'efpace de cinq minutes, fans danger d'en être piqué.

ANTIPATHIE. Si nos anciens fe fervoient improprement des mots *antipathie* & *fympathie*, pour expliquer une multitude de phénomènes dont ils ignoroient la caufe; nous avons confervé ces deux expreffions, pour défigner feulement nombre de phénomènes que nous ne pouvons expliquer à la vérité, mais dont nous ne pouvons mieux faire connoître l'efpèce que par ces deux expreſſions, dont l'une exprime un rapport de convenance, & l'autre un rapport de diſconvenance entre différentes choſes. Ce ne ſera donc point comme cauſe, mais ſimplement comme ſigne caractériſtique de la choſe, que nous nous ſervirons du terme d'*antipathie* dans cet article. Or, on peut déſigner ſous cette expreſſion une multitude de phénomènes naturels, plus ſurprenans & plus ſinguliers les uns que les autres.

M. *George Francus*, Profeſſeur en Médecine à Heidelberg, aſſure avoir vu une fille à Scheleſtat, qui, depuis ſeize ans, avoit pris une telle averſion pour le vin, qu'elle ne pouvoit prendre aucun remède, où on eût fait entrer la crême, ou le ſel de tartre, & à plus forte raiſon l'eau-de-vie, l'eſprit-de-vin. S'il arrivoit que, ſans le ſavoir, elle eût pris quelque choſe de ſemblable, auſſi-tôt une ſueur ſe répandoit ſur ſon corps; elle avoit des anxiétés, des oppreſſions, & elle tomboit en foibleſſe. Cette fille, cependant, étoit auparavant dans l'uſage de boire du vin.

Voici un phénomène ſemblable, mais avec une certaine modification. Il eſt rapporté dans les Ephémérides des Curieux de la Nature. Un Habitant, dit-on, de Copenhague, grand buveur d'habitude, ne peut boire de vin du Rhin avec du ſucre, qu'il n'éprouve ſur le champ un ſerrement douloureux à la gorge; ce qui ne lui arrive point lorſqu'il le boit pur.

Le phénomène ſuivant eſt bien plus ſingulier encore. Nous en donnons pour garant *Olaus Borrichius* qui le rapporte. Il connoiſſoit, nous dit-il, un Cabaretier qui frémiſſoit toutes les fois

qu'il voyoit du vinaigre fur la table, & il éprouvoit tout-à-coup une fueur froide. Ce qu'il y a
de plus fingulier encore, ce même homme pouvoit très-bien avaler de cette liqueur, fans en
éprouver la moindre incommodité, pourvu qu'il
ne ·la vît point. Ce n'eft pas le feul phénomène d'irritation nerveufe & d'agacement occafionné par l'organe de la vue. Combien d'objets
excitent par leur feul afpect une irritation plus
ou moins violente, & produifent, dans les perfonnes les plus fenfées & les plus raifonnables,
des mouvemens qu'elles ne peuvent empêcher
ni modérer? Rien de plus commun qu'une averfion naturelle contre certains infectes, certains
animaux; mais que ces fortes d'averfions fe faffent
fentir, & produifent des effets violens à l'afpect
de quantité de chofes inanimées, & qui nous font
familières, c'eft un phénomène des plus furprenans, & dont on trouve plufieurs exemples.

Olaus Borrichius dit avoir connu un Braffeur
à Copenhague, qui ne fauroit vanner, ni même
voir vanner auprès de lui de la farine d'orge,
fans reffentir de grandes douleurs dans le vifage,
& ces douleurs fubfiftent plufieurs jours.

Le même affure avoir connu un Gentilhomme
Ecoffois qui pâliffoit, & étoit prêt à fe trouver
mal, lorfqu'il voyoit de l'anguille rôtie.

Une Demoifelle, ajoute-t-il, ne pouvoit voir
une plume voler en l'air, fans jetter les hauts
cris, jufqu'à ce qu'on l'eût ôtée de fes yeux. Il
en étoit à peu près de même d'un Laboureur,
dont il parle, qui pleuroit & crioit horriblement,
lorfqu'il entendoit ouvrir une porte, ou lorfqu'il
voyoit paffer un chien, ou un cheval. Comment

expliquer des phénomènes de cette espèce?

On n'explique pas mieux le suivant. *Godefroi Samuel Pelifius* dit avoir connu un homme qui étoit si troublé, lorsqu'il voyoit de la salade & des harengs, qu'une sueur froide lui couloit du visage & des mains, avec danger de tomber en syncope. Il se guérit cependant à la longue de cette antipathie, & il parvint même à manger de ces mets. Son père avoit éprouvé les mêmes antipathies; mais on ne nous apprend pas s'il s'en étoit guéri comme son fils.

On lit encore dans les Ephémérides des Curieux de la Nature, d'autres faits du même genre, qui ne sont pas moins inexplicables.

Jean Pechmann, savant Théologien, avoit une antipathie singulière, & dès sa plus tendre enfance, pour le balayage. Dès qu'il entendoit balayer le pavé, il devenoit inquiet, sa respiration devenoit difficile, & il soupiroit comme un homme qui craint d'être suffoqué. On fit inutilement tout ce qu'on put pour l'accoutumer à supporter le bruit d'un balai qui frotte le pavé, & on le vit plus d'une fois s'élancer par la fenêtre, à l'aspect seul d'un balai, avec lequel une des Servantes de la maison le poursuivoit. Si dans le tems de ses prières, où il avoit l'esprit occupé, on venoit à frotter le pavé auprès de lui, soit avec un balai, soit avec de la férule, il devenoit aussi-tôt pâle, inquiet, & souvent couvert de sueur. Si dans les places publiques, il rencontroit par hasard des gens qui balayassent le pavé, on le voyoit fuir comme un insensé, & même on l'a vu plus d'une fois, assistant à des disputes dans des assemblées publiques, sortir de fa place, s'enfuir, ou aller prendre l'air à une fenêtre, lorfque quelqu'un, voulant l'inquiéter, balayoit légérement le pavé avec de la férule, & que ce bruit parvenoit à fon oreille.

Le fait fuivant n'eft pas moins furprenant. On rapporte qu'une femme de Batavia ne pouvoit jamais manier ou tenir entre fes mains un morceau de fer, un clou, par exemple, une aiguille, &c, qu'elle ne fût auffi - tôt couverte de fueur dans toute l'habitude de fon corps. D'ailleurs, quelque mouvement qu'elle fe donnât, il étoit impoffible de la voir fuer, & même on affure qu'elle avoit habituellement froid, comme la plupart des femmes de fon pays : elle étoit originaire du Japon.

Si ce que nous allons rapporter n'eft point une fourberie faite à deffein, il eft conftant que le fait fuivant eft un des plus extraordinaires. Le voici tel que *George Hannæus* le rapporte dans les Actes de Copenhague, pour l'année 1676.

Le nommé *Olaus*, dit-il, que nous avons vu ici pendant quelque tems demander l'aumône, avoit une telle averfion pour fon nom, qu'il prioit inftamment tous ceux auxquels il parloit, & dont il étoit connu, de ne point le nommer. Ceux qui, par imprudence & par malice, l'appelloient *Olaus*, lui caufoient une révolution fubite. La première fois qu'il s'entendoit nommer, il commençoit à friffonner; la feconde fois il fecouoit la tête, en frémiffant, & en donnant quelques marques d'indignation : fi on continuoit encore, il fe frappoit la tête contre les murs & contre les pierres, & tomboit comme en apoplexie, ou comme s'il eût eu un accès d'épilepfie. Au refte, ajoute *Hannæus*, il fe portoit très-bien.

ARBRE DU JAPON. Il eft dans le Japon un arbre qui ne peut fouffrir aucune humidité. Auffi-tôt qu'il eft mouillé, il fe flétrit, & il meurt, fi on ne lui donne un prompt fecours. Veut-on le rappeller à la vie? il faut le couper près la racine, le faire fécher au foleil, & le tranfplanter dans un terrein bien fec. La terre eft le feul élément, qui puiffe lui convenir. Comment concilier ce phénomène avec les loix générales de la végétation.

ARC-EN-CIEL. Quoique connu de tout tems, le phénomène des arcs-en-ciel étoit regardé par nos anciens comme l'un des plus inexplicables; mais, grace aux travaux du célèbre *Marc-Antoine de Dominis*, à ceux de *Defcartes* & de *Newton*, c'eft l'un des phénomènes céleftes dont il eft le plus facile de rendre raifon, & il n'eft aucun Traité de Phyfique dans lequel il ne foit parfaitement bien expliqué. Souvent l'arc-en-ciel principal fe trouve entouré d'un fecond arc, dont les couleurs ne font point à la vérité auffi vives; & ce fecond phénomène s'explique auffi facilement que le précédent. Mais on en obferve quelquefois un troifième: c'eft un troifième arc-en-ciel excentrique aux précédens, & dont les couleurs font dans le même ordre que celles du premier arc. Quant à ce dernier phénomène, qui eft on ne peut plus rare, il femble fortir de la théorie générale des arcs-en-ciel ordinaires; & il n'eft pas furprenant que quelques-uns l'ayent rangé dans la claffe des merveilles de la

Nature. La plus ancienne obſervation que je connoiſſe de ce genre, fut faite en 1565 à Chartres, par M. *Eſtienne*, Chanoine de la Cathédrale de cette ville ; & l'explication qu'en donna dans le ſiècle ſuivant M. *Halley*, tire ſon principe de l'idée qu'en avoit donné M. *Eſtienne*. Cette explication ſe trouve encore confirmée par une obſervation du même genre faite en Dalécarlie, Province de Suéde, en 1743, par M. *Celſius*, célèbre Profeſſeur d'Aſtronomie à Upſal.

M. *Halley* attribue cet arc excentrique à la réflexion des rayons du ſoleil qui tomboient ſur la rivière de Dée, au moment de ſon obſervation faite l'an 1698, à Cheſter, le 17 Août, à ſix heures & demie du ſoir. On la trouvera conſignée dans les Tranſactions Philoſophiques de Londres. Or, en ſuppoſant la vérité de cette explication, ce phénomène qui s'obſerve ſi rarement pourra devenir aſſez fréquent, en ſe plaçant comme il convient pour le faire naître ou pour le voir dans les circonſtances favorables, ſavoir, d'un arc-en-ciel bien marqué, d'un ſoleil brillant, & d'une eau tranquille. Il paroît même aſſez indifférent de ſe placer entre le ſoleil & le point réfléchiſſant de l'eau, ou entre ce point & l'arc-en-ciel ; car le même phénomène doit avoir lieu dans ces deux circonſtances, comme il paroît par les obſervations de M. *Eſtienne* & de *Celſius*.

S'il eſt rare d'obſerver le phénomène dont nous venons de parler, il ne l'eſt pas moins d'obſerver des arcs-en-ciel entiers. M. *Paſumot* en obſerva un de cette dernière eſpèce, le 23 Septembre 1765, étant ſur le ſommet du Mont d'Or. Il y fut ſurpris par des brouillards épais & condenſés, qui paroiſſoient ne pouvoir tenir long-tems parce qu'ils étoient violemment entaſſés, accumulés & roulés par un vent du nord qui ſuivit leur apparition. Dans un inſtant où une partie de ces brouillards étoit comme en dépôt, & rempliſſoit tout le vaſte & profond vallon de Chambon, un rayon de ſoleil perça les brouillards ſupérieurs, & lui fit voir dans le vallon une très-petite iris entière, d'environ dix-huit à vingt-un pieds de diamètre.

On voit encore un fait extraordinaire obſervé par le Pere *Pardie*, & dont il fait la deſcription dans une lettre écrite de la Rochelle le 27 Septembre 1666. Comme je paſſois, dit-il, ſur une levée aſſez haute, qui traverſe du midi au nord, une grande prairie ſituée ſur les bords de la Charente, au-devant de Taillebourg, je vis les couleurs de l'arc-en-ciel répandues ſur la verdure de cette prairie. Ces couleurs ſuivoient le mouvement de mon cheval ; elles s'étendoient & devenoient plus vives à meſure que j'avançois. Enfin, je les vis prendre la forme d'un demi cercle renverſé qui rempliſſoit toute cette vaſte étendue de prés, & dont les reflets étoient très-éclatans. Le ciel étoit ſerein, le ſoleil élevé d'environ quinze degrés : des brouillards qui avoient été fort épais le matin, & qui étoient alors entiérement diſſipés, avoient laiſſé l'herbe de la prairie toute couverte de petites gouttes d'eau, & c'étoient ces gouttes qui réfléchiſſoient les rayons du ſoleil.

Quelques jours auparavant, j'avois vu une autre iris très-remarquable, parce que je la vis à midi ; c'étoit avant l'équinoxe. Je me trouvois au ſommet de l'une des Pyrénées. Le ſoleil étant

élevé de plus de quarante-sept degrés, une
grande pluie survint sans que le soleil me parût
obscurci. Je courus sur les bords de la montagne,
d'où l'on découvroit une campagne assez étendue, où la pluie tomboit fort épaisse, & des montagnes éloignées aussi hautes que celle où j'étois.
Je vis dans cette campagne, & sur les montagnes
voisines, un très-bel arc-en-ciel de la forme
ordinaire, & dont le sommet étoit plus bas que
mon horison. Si le soleil eût été moins haut, j'eus
vu plus de la moitié du cercle, ou même le cercle
entier, si la disposition du lieu eût été favorable.

Les arcs-en-ciel lunaires sont encore assez extraordinaires & assez rares. M. *de Cassini* n'en avoit
point encore observé en 1693, depuis qu'il étoit
en France, & il y avoit alors bien des années
qu'il y avoit fixé sa demeure. Il se souvenoit très-
bien d'en avoir vu un en Italie, semblable à celui
dont on lui parla alors, & qui avoit été observé
à Bourges par M. l'Abbé *de Vallemont*, Docteur en Théologie de cette ville, & dont celui-ci
fit part à M. *Pintare*, ancien Echevin de la ville
de Chartres. Je viens, lui disoit-il dans une lettre
qu'il lui écrivoit à ce sujet, d'observer une chose
qui m'a paru extraordinaire. Aujourd'hui 18 Juillet 1693, à neuf heures & un quart du soir, la
lune étant assez claire du côté du midi, & le ciel
couvert d'un nuage fort épais du côté du septentrion, il s'est formé un arc-en-ciel dans ce nuage,
auquel je n'ai rien vu de pareil jusqu'à présent. Il
n'avoit aucune des couleurs ordinaires à l'arc-
en-ciel que l'on voit de jour : son cintre étoit
plein & entier ; il paroissoit blanchâtre, ou plutôt
comme une lumière embarrassée dans cette nuée
épaisse,

épaisse, de la largeur de l'arc-en-ciel ordinaire. Je l'ai observé un bon quart-d'heure, & je l'ai fait observer à un homme qui étoit avec moi.

M. *Pintart* répondit à cette lettre, que l'Observateur avoit très-bien jugé lorsqu'il avoit regardé ce phénomène comme extraordinaire & comme un véritable arc-en-ciel lunaire ; puisqu'en effet il paroissoit vers le nord, & que la lune étoit alors dans la partie du ciel opposée, c'est-à-dire vers le sud. Il est évident que cet arc-en-ciel étoit formé par la réflexion qui se faisoit dans cette nuée épaisse, des rayons de la lumière vers nos yeux. C'est ainsi que l'iris solaire se fait dans une nuée pluvieuse, par la réflexion des rayons du soleil dans la partie du ciel qui lui est opposée. D'ailleurs, comme le soleil s'étoit couché à l'occident, & qu'il y avoit quelques heures qu'il étoit sous l'horison, il ne pouvoit être la cause d'un phénomène qui paroissoit au-dessus vers le nord. Ce qui achève encore de démontrer que c'étoit véritablement un arc-en-ciel lunaire, c'est la couleur foible & blanchâtre qu'on observa dans le phénomène. Comme il n'y a en effet de lumière dans la lune que celle qu'elle reçoit du soleil, l'arc-en-ciel, qui n'est qu'une réflexion de cette lumière empruntée, doit être moins coloré & plus blanchâtre pour l'ordinaire que l'iris que forment les rayons vifs & ardens du soleil.

Si on parcourt l'histoire de toutes les observations de ce genre, on verra qu'elles sont très-rares. *Aristote* assure n'en avoir vu que deux de cette espèce dans l'espace de cinquante ans ; mais il se trompe fort dans ce qu'il ajoute à ce sujet dans le second Chapitre de son troisième Livre

Tome I. E

des Météores, lorsqu'il prétend, 1°. que l'arc-en-ciel lunaire ne peut avoir qu'une seule couleur ; 2°. qu'il n'arrive qu'une fois le mois ; 3°. qu'il se fait le jour de la pleine lune ; 4°. que la lune doit être alors à l'orient ou à l'occident.

1°. Il est manifestement faux que l'arc-en-ciel lunaire n'ait qu'une seule couleur blanchâtre. *Cornelius Gemma*, Médecin de Louvain, apperçut le 12 Mars 1569, à minuit, un arc-en-ciel lunaire qui étoit parfaitement revêtu de toutes les couleurs qu'on remarque ordinairement dans l'arc-en-ciel du soleil. Consultez son Ouvrage intitulé : *De Nat. Divinis Caracterismis, lib. 2, cap. 2.*

Daniel Senner, célèbre Médecin de Wirtemberg, rapporte aussi que, l'an 1599, dans le milieu de l'été, après une pluie & un tonnerre effroyables, il remarqua vers la fin de cet orage nocturne, entre le septentrion & l'orient, un arc-en-ciel de lune avec des couleurs aussi distinctes & aussi belles que celles qu'on remarque dans les iris solaires.

2°. Il est également faux que l'arc-en-ciel lunaire ne puisse arriver qu'une fois le mois. M. *Bernier*, si connu par son grand Ouvrage des Indes Orientales, nous apprend dans ses Mémoires sur l'Empire du Mogol, qu'il a observé un arc-en-ciel lunaire deux nuits de suite.

3°. *Aristote* se trompe encore lorsqu'il prétend que l'iris lunaire ne se peut former qu'au tems de la pleine lune. *Albert* atteste le contraire dans une observation de cette espèce, qu'il fit lorsque la lune étoit encore fort éloignée d'être pleine.

Quant à celui qui fut obfervé à Bourges par M. *de Vallemont*, il le fut à la vérité le jour de la pleine lune ; & de fait, cela doit plus particu-lièrement arriver dans cette circonftance de tems, puifqu'alors la lune étant toute lumineufe, & char-gée autant qu'il fe peut des rayons du foleil, elle eft plus à portée de les tranfmettre dans la nuée qui lui eft oppofée ; & où fe fait cette réflexion. Mais cette condition n'eft point effentielle à la production de ce phénomène, comme *Bernier* l'obferve très-bien dans fon Abrégé de Philofo-phie, dans lequel il affure que l'arc-en-ciel lu-naire qu'il obferva fur le Gange, dans les Indes, deux jours de fuite, fe fit avant que la lune fût entièrement pleine.

Quoiqu'on regarde ce phénomène comme affez rare, il ne l'eft cependant pas autant qu'*Ariftote* le prétendoit : car, outre les deux que *Bernier* obferva deux jours de fuite, *Snellius* dit en avoir obfervé un en 1617, & un autre en 1618. *Gar-cæus* rapporte dans fa Météorologie, en avoir ob-fervé en 1523, 1524, 1525, 1537 ; & pour peu qu'on voulût faire quelques recherches fuivies fur les différens Auteurs qui parlent de ce phéno-mène, il eft probable qu'il n'y auroit guère d'an-nées où on n'en eût obfervé de femblables.

Je ne parlerai point ici des prédictions que l'Aftrologie judiciaire avoit attachées ancienne-ment à l'apparition de ces fortes de phénomènes. Dans un fiècle auffi éclairé que le nôtre, il n'eft perfonne qui ait befoin d'être prémuni contre des abfurdités de cette efpèce. Mais une obfervation qui ne nous paroît point hors de place, & qui juftifie jufqu'à un certain point la bonne crédulité du peuple à ce fujet, c'eſt qu'on a obſervé aſſez communément des événemens très-extraor-dinaires que le haſard a fait naître après de ſem-blables apparitions.

Cornelius Gemma, que nous avons cité ci-deſ-ſus, aſſure que l'arc - en - ciel de lune qu'on ap-perçut le 12 Mars 1569, fut ſuivi d'un horrible tremblement de terre, qui, joint à un bruit ſourd, jetta l'épouvante dans tout le pays. Cet accident arriva le 14 Mai ſuivant, vers minuit.

L'arc-en-ciel lunaire qui fut obſervé à Bour-ges, eut auſſi le malheur de devancer de treize jours un accident fâcheux, dont la mémoire ne ſe perdra jamais dans ce pays. Voici ce que M. *Petit*, Doyen des Conſeillers du Préſidial, écrivit à ce ſujet à ſon fils, qui étoit alors à Paris.

Cette ville eſt dans la plus grande déſolation qui puiſſe jamais arriver. Elle eſt cauſée par un incendie qui a commencé par la maiſon d'un Boulanger, toute pleine de fagots. Le feu a été ſi violent, qu'il a pouſſé des flammes juſqu'au haut de la Sainte Chapelle, où le feu a pris à des nids d'oiſeaux. Comme on ne s'en eſt apperçu que quand il n'y avoit plus moyen de l'éteindre, tout le clocher a été brûlé & le plomb fondu, avec trois cloches. Tout cela étant venu à tomber ſur le toît de l'Egliſe, a briſé les ardoiſes & con-ſumé la charpente ſi admirable de cette belle Egliſe. Le feu s'eſt enſuite porté au Palais (adja-cent), où il a réduit en cendres en moins d'une heure, cette vaſte ſalle, dont la grandeur extraor-dinaire de la charpente étoit regardée comme la merveille du pays. De-là, le feu eſt ſorti de la ville, & eſt allé brûler plus de cent maiſons autour des Minimes. On a été toute la nuit fur pied. L'épouvante étoit générale; car fi le vent eût tourné, toute la ville étoit confumée. Le S. Sacrement a été expofé toute la journée d'hier, fous la petite porte de la maifon du Roi. Selon le rapport fait par MM. les Echevins, il y a eu cent quarante maifons réduites en cendres, & la perte eft eftimée à deux millions.

Cet accident furvint effectivement treize jours après l'obfervation de l'iris lunaire que nous avons rapportée ci-deffus. Ce phénomène fut obfervé le 18 Juillet 1693, fur les neuf heures du foir, & l'incendie commença le vendredi 31 du même mois, à onze heures du matin. Que les Aftrologues de ce tems eurent beau jeu pour accréditer leurs prédictions !

Un arc-en-ciel bien fingulier, mais dont on trouve cependant plus d'un exemple, fut celui dont parle le Docteur *Albrecht*, & qu'il obferva le 7 Juillet 1701. Le tems, nous dit-il, fut très-beau ce jour-là jufqu'à deux heures après midi. Il furvint alors un vent d'oueft, & le ciel fe couvrit bientôt de nuages : une heure après, il tomba une pluie très-abondante qui dura une heure & demie. Les nuages les plus épais s'étant diffipés vers le couchant, le foleil reparut, mais une pluie fine fuccéda à cette groffe pluie, & dura affez long-tems. J'étois alors avec plufieurs perfonnes dans une maifon conftruite dans mon jardin, & regardant par la fenêtre, j'apperçus fur la fuperficie de la terre un très-bel arc-en-ciel avec fes couleurs ordinaires ; il avoit la forme d'un demi-cercle très-régulier. Ce phénomène dura plus d'un quart-d'heure, & fubfifta tant que la pluie fine continua à tomber. Mais dès qu'elle eut cessé, & que les nuages se furent dissipés, les couleurs de cet arc s'effacèrent peu à peu, & on n'apperçut plus à la fin qu'une couleur jaunâtre, qui disparut aussi bientôt après. Je voulus, avant que cet arc-en-ciel s'évanouît, constater si deux spectateurs voyent le même arc-en-ciel; & pour cela ayant bien remarqué les différens objets de mon jardin, qui correspondoient à celui-ci, & sur lesquels il paroissoit s'être peint toutes les fois que je faisois un pas à droite ou à gauche, ou en avançant, je le voyois changer de situation; & me remettant dans le lieu que j'avois quitté, il revenoit à la même place. Plusieurs firent la même observation, & furent convaincus que la situation apparente de l'arc-en-ciel est relative à l'axe de la vision de chaque observateur.

ARGILE. C'est une terre compacte, pesante, de différentes couleurs ou mélangées. Elle est on ne peut plus abondante; elle sert de base à la plûpart des rochers. Nous laisserons aux Naturalistes le soin d'en distinguer les différentes espèces, & d'en assigner les propriétés & les usages; notre but est d'en faire remarquer ce qu'elle peut offrir de singulier & de merveilleux. Or, on lit dans l'Histoire de l'Académie des Sciences pour l'année 1739, que de l'argile à Potiers, celle qu'on emploie pour faire des pots & autres ouvrages de poterie, étant lavée, exposée à l'air libre, & imbibée d'eau de fontaine, a acquis, au bout de quelques années, la dureté d'un caillou. On prétend qu'on a observé la même chose en Amérique, sur de la terre-glaise qui se trouve sur

les bords de la mer. M. *Pott* attribue ce phénomène singulier à l'écume grasse de la mer.

Ce fait s'accorde parfaitement avec la relation
du Père *Palaprat*. Il dit qu'on trouve auprès du
fleuve des Amazones une espèce particulière
d'argile verte, qui est assez molle lorsqu'elle est
sous l'eau, pour qu'on puisse lui faire prendre
l'empreinte de toutes sortes de figures ; mais
qu'elle n'est pas plutôt exposée à l'air, qu'elle
acquiert la dureté du diamant : il assure, qui plus
est, avoir vu huit coins faits de cette argile,
dont les paysans Indiens se servoient pour fendre
du bois.

ATTACHEMENS EXTRAORDINAIRES.

Les animaux donnent souvent à l'homme des
leçons dont il pourroit se faire gloire de profiter. Nous n'en citerons que quelques exemples.
Des paysannes de la Cerdagne Espagnole, située
sur les plus hautes Pyrénées, virent, en cueillant
des épinards sauvages, une troupe d'*Irzans*, espèce de chevreuils sauvages, suivis de leurs petits. Elles tentèrent de saisir un de ces derniers,
& elles y réussirent. Le reste de la troupe s'étoit
enfui. Mais à peine le pauvre animal eut-il poussé
quelques bêlemens, qu'on vit au loin un irzan
qui sembloit prêter l'oreille : c'étoit la mère.
L'une de ces femmes voulut essayer, par le
moyen du petit, de l'attirer & de la prendre.
Elle monta sur un rocher escarpé avec sa proie,
& la montra à la mère. Aux cris de son petit,
elle commença à s'approcher, quoiqu'en tremblant, puis elle se retira, & se mit également à
bêler. Les bêlemens redoublèrent de part & d'au-

tre : la mère s'avança de plus près : la crainte la faifit de nouveau ; elle fuit encore. Enfin, après de longs combats, elle céda à la nature, s'approcha de fon petit, fe laiffa lier par la payfanne, fans faire prefqu'aucune réfiftance. On dit que dans l'inftant elle ceffa d'être fauvage. La villageoife la conduifit aifément par-tout où elle voulut. Un habitant du village acheta la mère & le petit, & fe propofa d'obferver fi, par le croifement des races, il pourroit fe procurer des chèvres mi-fauvages, mi-domeftiques. La Gazette d'Agriculture, qui nous a rendu compte de ce fait, ne nous a rien dit fur le fuccès ou le non-fuccès de cette tentative.

Vers la fin de Septembre 1774, deux particuliers du village de Chapellatiere, près du château de Venours, fe rendant au bourg de Rouillé en Poitou, trouvèrent dans un chemin creux, à une lieue de leur domicile, un blaireau que leur chien fit fortir d'un foffé ; ils l'affommèrent avec leurs bâtons, & ils décidèrent que la curée s'en feroit au hameau, & qu'ils partageroient entr'eux le prix de la peau qui feroit vendue. Faute de corde, ils l'attachèrent avec un lien de branchage, & chacun le traîna à fon tour. A peine ces voyageurs eurent-ils fait quelques pas, que l'un d'eux tournant la tête, apperçut un autre blaireau qui les fuivoit d'un air trifte. Ils s'arrêtèrent, & ce malheureux animal vint fe jetter fur le cadavre de fon camarade, & fe laiffa traîner avec lui. Ils l'emmenèrent jufqu'au village où cet animal ne fut point épouvanté de la multitude de perfonnes qui vinrent confidérer ce fpectacle, & le blaireau vivant refta conftamment fur le mort.

On les abandonna aux enfans, qui tuèrent l'animal vivant & les firent brûler tous les deux; action bien digne de la grossièreté du peuple campagnard.

On a vu à Bagouere, près de Clementin dans le haut Poitou, une liaison, un attachement bien singulier qu'avoient contractés entr'eux un canard & un dindon. Ces animaux ne se quittoient jamais, & la mort ne put les séparer que pour peu de tems. L'arrêt de mort ayant été prononcé contre le dindon, la cuisinière se mit en devoir d'exercer sa fonction. Le canard témoin du meurtre de son camarade, jetta des cris de désespoir, & essaya même de tirer vengeance de la cuisinière par des coups de bec qu'il lui porta; mais il ne put empêcher ni reculer le moment fatal qui lui enlevoit son camarade. Sa douleur fut si vive, que dès ce moment il refusa toute sorte de nourriture. Il passa trois jours sans manger, & il fût vraisemblablement péri d'inanition, si on ne lui eût fait subir le sort du dindon.

Voici encore une marque d'attachement bien singulière & bien merveilleuse. Nous tenons le fait d'une lettre de M. *Joseph Purdew*, Observateur aussi vrai qu'exact & judicieux. J'étois, dit-il, ce matin dans mon lit, à lire: j'ai été interrompu tout-à-coup par un bruit semblable à celui que font des rats qui grimpent entre une double cloison, & qui tâchent de la percer. Le bruit cessoit quelques momens, & recommençoit ensuite. Je n'étois qu'à deux pieds de la cloison, j'observois attentivement: je vis paroître un rat sur le bord d'un trou; il regarde sans faire aucun bruit; & ayant apperçu ce qui lui convenoit, il fe retire. Un inftant après, je le vis reparoître ; il conduifoit par l'oreille un autre rat plus gros que lui, & qui paroiffoit vieux. L'ayant laiffé fur le bord du trou, un autre jeune rat fe joint à lui ; ils parcourent la chambre, ramaffent des miettes de bifcuit qui, au fouper de la veille, étoient tombées de la table, & les portent à celui qu'ils avoient laiffé au bord du trou. Cette attention dans ces animaux m'étonna. J'obfervois toujours avec plus de foin. J'apperçus que l'animal auquel les deux autres portoient à manger étoit aveugle, & ne trouvoit qu'en tâtonnant le bifcuit qu'on lui préfentoit. Je ne doutai plus que les deux jeunes ne fuffent fes petits, qui étoient les pourvoyeurs fidèles & affidus d'un père aveugle. J'admirois en moi-même la fageffe de la Nature, qui a mis dans les animaux une intime tendreffe, une reconnoiffance, je dirois prefque une vertu proportionnée à leurs facultés. Dès ce moment, ces animaux abhorrés fembloient devenir mes amis. Ils me donnoient, pour me conduire en pareil cas, des leçons que je n'aurois pas fouvent trouvées chez les hommes. J'étois dans une rêverie agréable, admirant toujours ces petits animaux que je craignois qu'on interrompît. Une perfonne entra dans ce moment : les deux jeunes rats firent un cri pour avertir l'aveugle, & malgré leur frayeur, ne voulurent pas fe fauver que le vieux ne fût en fûreté ; ils rentrèrent à fa fuite, & ils lui fervirent pour ainfi dire d'arrière-garde.

B

BAGUETTE DIVINATOIRE, autrement dite le CADUCÉE, la VERGE D'AARON, &c. C'est une branche quelconque de *coudrier*, *d'aulne*, de *hêtre*, de *pommier*, &c. à laquelle on peut donner différentes formes, & qu'on peut tenir de différentes manières. Si c'est une simple branche, une espèce de cylindre, on la saisit par ses extrémités, avec les deux mains, qu'on tient fermées & de façon que les paumes des mains soient tournées vers le ciel; voilà la première & la plus simple manière de faire usage de la baguette. Si elle est fourchue, on l'empoigne par ses deux fourchetons, les paumes des mains tournées encore vers le ciel, & de façon que la branche principale, celle d'où naît la fourche, soit disposée en avant & dans une situation horisontale, ou un peu élevée au-dessus de l'horison; voilà la seconde manière de faire usage de cette baguette. Il est bien encore quelques autres manières de s'en servir; mais il suffit de connoître les deux précédentes. Or, avec l'une ou l'autre de ces deux méthodes, on parvient, dit-on, à découvrir, par le mouvement de cette baguette, des sources, des mines, des trésors cachés en terre.

Ces faits, un peu décrédités dans un siècle où l'on doute généralement de tout ce qui paroît merveilleux, mériteroient bien cependant qu'on les examinât avec un peu plus d'attention.

Ce n'eſt pas ſans fondement, & j'en conviens, qu'on s'eſt inſcrit en faux contre cette ſingulière pratique, qui ne réuſſit point entre les mains de tout le monde. Comme on abuſe facilement de tout, & qu'il eſt encore plus facile d'abuſer des choſes extraordinaires, il eſt de fait que quantité de Charlatans ont abuſé pluſieurs fois de la crédulité publique, dans l'application de ce moyen. Je ne dirai rien ici du fameux *Jacques Aymar*, qui découvrit, nous dit-on, avec cette baguette, des aſſaſſins, à la pourſuite deſquels on l'avoit envoyé. Je laiſſerai également de côté tout ce qu'on a écrit pour & contre cette ſingulière pratique. Ceux qui ſeront curieux de s'en inſtruire, pourront conſulter deux Ouvrages bien connus ſur cette matière. L'un eſt de l'Abbé *de Vallemont ;* il eſt intitulé: *la Phyſique occulte* ou *Traité de la Baguette divinatoire.* L'autre du Père *Lebrun*, & porte pour titre : *Lettres qui découvrent les illuſions de la Baguette divinatoire.* Mais je parlerai d'un fait dont j'ai été témoin, & que j'ai examiné avec la plus grande attention, étant à Bourges dans le courant de l'année 1779. Je ne fus pas le ſeul qui en fut témoin ; &, parmi le nombre de ſpectateurs, il y avoit deux Médecins qui l'examinèrent avec la même attention que moi.

Une Dame, qui ne fait point ſa réſidence à Bourges, mais qui y étoit venue chez un frère qui y demeure, poſſédoit la vertu de faire mouvoir la baguette divinatoire, & ſe ſervoit de la première des deux méthodes indiquées ci-deſſus. Elle avoit laiſſé à ſon bâton de coudrier la naiſſance d'une petite branche, qui rendoit le mou-

vement de cette baguette beaucoup plus fenfible. Or, la tenant fortement ferrée entre fes
deux mains, je la vis tourner manifeftement fur
de l'argent renfermé dans un buffet & dans d'autres meubles. Elle tournoit avec d'autant plus
de rapidité que la maffe d'argent ou d'or étoit
plus confidérable, & qu'elle en étoit plus proche. Détournée à droite ou à gauche de la direction qui conduifoit au métal, le mouvement
de la baguette devenoit moins prompt, & ceffoit tout-à-fait lorfqu'elle s'éloignoit ou fe détournoit de cette direction.

J'ai vu plus. Ayant pris entre fes mains une
baguette beaucoup plus longue, pour que deux
perfonnes, placées à côté d'elle, puffent faifir
de droite & de gauche la baguette, au-delà
des deux endroits par lefquels elle la tenoit,
j'ai vu ces deux perfonnes faire inutilement
effort pour arrêter le mouvement de cette baguette. Elle tournoit, à la vérité, alors un peu
moins rapidement à la préfence de l'argent, &
on entendoit un bruit de froiffement affez confidérable, qui fe faifoit dans les mains de la
Dame.

J'ai vu encore cette baguette tourner au-
deffus d'une pièce d'or & d'argent, recouverte
de toutes fortes de corps, à l'exception de l'étain; car, dès que la pièce de métal étoit recouverte d'une affiette d'étain, le mouvement
de la baguette ceffoit incontinent, & c'eft le
feul corps qui m'a paru mettre obftacle au mouvement de cette baguette.

Enfin, ayant prié cette Dame d'aller devant
elle à un bureau dans lequel il y avoit de l'ar

genterie , & la baguette tournant de haut en bas ; tandis qu'affemblés derrière elle nous la fuivions pas à pas, nous avons tous vû la baguette revenir fur elle-même, remonter avec une certaine activité en fens contraire, pour achever la totalité d'une révolution.

Dans tous ces cas, le mouvement de la baguette étoit d'autant plus prompt, que la perfonne qui la tenoit , la ferroit plus fortement dans fes mains. Elle ne tournoit que très-lentement , lorfqu'elle la pofoit fimplement fur fes doigts entre le pouce & l'index.

Pour m'affurer plus particulièrement du phénomène , je cachai une pièce d'argent dans le jardin, & je vis, lorfque j'y eus conduit la Dame, la baguette tourner lorfqu'elle fut à quelque diftance de cet argent ; mais une malheureufe fenêtre qui répondoit à un bureau où il y avoit de l'argent, & qui fe trouva trop près de l'endroit où j'avois caché ma pièce, m'empêcha de voir arrêter le mouvement de la baguette , lorfque cette Dame eut outre-paffé cet endroit.

Voilà en peu de mots le précis des expériences dont j'ai été témoin, & que j'ai vu faire à une Dame qui n'avoit & qui n'a aucun intérêt à en impofer à qui que ce foit, & qui ne fait ufage de cette vertu, que dans les cas où elle veut fatisfaire la curiofité de ceux qui l'en prient, & qui n'y attache aucune prétention.

Le mouvement de la baguette divinatoire eft donc un mouvement véritablement naturel, & qu'on ne peut révoquer en doute, relativement à certains métaux qui ont prife fur elle. Il peut être également certain relativement aux mines, aux fources, &c. Ce font cependant des faits que je n'attefte point, quoique je ne puiffe raifonnablement les nier. Ce mouvement éprouve des obftacles de la part de certains corps, & ce fait eft également conftaté. Mais quelle eft la caufe de ce phénomène? C'eft une queftion d'autant moins facile à réfoudre, qu'il nous manque fans doute une multitude de faits propres à nous mettre fur la voie, & à nous faire entrevoir le méchanifme de cette opération. Mais, comme il eft toujours permis de hafarder des conjectures, on ne peut favoir trop de gré à M. *Formey* d'avoir effayé de ramener ces phénomènes aux principes de la Phyfique.

Ce célèbre Phyficien eft bien loin néanmoins d'ajouter foi à tout ce qu'on a publié de merveilleux fur cette fameufe baguette; car, lorfqu'il parle de cette propriété qu'on lui a attribuée, de pourchaffer, d'aller à la quête des voleurs, & de les faire découvrir, il s'écrie, *credat Judæus Appella !* Il n'ajoute même foi qu'à l'effet qu'on lui attribue de découvrir les fources, & voici de quelle manière il croit pouvoir expliquer ce phénomène.

De même, dit-il, que la matière magnétique, fortie du fein de la terre, s'élève, fe réunit dans une des extrémités d'une aiguille d'acier, où, trouvant un accès facile, elle chaffe l'air ou la matière du milieu; la matière chaffée revient fur l'extrémité de l'aiguille, & la fait pencher, lui donnant la direction de la matière magnétique; de même à-peu-près les particules aqueufes, les vapeurs qui s'exhalent de la terre, & qui s'élèvent, trouvant un accès facile dans la tige de la branche fourchue, s'y réuniffent, l'appéfantiffent, chaffent l'air ou la matière du milieu. La matière chaffée revient fur la tige appéfantie, lui donne la direction des vapeurs, & la fait pencher vers la terre, pour nous avertir qu'il y a fous nos pieds une fource d'eau vive.

Cet effet, continue M. *Formey*, vient peut-être de la même caufe qui fait pencher en bas les branches des arbres plantés le long des eaux. L'eau leur envoie des parties aqueufes qui chaffent l'air, pénètrent les branches, les chargent, les affaiffent, joignent leur excès de pefanteur au poids de l'air fupérieur, & les rendent enfin, autant qu'il fe peut, parallèles aux petites colonnes de vapeurs qui s'élèvent. Ces mêmes vapeurs pénètrent la baguette, & la font pencher. Mais on voit facilement que tout cela n'eft que conjectural. Il en eft de même de ce que M. *Formey* ajoute.

Une tranfpiration de corpufcules abondans, dit-il, groffiers, fortis des mains & du corps, & pouffés rapidement, peut rompre, écarter le volume ou la colonne de vapeurs qui s'élèvent de la fource, ou tellement boucher les pores & les fibres de la baguette, qu'elle foit inacceffible aux vapeurs; &, fans l'action des vapeurs, la baguette ne dira rien. D'où il femble, conclut-il, que l'épreuve de la baguette doit fe faire fur-tout le matin, parce qu'alors la vapeur n'ayant point été enlevée, elle eft plus abondante. C'eft peut-être auffi pour cette raifon que la baguette n'a point le même effet dans toutes les mains, ni toujours dans la même main.

main. Autre conjecture, & l'une & l'autre peuvent s'appliquer également aux mouvemens de la baguette, occasionnés par l'action des substances métalliques, auxquelles il ne s'agit que de supposer des émanations propres à produire le même effet. Cependant nous ne pouvons nous empêcher de faire remarquer qu'il y a encore bien loin de ces conjectures, à une explication satisfaisante de ces sortes de phénomènes.

C

CADAVRES. Si on faisoit des recherches particulières sur les phénomènes que les cadavres peuvent offrir à notre curiosité, on en observeroit sans doute un très-grand nombre ; mais, comme on ne doit qu'au hasard & à des circonstances qui se présentent rarement, ceux qu'on a découverts en différens tems, ils sont peu nombreux ; mais ils méritent de trouver place dans cet Ouvrage.

Tout le monde connoît la propriété du charnier des Cordeliers de Toulouse. Tout le monde sait que les corps s'y conservent parfaitement, & qu'après un laps de tems très-long, on les y retrouve encore très-reconnoissables. Cette propriété appartient également à celui des Jacobins de la même ville, & voici ce qu'on lit à ce sujet dans le second volume des Voyages du Pere *Labat.*

Le Sacristain des Jacobins, dit-il, nous conduisit dans une espèce de cellier, autour duquel il y avoit un affez grand nombre de corps de nos Religieux, arrangés les uns à côté des autres, fecs, légers, & fi peu défigurés, que ceux qui les avoient connus vivans, les reconnoiffoient encore & les nommoient. J'en pris quelques-uns, & entr'autres celui d'un jeune Religieux mort à dix-huit ans. La jeuneffe étoit encore peinte dans les traits de fon vifage, & excepté la couleur, rien ne lui manquoit pour le faire prendre pour un corps animé. Rien de plus léger que ces corps. Le Sacriftain nous dit que, felon la difpofition du tems, ils étoient droits ou courbés; que l'humidité relâchoit la tenfion de la peau, & que la féchereffe les redreffoit. Il nous dit encore que, felon fes regiftres, il y avoit des corps qui étoient depuis plus de cent ans dans ce lieu. Leur peau étoit plus brune que celle des autres qui y étoient plus récemment; mais elle étoit également ferme & tendue. Quand on frappoit deffus, elle réfonnoit comme la peau d'un tambour. Ces corps doivent cette confervation aux tombeaux de pierres, dans lefquels on les renferme après la mort. Les chairs & les entrailles s'y confument peu-à-peu, & fe defsèchent fans gâter la peau..... Après que les tombeaux font pleins, on ouvre le plus ancien, on en retire le corps, on l'expofe quelque tems à l'air, & on le met avec les autres dans le charnier.

La rareté de ces fortes d'exemples, vient, comme nous l'avons obfervé ci-deffus, du peu de recherches qu'on fait ordinairement en ce genre. Le fuivant prouve qu'il eft d'autres caufes confervatrices des corps, que celle que nous venons d'indiquer dans l'exemple précédent.

En fouillant, en 1754, dans une des plaines marécageuses du Comté de Lancastre, on trouva, parmi des arbres qui y font enfouis, un cadavre humain très-bien confervé. Ses habits étoient auffi entiers que le corps ; &, à l'infpection du tout, on jugea que c'étoit un voyageur qui avoit péri malheureufement, en paffant par ce marais, & on eftima que cet accident pouvoit être arrivé un fiècle avant cette découverte.

Voici un fait également furprenant, & du même genre. En 1764, on débarqua à Cadix un cadavre enfeveli dans une longue peau, à-peu-près femblable à celle d'un ours. Il fut trouvé, ainfi que plufieurs autres de la même efpèce, dans des cavernes des Ifles de Canarie, où on affure qu'ils avoient déjà leur fépulture avant la conquête qui en fut faite en 1417, par un certain brigand, nommé *Jean Betancour*, Gentilhomme Normand. Les chairs de ce cadavre, quoique defféchées, fe trouvèrent entières & auffi dures que du bois. Les traits du vifage étoient très-diftincts, fans être déformés, ainfi que tout le corps. Le ventre n'étoit pas plus affaiffé que fi la perfonne ne fût morte que deux jours auparavant.

En voici un qui fut confervé par un moyen bien différent de ceux qui avoient opéré la confervation des autres. Il s'étoit converti en fer.

On trouva, en 1759, dans les mines de fer de Diftorp en Suède, ouvertes à cette époque, & à la profondeur de foixante aunes, mefure de Paris, le cadavre d'un homme qui y avoit été enfeveli depuis cent foixante ans, autant qu'il fut poffible de le calculer. Il avoit un pour-point de ratine, une culotte de peau, des bas de laine & des fouliers. Rien n'étoit tombé en pourriture. Son cerveau étoit encore mou & blanc, & fes dents très-fermes. Depuis le col jufqu'à la plante des pieds, tout fon corps étoit converti en fer.

On fait, & perfonne n'ignore que la barbe, les cheveux & les ongles croiffent après la mort. On en a des exemples très-multipliés, & juf-ques-là ce phénomène ne préfente rien de fur-prenant. Mais on n'a point d'exemple d'un phé-nomène pareil à celui dont on fait mention dans une lettre écrite de Nuremberg au mois d'avril 1680. Il y a, dit-on, dans cette lettre, environ quarante-trois ans que le corps d'une femme, dont on n'a pu apprendre la naiffance, ni la manière de vivre, ni la maladie, ni le genre de mort, avoit été enterrée ici dans un coffre de bois peint en noir, felon la mode du pays. La terre où on l'avoit mife étoit sèche & jaune, telle qu'on la trouve aux environs de cette ville. Ce corps étoit au-deffous de deux autres, qui avoient déjà été réduits en poudre.

D'abord que le coffre commença à paroître, on vit beaucoup de cheveux qui avoient pouffé dehors au travers des fentes. L'ayant ouvert enfuite, le corps parut entier, ayant encore la reffemblance humaine; mais il étoit tout cou-vert, depuis la tête jufqu'aux pieds, d'une che-velure longue, bouclée & fort épaiffe, à travers laquelle on diftinguoit très-bien les différentes parties du corps.

Le foffoyeur, furpris de ce fpectacle, ayant

voulu trancher la partie la plus élevée de la tête, le fut encore davantage, lorsqu'il fentit & vit ce corps s'évanouir & fe diffiper entre fes doigts, fans qu'il lui en demeurât entre les mains qu'une poignée de cheveux. Il ne trouva après cela ni crâne, ni os, ni rien autre chofe de refte, qu'une petite portion un peu folide, qu'il foupçonna être du gros doigt du pied droit. Cette chevelure parut d'abord être un peu rude, enfuite elle le devint davantage. Elle étoit de couleur rouge & pourrie.

Le phénomène fuivant eft encore bien plus extraordinaire. Il eft configné dans le Journal de Phyfique, pour le mois de Juin 1777. Le nommé *Duverger*, Colporteur de billets de lotterie, d'arrêts, &c. mourut fubitement à Paris, âgé de cinquante-cinq ans. Cet homme, l'un des plus difgraciés de la Nature, n'avoit que trois pieds huit pouces de hauteur ; fon tronc étoit boffu du côté gauche, fon eftomac comme rentré dans le dos, & ce tronc déjetté fur la hanche droite, du côté de la boffe. Ses cuiffes repréfentoient un cercle, & laiffoient par conféquent un grand ovale entr'elles. Les os de fes jambes étoient courbés en fens contraire. Il marchoit prefque fur fes chevilles, & fes pieds recourbés aux deux tiers & en dehors, ne touchoient à terre que par l'autre tiers. Dans l'intervalle de vingt-quatre heures après fa mort, fon corps grandit d'un pied & demi, toutes les parties, auparavant contrefaites, fe redreffèrent, la cuiffe & la jambe droite reftèrent feulement plus courtes de trois à quatre pouces, que celles du côté gauche. Il fut inhumé le 2 Mai dans le cimetière de S. Benoît. On a appris de la famille que le père de cet homme étoit également contrefait, mais moins que fon fils, & que fon corps s'allongea auffi-tôt après fa mort, & fe redreffa.

CATALEPSIE. On donne ce nom à une maladie très-rare & très-fingulière, dans laquelle le fujet eft privé de l'ufage de fes fens externes & internes, & de mouvemens volontaires ; tandis que fes parties confervent leur mouvement tonique & les attitudes qu'elles avoient avant l'invafion de l'accès, & jouiffent de la faculté de recevoir & de conferver toute autre attitude poffible. Delà cette multitude de phénomènes plus finguliers les uns que les autres, & dont les exemples fuivans nous fourniront des preuves.

Un Médecin de Carcaffonne écrivoit à M. *Dionis*, que s'étant tranfporté à Conques, village éloigné d'une heure & demie de chemin de Carcaffonne, il y apprit qu'il y avoit dans ce village une fille âgée de dix ans, qui tomboit chaque nuit à onze heures, dans un affoupiffement fi profond, qu'on pourroit la mettre en pièce, fans qu'elle s'en apperçût. On la pinçoit, on la brûloit, on lui appliquoit des ventoufes fcarifiées, fans qu'elle donnât le moindre figne de douleur. Après avoir paffé la nuit dans cet état, elle s'éveilloit le lendemain à onze heures du matin, au premier coup de l'horloge. Si on arrêtoit celui - ci, il n'étoit plus poffible de la réveiller, quelque bruit qu'on fît dans fa chambre. Je fis porter près de fon lit, dit ce Médecin, des cloches beaucoup plus groffes que celle de l'horloge : elles ne firent aucun effet. Je priai ſes parens de me la faire amener à Carcaſſonne, où je la fis coucher deux nuits de ſuite chez moi. Tous les Médecins & quantité des principaux de la ville, s'y rendirent à dix heures du matin. La malade étoit au lit ; elle avoit le viſage plus rouge qu'à l'ordinaire, le pouls un peu élevé, & la reſpiration fort libre ; mais elle étoit ſans mouvement, ſans ſentiment, ſans connoiſſance, ayant cependant les yeux ouverts, & quelques mouvemens convulſifs aux paupières. Comme j'étois bien perſuadé qu'elle ne s'éveilleroit point que par le ſon de l'horloge, après les dix heures du matin, je dis à M. *Montbel*, Syndic de notre Province, qui étoit préſent, qu'il n'avoit qu'à faire avancer ou retarder l'horloge, pour l'éveiller quand il voudroit, & la malade s'éveilla dès que onze heures ſonnèrent.

Cette maladie dura deux ans, ſans un jour de relâche. Elle fut toujours ſans fièvre, & conſerva de l'embonpoint. Il a fallu, pendant tout ce tems, que ce fût l'horloge, qui avoit ſonné pendant la nuit, qui l'éveillât le lendemain à onze heures, & s'il n'y en avoit point près du logis où elle couchoit, on en mettoit une dans ſa chambre. Les deux nuits qu'elle coucha dans ma maiſon, je me ſervis de deux horloges différentes, & il arriva que l'horloge qui l'avoit éveillée le premier jour, ne put l'éveiller le ſecond, parce que pendant la ſeconde nuit je m'étois ſervi d'une autre horloge à ſa place.

Le Médecin qui nous a fait part de cette ſingulière obſervation, eût dû nous apprendre en même tems & le principe ou l'origine de cette maladie, & de quelle manière elle se termina. Ces phénomènes sont si rares, & si difficiles à expliquer, qu'on ne peut les décrire avec trop de soin, & qu'on ne doit point négliger d'en indiquer toutes les circonstances, soit concomitantes, soit éloignées. On lira avec plaisir le suivant. Il est plus détaillé, & on y voit l'origine de cette étonnante maladie; mais il eût été à desirer qu'on l'eût suivie jusqu'à sa fin, & qu'on nous en eût appris l'issue. Voici le fait avec toutes ses circonstances.

Un homme de Lunel, Postillon de son métier, âgé de trente-deux ans, en 1768, très-sobre, très-rangé, & ne faisant aucun excès en aucun genre, avoit essuyé, il y avoit huit ans, quelques accès de fièvre-quarte, dont il étoit depuis ce tems parfaitement rétabli; lorsqu'en 1764, ayant manqué à un Seigneur qu'il menoit, il en reçut un coup de pistolet, qui lui emporta le doigt index de la main droite. Dans l'instant il perdit connoissance, & ne revint, à ce que lui dirent les assistans, que deux heures après. Quelques mois ensuite, il assassina, d'un coup de couteau, un Maréchal de Lunel, avec lequel il avoit eu quelque démêlé. Il fut arrêté & conduit aux prisons de Montpellier, où il perdit connoissance, & ne revint à lui que le troisième jour. Conduit peu de tems après aux prisons de Lunel, il y eut une troisième attaque, qui dura neuf jours. Passant par Beziers, lorsqu'on le conduisoit à Toulouse, il essuya une quatrième attaque, qui dura six jours. Rendu à Toulouse, il y eut deux attaques dans la prison du Palais. La première, qui fit la cinquième de sa vie, dura deux jours,

& la seconde ou la sixième ne dura que trente-six heures. La prison du Palais ne pouvant contenir tous les prisonniers, il fut transféré à celle du Capitole, où il essuya, le 20 Février 1768, une septième attaque. Le Chirurgien du Capitole étant malade, pria M. *Arrazat* de le voir. Ce Médecin lui fit appliquer le 24, cinquième jour de sa maladie, les véficatoires aux jambes : elles prirent & fuppurèrent beaucoup, & il en revint. Quelques heures après il fut saigné du bras & du pied, émétifé le lendemain, & purgé quatre fois à peu d'intervalle. Quelques jours après le dernier purgatif, il eut une huitième attaque, qui dura trois jours, & pour laquelle on n'appella personne. Le 28 Mars on le conduifit au Palais, où il fut condamné à être rompu. Immédiatement après on le conduifit aux prisons du Capitole, où, se doutant de son fort, il tomba le même jour dans une neuvième attaque. On lui appliqua les véficatoires aux jambes le 31 Mars au soir, & il en revint le lendemain. Vers les deux heures après midi on lui donna un bouillon & une potion cordiale. Il paffa bien la nuit ; mais le lendemain, 2 Avril, l'ayant conduit vers les onze heures du matin, à la Chambre de la queftion pour le faire confeffer, il retomba dans la dixième, & ce ne fut qu'à cette époque qu'on s'apperçut qu'il étoit cataleptique. Je fus le voir, dit M. *Viale* fils, Chirurgien d'Agde, de qui nous tenons ce détail, le 15 Avril, dans l'après-midi : je le trouvai habillé, & étendu fur une paillaffe. Son pouls que je fus obligé de tâter aux carotides, étoit petit, lent, extrêmement égal. Ses paupières fupérieures étoient dans un mouvement continuel convulfif. Il ne refpiroit que par le nez, ayant les lèvres exactement fermées, & fes dents fi preffées les unes contre les autres, qu'il me fut impoffible de les defferrer par aucun moyen. Sa tête, fon tronc & fes extrémités inférieures étoient roides, & paroiffoient d'une même pièce, de façon que le prenant par l'un de fes pieds, ou par fa tête, je le faifois gliffer auffi facilement que fi c'eût été une barre de fer. Ses extrémités fupérieures étoient un peu moins roides. Je lui pinçai le nez, affez exactement pour fermer le paffage à l'air : dans l'efpace de vingt à trente fecondes, je vis fes lèvres s'en- tr'ouvrir par un mouvement vraiment mécha- nique, & l'air entrer avec un léger fifflement par l'intervalle des dents. Je répétai quatre fois cette expérience avec le même fuccès. M. *Baguié*, Chi- rurgien de l'Académie de Touloufe, M. *Lacaze* & plus de vingt curieux en furent témoins. Je pris enfuite fon bras que je mis dans toutes les attitudes poffibles, qu'il garda conftamment. Ses doigts, que j'écartai autant qu'il étoit poffible, reftèrent dans le même état, & l'autre bras pré- fenta les mêmes phénomènes. Voilà donc l'état cataleptique des parties fupérieures bien prouvé. On difputa cet état aux parties inférieures. M. *Ba- guié* & moi nous relevâmes à différentes reprifes ces parties, qui retombèrent plufieurs fois; mais nous parvînmes enfin à les faire refter immobiles, dans l'état où nous les avions mifes. M. *Lacaze* nous affura l'avoir mis quelques jours auparavant fur fes pieds, & qu'il s'y étoit foutenu. Son in- fenfibilité fut à l'épreuve d'une brûlure confidé- rable que MM. les Profeffeurs en Médecine lui

firent à l'un des gros orteils, avec une chandelle
allumée, & de l'application des ventoufes fcarifiées & de l'irritation qu'auroit dû produire un
ftilet d'argent, avec lequel on agaça long-tems
& rudement la membrane pituitaire.... Nous
paffons fous filence quelques autres obfervations.... Il revint de cette attaque le 16 Avril.
Il fe reconnut en préfence de M. *Latour*, Doyen
des Profeffeurs en Médecine ; il balbutia quelques
mots, prit quelques gouttes de bouillon , &
retomba quelques inftans après dans fon premier
état. Je le vis le 18 au matin : fon corps n'étoit
point de moitié auffi roide que je l'avois trouvé à
ma première vifite : les extrémités fupérieures
étoient prefque auffi fouples que dans fon état
naturel. Il ouvroit la bouche & les dents avec
facilité. ... Le lendemain matin, on lui adminiftra, à onze heures, un lavement à l'eau froide.
Il fit tomber la fièvre qui étoit furvenue, & qui
le fit revenir à une heure après midi. Je fus le
voir le lendemain matin, avec plufieurs perfonnes, & nous lui fîmes raconter fon hiftoire....
Il nous la fit telle qu'on l'a lue ci-deffus, hors
les dates qu'il ne put fe rappeller.... Je l'in-
terrogeai enfuite fur ce qu'il éprouvoit avant,
pendant & après fes accès. Il répondit qu'ils le
prenoient ordinairement lorfqu'il avoit plus de
chagrin qu'à l'ordinaire : qu'il fentoit une roideur, un feu vif, qui partoit du centre du diaphragme, & montoit à la tête avec tant d'impétuofité, qu'il n'avoit jamais le tems de fe
reconnoître ; que tant que l'attaque duroit, il ne
fentoit rien ; qu'il ne fe rappelloit point que nous
l'euffions fecoué : que pour le préfent, il fentoit

des *grenailles* occuper la partie poſtérieure, &
les deux latérales de ſa tête ; que la douleur
qu'elles lui cauſoient l'empêchoit de ſe tenir,
pendant un quart-d'heure, dans la même ſituation. Ce ſentiment douloureux lui dura juſqu'au
30 du même mois. A cette époque, il me dit
qu'il ne reſſentoit que de l'eau à la place qu'occupoient ci-devant les grenailles. Il ſentoit auſſi
paſſer cette eau d'un côté de la tête à l'autre,
quand il la remuoit. Ce ſentiment lui dure encore, quoiqu'il ſoit affoibli.

Depuis le 28 Mars, jour auquel commença
la neuvième attaque, juſqu'au 20 Avril, où la
dixième ceſſa, notre malade ne prit que deux
bouillons & une potion cordiale. Auſſi ne fit-il
aucune fonction naturelle depuis le 28 Mars
juſqu'au 23 Avril, qu'il urina, & fut à la ſelle
pour la ſeconde fois, trois jours après ſa guériſon.
Dans ce tems le Parlement ſurſit à ſon exécution
juſqu'à la Pentecôte, & on eſpéroit avoir ſa
grace, commuant la peine de mort en celle
d'une priſon perpétuelle.

Pendant le Carême de 1737, un Dame, âgée
de quarante-cinq ans, vint de Veſoul à Beſançon
pour y ſolliciter un procès de la plus grande
conſéquence pour elle, & qu'elle ne pouvoit
perdre, ſans que des malheurs qu'elle avoit
eſſuyés ne fuſſent à leur comble. Agitée de la
plus vive inquiétude, elle paſſoit ſon tems à aller
ſolliciter ſon affaire, ou à ſe rendre à l'Egliſe, &
à intéreſſer le Ciel en ſa faveur. Elle alloit ſe
proſterner devant tous les Autels, de manière à
ſe faire remarquer. Elle dormoit peu, ne mangeoit preſque point, ſoit par défaut d'appétit,

foit à deffein de fe dérober une portion de fa fubfiftance pour faire plus d'aumônes ; car elle en faifoit beaucoup.

Elle apprit cependant que l'air du bureau ne lui étoit point favorable, & la veille du jour où elle devoit être jugée, elle tomba vers les cinq heures du foir dans un état qu'on prit pour une apoplexie. M. le Docteur *Attalin* & M. *Levacher*, Chirurgien, la trouvèrent affife dans un fauteuil, immobile, les yeux fixés en-haut & brillans, les paupières ouvertes & fans mouvemens, les bras élevés, les mains jointes, comme fi elle eût été en extafe. Son vifage, auparavant trifte & pâle, étoit plus fleuri, plus gai, plus gracieux qu'à l'ordinaire. La refpiration étoit libre, égale, & les mufcles du bas-ventre jouoient avec facilité. Son pouls étoit doux, lent, affez rempli, le même à-peu-près qu'aux perfonnes qui dorment tranquillement. Ses membres étoient fouples, légers, très-obéiffans, & ne fortoient point de la fituation qu'on leur donnoit. On lui abaiffoit le menton, fa bouche s'ouvroit & reftoit ouverte. Il en étoit de même de tous fes membres. On la mit debout, autant par curiofité que pour s'affurer de fon état ; elle y refta, & M. *Attalin* crut qu'elle fût également demeurée ftable, fi on l'eût mife la tête en-bas & les pieds en-haut. Son corps, quoiqu'incliné de différentes façons, confervoit un équilibre parfait, on eût cru que c'étoit une ftatue de cire, dont les pieds fe colloient à ce qui les portoit, pour s'empêcher de tomber.

Elle paroiffoit infenfible : on la fecouoit, on la pinçoit, on la tourmentoit, on lui mettoit fous les pieds un réchaut de feu ; on lui crioit même aux oreilles qu'elle gagneroit son procès , nul signe de vie : c'étoit une catalepsie parfaite.

M. *Attalin* appella M. *Charles* son confrère , Professeur en Médecine ; la Dame fut saignée du pied par M. *Vacher.* Ces Messieurs allèrent ensuite souper, & revinrent aussi-tôt à leur malade : ils la trouvèrent revenue de son accident qui avoit duré trois ou quatre heures , & elle les étonna beau-coup par un discours assez long , bien prononcé, bien lié , où elle faisoit une histoire pathétique de ses malheurs , & racontoit tout le détail de son procès , le tout accompagné de réflexions morales qui naissoient du sujet, & de prieres à Dieu qu'elle n'avoit point prises dans ses Heures , mais qu'elle composoit sur le champ.

On commença par la rassurer autant qu'on put, aux dépens même de la vérité , sur ce fatal procès, qui avoit causé tant de ravages dans son ame : ensuite on l'interrogea soigneusement sur tout ce qui s'étoit passé en elle pendant son accès.

Elle ne voyoit rien ; quelquefois seulement elle entendoit, & même si bien, qu'elle reconnut quelques personnes au son de la voix. Elle ne se souvenoit point d'avoir été saignée , mais elle s'en douta en considérant son pied. Le réchaut de feu qui eût dû lui faire une impression bien plus sensible que la voix, ne lui en avoit fait au-cune ; & quoiqu'elle eût été fort tourmentée, il ne lui restoit point de douleur, ni même de las-situde.

Pendant qu'on s'entretenoit ainsi avec elle , on s'appercevoit que de tems en tems elle in-terrompoit son discours pour pousser de petits soupirs, & que dans ces momens ses yeux devenoient immobiles & fixes. On ne manquoit pas de faire aussi-tôt tout ce qui étoit possible pour prévenir l'accès dont elle étoit menacée ; elle revenoit d'abord à elle, & continuoit de parler : mais sans reprendre le fil de son discours où elle l'avoit laissé, elle en recommençoit un autre, quoiqu'on la fît souvenir de quoi il avoit été question, & à quel point elle en étoit demeurée. Cela arrivoit toutes les fois que ces petites menaces d'accès avoient interrompu son discours. L'idée de ce qu'elle avoit encore à dire périssoit absolument, & il s'en présentoit à elle une autre qu'elle n'étoit pas maitresse de refuser.

Au bout d'une heure, l'accès revint dans toute sa force ; les accidens cataleptiques furent les mêmes, ou peut-être plus marqués que la première fois. Quand ils furent finis, la malade assise dans son fauteuil, se mit à parler pendant une heure & demie, sur le ton & dans le style qu'on connoissoit déjà : mais enfin ses discours sensés se tournèrent en extravagances, accompagnées de hurlemens affreux, & elle fut attaquée d'une frénésie violente, dont la catalepsie n'avoit été que le prélude.

Tous les remèdes que les habiles gens qui la traitoient purent employer pendant trois ou quatre jours qu'elle passa encore à Besançon, furent inutiles. On la renvoya chez elle à Vesoul ; & ce qui peut-être ne surprendra pas moins que sa maladie, sa santé revint, & elle n'eut aucun retour de ces fâcheux accidens, comme on le remarque dans l'Histoire de l'Académie Royale des Sciences, pour l'année 1738, d'où nous avons tiré cette obſervation.

Ce ne ſont pas toujours les ſecours de la Médecine qu'on peut employer favorablement pour faire ceſſer des accès de ce genre, & encore moins pour détruire le germe de cette fâcheuſe maladie, & changer la diſpoſition de celui qui en eſt atteint. Nous en avons une preuve dans un fait de ce genre conſigné dans la Gazette de Santé du 18 Janvier 1776. On y lit qu'un jeune homme nommé *Fariau*, en ſortant de chez le Supérieur du Séminaire de Laon, s'arrêta dans une chambre qu'il avoit à traverſer, les yeux fermés & debout, ſans être appuyé, & dans un état vraiment cataleptique. Le Supérieur ne s'apperçut de cet événement qu'au bout de trois quarts-d'heure. Il appelle du ſecours, on fait au jeune homme tout ce qu'on imagine être utile en pareil cas; mais le mal réſiſte à tous les remèdes : alors le Supérieur ſe rappellant que le jeune cataleptique avoit toujours été ſenſible aux impreſſions de la muſique, il envoya chercher un Séminariſte qui jouoit aſſez bien de la flûte. Cet Amphion d'un nouveau genre ranima inſenſiblement le cataleptique, & les accords de ſon inſtrument lui rendirent le ſentiment & la gaieté. Interrogé enſuite ſur ſon état, le jeune homme répondit qu'il entendoit fort bien ce qu'on lui diſoit, mais qu'il ne pouvoit ni agir, ni parler.

Le fait ſuivant arrivé à Toulouſe, & imprimé dans les Annales de cette ville en 1687, eſt encore bien plus ſurprenant. Cette maladie eut une eſpèce de contagion, qui jetta la déſolation dans le Couvent des Cordeliers. On lit dans ces Annales,

nales, que l'an 1405, un Religieux de cet Ordre difant la Meffe dans l'Eglife de cette Communauté, fut furpris de catalepfie un peu après l'élévation du calice. Il demeura immobile, les yeux ouverts & élevés vers le ciel. Un Frère, qui fervoit la Meffe, le voyant trop long-tems en cette attitude, s'approcha de lui, & l'ayant tiré plufieurs fois par fa chafuble, le trouva perféveramment dans le même état d'immobilité. Ceux qui entendoient la Meffe s'en étant apperçus, il fe fit une grande rumeur dans l'Eglife, & tout le monde cria au miracle. Le bruit de cet accident s'étant répandu en un moment dans la ville, toute l'Eglife fe trouva remplie de monde. Un Médecin, M. *Natalis*, s'étant approché du Religieux, lui tâta le pouls, & dit qu'il n'y avoit point de miracle, & que c'étoit une véritable maladie. On enleva le Prêtre de l'autel : un autre lui fuccéda pour achever la Meffe ; mais à peine eut-il achevé l'Oraifon Dominicale, qu'il fut frappé du même mal, en forte qu'il fallut auffi l'emporter. Tous les Religieux effrayés, ofoient à peine regarder l'autel, mais il s'en trouva un qui ofa s'expofer à achever le facrifice. L'opinion des Médecins fut, qu'à l'égard du premier, il avoit été furpris d'une véritable catalepfie, mais que l'accident arrivé au fecond n'étoit que l'effet de la peur.

CAVERNES. Nous ne ferons qu'un article des cavernes & des grottes merveilleufes, par les accidens qu'elles offrent à la curiofité des Voyageurs. Ces fortes de cavités, produites pour la plûpart par des volcans qui dévorent les entrailles de notre globe, font d'un accès plus ou moins difficile, & toutes remplies de ſtalactites, & de concrétions de toute eſpèce, dont le ſpectacle toujours admirable, & ſouvent effrayant, mérite l'attention des amateurs, & l'étude du Naturaliſte & du Phyſicien. Nous ne conduirons pas nos Lecteurs, & nous ne leur ferons point parcourir toute l'étendue du globe, pour leur faire obſerver toutes les productions merveilleuſes de ce genre qu'on y rencontre. Il ſuffira de leur donner une idée ſuccincte des principales.

A deux lieues de Ripailles en Chablais, dans des rochers affreux, & au milieu d'une forêt d'épines, ſe trouvent trois grottes l'une ſur l'autre, taillées à pic par les mains de la Nature, dans un rocher inabordable. On n'y peut monter que par une échelle, & il faut s'élancer enſuite dans ces cavités, en ſe tenant à des branches d'arbres. Cet endroit eſt appellé par les gens du pays les *Grottes des Fées*. Chacune a dans ſon fond un baſſin, dont l'eau paſſe, dans les idées populaires, pour avoir des vertus étonnantes. Celle qui diſtille des voûtes de la plus haute, y a formé la figure d'une poule qui couve. A côté eſt une concrétion qui reſſemble parfaitement à un morceau de lard avec ſa coëne, de la longueur de près de trois pieds. Dans le baſſin ſe trouvent des figures de pralines, telles qu'on en fait chez les Confiſeurs, & à côté la forme d'un rouet à filer avec ſa quenouille. Les femmes du pays prétendent y avoir obſervé dans l'enfoncement une femme pétrifiée, que les Naturaliſtes n'ont pu y découvrir. On n'oſoit alors en approcher; mais depuis que la femme a diſparu, on eſt devenu moins timide.

Tout homme à ſyſtême dira d'abord que cette

grotte étoit habitée par une femme ; que cette femme filoit au rouet ; que fon lard étoit pendu au plancher ; qu'elle avoit auprès d'elle fa poule & fes pouffins ; qu'elle mangeoit des bonbons lorfqu'elle fut changée en pierre avec tout fon ménage. Cela conferve les couleurs de la vraifemblance ; mais il y a encore bien loin de la vraifemblance à la vérité.

M. *de Maraldi* donne dans les Mémoires de l'Académie, pour 1710, la defcription d'une grotte naturelle, trouvée en faifant les fondemens d'une maifon que M. le Marquis *Elifei* faifoit bâtir à trois milles de Foligno en Italie. Elle eft de figure irrégulière, haute de trente à quarante pieds, large de dix à douze pas. Ses murs font formés par une belle incruftation de marbre un peu jaunâtre, & relevés d'efpace en efpace par des colonnes en bas-relief de même matière. Du haut de la voûte defcendent d'autres colonnes femblables, les unes jufqu'à terre, & qui ont vingt-cinq pieds, les autres à différentes diftances, les plus courtes n'ont que deux ou trois pieds ; leurs diamètres font auffi de grandeurs différentes ; le plancher de la grotte eft inégal, & formé par des plaques de marbre larges & minces, pofées les unes fur les autres, & quelquefois de manière qu'elles font de petites voûtes qu'on enfonce & qu'on brife en marchant deffus. M. *de Maraldi* attribue les pétrifications de cette grotte à une petite rivière voifine, dont les eaux foufrées, en fe filtrant à travers les terres, auront entraîné de l'argile & des fables, qui mêlés avec le foufre, fe feront pétrifiés.

M. *de Fontenelle* remarque à ce fujet, que fi la

grotte d'Antiparos, décrite par M. *de Tournefort*, & dont nous allons donner une idée dans l'instant, remplie de marbres qui naissent de terre, & s'élèvent en haut, étoit, dans l'hypothèse de ce fameux Botaniste, un jardin dont les pièces de marbre étoient des plantes, on peut dire que celle de Foligno est aussi un jardin; mais renversé, puisque les plantes naissent de la voûte, & descendent de haut en bas, semblables en cela au corail.

Les Isles d'*Antiparos* & de *Paros* ont occasionné bien des descriptions merveilleuses; mais voici celle à laquelle on peut s'en rapporter plus sûrement, comme faite par un Savant, plein de candeur, & extrêmement ami de la vérité, le célèbre *Tournefort*. L'Isle d'Antiparos, dit-il, n'est qu'un écueil de seize milles de tour. On y voit une grotte d'autant plus merveilleuse, qu'on y trouve, suivant ce célèbre Naturaliste, des preuves de la végétation des pierres. Cette grotte est une espèce de jardin souterrein, dont toutes les pierres sont autant de plantes qui représentent une infinité d'objets. M. *de Tournefort* y admira de grosses masses arrondies, les unes hérissées de pointes, semblables au foudre de Jupiter, les autres bossuées réguliérement, d'où pendoient des grappes, des festons, des lances d'une longueur surprenante. A droite & à gauche s'étendoient des rideaux & des nappes, qui formoient sur les côtés des espèces de tours cannelées, vuides la plûpart, comme autant de cabinets. Il distingua parmi ces cabinets un gros pavillon, consistant en productions qui représentoient les pieds, les branches & les têtes d'une quantité de choux-fleurs. Toutes ces figures, dit M. *de Tournefort*, font de marbre blanc, tranf-parent, cryftallifé, qui fe caffe prefque toujours de biais, & par différens lits, comme la pierre judaïque .... Au fond de la grotte, fur la gauche, fe préfente une pyramide bien plus fur-prenante, qu'on appelle l'*Autel*, depuis que M. *de Nointel* y fit célébrer la Meffe en 1673. Cette pièce eft toute ifolée, haute de vingt-quatre pieds, femblable en toute manière à une thiare, relevée de plufieurs chapiteaux cannelés de leur longueur, & foutenus fur leurs pieds, d'une blan-cheur éblouiffante, de même que tout le refte de la grotte. Cette pyramide, dit M. *de Tournefort*, eft peut-être la plus belle plante de marbre qui foit dans le monde. Les ornemens dont elle eft chargée, font tous en choux-fleurs, c'eft-à-dire, terminés par de gros bouquets, mieux finis que fi un Sculpteur venoit de les quitter. Il n'eft pas poffible, dit M. *de Tournefort*, que cela fe foit fait par la chûte des gouttes d'eau, comme le prétendent ceux qui expliquent la formation des congélations qui fe font dans les grottes. Ce font, fuivant lui, & même jufqu'aux murailles, de véritables végétations.

Il eft, au refte, difficile de pénétrer jufqu'à cette grotte. On y defcend avec des cables & des échelles, & la defcente eft de deux ou trois cens braffes.

Paros, fi célébrée par les Anciens, à caufe de fon beau marbre blanc, ne feroit pas moins fameufe aujourd'hui, fi le marbre d'Italie n'étoit préférable à celui de Paros. Ce dernier eft à gros grains, qui fautent par petits éclats, fi on ne le

ménage avec soin, au lieu que celui de Masse &
de Carrare obéit au ciseau, ayant le grain beaucoup plus fin & plus uni.

En voici une autre qui n'est pas moins curieuse, d'un moins difficile accès, & qui nous
offre des phénomènes aussi surprenans. A sept
lieues d'Auxerre, sur la rivière de Cère, est un
Village, qu'on nomme le Village d'*Arcy*. On y
voit une grande arcade, par laquelle on entre
dans une grotte, qui paroît large de huit à dix
toises ; mais sa longueur, qui est de deux à trois
cens toises, ne peut s'appercevoir, à cause des
ténèbres répandues dans cet endroit, & qu'il faut
éclairer avec des flambeaux. Toute la voûte de
cette grotte est ornée de congélations qui font des
pointes en cul-de-lampe de toute grosseur, & qui
descendent en bas, les unes plus que les autres,
mais avec une diversité aussi étonnante qu'admirable. Les côtés en sont aussi ornés. Quand on
les considère de près, on y remarque des rusti-
cités merveilleuses, qui représentent des rochers,
des montagnes & des plaines, beaucoup plus
belles que celles qu'on voit dans les grottes arti-
ficielles des jardins. Quelques-unes de ces congélations descendent jusqu'à terre, se joignent
plusieurs ensemble, & font des ressemblances
d'hommes, d'animaux, de poissons, de fruits, &c.
On y voit des colonnes de quinze pouces de
diamètre, & de quinze à vingt pieds de hauteur.
Une de ces congélations des plus singulières, est
une portion de colonne attachée à la voûte. Elle
tient à un dôme de cinq à six pieds de large,
creux par dedans comme une coupe, & tout ondé
de dedans en dehors. Ce dôme, élevé à six pieds

de terre, n'eſt ſoutenu que par la colonne à laquelle il eſt attaché. Entre les congélations des
côtés, on obſerve quelques tuyaux de cinq à ſix
pieds de haut, de huit à dix pouces de diamètre,
creux par dedans, & rangés d'alignement les uns
près des autres, ſans ſe toucher. Lorſqu'on les
frappe, ils rendent des ſons différens & agréables,
que l'écho de la grotte fait durer long-tems. Il y
a en quelques endroits, ſur le côté gauche de
cette voûte, des eſpèces de cabinets ou cellules,
dans leſquels on n'entre qu'avec peine. M. *Perrault*, qui entra dans une de ces cellules, y prit
une table & des ſièges de congélation, & un petit
baſſin dans lequel il tomboit de l'eau de la voûte.
Il dit que cette eau étoit fort claire & fort agréable
à boire. On trouve dans cette grotte pluſieurs
baſſins, entre leſquels il y en a un de cinq toiſes
de largeur, ſur quinze à vingt toiſes de longueur.
Dans un endroit où il n'y a point de congélation, la voûte paroît de pierre fort unie, mais
couverte d'une petite broderie en relief, & à
petits compartimens, à-peu-près comme les
trous que font les vers ſur le bois entre le tronc
& l'écorce. L'air de cette grotte n'eſt ni chaud ni
froid, ni ſec ni humide. Toutes ces congélations
ſont fort blanches. Les figures qu'elles forment,
ſont la plûpart raboteuſes, & couvertes de petites
élévations, quelquefois rondes, comme celles
qu'on remarque ſur le chagrin, quelquefois pointues & piquantes. Cette blancheur n'eſt qu'une
petite croûte tendre, ſemblable à du ſucre qu'on
a mis ſur des fruits. Quand on caſſe quelques-
unes des pointes des congélations, elles ſe trouvent percées par le milieu d'un bout à l'autre, &

on trouve que la matière s'eſt miſe en rond, autour de ce vuide, par les différens cercles qu'elle marque ; de même que les troncs des arbres en font voir autour de leur moëlle, quand on les a ſciés. Cette matière eſt jaunâtre, & quelque peu ſemblable à du cryſtal ou à du talc de plâtre. On y voit quelques brillans par endroits.

On lit dans un Ouvrage traduit de l'Anglois, & intitulé : *Voyage en France, en Italie & aux Iſles de l'Archipel*, écrit en forme de lettres, & publié en 1763, la deſcription de deux grottes aſſez fameuſes, celle de *Policando* & celle de *Samos*. En parlant de la première, voici de quelle manière l'Auteur s'explique.

L'embouchure de cette caverne eſt grande. Tout ſon fond eſt couvert de congélations, formées par les gouttes d'eau qui diſtillent du ſommet, comme il eſt ordinaire dans les cavernes ; mais elles ſont d'une nature ferrugineuſe, pointues par le haut, & dures au point de bleſſer les pieds. Tout le rocher dans lequel cette caverne eſt creuſée eſt une eſpèce de pierre ferrugineuſe. Ses côtés ſont inégaux, & tapiſſés de ces congélations, qui font un effet fort agréable. Elles ſont de couleur rougeâtre, ſous la forme de longues barbes & de broſſes, fort caſſantes, mais roides. De toutes les choſes que j'aie jamais vues, dit l'Auteur, il n'y en a point contre leſquelles il ſoit auſſi fâcheux d'aller ſe heurter.

Le toît, continue-t-il, offre les plus grandes beautés & les plus variées. Ces congélations, quoique très-élégantes, ne ſont point les ſeuls ornemens que cette grotte ait reçus de la Nature.

On y trouve beaucoup d'une espèce de mine de fer, qui est toute en étoiles, & brillante comme de l'acier poli. Les morceaux en font petits, & recouverts en quelques endroits de cette espèce de rouille rougeâtre, qu'on voit aussi répandue par-tout; mais dans quelques endroits, ils font brillans comme des diamans.

Dans un autre canton de la voûte, on voit de grandes masses de corps ronds, pendans comme des raisins, & les mêmes grappes s'étendent en espèce de gâteaux plats, fur les murs des environs. Quelques-unes font rouges & obscures, d'autres d'un noir foncé, mais parfaitement luisantes & éclatantes. Je les pris d'abord, dit notre Auteur, pour des festons de congélations de la nature de celles qu'on voit dans la grotte d'Antiparos, quoique d'une autre matière; mais je trouvai bientôt que c'étoit autre chose. Elles étoient en effet de l'espèce de ces mines de fer en grappes, ou *botroïdes*, qu'on trouve dans plusieurs mines d'Europe. Elles font d'une pesanteur extrême, & très-riches en fer.

Mais le plus grand ornement du toît de cette grotte, consiste dans la même espèce de congélations, en forme de cristaux, qui pendent au toît de la plupart des cavernes du Levant: elles font courtes, & leurs figures très-variées. Quelques-unes font formées de parties ondées, disposées en belle symmétrie, les unes fur les autres. D'autres, font autant de cylindres longs, unis & polis, arrondis par le bout; d'autres pointues, comme si on eût aiguisé exprès leurs extrémités. La plûpart font d'un noir luisant; mais ce qui est le plus remarquable, quelques-

unes font dorées naturellement, d'une manière
aussi régulière, que si elles sortoient des mains
du plus habile Artiste.

Cette élégante caverne avoit encore, di
notre Auteur, une chose singulière, dont la
découverte m'étoit réservée, & qui, pendant
quelques momens, me donna des espérances bien
flatteuses ; mais *tout ce qui reluit n'est pas or.*
J'avois été frappé de l'élégance d'une grande
croûte de congélation noire, adhérente à une
portion du rocher un peu plus haute que ma
tête, & du côté droit de la caverne. En l'arrachant, je fus aveuglé par un nuage de poussière qui suivit. La première chose qui se présenta à mes yeux, quand je pus les ouvrir, fut
cette même poussière qui continuoit de tomber
du lieu d'où j'avois arraché cette congélation, &
qui couloit le long, du côté de la caverne jusques sur le plancher, où j'en vis un tas déjà
tombé du trou. Je crus que c'étoit de la poudre d'or. Je ne fus plus embarrassé pour expliquer ce qui m'avoit paru si singulier d'abord,
la dorure de la superficie de quelques-unes de
ces congélations.

Je m'imaginai avoir trouvé une mine, & je
cherchois déjà les moyens d'en pouvoir tirer
parti. Mais mon compagnon, qui avoit de l'expérience, me tira bientôt de cette vision, en
me disant que je n'étois pas le premier, ni vraisemblablement le dernier qui seroit trompé par
une telle apparence. Il m'assura qu'une pleine
charette de cette poudre brillante ne contenoit
pas un seul grain d'or ; & il me convainquit,
par son poids, de la vérité de ce qu'il avan-

çoit. En effet, de tout ce qui appartient au règne minéral, je n'ai jamais rien manié de si léger. En l'examinant de près, nous n'y trouvâmes autre chose qu'un amas de paillettes caffantes d'un talc jaune, qui se réduifirent en pouffière, en les roulant fous les doigts. En même-tems il me confola de la honte de m'être trompé, en m'affurant que de fa connoiffance, on avoit amené des Indes occidentales un vaiffeau chargé de cette matière, dans la croyance que c'étoit de l'or. Nous diftinguâmes alors que ce que nous avions ouvert étoit une grande couche de cette matière brillante; &, en arrachant d'autres morceaux d'incruftations, nous vîmes qu'il en tomboit de pareille de prefque par-tout.

En parlant de celle qui fe voit à Samos dans l'Archipel, le même Auteur dit que le toît & les côtés font tous couverts de congélations, & que ce font les plus brillantes qu'il ait vues de fa vie; & qu'au lieu de la couleur brune de quelques-unes, & du brillant pur de criftal des autres, qu'il avoit remarqués dans la précédente, celles-ci étoient toutes d'un blanc de neige parfait.

Ce qui lui caufa plus de furprife, fut d'obferver que par les côtés & à l'extrémité, elles étoient, pour ainfi dire, marquetées de petites taches brillantes de couleur d'or. En les examinant, il trouva que c'étoient des cubes réguliers, comme s'ils euffent été taillés exprès, & polis de la main du plus habile Artifte. Tantôt ils paroiffoient plutôt d'airain que dorés, & les taches étoient difpofées fur les furfaces blanches, les unes féparément, les autres par bandes. C'étoient des concrétions, qu'on appelle *mundick* dans le pays de Cornouailles, une espèce de minéral composé principalement de soufre, & qui prend par fois la couleur de l'airain, de l'argent ou de l'or. Ce qu'il y avoit de surprenant, c'étoit l'endroit où l'on trouvoit ces petits cubes. Ils paroissoient à la surface des pierres d'eau distillée, qui sont des corps formés long-tems après les rochers auxquels ils sont adhérens. Un Naturaliste fameux prétend que ces congélations sont formées de particules pierreuses, élevées en vapeurs dans les entrailles de la terre. La même chose doit aussi être arrivée, dit notre Auteur, par rapport au *mundick* qui forme ces couches ; il faut qu'il ait été élevé du fond de la terre, par petites particules en vapeurs, & qu'il ait ainsi formé ces sortes de concrétions. Ces vapeurs, dit-il, condensées par la fraîcheur de la grotte, & se changeant en eau, se sont attachées à la surface de la pierre, & enfin y ont déposé ce qu'elles avoient de matière solide.

Si on m'accorde, ajoute-t-il, cette explication, comme en effet la raison dicte qu'il faut l'admettre ; car nous voyons que le cristal, le spar & le *mundick*, qui sont des plus dures & des plus pesantes de toutes les productions naturelles, s'exhalent en vapeurs ; nous voyons même dans ce *mundick* des particules métalliques, car il en contient toujours quelques-unes : si cela est vrai, si les pierres, si les soufres & les métaux peuvent être exhalés en vapeurs, que savons-nous si nos mines n'ont point été formées de cette manière ? Assurément on pourroit, sans qu'il y eût à craindre que la conjecture fût trop hasardée, supposer que lès grands corps de tous les métaux & les minéraux existent au centre, ou près du centre de la terre, où leur propre pesanteur doit les avoir fait placer, lors de la structure originaire du globe, & que toutes nos mines actuelles sont fournies de ce vaste magasin, par des particules élevées en vapeurs, & ensuite déposées par cette vapeur changée en eau, dans les crevasses & les cavités des rochers où nous les trouvons.

Voici des concrétions aussi merveilleuses encore par les formes variées qu'elles affectent. M. *Brome*, dans son Voyage d'Angleterre, d'Ecosse, &c. parle d'une caverne singulière, connue sous le nom de *Ochy-hole*, située dans la province de Sommerset, à deux milles de la ville de Wells. Il compare cette caverne à la grotte dont parle *Virgile*, & à l'antre de la Sybille. Il en fait une longue description; &, pour mieux exprimer la surprise où il se trouva à la vue de cette caverne affreuse, il a recours à tout ce qu'on lit dans l'antiquité, touchant les antres & les chemins, qui, selon les Poëtes, conduisoient aux Enfers. Ce qu'il y a de plus remarquable en celle-ci, consiste en des pierres qui représentent au naturel & en relief, dit M. *Brome*, des animaux, un vaisseau, des orgues de différentes couleurs. Ce sont autant de pétrifications bizarres que la Nature semble avoir formées à plaisir, pour surprendre ceux qui descendent dans cette grotte, qui est très-profonde, sous un roc, & divisée en plusieurs appartemens. Le reste de la narration de l'Auteur ne

mérite point de nous arrêter & de trouver place
ici. Il ne tient qu'à la crainte qu'inspirent naturellement les lieux souterreins & obscurs.

Le labyrinthe du mont Ida est encore une
des merveilles de ce genre, & qui mérite d'être
connu. C'est un lieu fameux dans l'Isle de Candie, c'est un souterrein creusé en forme d'une
rue, lequel, par mille détours pris en tout sens,
& comme par hasard, & sans aucune régularité, parcourt tout l'intérieur d'une colline au
pied du mont Ida. Du côté du midi, à trois
milles des ruines de Gortyne, on y entre par
une ouverture naturelle, large de sept à huit
pas, si bas qu'à peine un homme de moyenne
taille pourroit y passer sans se courber. Une
espèce de caverne rustique se présente d'abord;
&, à mesure qu'on avance, ce lieu devient de
plus en plus surprenant. Ce ne sont que détours, dont la principale allée, moins embar-
rassante que les autres, conduit, par un chemin
d'environ mille deux cens pas, jusqu'au fond
du labyrinthe, à deux grandes & belles salles,
où les étrangers se réposent avec plaisir. Quoique cette allée se fourche à son extrémité, ce
n'est cependant pas l'endroit dangereux du labyrinthe; c'est plutôt à son entrée, environ à
trente pas de la caverne, à main gauche. Si
on s'engage dans une autre rue, après avoir
bien fait du chemin, on s'égare dans une infinité de recoins & de cul-de-sacs, d'où l'on ne
sauroit se tirer, sans risquer de se perdre. Le
roc même sert de murs aux salles. On y lit les
noms de quelques voyageurs, & le tems de leur
arrivée au labyrinthe. Parmi ces écritures, dit

M. *de Tournefort*, qui nous fournit cette defcription, dans fa Relation du Voyage du Levant, imprimée en 1717, il y en a quelques-
unes tout-à-fait admirables, qui confirment le
fyftême qu'il avoit propofé quelques années auparavant, concernant la végétation des pierres.
Ces écritures, obferve ce célèbre Naturalifte,
croiffent & augmentent fenfiblement; fans qu'on
puiffe foupçonner qu'aucune matière étrangère
leur vienne du dehors. Ceux qui ont gravé leurs
noms fur les murailles de ce lieu, ne s'imagi-
noient pas fans doute que les traits de leur ci-
feau duffent fe remplir infenfiblement, & devenir relevés, dans la fuite du tems, d'une efpèce
de broderie, haute d'environ une ligne en quelques endroits, & de près de trois lignes en
quelques autres; de forte que ces caractères,
de creux qu'ils étoient, font préfentement re-
hauffés de bas-reliefs. La matière en eft blanche,
quoique la pierre dont elle fort foit grifâtre.
Je regarde, dit M. *de Tournefort*, ces bas-
reliefs comme uue efpèce de calus formé par
le fuc nourricier de la pierre, extravafé peu-à-
peu dans les endroits creufés en gravant, de
même qu'il fe forme des calus aux extrémités
des fibres des os caffés.

Ce labyrinthe ne préfente rien de merveilleux que ce dernier phénomène, dont nous
abandonnons l'explication au Naturalifte; car
il n'eft rien moins en foi qu'une production de
la Nature. C'eft une véritable production de
l'art. Il a été fans doute formé par des Mineurs,
qui en avoient tiré des métaux, & ce n'eft pas
le même dont les anciens font mention. *Diodore*

de Sicile & *Pline* assurent qu'il n'en restoit aucun vestige de leur tems. On l'avoit fait sur le modèle du labyrinthe d'Egypte, l'un des plus fameux édifices du monde, embelli à son entrée d'un très-grand nombre de colonnes, & cent fois plus vaste que celui de *Crète*.

Voici une caverne d'un autre genre, mais également curieuse & également digne des spéculations des Naturalistes; on la trouve à l'orient de Vesoul en Comté. Cette caverne singulière produit en un jour de chaleur, beaucoup plus de glace qu'on n'en peut ôter en huit jours. Elle a trente-cinq pieds de profondeur, sur soixante de largeur, & une espèce de voûte de trente pieds d'élévation. Il pend de cette voûte de très-gros morceaux de glace qui font un effet charmant; mais la plus grande abondance vient d'un petit ruisseau qui occupe une partie de la caverne. Il est glacé en été, & coule en hiver. Quand il y a quelques brouillards dans cette caverne, c'est une marque de pluie pour le lendemain. Les Paysans des environs viennent consulter cet almanach naturel.

On voit une glacière à-peu-près semblable, au nord de Dôle, dans la même Province, près du Doux. C'est une grotte singulière par les conformations variées de ses congélations, qui représentent des colonnes proportionnées, soutenant une voûte que l'art n'auroit pas mieux cintrée, des statues, des plantes, des arbres, des figures d'animaux. Il s'y fait une transformation continuelle, & ce qu'on y voit un jour, a pris une autre forme huit jours après.

Les fameuses glacières de Suisse offrent en-

core

core quelque chofe de plus merveilleux aux yeux du Naturalifte, & on lira avec plaifir la defcription que donne M. *Langhans* des fingu- larités de la vallée de Siementhal, foumife à la domination du Canton de Berne. Il ne s'agit point ici à la vérité de cavernes, mais bien de montagnes, & nous avons cru pouvoir rappro- cher ces deux articles, par rapport à la géné- ration des glaces énormes qu'on trouve dans ces endroits fi différens entr'eux.

Entre les fommets, dit-il, des plus hautes Alpes, fe trouvent des couches d'une glace per- pétuelle, auxquelles notre Auteur donne le nom de lacs glacés; 1°. parce qu'il n'eft point rare de trouver des lacs entre la cime des montagnes de la Suiffe; 2°. parce qu'il fort de deffous ces couches un grand nombre de ruiffeaux confi- dérables, dont l'origine ne peut être attribuée aux feules eaux de glace fondue; car ils ne ceffent point de couler pendant les froids, même les plus rudes, quoiqu'alors leur volume di- minue jufqu'à un certain point; &, comme leurs eaux deviennent en même tems beaucoup plus claires qu'elles ne le font dans les faifons dou- ces, il femble qu'on peut conclure auffi qu'il faut chercher leur première origine dans quel- ques fources qui fe trouvent fous les couches de glace. C'eft ainfi que fe forment, dans les montagnes de la Suiffe, le Rhin, l'Aar, le Rhône & le Ticin.

Depuis un grand nombre de fiècles, ces lacs glacés occupent en quelques endroits l'efpace de plufieurs lieues. Ils font parfaitement unis, mais aux extrémités, où les baffins formés par

Tome I. H

les sommets des Alpes qui les environnent, commencent à s'ouvrir, & où les couches de glace vont en déclinant, ils sont garnis de hauts & gros morceaux de glace, que les naturels du pays appellent *gletscher*, du mot allemand *glitschen*, qui signifie *glisser* ; parce que dans le tems des dégels, il s'en détache fréquemment des glaçons, qui ont quelquefois trente à quarante pieds de hauteur. Il y a des *gletschers* en plusieurs endroits de la Suisse, & on en compte jusqu'à sept dans le seul Canton de Berne. Celui qui se trouve dans la vallée nommée *Grindelwald*, à vingt lieues de la ville de Berne, est le plus visité par les étrangers. Les autres sont d'un accès plus difficile.

En partant de Berne, ce que les curieux font ordinairement au milieu, ou vers la fin du mois d'Août, on passe par la ville de Thun : on traverse le lac qui en porte le nom, & qui est entouré d'un riant vallon : on arrive dans la petite ville d'Untersewen, où l'usage est de passer la nuit, parce que de là jusqu'au village de Grindelwald, il reste encore six lieues d'un chemin qu'on ne peut faire qu'à pied ou à cheval, ou du moins dans une espèce de litière ou de brancard. Avant d'arriver à la partie supérieure du village, on voit déjà le gletscher, qui s'élève entre des montagnes toutes couvertes de plantes, & qui ressemblent à un amas de pyramides de glace, entassées les unes sur les autres. Les différentes expositions des montagnes voisines du village, y font trouver dans la même saison, des fraises, des cerises, des pommes, des poires, des pêches, des prunes, des fleurs de printems & des fleurs

d'automne. Les parties inférieures de ces montagnes fertiles font couvertes de beftiaux. Plus haut
paiffent les chèvres & les brebis, & les plus nour-
riffans pâturages de la Nature s'étendent ici jufqu'aux fommets, qui font couverts d'une glace
perpétuelle. Dans le vallon, à peu de diftance
du gletfcher, on voit des champs femés d'avoine
& de feigle. Le voifinage des glaces n'empêche
point qu'au milieu de l'été, il n'y règne une chaleur fi vive, que les plantes femblent y croître à
vue d'œil.

En confidérant de près les pyramides de glace
qui forment le gletfcher, M. *Altmann* a trouvé
que la plupart étoient exagones. Elles s'étendent ici depuis l'extrémité du lac glacé, jufqu'au
pied de la montagne, & la largeur du creux
qu'elles occupent, eft au moins de cinq cens pas.
Toutes ces maffes en pyramides font fans doute
foutenues par une voûte de glace, qui laiffe un
cours libre aux eaux de fource & de dégel. Ces
eaux, dans le tems de la grande chaleur, forment
la rivière de *Lutfchene*, qu'on appelle la blanche,
pour la diftinguer d'avec la noire, qui fe forme
de même à une lieue de là. Dans la faifon douce,
il arrive fouvent que la dilatation de l'air contenu
dans les voûtes, jointe au dégel, fait écrouler
quelques - uns de ces monceaux ; ce qui arrête
pour quelque tems le cours des eaux, & fe fait
avec un bruit épouvantable. Quelquefois leur
nombre augmente, quelquefois il diminue : il y
avoit peu d'années, lorfque M. *Altmann* nous
donna cette defcription, que le gletfcher de
Grindelwald s'étendoit mille pas plus loin dans
ce vallon, & les Habitans du pays lui affurèrent,

H ij

en 1748, que depuis fort long-tems il n'avoit point été plus petit. Les Chroniques rapportent qu'en 1540, l'été fut si chaud & si sec en Suisse, que les sommets de plusieurs montagnes, toujours couverts de glace, parurent à découvert, & que tous les gletschers se fondirent.

Le lac, terminé par le gletscher dont nous venons de parler, s'étendant à droite derrière la montagne d'*Eiger*, vis-à-vis de laquelle est celle de Mettenberg, on voit entre le gletscher & le Viescher-horn, montagne toujours couverte de glace, un endroit d'environ deux mille pieds de circonférence, où, pendant l'été, il ne reste ni neige, ni glace. Cette fonte est causée vraisemblablement par des exhalaisons souterraines ; car d'un côté on sait que les eaux thermales qui étoient autrefois au village situé dans le Valais, de l'autre côté de la montagne Viescher-horn, se perdirent lorsque le terrein où elles se trouvoient se fut écroulé ; & d'ailleurs il est constant que tout le pays circonvoisin est rempli de minéraux sulfureux. La montagne d'Ueschenen, située dans l'avoyerie de Trutigen, fournit un exemple semblable. Quoiqu'elle soit plus haute que toutes celles dont elle est environnée, la neige s'y fond dès le retour du printems ; ce qui ne peut venir que des veines de soufre dont elle est traversée, & qui se manifestent assez par des exhalaisons vitrioliques. Aussi est-il très-fréquent dans les jours d'été les plus sereins, de voir des éclairs & d'entendre tonner sur cette montagne. Delà vient sans doute que le gibier ne la fréquente point dans les grandes chaleurs.

A la description de M. *Altmann*, ajoutons

celle que M. *Langhans* donne d'un autre gletfcher, qui fe voit à l'extrémité de la vallée de
Siementhal, foumife à la domination du Canton
de Berne. Comme cette vallée eft fort tortueufe,
on ne découvre le gletfcher qu'à l'extrémité du
village de S. Etienne. La couche de glace fur
laquelle il fe trouve, reffemble, de ce lieu, à un
toît en pente auffi long que large. Quand on
arrive enfin dans le village de Leny, qui eft le
dernier du vallon, on voit diftinctement que cette
couche s'élève à trois reprifes, & que depuis le
haut jufqu'au bas, elle eft couverte d'une infinité
de grandes & de petites pyramides de glace.
C'eft un des plus beaux fpectacles de la Nature,
dans un beau jour d'été, de voir tomber tranf-
verfalement les rayons du foleil fur le gletfcher,
qui commence d'abord à fumer de toutes parts,
& à reluire comme s'il étoit en flammes.

Pour arriver fur la montagne de Raezlisberg,
qui fert comme de promontoire au gletfcher, on
a deux lieues à faire, depuis le village de Leny,
au travers d'une partie du vallon, dont les Habitans ne voyent le foleil que pendant quelques mois
de l'année, & dans laquelle il tombe ordinairement une quantité prodigieufe de neige en hiver.
En arrivant fur la hauteur on découvre la mer
glacée, des rochers d'une hauteur furprenante,
& le gletfcher, dont il s'écroule de tems en
tems des glaçons, avec un bruit qui fe fait entendre à fix lieues au-delà. Tous ces objets forment
une efpèce de théâtre, dont l'afpect frappe tous
ceux qui n'y font point accoutumés.

En voyant cette hauteur du village de Leny,
on croiroit que le fommet de Raezlisberg tient

immédiatement au rocher qui sert de bassin au lac glacé & au gletscher ; mais quand on est monté, on voit s'étendre entre l'un & l'autre, dans l'espace d'une petite demi-lieue de largeur, une plaine fertile, arrosée entr'autres ruisseaux par le Siemen-bach, qui, comme l'eau miraculeuse de Moïse, sort d'un rocher sec & stérile. Au bout de la plaine s'élève à la hauteur de quinze cens pieds, le roc qui forme le lit du lac, & dont le bord soutient un gletscher de la hauteur de quatre cens pieds. De chaque côté de cet amas de glace, dont le lit déborde sur le devant, on voit un roc plus haut de mille pieds que le gletscher, qu'on ne sauroit mieux comparer qu'à un toît très-obliquement placé entre deux tours. M. *Langhans* observe ici qu'en général les gletschers sont composés de pyramides, qui ont tantôt trois, tantôt quatre, tantôt cinq angles ; qu'ils sont toujours situés vers le nord, & placés sur des lits penchés, qui laissent au milieu un passage aux eaux des montagnes, dont se forme le bassin de quelqu'autre lac.

Mais avant de considérer de plus près celui de Siementhal, il faut encore remarquer quelques autres singularités qu'on découvre dans la plaine. Telle est une cataracte dont les eaux, produites par les glaces & les neiges fondues, sortent au printems & en été par un grand trou de rocher, qui est à la droite du gletscher, & forment après plusieurs chûtes réitérées, dont le bruit s'entend à la distance de quelques lieues, un ruisseau qui, dès sa première éruption, annonce aux gens du voisinage le retour de la belle saison. Comme dans leur chûte, une grande partie de ces eaux se disperse en l'air, qu'elles forment une espèce de pluie, & qu'à la fin de l'été les sommets des montagnes de la Suisse sont couverts de nuages; on a critiqué mal-à-propos l'endroit du Poëme sur les Alpes, où le célèbre M. *Haller* dit fort poétiquement : *Le Voyageur surpris voit couler dans le ciel des rivières qui s'échappent des nues, & qui se changent d'elles-mêmes en nuages.*

Après la cataracte, M. *Langhans* conduit ses Lecteurs à une grande fente oblique, qui, se trouvant dans le milieu du rocher, descend depuis le gletscher jusque dans la plaine, & par laquelle découlent, en été, les eaux de la glace fondue, qui entraînent en même tems les glaçons détachés dans le lac. Au bas de cette fente commence une couche de glace, qui s'étend de quelques centaines de pas en long & en large sur la plaine de Raezlisberg. Comme l'exposition de cette plaine la rend propre à produire des plantes & des fleurs, la cause d'une glace perpétuelle doit y être attribuée, ou à la terre toute brunâtre, & plus pesante que les terres voisines, sur laquelle cette couche de glace se trouve, & que les eaux ont sans doute enlevée peu-à-peu au bassin du lac, dont elle peut avoir aussi causé, au moins en partie, la congélation par des propriétés naturelles, ou bien à la nature des eaux même, formées d'une glace, qui, depuis un grand nombre de siècles, attirent de l'air un nitre capable de les rendre encore plus froides.

L'expérience suivante donne beaucoup de vraisemblance à cette dernière raison. M. *Langhans* fit fondre une égale quantité de glace du

gletſcher, & de glace formée au bas d'une fontaine de la vallée. Ayant verſé dans deux verres
l'eau que ces deux glaces rendirent, il les poſa
dans une cave bien cloſe ſur deux glaçons d'égale
grandeur, & il mit une égale quantité de nitre
purifié. Au bout de trois quarts-d'heure, il ſe
trouva déjà plus de glace que d'eau dans les deux
verres. M. *Langhans* peſa cette eau, & trouva
dans le baſſin de la balance, où il avoit l'eau de
la glace commune, quatre-vingt-ſept grains de
plus que dans l'autre. Cette expérience ayant été
pluſieurs fois répétée, le ſuccès en fut preſque
toujours le même.

M. *Altmann* remarque auſſi que la glace des
gletſchers eſt plus froide que la glace commune.
Il en mit un morceau d'environ deux livres ſur
une planche, & l'expoſa pendant toute une
journée aux rayons du ſoleil, ſans qu'elle ſe
fondît tout-à-fait. Il entoura ſucceſſivement la
boule d'un thermomètre de l'une & de l'autre
eſpèce de glace, réduite en poudre, & il trouva
qu'il baiſſoit davantage dans celle du gletſcher.
Il obſerve, à cette occaſion, qu'une glace qui
n'eſt point encore parvenue au plus haut degré
de réfrigération, eſt tranſparente, & que celle
dont les parties ignées & aériennes ont été chaſ-
ſées entièrement, eſt, ſuivant la nature des eaux
congelées, ou bleuâtre ou griſâtre, couleurs qui
ſe perdent pour rendre à cette glace ſa première
tranſparence, dès qu'elle éprouve un certain
degré de dégel.

Pour arriver à une hauteur égale à celle des
glaçons pyramidaux du gletſcher que décrit M.
Langhans, on a un chemin très-pénible de cinq

à fix heures, & on eft alors à une hauteur d'environ cent pieds plus ou moins.

Les plus grands de ces glaçons fe trouvent fur
le bord du rocher, d'où ils vont, en diminuant,
vers le fommet de la montagne, qui eft couvert
d'une neige & d'une glace perpétuelles. Chacune
des élévations eft terminée par une petite plaine
de glace, d'environ trois lieues de largeur : mais
comme les vents du nord qui s'élèvent ici vers le
milieu de l'été font fi vifs, qu'ils emportent la
peau du vifage, ces plaines ne font guère tra-
verfées que par quelques Chaffeurs, pourvus de
bonnes peliffes, dans lefquelles ils s'enveloppent
quand ils font furpris par la nuit, ou lorfqu'ils jugent à propos de la paffer fur la glace,
pour furprendre, le lendemain à la pointe du
jour, les chamois qui fe retirent en été fur le
fommet de ces montagnes.

Les grandes fentes qui fe trouvent dans la
glace, rendent encore ces paffages très-dange-
reux, fur-tout quand il tombe de la neige qui
empêche de les voir. Un Chaffeur, qui étoit
tombé un jour dans une de ces fentes, affura
l'Auteur, qu'il s'y étoit trouvé fur un rocher fec,
& que le froid y étoit moins vif qu'à la furface
de la glace.

La grande glacière dont il eft ici queftion,
s'étend depuis le gletfcher jufqu'à la diftance de
dix à douze lieues, vers la vallée de Frintigen &
celle de Grindelwald. Dans prefque tous les endroits où la chaîne des montagnes, qui la foutient & lui fert de lit, s'ouvre, on voit une quantité de glaçons pyramidaux placés, ou fur la
terre, & fans qu'ils fe touchent les uns & les

autres, ou sur un grand banc de glace. Voici comment M. *Langhans* en explique la formation.

Les creux qui servent de bassin aux glacières de la Suisse ayant été remplis de neige & de glace dès le premier hiver qui succéda à la création, ou du moins plusieurs hivers consécutifs, la plus grande partie des eaux produites par la glace & la neige qui s'est fondue par la suite, a toujours découlé par les ouvertures des montagnes. Ces eaux ont insensiblement entraîné avec elles la terre supérieure, qui étoit fusible & remplie de matières échauffantes. Elles n'ont laissé que l'inférieure, qui, plus froide par elle-même, fut encore chargée de beaucoup de nitre, par les eaux de glace fondue.

Or, comme à la fin de l'été les eaux dégelées par la chaleur du jour, se glaçoient de nouveau pendant la nuit, tout le creux incliné, par lequel elles découloient, fut enfin couvert d'une couche de glace, qui, pendant un ou plusieurs hivers, devint trop épaisse, pour pouvoir être entièrement fondue par la chaleur même d'un été plus chaud qu'à l'ordinaire.

Qu'on imagine après cela que les eaux du dégel entraînèrent sur cette couche les neiges tombées sur les montagnes & les lacs glacés, que ces eaux, en y arrivant, coulèrent en toutes sortes de directions; on concevra qu'il a dû s'y former d'abord des sillons, & ensuite de petits tas de neige glacée, qui, par la succession des tems (car il a fallu sans doute une longue succession de siècles), s'agrandirent par les neiges abondantes qui tombent tous les ans sur ces montagnes. A l'égard de la figure pyramidale des

monceaux de glaces qui compofent les gletf-
chers, & que M. *Langhans* n'explique pas fuffifamment, par cette fuppofition, il eſt probable
qu'on peut l'attribuer à l'abondance du nitre contenu dans cette glace, & qui en prend la figure
en fe cryftallifant : mais ce n'eſt qu'une idée que
nous jettons au hafard, & que nous abandonnons
à nos Lecteurs.

CERVEAU. Le cerveau paſſe à jufte titre
pour l'un des principaux organes de l'économie
animale. C'eſt le lieu où l'ame réfide, & d'où elle
exerce fon empire fur toutes les parties du corps.
Il donne naiſſance aux nerfs qui font les miniſtres
de l'ame, & les véritables moteurs de toutes les
parties de la machine. Auſſi paroît-il que l'Auteur
de la Nature a mis toutes fes complaifances, &
dans la conformation de cette précieufe fubftance, & dans les précautions qu'il a prifes pour
la fouftraire aux injures des corps étrangers qui
auroient pu la bleſſer ou l'endommager. La moindre plaie, le moindre accident qui furvient à ce
vifcère, jette toute la machine dans le plus grand
défordre, & eſt accompagné des fymptômes les
plus fâcheux, & une mort prefque toujours certaine fuit d'aſſez près la moindre léfion dans la
maſſe du cerveau.

Il n'eſt pas furprenant d'après cet expofé fidèle
de la délicateſſe de cet organe, de voir périr en
naiſſant, nombre d'enfans qui apportent avec eux
des conformations vicieufes dans cet organe ;
mais ce qui doit paroître plus furprenant, c'eſt
de voir ces enfans venir à terme, & conféquemment avoir vécu jufqu'à ce moment dans le fein

de leur mère. Il ne l'eſt pas moins de voir des animaux vivre, & même paroître jouir de la meilleure ſanté, ayant le cerveau pétrifié, & de voir des corps étrangers y ſéjourner un laps de tems aſſez conſidérable, ſans endommager manifeſtement les fonctions de ce viſcère. Or, ces faits, quoique rares, n'en exiſtent pas moins, & paroiſſent renverſer ſingulièrement toutes les théories établies ſur les fonctions de cet organe.

On ſait que la Nature éprouve des écarts extraordinaires, & que les monſtruoſités de toute eſpèce n'ont rien de merveilleux, que de s'éloigner plus ou moins des loix générales de la génération. Auſſi ne ſommes-nous que modérément ſurpris de ces ſortes de faits. Mais toujours eſt-il important de les connoître, & il pourroit ſe faire que le meilleur moyen d'arracher à la Nature le ſecret qu'elle nous dérobe depuis ſi long-tems ſur la reproduction des êtres animés, ſeroit de connoître les bornes de ſes écarts en ce genre. Auſſi ne peut-on ſavoir trop de gré à ces Anatomiſtes exacts qui ne laiſſent rien échapper de ce qu'ils peuvent obſerver de ces ſortes de conformations. Nous n'en rapporterons néanmoins que quelques exemples de différentes eſpèces, propres à nous faire connoître autant qu'il eſt poſſible, juſqu'à quel point ces ſortes d'écarts peuvent avoir lieu.

Samuel Coſterus, *Fontanus* & *Carpi*, célèbres Anatomiſtes du dernier ſiècle, font mention d'un enfant, né le 24 Décembre 1729, qui n'avoit aucune apparence de cerveau. La cavité de ſon crâne étoit remplie d'une eau très-claire. *Bartholin* parle d'un enfant, né à Berg en 1639, qui vécut une demi-heure, & qui n'avoit ni front ni cerveau, mais à leur place une maſſe de chair rouge & informe. *François Moriceau* rapporte un exemple ſemblable d'un enfant, né à Paris en 1665, qui n'avoit ni cerveau ni crâne, mais en place une maſſe de chair. Il vint au monde vivant, mais il mourut preſqu'auſſi-tôt.

Veſſingius, d'après le rapport de *Maurice Hoffman*, nous apprend qu'en 1641, il naquit à Nuremberg, & avant terme, un enfant qui n'avoit ni cerveau ni moëlle allongée. Sa tête, dit-il, étoit appuyée ſur ſes épaules, n'ayant au cou que trois vertèbres, d'où l'on pouvoit introduire le doigt juſques dans celles de la poitrine. Suivant le témoignage de la mère & de l'accoucheuſe, cet enfant avoit cependant eu des mouvemens avant & après ſa naiſſance.

M. *Fauvel*, Chirurgien, fit voir à l'Académie des Sciences de Paris, un fœtus ſans cervelle, ni cervelet, ni moëlle de l'épine, quoique très-bien conformé d'ailleurs. Il étoit venu à terme, avoit vécu deux heures, & donné quelques ſignes de ſentiment. Ce fait ſeul, qui n'eſt pas unique, dit l'Hiſtorien de l'Académie pour l'année 1713, démontre, ou que les eſprits animaux ne ſont point néceſſaires à l'économie animale, ou qu'ils peuvent s'engendrer ailleurs que dans le cerveau, le cervelet & la moëlle épinière. La dernière partie de cette propoſition paroît plus probable que la première.

M. *Mery* aſſura également à l'Académie avoir vu un fœtus mâle, qui n'avoit pareillement ni cerveau, ni cervelet, ni moëlle de l'épine. Celui-ci avoit vécu vingt-une heures, & avoit pris quelque nourriture. La dure-mère & la pie-mère faifoient un canal, ou tapiffoient intérieurement les vertèbres.

Jean Wolfius rapporte que le 26 Mai 1565, une femme accoucha, dans le bourg de Schmitz en Souabe, d'un enfant fans tête, dont la bouche étoit placée à l'épaule gauche, & l'une des oreilles à la droite. Le corps étoit brun & avoit des mouvemens d'ondulation, parce que ce n'étoit qu'une maffe de chair fans os. On fe perfuada dans le peuple qu'il avoit été engendré par un incube; & ce qu'il y a de plus extraordinaire en cela, & ce qui prouve en même tems la bonne crédulité de nos ancêtres, c'eft que cette hiftoire fut imprimée & rendue publique par ordre du Sénat d'Ulm.

M. *Saviard* nous apprend qu'une femme, âgée de vingt-huit ans, accoucha le 23 Avril 1690, à l'Hôtel-Dieu de Paris, d'un enfant qui n'avoit point de crâne. Je ne trouvai, dit-il, que la bafe des os coronal, occipital, temporaux, & point de pariétaux. L'apophyfe criftagalli, élevée de cinq lignes à fon extrémité, étoit une efpèce de couronne offeufe de quatre lignes de diamètre. Le grand trou occipital étoit couvert d'une membrane épaiffe & très-forte, femblable à la dure-mère. Dans cette membrane étoient les finus latéraux, & le fang contenu dans leur cavité fe dégorgeoit dans les jugulaires internes. Au-deffous de cette membrane étoit le commencement de la moëlle de l'épine. Sur la bafe de cet os, dit M. *Saviard*, je ne trouvai ni cerveau ni cervelet, &c. Cet

enfant vécut trente-fix heures. Il fut baptifé, &
prit pour nourriture du vin & du fucre mêlés
enfemble.

L'année fuivante, en 1691, M. *Saviard* eut
encore occafion de rapporter une femblable
obfervation. Une femme accoucha à l'Hôtel-
Dieu d'un enfant qui n'avoit ni cerveau, ni
deffus de tête. Cet enfant vécut quatre jours &
quatre nuits. Il ouvroit & fermoit les yeux. Il
crioit, têtoit fa nourrice, & mangeoit de la
bouillie. Le fait fut attefté par Madame *Morlet*,
Maitreffe Sage-Femme de l'Hôtel-Dieu, de qui
M. *Saviard* tenoit cette obfervation.

Nous pourrions rapporter ici un très-grand
nombre d'obfervations du même genre, plus
furprenantes les unes que les autres. Nous nous
bornerons aux fuivantes.

Jean Schenkius fait mention de trois enfans
fans tête : le premier, né à Wittemberg en 1655 ;
le fecond, dans la Mifnie en 1554, à la poitrine
duquel il paroiffoit quelque chofe qui avoit
l'apparence des yeux ; & le troifiéme, dans la
Gafcogne en 1562.

George Schenkius nous a confervé l'hiftoire de
treize jumeaux, dont l'un paroiffoit avoir la tête
enfoncée dans le corps de l'autre. C'étoit, nous
dit-il, un enfant adhérent à l'eftomac d'un autre,
& auquel il ne manquoit que la tête. Lorfque
l'enfant complet têtoit, l'autre faifoit les mêmes
mouvemens que s'il eût tété lui-même. Il cite ce
fait fur le rapport de *Bernivenius*. Le fecond, fur
celui de *Marcellus Virgilius*, qui avoit à-peu-près
la même forme, & qui acquit prefque l'âge de
puberté.

Le troisième & le quatrième avoient été décrits par *Cardan*, dans le douzième livre de son Ouvrage, intitulé : *de Subtilitate*. Il avoit, dit-il, vingt-cinq ans, & il étoit difficile de juger de son sexe; mais le jumeau qui lui pendoit au ventre étoit mâle. Nous ne dirons rien des autres, & pour éviter la prolixité, & parce que tous ces phénomènes rentrent les uns dans les autres.

Si tous ces faits sont surprenans, ils le seroient bien davantage, si tous les sujets qu'ils concernent avoient vécu, & avoient exercé librement leurs fonctions. On doit donc être plus surpris des deux suivans, où il s'agit de cerveaux entiérement pétrifiés, ce qui n'empêchoit point les animaux auxquels ils appartenoient, d'exercer librement leurs différentes fonctions. Elles paroissoient néanmoins un peu lésées dans le sujet de la première de ces deux observations.

Au commencement de l'année 1670, dit-on dans le Journal d'Allemagne, on tua dans un bourg de Padoue, voisin du Monastere de Sainte-Justine, un bœuf dont le cerveau étoit dur comme du marbre. Il paroissoit à la vérité plus stupide que les autres. En marchant il avoit toujours la tête basse & branlante. On se détermina à le tuer, parce qu'il dépérissoit à vue d'œil. Toutes ses autres parties étoient saines. On conserve ce cerveau par curiosité dans le Monastère de Sainte-Justine. Ce phénomène n'étoit point le premier de ce genre qu'on eût observé; car *Thomas Bartholin*, écrivant à *Horstius* en 1660, dix ans avant l'événement que nous venons de rapporter, lui marque que dans la Suède on avoit tué un bœuf, dont le cerveau étoit pétrifié, & il ajoute que cet
animal

animal portoit également la tête baſſe dans les
pâturages. *M. Duverney* le jeune fit voir à l'Académie en 1703, le cerveau pétrifié d'un bœuf,
& il l'étoit preſqu'entiérement, au point d'égaler
la dureté d'un caillou. Il reſtoit ſeulement en
quelques endroits un peu de ſubſtance molle &
ſpongieuſe : la moëlle de l'épine s'étoit conſervée
dans ſon état naturel, auſſi-bien que les nerfs qui
étoient à la baſe du crâne. Le cervelet étoit auſſi
pétrifié que le cerveau. La pie-mère étoit auſſi
compriſe dans ce changement général, & toute
la maſſe enſemble étoit ſi défigurée, qu'on avoit
peine d'abord à reconnoître les parties, & à les
déſigner par leur nom.

Ce bœuf, malgré cela, étoit fort gras, & ſi
vigoureux, que quand le Boucher avoit voulu le
tuer, il s'étoit échappé juſqu'à quatre fois ; circonſtance très-remarquable, & qui prouve que
malgré la pétrification du cerveau, cet animal
avoit conſervé la faculté d'exercer librement
toutes ſes fonctions.

Veut-on maintenant un exemple bien frappant
que malgré l'extrême délicateſſe de ce viſcère,
il peut s'y inſinuer des ſubſtances dures & étrangères, & qu'elles peuvent y ſéjourner ſans troubler
ſes fonctions ? Le ſuivant eſt on ne peut plus
merveilleux en ce genre.

On voit à Konisberg, dans la bibliothèque
Electorale, diſoit en 1673 *Thomas Bartholin*,
un morceau de fer de la groſſeur & de la longueur
du doigt, qui a ſéjourné pendant quatorze ans
dans le cerveau d'un Officier Pruſſien, nommé
Eraſme de Reitzenſtein, ſans lui cauſer d'incommodité conſidérable. Au bout de ce tems, il ſe

fit une fuppuration qui entraîna ce fer, & le fit fortir en crachant. Toutes ces circonftances font rapportées dans une infcription en vers latins, jointe à ce fer, que l'Officier guéri avoit dépofé en 1472 dans l'Eglife de Saint-Albert, d'où il a été transféré en 1665 dans la bibliothèque Electorale.

Qui croiroit que l'abus des liqueurs fpiritueufes pourroit les forcer à fe filtrer dans la fubftance même du cerveau? En voici un exemple bien fingulier.

Au mois d'Octobre 1769, on apporta à l'Hôpital Militaire de Nancy, un Soldat trouvé mort dans les prifons, & qu'on foupçonnoit s'être empoifonné. M. *Noel*, Membre de l'Académie de Chirurgie de cette Ville, en fit l'ouverture, & commença par le cerveau, parce que le vifage étoit bouffi, de couleur plombée & bafannée. Lorfqu'il eut fcié & enlevé le crâne, il trouva tous les finus de la dure-mère extrêmement engorgés, & beaucoup de fang épanché fur la furface du cerveau. Il crut devoir affurer par ces indices, que le fujet étoit mort d'une attaque d'apoplexie, ou de fecouffes violentes qu'il avoit reçues à la tête : mais ce qui le furprit davantage, pendant qu'il détacha la fubftance médullaire du cerveau, c'eft qu'il fentit une odeur très-forte d'efprit-de-vin, qu'il foupçonna d'abord venir des Infirmiers qui le fervoient. Sur ce qu'ils lui affurèrent qu'ils n'avoient ni bu, ni touché de cette liqueur, il refta dans le doute, jufqu'à l'arrivée d'un Soldat qui lui apprit que la caufe de la mort de fon camarade venoit d'avoir bu la veille une bouteille d'eau-de-vie, pour fe confoler de ce qu'il ne pouvoit sortir de prison. Curieux de savoir jusqu'à quel point cette liqueur spiritueuse pouvoit avoir pénétré la substance médullaire du cerveau, qui continuoit à frapper son odorat, M. *Noel* fit apporter une chandelle allumée. Il la présenta à la masse du cerveau, & elle s'enflamma, & produisit des flammes blanches, pâles & violettes, à-peu-près comme celles qu'on remarque lorsqu'on brûle de l'esprit-de-vin, ou d'autres liqueurs inflammables.

M. *Noel* fit des expériences sur différens animaux, qu'il fit périr par la même boisson ; mais l'ouverture de leur cerveau ne produisit point un semblable phénomène ; ce qui paroîtroit devoir faire conclure que celui dont il est ici question, ne fut produit que par un long usage, & un abus excessif de liqueurs spiritueuses.

CHALEUR. La chaleur & le froid sont deux contraires, dont les effets modérés & appropriés à la constitution des êtres sur lesquels ils influent, entretiennent l'harmonie de cette constitution ; mais ces deux contraires viennent-ils à sortir des bornes dans lesquelles ils doivent être renfermés, il en résulte des désordres plus ou moins fâcheux, particulièrement dans l'économie animale. Nous laissons aux Médecins & aux gens de l'art le soin d'observer ces désordres, & d'y remédier, pour nous borner à rapporter ici des observations qui sont très-peu ordinaires, & qui conséquemment méritent place dans notre Ouvrage.

Le 30 Juillet 1705, M. *Plantade* écrivoit à M. *de Cassini*, que la chaleur avoit été tout l'été excessive à Montpellier, mais particulièrement le jour de la date de sa lettre. Elle le fut au-delà de ce qu'on avoit jamais éprouvé de mémoire d'homme. L'air, dit M. *Plantade*, étoit aussi brûlant que celui qui sort des fours d'une verrerie, & on ne trouva point d'autre asyle pour se garantir de ses impressions que dans les caves. En plusieurs endroits de la ville, on fit cuire des œufs au soleil. Les thermomètres de M. *Hubin* cassèrent par l'expansion de la liqueur. Un thermomètre de M. *Amontons*, dans un endroit où l'air communiquoit peu avec l'air extérieur, monta très-près du degré où le suif doit se fondre ; la plus grande partie des vignes fut brûlée en ce jour, ce qui n'étoit jamais arrivé en ce pays. MM. les Astronomes remarquèrent que pendant le cours de cet été, les pendules avancèrent beaucoup. A Paris, le 6 Août de la même année, il fit beaucoup plus chaud que le 30 Juillet. Un thermomètre de M. *Hubin*, dont M. *de Cassini* se servoit, depuis trente-six ans, se cassa sur les deux heures, ce qui prouve que depuis trente-six ans il n'avoit point éprouvé le même degré de chaleur.

Un phénomène plus singulier, c'est d'éprouver une chaleur de cette espèce, ou au moins très-forte dans un tems où les frimats de l'hyver commencent à se faire sentir. Ce fut ce qui arriva à Bologne le 29 Novembre 1779, à la suite d'un tremblement de terre dont on avoit ressenti plusieurs secousses. La chaleur, dit-on, secondée d'un vent de sud-est, y fut si forte le jour que nous venons d'indiquer, que l'air étoit aussi brûlant que dans le tems où le soleil est au signe du lion. Les Physiciens attribuèrent ce phénomène à une quantité prodigieuse d'exhalaisons phlogiftiques forties de la terre, & ils confirmoient cette idée par une observation accessoire aussi singulière que la principale. On éprouvoit, dit-on, cette chaleur excessive vers la surface de la terre, tandis qu'elle étoit très-modérée, ou mieux que la température étoit telle qu'elle devoit être sur les toîts des maisons.

Ces excès dans la chaleur, ainsi que ceux qu'on éprouve dans le froid, influent singulièrement sur l'économie animale.

On lit dans les Transactions Philosophiques, qu'on a vu mourir des hommes, en Pologne & en Lithuanie, les uns par l'excès de la chaleur, & les autres par l'excès du froid. Au mois de Juillet 1653, le régiment des Gardes étant en marche avec le Roi, pour aller de Léopold à Glignani, il fit une chaleur si excessive, que la plûpart des Gardes, qui marchoient pied nud sur le sable, tombèrent presque sans mouvement. Cet accident arriva à plus de cent. Il en mourut douze sur le champ.

Le froid, au contraire, fut si grand le 2 Janvier 1665, que trois soldats moururent en passant le long des marais, & plusieurs autres personnes perdirent quelques-uns de leurs membres.

La chaleur influe non-seulement sur le corps, mais encore sur l'esprit. M. *Dodard* rapporta à ce sujet, à l'Académie, un exemple bien frappant de la dépendance où sont les fonctions spirituelles de l'ame, des dispositions matérielles du cerveau.

Un enfant de huit ans, dit-il, qui apprenoit parfaitement bien le latin, oublia presque tout-d'un-coup tout ce qu'il en savoit, quand les grandes chaleurs de 1705 commencèrent. Deux ou trois jours de fraîcheur lui rendirent la mémoire, & il la perdit une seconde fois par la chaleur qui revint. Nous pourrions ajouter ici une multitude d'observations semblables.

CHEVEUX. Ils sont de même nature que les poils qui naissent sur différentes parties du corps, & ils nous offrent une multitude de phénomènes assez singuliers, & qui méritent de trouver place ici. On sait qu'ils blanchissent avec l'âge; & si on n'est point étonné de voir une chevelure blanche à un vieillard, & même à un homme de moyen âge, car il est mille circonstances qui peuvent faire avancer plus ou moins ce changement de couleur, on doit l'être sans doute de les voir blanchir dans l'espace d'une nuit. Or ce phénomène se fit observer dans le dernier siècle, dans la personne d'un jeune homme de condition qui fut fait prisonnier de guerre en Barbarie, & conduit en prison. La crainte d'une mort prochaine dont on le menaça, dit *Jean-Louis Hannemannus*, lui fit blanchir les cheveux dans l'espace d'une seule nuit.

M. *Duhamel* rapporte un fait du même genre dans l'Histoire de l'Académie pour l'année 1687. Il assure qu'une femme qu'il connaissoit beaucoup, ayant toujours eu les cheveux bruns, ils étoient devenus blonds à la suite d'une couche.

Quelque changement qui arrive à la couleur des cheveux, il est encore moins étonnant que de les voir de deux couleurs différentes. Il est bien certaines parties de la tête où les cheveux blanchissent plutôt que sur toute autre, & il n'est pas rare de trouver des gens qui ayent quelques touffes de cheveux blancs dans une chevelure noire ; mais le fait rapporté par *Bartholin*, dans les Actes de Copenhague pour l'année 1672, est on ne peut plus rare. Il assure qu'il connoissoit un enfant de la campagne qui avoit les cheveux noirs d'un des côtés de la tête, & tous blancs de l'autre côté.

On a vu un phénomène plus surprenant encore, dont les papiers publics firent mention en 1771. Les cheveux tombèrent, dit-on, à un Horloger du bourg de Neunkirken, en Basse-Autriche. Ils étoient fort noirs. Il resta huit jours dans cet état, après lesquels il lui en poussa de blancs, & quelque tems après, ceux-ci devinrent noirs. Il n'avoit que trente-six ans lorsqu'on publia cette observation.

Si la couleur des cheveux offre quelques phénomènes merveilleux, leur production en fait observer d'aussi surprenans. Nous n'en citerons que quelques exemples.

On lit dans le Journal des Savans, pour l'année 1684, qu'une Dame de Silésie ressentoit tous les mois une cruelle douleur de tête, pendant laquelle il lui poussoit une grande quantité de cheveux blancs, qui, dans une nuit, croissoient de la longueur du doigt. Si on ne les arrachoit pas avant le quatrième jour, ils rentroient dans le crâne, & la douleur devenoit insupportable : mais elle diminuoit peu à peu si on avoit soin de les arracher.

Voici une production bien plus subite & bien plus étonnante encore, arrivée à Nuremberg. Un malheureux, dit-on, s'y étant fait pendre pour cause de vol, on vit tout son corps couvert de cheveux quelques heures après, tandis qu'il étoit encore au gibet. *Tison*, qui rapporte ce fait, dit en avoir recueilli de plus étonnans encore, qu'il a trouvés dans différens Auteurs.

Amatus Lusitanus, dit-il, fait mention d'une personne qui avoit du poil sur la langue. Quoiqu'il soit bien plus surprenant d'en trouver dans le cœur de l'homme, plusieurs Anatomistes rapportent en avoir trouvé dans cet organe. *Pline* & *Valere-Maxime* assurent que ce phénomène s'étoit fait observer dans le cœur d'*Aristomène*, Messenien. *Eustachius* assure le même fait, mais il s'agit ici du cœur du chien d'*Alexandre*, qu'on ouvrit après sa mort. On vit le même phénomène dans les Amphithéâtres d'Anatomie d'Allemagne, d'Italie, de Venise, de Ferrare & de Padoue. Nous ne faisons qu'indiquer ces faits, qui, tout surprenans qu'ils soient, ne méritent point de détails particuliers.

Skenkius a fait un Recueil particulier d'Observations concernant des cheveux trouvés dans les reins. On en a trouvé jusque dans le sang. *Hypocrate* prétend qu'il est assez commun d'en trouver dans les parties glanduleuses. *Oliger Jacobæus*, Professeur à Copenhague, dit avoir trouvé une touffe considérable de poil dans une partie musculaire d'un bœuf. *Gallien* assure qu'on en a souvent trouvé dans des abcès, des apostêmes. *Schutterus* disséquant une femme, en 1654, trouva dans l'abdomen douze chopines d'eau, & une large touffe de poil qui nageoit dessus. Cette observation lui fournit la matière d'une savante dissertation intitulée : *Morbus pilaris mirabilis*.

Mais voici une éruption bien singulière de che-

veux fur toute l'habitude du corps. On en trouve
la relation dans le Journal Etranger du 15 Juin
1754. J'ai vu à Lifbonne, dit l'Auteur de cette
Relation, le 12 Mai de cette année, une fille
nommée *Marie*, née le premier Mai 1747, à
Alcanède, bourg de la Province d'Eftramadure,
auprès de Santa-Cruz. Cet enfant n'a encore que
fept ans, & elle a près de quatre pieds de hauteur ; une tête extrêmement groffe, & des membres robuftes & gigantefques ; fon vifage eft tout
couvert de grands poils de diverfes couleurs &
de différentes longueurs. Sur le front ils ont dix
lignes de longueur, & font de la couleur des fin-
ges communs : ceux des fourcils ont un pouce &
demi de long, & font, ainfi que les cils des paupières, d'un noir très-foncé : ceux qui couvrent
le refte du vifage, font d'un pouce de longueur
& fort blancs. Sur la lèvre fupérieure, ils font plus
courts & d'un châtain clair ; fur le refte du corps,
ils font tous blancs & touffus : fur l'épine du dos,
il y en a davantage & pareillement blancs ; ils ont
en cet endroit plus d'un pouce de longueur. Ce
qu'il y a de plus fingulier, c'eft que les cheveux
de cette fille velue n'ont aucun rapport avec fes
poils, & ils ont la longueur & la fineffe ordinaire
des cheveux, leur couleur eft d'un brun obfcur.

**CONFORMATIONS EXTRAOR-
DINAIRES.** Jaloufe de fes loix, la Nature
s'en écarte cependant quelquefois, & elle n'eft
pas moins admirable dans fes écarts, aux yeux
de celui qui fait apprécier fon travail, & qui peut
pénétrer dans fes myftères. Heureux celui auquel
elle ouvre fon fanctuaire, & auquel elle laiffe

entrevoir les caufes finales de ſes opérations. Il en eſt peu qui puiſſent ſe flatter d'une pareille faveur, & on ne peut l'obtenir que par une connoiſſance profonde de la variété de ſes travaux. Il eſt donc important à celui qui veut y parvenir, de s'inſtruire de tous les phénomènes qui peuvent y conduire, de les recueillir, de les méditer avec ſoin, & de ſaiſir autant qu'il eſt poſſible les rapports qu'ils peuvent avoir les uns avec les autres. Ceux dont il ſera queſtion dans cet article, ſont d'un genre particulier, & méritent d'autant plus d'être médités, qu'ils s'écartent davantage des loix générales que la Nature paroît s'être impoſées dans la reproduction des êtres animés. Il s'agit ici des monſtruoſités, des conformations extraordinaires qui ſe font remarquer dans l'eſpèce humaine. On en obſerve de ſemblables & d'auſſi variées dans les différentes claſſes des animaux. Elles dépendent ſans doute des mêmes caufes ; mais nous avons cru devoir en faire un article à part, & nous n'en parlerons que ſous le titre des *Ecarts de la Nature.* On obſerve encore des phénomènes de même genre, des productions tout-à-fait ſingulières dans le règne végétal, & nous en donnerons pluſieurs exemples à l'article *Végétations extraordinaires.* Mais le Phyſicien, le Naturaliſte, l'Amateur, qui voudra méditer ſérieuſement ſur cette matière, & tâcher de ſe rendre raiſon de ces eſpèces de bizarreries de la Nature, doit réunir ces trois articles en un ſeul.

Quelle multitude d'opinions plus captieuſes les unes que les autres n'a-t-on pas imaginées pour expliquer ces ſortes de monſtruoſités. Nous donnerons une idée ſuffiſante de celles qui ont eu le plus de vogue parmi les Savans, à l'article *Imagination*, & c'est encore un article qu'il faut réunir aux précédens.

Les monstruosités dont nous traiterons ici, & qui ne concernent que l'espèce humaine, sont infiniment multipliées, & on pourroit remplir un volume de toutes les observations qu'on a recueillies à ce sujet : mais outre l'inutile prolixité dont on pourroit nous accuser si nous rassemblions tous ces faits, ce seroit, sans contredit, le moyen d'en rendre l'intelligence plus difficile par la multitude d'accidens qu'ils présenteroient. Nous avons donc cru qu'il suffiroit, & même qu'il seroit plus utile de nous borner à un certain nombre, mais de les présenter avec ordre, & de les classer de manière qu'on pût plus facilement en saisir les rapports & les variétés.

Nous distinguerons donc les monstruosités en plusieurs classes, & nous ferons observer qu'il y a des monstres par excès, d'autres par défauts, d'autres par déplacement de parties ; & nous ne dirons que deux mots de ces signes, de ces marques extraordinaires qu'on désigne communément sous le nom d'*envies*.

Monstres par excès. La femme de *Jean Gourdain*, coupeur au bois, demeurant à Cigny, l'un des fauxbourgs de S. Dizier, accoucha le 7 Juin 1771, au terme d'environ sept mois, d'un enfant monstrueux pesant cinq livres, & ayant quatorze pouces de longueur.

Cet enfant, dit M. *Marisy*, Médecin de S. Dizier, avoit deux têtes bien conformées. L'une & l'autre avoit deux yeux, deux oreilles ; chevelues l'une & l'autre jusqu'aux sourcils. La bouche de la tête droite étoit garnie de trois dents à la mâchoire supérieure, dont la lèvre avoit un bec de lièvre, & la mâchoire inférieure en faisoit voir une seule.

La tête gauche avoit la lèvre supérieure un peu fendue, & la mâchoire supérieure garnie de six dents ; l'inférieure en avoit deux canines.

Les deux cols étoient séparés jusqu'à l'épaule, & c'étoit-là que la jonction des deux petits corps se faisoit par la mamelle & le sternum, de façon que chaque corps avoit une mamelle en devant, une épaule, un bras, un avant-bras, une main bien conformés. Les deux autres bras sortoient de l'épaule où se faisoit la jonction, unis ensemble par une membrane, passant dessus le dos pour sortir du côté droit. Les deux avant-bras & les mains étoient séparés. Il ne paroissoit à l'extérieur qu'un bas-ventre, un nombril d'où sortoit un cordon, qui fut cassé dans l'accouchement ; il fut si laborieux, que la femme en mourut subitement sans avoir été délivrée & sans secours. Les parties naturelles étoient masculines ; il ne paroissoit que deux cuisses, deux jambes, deux pieds, & le tout étoit bien conformé.

Par derrière, au-dessous des fesses, sortoit une excroissance d'environ quatre pouces de longueur, grosse comme le petit doigt, informe, sans rotule, ni aucune proportion. On voyoit au bout une apparence d'orteil, qui décidoit que c'étoient les deux autres cuisses, jambes & pieds confondus, que le public avide du merveilleux, prit pour une queue. Cette excroissance passoit derrière le dos, & comme les bras, sortoit du côté droit.

M. *Gerard*, Maître en Chirurgie, en fit l'ouverture; il trouva dans la poitrine deux cœurs unis, renfermés dans le même péricarde, ayant chacun leurs ventricules, oreillettes, aorte, &c.; un poumon à deux lobes de chaque côté; deux colonnes vertébrales qui n'en faisoient plus qu'une à la partie supérieure de l'os sacrum. Au bas-ventre deux foies unis, deux véficules du fiel, deux eftomacs; un feul rein de chaque côté, dont les uretères alloient fe rendre dans une feule veffie. De chaque côté du ventre, on vit les inteftins grêles & gros, propres à chaque petit corps, & ils finiffoient dans le baffin, qui étoit unique, par un feul inteftin *rectum* qui aboutiffoit à un anus non perforé.

On trouve dans *Tulpius* une obfervation femblable, avec cette différence que le monftre de *Tulpius* étoit joint par les deux têtes; que fes pieds étoient tournés en dedans, & que les deux avant-bras qui paffoient derrière le dos étoient joints enfemble jufqu'au poignet.

Mais voici fon véritable pendant & fon cadet de deux ans & fept mois. *Benoifte Monjet*, femme de *Louis Conftant*, Laboureur de la Paroiffe de Chevroux, Diocèfe de Lyon, âgée de vingt-huit ans, & déjà mère de plufieurs enfans bien conformés, accoucha au terme d'une groffeffe ordinaire, le 14 Janvier 1773, d'un monftre bien moins grand & moins pefant qu'un enfant qui vient au terme ordinaire.

Cet enfant avoit deux têtes bien conformées, mais d'un volume inégal. La gauche étoit d'un quart plus groffe que la droite; chacune avoit deux yeux, deux oreilles, un nez, une bouche, mais fans dents, un cou proportionné aux autres parties, & féparé de l'autre jufqu'à l'épaule. Ces deux têtes, en un mot, ne repréfentoient rien de remarquable dans leur conformation. La droite ou la plus petite donna des fignes de vie pendant une demi-heure, & l'autre, quoique plus groffe, ne vécut que quelques minutes. Quant à la mère, elle fouffrit beaucoup ; mais elle reprit le deffus, & elle fe portoit bien au moment où M. *Gaçon*, Médecin de l'endroit, écrivit cette obfervation.

En regardant, dit-il, cet enfant pardevant, on n'appercevoit que deux bras, parce que les deux thorax étoient réunis pardevant dès la fin du cou, par une membrane qui s'attachoit de chaque côté entre le fternum & la mamelle, de manière qu'on ne voyoit auffi que deux mamelles. Les deux autres ou les deux internes étoient cachées dans le lieu de la jonction des deux corps. Il en étoit de même des deux épaules, & d'une partie des clavicules. On voyoit cependant deux fternum qui fe terminoient en un feul appendix xiphoïde, ce qui faifoit préfumer que les deux œfophages alloient aboutir au même eftomac, & que l'abdomen, qui étoit unique, ne renfermoit que les vifcères d'un feul individu ; ce qui confirmoit encore cette idée, c'eft qu'à l'extérieur on ne trouvoit qu'un nombril, un baffin, une verge, deux cuiffes, deux jambes & deux pieds, le tout conformé à l'ordinaire.

En examinant ce monftre par derrière, on appercevoit deux autres bras auffi grands & auffi bien formés que les deux premiers ; ils étoient entrelacés l'un dans l'autre comme ceux de deux perfonnes qui s'embraffent étroitement ; de forte que celui de la tête gauche étoit paffé fur l'épaule de la tête droite ; ce qui faifoit que poftérieurement les deux thorax n'étoient attachés que par-deſſous les aiſſelles. De ce côté, on voyoit quatre omoplates, quatre bras, quatre rangs de côtes, & deux colonnes vertébrales : mais à la hauteur des lombes, les deux épines du dos ſe confondoient pour ne former que deux hanches, deux feſſes, un anus : on remarquoit ſeulement que c'étoit le thorax de la groſſe tête qui ſe contournoit pour aller ſe perdre dans celui de la petite.

On ne put rien apprendre de la conformation intérieure de ce monſtre, parce que ſon père s'empreſſa de le renfermer dans de l'eſprit-de-vin pour le conſerver & le faire voir par la ſuite pour de l'argent.

En voici un troiſième du même genre, & plus curieux parce qu'il vécut aſſez pour qu'on lui vît faire quelques-unes de ſes fonctions.

Au mois de Décembre 1664, proche la ville de Salisbourg, une femme accouchée d'une fille, mit au monde une heure après une autre fille, ayant deux têtes diamétralement oppoſées, quatre bras, quatre mains, un ventre & deux pieds. Ce monſtre, qui vécut environ deux jours, ſe nourriſſoit par les deux têtes, & rendoit les excrémens à l'ordinaire. L'un des deux viſages étoit beaucoup plus gai que l'autre, & ce fut cependant celle qui mourut la première, s'il eſt permis de s'exprimer ainſi, un quart-d'heure avant l'autre.

Il naquit à Breſt, en 1702, deux filles qui ſe tenoient par l'eſtomac, depuis le deſſous des mamelles, qu'elles avoient l'une & l'autre bien formées, juſqu'au nombril commun. Elles n'avoient entr'elles qu'un cœur, qu'un foie, une rate, mais chacune avoit deux reins & toutes les parties de la génération. Les têtes, les bras, les jambes étoient bien formés : chacune de ces filles fut baptisée en particulier, & peu de tems après elles moururent toutes les deux.

On lit dans le Journal Encyclopédique, pour le mois de Novembre 1752, qu'une femme du village de Zoenkerka, près de Bruges, accoucha le 3 Septembre 1772, d'un garçon & d'une fille qui se tenoient ensemble. Ils avoient deux têtes, quatre pieds, quatre bras & un seul ventre, dont le nombril étoit au milieu. Quand l'un prenoit de la nourriture, l'autre dormoit. Ils sont morts au bout de huit jours, & on crut que la mauvaise conformation de la fille, qui n'avoit point de fondement, avoit entraîné la mort du garçon.

La même année, le 31 Décembre, il naquit dans la Paroisse de la Brassière en Poitou, un monstre de cette espèce ; mais d'autant plus surprenant, qu'il venoit d'être précédé de la naissance d'un garçon. C'étoient deux filles jointes ensemble depuis le haut du col jusqu'au-dessous du nombril. Elles n'avoient qu'un seul tronc antérieurement, où étoient logés deux cœurs, deux œsophages, deux trachées-artères, &c. ; elles n'avoient qu'un seul cordon ombilical, qui se divisoit en deux, & elles avoient deux foies. Les deux têtes étoient bien proportionnées & se regardoient face à face. L'union ne commençoit qu'au-dessous des oreilles & des mâchoires inférieures. L'un des enfans avoit un bras droit par devant, l'autre un bras gauche par derrière. Il y avoit un troisième bras placé entre les deux colonnes vertébrales, qui partoit d'une omoplate formée de deux, ossi-
fiées

liées ensemble. Il n'y avoit qu'un seul humerus au bras, un cubitus & un radius à l'avant-bras ; ce n'étoit qu'au métacarpe qu'on appercevoit les mains unies ensemble, ayant dix doigts distincts, séparés, & accolés par les pouces qui se touchoient. Ces deux filles vinrent au monde vivantes & reçurent le baptême, ainsi que le garçon, qui étoit bien conformé.

Le merveilleux, dans des phénomènes de ce genre, ce seroit sans contredit de voir vivre ces sortes de monstres jusqu'à un âge assez avancé, pour qu'ils fussent en état de répondre aux différentes questions qu'on auroit à leur faire. Mais nous ne trouvons aucun exemple dans les Auteurs qui ont recueilli de pareilles Observations, d'une vie aussi persévérante. Parmi ceux qui sont venus au monde vivans, la plûpart sont morts en naissant, & les autres très-peu de tems après leur naissance. Si nous en exceptons un exemple de ce genre, qu'on vit dans la Principauté de Galles : les deux enfans vécurent assez long-tems, dit-on, pour se parler l'un & l'autre. Ils pleuroient, ajoute-t-on, lorsqu'ils venoient à songer à ce qu'ils deviendroient s'il arrivoit que l'un ou l'autre mourût ; mais ils moururent tous les deux ensemble. L'étroite union entre des sujets de cette espèce, la communication intime qui se trouve entre certaines de leurs parties vitales, doit nécessairement unir le sort de l'un à celui de l'autre ; & ce seroit, sans contredit, une des plus grandes merveilles de la Nature que l'un pût survivre à l'autre au moins pendant une durée de tems un peu notable ; car nous ne pouvons présumer que ce fait soit jamais arrivé, malgré l'incertitude dans la-

quelle on nous laiſſe à ce ſujet dans une multitude de relations qu'on a publiées en différens
tems.

M. *Hemery*, Médecin de Blois, écrivoit en
1703, qu'il y avoit dans ce pays deux enfans dont
le ſommet de la tête étoit commun, ainſi que le
derrière & l'occiput, de manière qu'ils n'avoient
qu'un crâne, & que les deux viſages regardoient
de deux côtés oppoſés. Toutes les autres parties
de leur corps étoient bien diſtinctes & bien formées. Tous deux, diſoit-il alors, jouiſſoient d'une
bonne ſanté, & paroiſſoient diſpoſés à vivre. L'un
vint au monde les pieds en-bas, & l'autre les pieds
en-haut, & l'accouchement fut très-facile.

Le crâne commun fit croire à quelques-uns
qu'il n'y avoit qu'un cerveau, & en conséquence
on fit un ſcrupule au Curé qui les avoit baptiſés
comme deux individus différens. Cependant,
ajoute M. *Hemery*, à conſidérer les mouvemens
de ce biceps, ils paroiſſoient indépendans les uns
des autres; & il paroiſſoit plus probable que chacun d'eux avoit ſon cerveau ſéparé, quand même
il n'y eût eu entr'eux aucune cloiſon oſſeuſe,
comme en effet il ne paroiſſoit point qu'il dût
y en avoir.

On doit également regretter de n'avoir point
appris le ſort du monſtre biceps dont M. *Geoffroy*
nous a donné la deſcription. Il naquit le 24 Octobre 1722, à Domremy-la-Pucelle. Il faut ſe
repréſenter, dit M. *Geoffroy*, deux enfans, à l'un
deſquels on a retranché les parties inférieures depuis le nombril, & qui ſont unis l'un à l'autre par
un nombril commun; de ſorte que le tout enſemble ne forme que deux moitiés ſupérieures de

deux corps unis par le plan inférieur de chacune.
Elles sont posées de même sens, & ces deux têtes
qui terminent le tout, sont tournées en même-tems
vers le haut, ou vers le bas. A un des côtés, ou
au milieu de la figure monstrueuse, est une vulve
commune, & des deux côtés de cette vulve deux
cuisses, deux jambes, deux pieds ; tout cela ne
se voit point du côté où n'est point la vulve, il
n'y a qu'un moignon de cuisse qui appartient à
l'un des demi-corps.

On a vu ce monstre, ajoute M. *Geoffroy*, déjà
âgé de trois semaines, bien vivant, bien conformé
dans ses parties, ayant du sommet d'une tête à
l'autre seize pouces & demi, & un pied depuis le
ventre jusqu'au bout des deux pieds. On a vu ces
deux enfans qui avoient deux nourrices, têter,
manger de la bouillie avec beaucoup d'appétit,
& jouissant ou paroissant jouir de la meilleure santé. Quelquefois l'un têtoit pendant que l'autre
dormoit. Ils ont été tous deux baptisés & nommés
Jeanne. La production des monstres n'étonne
point, ajoute ici M. *Geoffroy* ; mais si des monstres
de cette espèce vivoient, il seroit assez curieux
d'observer la différence des pensées, des volon-
tés, & comme le monstre total s'y prendroit à
les accorder, ou à les sacrifier les unes aux
autres.

Le 13 Janvier 1777, *Elisabeth Broonfield*, de-
meurante à Oxford-Road, accoucha d'un enfant
mâle qui avoit deux têtes, quatre bras, & l'épine
du dos double. Ce monstre étoit d'ailleurs très-
bien conformé ; mais la Gazette d'Angleterre,
dont nous empruntons cet article, ne nous dit
pas si ce monstre vint au monde vivant.

K ij

Le 19 Février de la même année, *Marguerite*, femme de *Taverne*, Charcutier à Boulogne-fur-mer, âgée de trente-fix ans, & n'ayant point eu d'enfans depuis huit ans, accoucha de deux jumelles tenant enfemble depuis le fein gauche jufqu'au bas-ventre, ne formant qu'un eftomac, un ventre, deux mamelles, un arrière-faix, un cordon, avec quatre feffes, autant d'épaules, de jambes, de pieds, de mains, de bras & deux têtes tournées l'une contre l'autre. Venues à terme, elles ont reçu le baptême, & n'ont vécu que trois quarts-d'heure. La mère fut douze heures en travail, mais elle fe rétablit très-bien enfuite.

Cette année fut féconde en monftres de cette efpèce : car, le 29 Novembre fuivant, une femme de la Paroiffe de Sainte Cécile près Chantaunay, accoucha pareillement d'un enfant qui avoit deux têtes, deux cous, très-bien formés, féparés l'un de l'autre, & une poitrine fort large. Le refte du corps étoit dans les proportions ordinaires. L'enfant vécut très-peu, & la mère fe rétablit parfaitement.

L'Abbé *de Louvois* fit part, en 1706, d'une obfervation de ce genre à l'Académie. Il s'y agiffoit d'un enfant né à trois lieues ou environ de Charleville. C'étoit une petite fille parfaitement bien conformée & proportionnée, qui en portoit une autre beaucoup plus petite, fans tête, mais du refte affez bien formée. Elles étoient jointes poitrine à poitrine depuis la partie fupérieure du fternum jufqu'au cartilage xiphoïde : de forte que tout le refte étoit féparé. Les deux pieds de la petite repofoient fur les cuiffes de la grande. Elles avoient l'une & l'autre leurs conduits particuliers pour les déjections, mais la petite en rendoit beaucoup moins. Elles n'avoient qu'un feul cordon ombilical, qui appartenoit à la grande, celle-ci n'ayant point de nombril. Les deux bras & les deux jambes de la petite étoiènt immobiles. Il y avoit déjà vingt-quatre jours que ce monftre vivoit lorfque M. *de Louvois* fit part de cette obfervation à l'Académie.

Il eft d'autres efpèces de monftres par excès, dont la monftruofité, quelque fenfible qu'elle foit, ne paroît pas intéreffer autant les recherches du Naturalifte. Une excroiffance, un membre de plus, ne frappent point comme une duplicité de corps. Il eft cependant auffi difficile à expliquer de quelle manière un membre de plus s'engendre, & il ne paroît pas plus facile de rendre raifon de différens corps étrangers qui fe trouvent fouvent diftribués & attachés à certaines parties. Nous allons en donner plufieurs exemples.

On vit à Naples en 1742 un homme bien conformé. La feule difformité confiftoit en une croupe d'enfant mâle, pareillement bien conformé, qui lui fortoit de la région épygaftrique, & qui prenoit fon origine au-deffous du fternum. Cet homme n'eft pas le feul auquel on ait obfervé une femblable monftruofité. En 1764, un enfant femblablement conftitué, vint au monde à Ondervilliers en Suiffe : mais un Chirurgien habile fut extirper les parties furabondantes par le moyen d'une ligature.

M. *Gomeli* rapporte un fait du même genre, & plus fingulier que les précédens. Il affure avoir vu à Bacaim, dans l'Indouftan, un Gentil, ou

Payen, du nombril duquel fortoit un enfant avec tous fes membres, excepté la tête, qui étoit renfermée dans le corps. Cet enfant faifoit fes excrémens à part, comme un autre animal, & fi on caufoit de la douleur à l'un ou à l'autre, tous les deux s'en fentoient.

En 1775, il naquit en Efpagne un enfant avec deux bouches, & qui têtoit également de l'une & de l'autre. On voyoit un nez au-deffus de chacune & un œil. Il y en avoit un troifième au milieu du front. Le fommet de la tête fe terminoit par une excroiffance, & le bas de la face par trois mentons. C'étoit une fille que fes parens promenoient de Villes en Villes, & qui étoit encore vivante au mois d'Août de la même année.

La nommée *Anne Jackfon*, née dans le Waterford, de parens Anglois, qui paffoient pour être de bonne fanté, offroit un phénomène bien fingulier de monftruofité par excès. Cet accident ne lui furvint qu'à l'âge de trois ans, & elle en avoit près de quatorze quand la relation d'où nous la tirons, devint publique. Cette fille ne marchoit alors qu'à peine ; elle étoit fi petite qu'on voyoit des enfans de cinq ans plus grands qu'elle. Elle étoit fimple, parloit très-peu, vîte & avec difficulté, fans pouvoir s'expliquer clairement. Sa voix étoit baffe & rauque ; fon teint affez beau, fon vifage affez agréable, à l'exception de fes yeux qui étoient prefqu'éteints. Il fembloit qu'il croiffoit par-deffus une efpèce de membrane de la nature de la corne ; de forte qu'elle ne pouvoit diftinguer les couleurs qu'avec peine. Elle étoit prefque toute couverte d'excroiffances qui fe manifeftoient en très-grand nombre aux jointures

& aux articulations, mais non fur les parties charnues. Elles étoient attachées à la peau comme des verrues, & elles reffembloient beaucoup à leurs racines, pour la fubftance, quoiqu'elles fuffent beaucoup plus dures qu'elles, & qu'elles tinffent beaucoup plus de la nature de la corne, à leurs extrêmités. Au bout de chaque doigt & de chaque orteil, il en croiffoit une auffi longue que le doigt ou que l'orteil qui la portoit. Ces cornes n'alloient point en avant, & n'étoient point droi-tes, mais s'élevoient un peu entre l'ongle & la chair : elles fe courboient comme un ergot de coq-d'inde, auquel elles reffembloient beaucoup par la couleur. Il y en avoit de plus petites fur les autres jointures de fes doigts & de fes orteils. Ces cornes tomboient quelquefois pour faire place à d'autres. Toute la peau de fes bras, de fes pieds, de fes jambes étoit très-dure & cal-leufe, & elle le devenoit tous les jours de plus en plus. On voyoit plufieurs de ces cornes aux genoux & aux coudes. Elles étoient difpofées en rond autour des jointures. Il y en avoit deux plus remarquables à la pointe de chaque coude. Elles étoient femblables à des cornes de bélier. Celle qu'on voyoit au bras gauche avoit environ un demi-pouce de largeur, fur quatre pouces de longueur. Elle en avoit un très-grand nombre fur les feffes, qu'elle avoit applaties en s'affeyant. Il s'élevoit de petites excroiffances dures à fes aiffelles, & au bout de fes mamelles. Elles étoient beaucoup plus déliées & plus blanches que les autres. Il lui en croiffoit auffi une à chaque oreille. La peau de fon cou commençoit à devenir depuis peu calleufe & de la nature de la corne, comme celle de ſes mains & de ſes pieds. Elle mangeoit & dormoit bien, elle dormoit profondément, & s'acquittoit parfaitement de ſes autres fonctions ; mais elle n'étoit point encore ſujette aux évacuations périodiques de ſon ſexe.

Un Préſident du Parlement de Dijon, dit M. *Managetta*, dans une lettre qu'il écrivoit au Docteur *Jungius*, âgé de plus de ſoixante ans, à la ſuite d'une fièvre tierce continue, qu'on avoit eu beaucoup de peine à guérir, eut une tumeur ſur les vertèbres des deux dernières fauſſes côtes, de la groſſeur d'une châtaigne, inégale, dure & très-ſenſible, & qui pendant dix ans reſta dans le même état. Elle prit enſuite, dans l'eſpace de cinq ans, un accroiſſement conſidérable, & elle reſſembloit à la corne d'un jeune cerf. Elle augmenta enfin au point que ſi on ne l'eût coupée de tems en tems, en en laiſſant toujours environ un doigt au-delà de la ſurface de la peau, où la douleur commençoit à être vive, cette corne auroit eu plus d'un demi-pied de longueur.

Ces exemples, quoique rares, ſont cependant aſſez connus. On vit à Paris en 1699, & en pluſieurs autres lieux, un François nommé *Trouillon*, qui portoit une corne de bélier au milieu du front. *Aldrovande* parle d'un enfant de la campagne, âgé de dix ans, qui avoit une corne à la tête, de la longueur du doigt index, & qui ſe préſenta à l'Hôpital de Bologne en 1639. Il y eut une jeune fille de Berne, dont les jambes, le dos & les bras ſe trouvèrent, en quelque façon, hériſſés de cornes en 1612, parmi leſquelles il y en avoit une de la longueur de deux travers de doigt ; quelques-unes même étoient recourbées. Cette fille fut guérie par *Paul Leniulus* ; mais son mauvais régime la fit retomber quelque tems après dans le même état.

M. *Schruder*, célèbre Chirurgien de Hollande, conservoit une espèce de corne qui avoit cru sur le pied d'une femme de Deltf. Elle avoit la même dureté qu'une corne de chèvre : elle paroissoit être de la même substance, & elle avoit la même couleur. M. *Schruder* avoit extirpé cette corne au mois d'Août 1653, quoique la racine pénétrât jusqu'au périoste. M. *Frédéric Lachmond*, Médecin de Hildesheim, atteste avoir vu la femme, & avoir examiné le calus & la cicatrice de la plaie.

On a vu en 1675 à Copenhague une femme qui avoit deux cornes recourbées, & semblables à des cornes de bouc, elles étoient adhérentes à l'os du crâne.

Olivier Jacobeus rapporte un fait du même genre, dans les Actes de Copenhague pour l'année 1679. Il dit qu'une femme de cinquante ans s'apperçut qu'il se formoit dans sa paupière gauche une protubérance de la grosseur d'un pois. Ce tubercule continuant tous les jours de croître & de durcir, devint une corne tournée en spirale, dirigée en bas, & n'ayant de mouvemens que ceux que lui communiquoient les muscles du front.

L'homme qu'on désigna en Angleterre sous le nom de *the porcupine man*, c'est-à-dire, *l'homme porc-épi*, est encore un exemple plus frappant de ces sortes d'excroissances. En voici la description telle qu'elle nous a été donnée par M. *Afcanius*, Docteur en Médecine, & de la Société Royale de Londres.

L'homme dont il eft ici queftion, né de parens très-fains, ne fit rien obferver à fa naiffance qui pût faire fufpecter l'état dans lequel il commença à paroître fix femaines après. On apperçut alors fur fon corps une infinité de petites excroiffances, qu'on prit d'abord pour une maladie cutanée. Infenfiblement on découvrit que c'étoient des foies, qui avoient une confiftance de corne, & dont rien ne pouvoit arrêter le progrès. A l'exception de la tête, des paumes des mains, de la plante des pieds, tout fon corps étoit couvert de ces fortes de foies, qui reffembloient, quand elles commençoient à pouffer, à ces tuyaux de plumes qu'on apperçoit fur la volaille, quand elle eft nue. Elles avoient fix lignes de longueur, & deux ou trois de groffeur; &, ainfi que dans les hériffons, elles étoient implantées perpendiculairement dans la peau. Leur couleur étoit livide, & elles fembloient tranfparentes quand on les oppofoit à la lumière. Lorfqu'on plioit la peau, & que les foies étoient couchées horifohtalement, elle paroiffoit blanche en cet endroit, tandis qu'elle étoit noirâtre dans toutes les autres parties du corps. Cet homme, étant habillé & ayant des gants, reffembloit à tous les autres hommes. Il avoit la barbe & les cheveux noirs, il étoit bien fait & d'une figure intéreffante. Mais voici un phénomène bien fingulier. Ces foies tomboient toutes les automnes, & renaiffoient après; de façon qu'on peut dire que cet homme reffembloit à une bête par les poils & par la mue. Il eut un morceau de chair emporté, la place resta nue, & elle ne fut couverte d'aucune de ces soies. A l'âge de vingt ans, il fut attaqué d'une petite vérole confluente, tout son corps se dépila en très-peu de tems; mais après sa guérison les soies reparurent comme auparavant. Du reste, il a toujours joui d'une bonne santé. On le fit passer deux fois par les grands remèdes, & il souffrit la salivation sans aucun amendement; ce fut ce qui fit cesser tous les remèdes qu'on croyoit pouvoir lui administrer. Cet homme se maria. Il eut de son mariage six enfans, tant filles que garçons, tous constitués comme lui, & également couverts de cornes. Il ne restoit plus qu'un garçon constitué comme son père, lorsque le Docteur *Ascanius* publia cette relation.

Nous terminerons ces sortes d'observations sur les monstres par excès, par deux espèces de monstruosités bien moins difformes, mais aussi singulières que les précédentes, par un excès de parties qu'on a observé plus d'une fois aux mains & aux mamelles de certaines personnes.

M. le Commandeur *de Godeheu* écrivoit, en 1751, à M. *de Reaumur*, qu'il y avoit à Malthe un homme né avec six doigts à chaque main; que cet homme ayant été marié, l'aîné de ses enfans étoit aussi né avec six doigts à chaque main, & que celui-ci s'étant pareillement marié, a eu trois enfans, dont deux ont eu six doigts, & le troisième les mains à l'ordinaire. Cette singulière filiation, dit l'Historien de l'Académie, rentreroit assez dans le systême des germes primitivement monstrueux; mais l'Académie vit

cette même année, un enfant, né d'un père &
d'une mère qui n'avoient que cinq doigts, en
avoir six à chaque main & à chaque pied. Le doigt
furnuméraire de la main gauche avoit tous fes
mouvemens parfaitement libres, mais celui de
la droite paroiſſoit être gêné dans les fiens.
Toujours eſt-il certain que ces parties furnuméraires avoient une organiſation régulière ; ce
qui n'arrive pas ordinairement aux parties monf-
trueuſes, qui, le plus ſouvent, ne ſont remplies
que d'une matière adipeuſe, ſans aucun des organes qui ſembloient devoir y être.

M. *de Mairan* a raſſemblé, dans un Mémoire
très-curieux, tout ce qu'on a dit ſur ce ſingulier
phénomène, & nous ne pouvons mieux faire
que de renvoyer le Lecteur à cet excellent
Mémoire, pour ne nous occuper ici que des
faits ſimplement. En voici un que nous avons
eu occaſion d'obſerver nombre de fois. M. *La
Joie*, dernier Curé de Sainte-Croix, à Bourges
en Berry, avoit un pouce double, d'un côté
ſeulement, ſans qu'aucun de ſa famille eût été
& fût affecté de cette monſtruoſité. Depuis un
tems immémorial, on a vu, dans pluſieurs Pa-
roiſſes du bas-Anjou, pluſieurs familles *ſex-di-
gitales*, & cette difformité s'y perpétue, malgré
les alliances avec des familles qui ne ſont point
affectées de ce vice de conformation.

C'eſt toujours à côté du pouce que croiſſent
les doigts furnuméraires, & leur première phalange, qui eſt ſituée ſur l'os trapèze du carpe,
& qui répond aux os du métacarpe, eſt con-
tiguë dans toute ſon étendue, à celle du pouce,
que la même peau recouvre. Quelquefois les

deux autres phalanges fuivent auffi la même direction & la même contiguité dans toute leur longueur, & forment par ce moyen un pouce double, qui eft un peu fourchu à fon extrémité, où il a deux ongles. D'autres fois, le fixième doigt fe fépare du pouce à la feconde articulation, & cela fe fait, tantôt en dehors, c'eft-à-dire, à fa partie latérale externe, ou bien à fa partie contraire, c'eft-à-dire, dans l'efpace qui eft entre lui & le doigt index. Que ce foit le père ou la mère qui foit atteint, ou qui propage cette difformité, leurs enfans des deux fexes en font indifféremment affectés. Ils n'ont pas toujours les pouces doubles, mais fouvent contrefaits, plus longs d'un tiers que dans l'état naturel, applatis & ayant les dernières phalanges d'une articulation lâche, & retournée vers l'extrémité de l'index, où elles atteignent prefque. Cette conformation ne nuit point à leurs travaux ordinaires.

Un homme & une femme fex-digitales ont quelquefois une partie, & même tous leurs enfans exempts de cette difformité, tandis que ces derniers reproduifent des rejettons dans qui elle reparoît au plus haut degré. On eft furpris quelquefois que dans quelques familles, dans qui on ne foupçonnoit point ce vice, il naiffe un enfant avec fix doigts à une main, & autant à l'autre. On en a vu quelquefois jufqu'à fept dans une main; mais, en remontant plus haut, on trouve ordinairement quelques ancêtres qui ont été affectés de cette difformité. On eft affez dans l'habitude dans ce pays, de faire retrancher ce fixième doigt au moment de la naiffance.

Scaliger prétendoit que les mères n'avoient jamais plus de mamelles qu'elles ne pouvoient avoir de petits. Il est d'usage que les femmes n'en aient que deux, & cependant on a vu plufieurs femmes accoucher de plus de deux enfans. Outre cela, ce nombre de mamelles n'est point si fixe, qu'il ne varie jamais. *Olaus Borrichius* dit avoir vu à Copenhague une femme, ayant trois mamelles bien formées avec leurs mamelons. Elle en avoit deux du côté gauche. Celle qui étoit située au-deffus de la mamelle naturelle, étoit un peu moins groffe, mais à proportion auffi pleine que les autres. Elle allaitoit fon enfant indifféremment de fes trois mamelles.

Il y avoit une femme à Rome, en 1671, qui en avoit quatre, & qui fe rempliffoient toutes de lait, lorfqu'elle étoit groffe. *Bartholin* affure avoir vu une femme qui avoit une troifième mamelle fur le dos. *Borelli* parle d'une femme, nommée *Rachel Rey*, de Caftel en Franconie, qui avoit pareillement trois mamelles, deux fituées à l'ordinaire, & une troifième placée fous la mamelle gauche, qui avoit du lait comme les deux autres, mais moins abondamment. On a vu la même irrégularité concernant les mamelons; car *Borelli* dit avoir vu une femme, nommée *Gabrielle Glaife*, qui avoit deux mamelons à la même mamelle. Ces deux mamelons étoient proches l'un de l'autre. *Hollerius* rapporte une obfervation femblable; & en 1667, il y avoit une femme à Amfterdam, qui avoit deux mamelons à la mamelle droite, l'un defquels étoit à fa place, & l'autre du côté de l'aiffelle, cinq travers de doigt plus bas que le premier, & dont le lait fortoit plus abondamment.

Monftres par défaut. On lit, dans les Tranfactions Philofophiques, n°. 26, qu'en 1667, une femme accoucha à Paris d'un enfant, venu à terme, qui avoit, en place de tête & de cerveau, une maffe de chair femblable à un foie. Cette maffe parut avoir des mouvemens. La moëlle de l'épine étoit de même fubftance que ce qui lui tenoit lieu de tête, & ce monftre vécut pendant quatre jours.

En 1751, une femme accoucha, dans la Paroiffe de S. Lambert, près de Saumur, d'une fille, qui n'avoit ni bras, ni jambes, ni cuiffes. Elle n'avoit précifément que le tronc & la tête. Elle fut baptifée, & elle vécut fix femaines.

Il eft fait mention, dans les Mémoires de l'Académie de Stockholm, d'un enfant pareillement mutilé, mais bien moins que le précédent; auffi vécut-il long-tems, car il avoit vingt-fix ans, lorfqu'on configna cette obfervation dans les Mémoires que nous venons de citer. C'étoit, nous dit-on, un jeune homme fain & vigoureux, qui n'avoit ni hanche ni cuiffe du côté droit. On ne fentoit nullement l'os de fa hanche. Habitué depuis l'enfance à faire ufage de béquilles, il marchoit très-vîte, il couroit, il conduifoit les chevaux, la charette, la charrue, auffi bien que les autres Payfans.

Le petit *Pepin*, qui fe donna en fpectacle à Paris en 1757 ou 1758, peut encore fe ranger dans la même claffe. Il étoit privé de bras & d'avant-bras, de cuiffes & de jambes. Ses mains fortoient des épaules, & fes pieds de fes hanches. Il étoit vêtu en Turc, & s'efcrimoit avec un petit cimetère, pour amufer les Spectateurs.

Au mois de Novembre 1673, une femme accoucha à Paris d'un enfant bien conformé en tout, à l'exception de la tête, qui étoit fi difforme, qu'elle effraya ceux qui étoient préfens à cet accouchement. Cet enfant n'avoit point de front. Ses deux yeux, placés au-deffus de la face, étoient faillans, parce qu'il n'y avoit point d'orbites pour les loger. La partie fupérieure & poftérieure de la tête étoit d'une couleur rouge, femblable à du fang coagulé, & reffembloit au fommet d'une tête de veau coupée & féparée des vertèbres du cou. M. *Denys* eut la curiofité de fonder cette chair rouge, & il trouva deffous un os qui n'étoit point un crâne concave, mais un os folide, dont la forme reffembloit à celle d'une petite écaille d'huître. Cet os étoit uniquement attaché par devant aux os de la face, & ne l'étoit point par derrière aux vertèbres du cou; de forte que la moëlle de l'épine n'avoit aucune communication avec la tête. On affura que ce monftre avoit eu vie dans le fein de fa mère, qu'elle l'avoit fenti remuer, & qu'il n'étoit mort qu'en venant au monde.

En 1776, M. *Crommelin* configna, dans le Journal de Phyfique, le fait fuivant. Le 7 Novembre naquit à Marchefeuil, près d'Autun, un enfant monftrueux, qui vivoit encore au moment où M. *Crommelin* fit paffer fa relation à M. l'Abbé *Rozier*, Auteur du Journal cité. Sa fanté cependant avoit été fort languiffante jufqu'alors;

qu'alors; mais le lait de la mère, qui n'avoit pu le nourrir d'abord, à cause d'un mal au sein, commençoit à le rétablir. Cet enfant, dit M. *Crommelin*, a l'air vieux, & ses gencives offrent un relief extraordinaire. A l'épaule droite est attaché un petit moignon, mais on sent la pointe de l'omoplate, & un très-petit os qui glisse sous les tégumens. Les douze côtes sont très-bien placées, à une éminence osseuse près, qu'on remarque au sternum. A l'endroit où devroit être la cuisse droite, on voit un petit pied dirigé de bas en haut. Si on le baisse avec la main, il se relève, comme s'il agissoit par un ressort. Ce pied a seize lignes de longueur, y compris une petite portion du tibia. Il présente deux orteils mal faits, mais avec des phalanges, & on y remarque les parties du métatarse qui y répondent. De l'autre côté sont une cuisse, une jambe & un pied, lesquels, pris ensemble, ont deux pouces deux lignes de longueur. La rotule, terminée à contre-sens, touche le talon. Le pied n'a que trois orteils difformes, avec des phalanges & des ongles. L'épine du dos n'a pas toute sa longueur, à moins que le coccix ne rentre extraordinairement. L'os sacrum est fort saillant à son extrémité inférieure, & il paroît par la rougeur qui l'environne, que le frottement incommode le petit monstre. Il a quinze lignes de périnée & point de fesses. Le dos se termine comme celui d'un cochon de lait très-maigre.

Ambroise Paré fait mention d'un enfant qui ressemble beaucoup à celui-ci du côté des jambes. Il étoit né à Parpeville, près S. Quentin.

En 1759, il naquit à Coudray-Mecouard, près de Chinon, une petite fille venue à terme, à qui il manquoit les deux clavicules, le sternum & les cartilages, qui, dans leur état naturel, s'attachent aux côtes. Il résultoit de cette conformation, que cet enfant avoit à découvert, & hors de la poitrine, le cœur & une partie des poumons placés à la partie supérieure de cette capacité. Ce défaut de clavicules & cette position du cœur faisoient qu'on en voyoit sensiblement les mouvemens de systole & de diastole ; car cet enfant vécut vingt heures. Lorsqu'on touchoit à cet organe, les mouvemens en devenoient plus vifs.

En 1720, il naquit à Bologne une petite fille sans tête, sans cœur, sans poumons, sans bras, sans diaphragme, sans foie, sans rate, sans glandes succenturielles, &c. ; car c'est ainsi que l'Histoire le rapporte dans les Ouvrages posthumes de *Valisneri*, qui l'a tirée d'une Dissertation qui lui fut dédiée, sous le titre : *Fluidi Nervei Historia*, dans laquelle il est marqué de plus qu'on avoit vu cette petite fille se donner quelques mouvemens après sa naissance ; qu'elle avoit la moëlle de l'épine grosse, les reins fort grands, un estomac informe, des intestins, la vessie, l'utérus avec ses dépendances ; qu'elle étoit très-charnue & grasse ; qu'à chaque pied, elle n'avoit que trois orteils, dont ceux de l'un étoient étroitement joints, & ceux de l'autre bien séparés.

M. *Valisneri* ayant trouvé ce récit trop succinct, & ne pouvant croire qu'un organe aussi nécessaire à la circulation du sang, qu'est le cœur, sur-tout dans le fœtus, y manquât, ou que la Nature n'y eût pas suppléé par quelqu'artifice analogue, difficile à appercevoir, & qui n'avoit point été décrit, il en écrivit à M. *Vogli*, Auteur de la differtation citée, pour avoir de plus amples informations. Il eut pour réponfe : que certainement ce fœtus monftrueux n'avoit point de cœur, ni autre organe analogue, ou que du moins il n'avoit pu en voir, & que MM. *Vafalva*, *Bianchi*, & plufieurs autres qui y étoient préfens, ne lui en avoient point vu non plus : que les vertèbres formoient un arc, en manière de bec crochu d'oifeau, & aboutiffoient ainfi quelques lignes au-deffus du fommet de la partie antérieure de ce monftre, un peu latéralement à une efpèce de mamelon : que de côté & d'autre des vertèbres fe trouvoient les côtes, qui paroiffoient y être toutes : qu'enfuite fe préfentoient les reins, les uretères, la veffie, l'utérus, les trompes à l'ordinaire, & fous les reins une efpèce d'eftomac, avec des inteftins comprimés, menus & plus courts.

Un monftre où la circulation du fang fe faifoit fans cœur, parut à *Valifneri* un phénomène fi incroyable, que quoiqu'il eût lu un pareil exemple dans l'Appendix de *Blafius*, au Traité de *Licetus*, *de Monftris*, & que la réalité de celui de Bologne fût atteftée par des témoignages authentiques, il ne le put croire vrai ; mais la dernière defcription qui lui fut envoyée l'ébranla un peu, & lui fit dire, avec fa candeur ordinaire, qu'il fufpendoit au moins fon jugement jufqu'à ce que la defcription de ce monftre qu'on fe propofoit de mettre au jour, eût paru.

Le fait fuivant , quoique moins merveilleux , eft cependant des plus furprenans par les
moyens que la Nature avoit employés pour
fuppléer aux défauts de conformation dans le
fujet.

MM. *Baux* père & fils, Médecins de Nifmes,
furent mandés pour voir une fille de quatorze ans,
d'un très - bon tempérament & d'une très - jolie
figure. Elle n'avoit aucune marque de fexe, pas
même la moindre apparence de parties génitales
& d'anus. La peau du ventre formoit avec le périnée & les feffes une continuité, fans aucune ouverture extérieure, & fans aucun organe propre
à favorifer les fécrétions des felles & des urines.
Malgré cette conformation fi bizarre , cette fille
avoit bon appétit , dormoit bien , & travailloit
avec plufieurs compagnes à dévider de la foie.
Cependant il falloit une iffue pour les excrémens,
& la Nature l'avoit pratiquée par la voie la plus
affreufe & la plus dégoutante. Cette malheureufe
fille éprouvoit tous les deux ou trois jours une
douleur fourde à la région ombilicale, qui fe chan-
geoit en une irritation affez vive, & qui augmentoit au point que les naufées furvenoient, que
l'eftomac fe foulevoit & rejettoit de véritables
matières fécales. Quelques gorgées d'eau fervoient enfuite à lui nettoyer la bouche , & le
parfum des alimens qu'elle prenoit achevoit de
détruire le goût déteftable des excrémens. Voilà
pour les gros excrémens.

Le refte eft encore auffi merveilleux ; les reins
& les conduits urinaires étoient fans action ; mais
les mamelles y fuppléoient , & verfoient dans
différens tems de la journée une eau claire &

limpide , qui dégageoit la maſſe du ſang du liquide ſuperflu.

Nous n'inſiſterons point ſur les monſtres de cette claſſe. Il n'y a perſonne qui ne ſache qu'ils ſont très-multipliés, & nous n'offririons rien d'in-téreſſant pour nos Lecteurs , en étendant davan-tage la liſte & le dénombrement des malheureux eſtropiés ou mutilés , que nous pourrions leur préſenter. Paſſons maintenant à quelques exem-ples des monſtruoſités de la troiſième claſſe , de celles dans leſquelles on trouve des déplacemens de parties.

Monſtres par déplacement de parties. Rien de plus commun que ces ſortes de déplacemens : il eſt peu de ſujets qui n'offrent quelque ſingularité de ce genre dans les diſſections anatomiques ; mais notre but ne s'étend point juſques-là : nous ne voulons parler que des déplacemens extraor-dinaires , & dans la multitude des exemples qui ſe préſentent ici , nous ne choiſirons que les plus frappans.

Marianne Fulen , fille de *Jean-Baptiſte Fulen* , Potier de terre , âgée de dix ans , au moment où M. *Ramel* fils , Médecin à Aubagne , près Mar-ſeille , publia cette obſervation , apporta , en naiſſant , le cœur ſitué hors de la poitrine , exacte-ment ſous le diaphragme , ſous le cartilage xi-phoïde , à l'endroit où ſe trouve ordinairement l'eſtomac. Elle avoit eu des palpitations dès le bas âge , mais elles devinrent plus fortes , & elles altérèrent ſa ſanté , quand elle commença à mar-cher & à courir. Elle étoit ſujette à des ſaigne-mens de nez , ſur-tout pendant l'été , tems auquel elle maigriſſoit ſenſiblement. Conſulté ſur cette maladie, M. *Ramel* reconnut que le cœur étoit dans la position que nous venons d'indiquer. Il étoit si saillant & si près des tégumens, qu'on pouvoit le toucher & le saisir avec la main. On sentoit facilement ses mouvemens de diastole & de systole, & le mouvement contraire des oreillettes. On pouvoit même, au seul aspect du corset de cette fille, compter les battemens du cœur, lors même que ce viscère n'exécutoit que ses mouvemens ordinaires. De plus on n'éprouvoit aucun mouvement, aucun battement dans l'endroit où cet organe devoit être naturellement placé. Les côtes y étoient comme enfoncées, & moins marquées, non-seulement du côté gauche, mais encore du côté droit, ce qui rendoit la poitrine très-avancée & comme bombée, tandis qu'elle étoit très-étroite des épaules.

Nous ne suivrons pas plus loin cette observation, dans laquelle cet habile Médecin fait part des moyens qu'il employa pour soulager cette fille, & pour lui faire espérer que, malgré cette singularité surprenante, elle pourroit pousser sa carrière aussi loin que tout autre individu bien constitué.

Ce déplacement de cœur est sans contredit un des phénomènes les plus rares, mais il n'est point unique. M. *Regis*, Docteur en Médecine à Montpellier, rapporte dans une observation qu'il publia, qu'on lui donna au mois de Mars 1681, un petit chien vivant, né le même jour vers les six heures du matin, & qu'on croyoit avoir crevé, parce qu'il lui pendoit quelque chose du ventre. M. *Regis* reconnut que c'étoit le cœur. Il le reconnut à son mouvement de diastole & de

fyſtole. Ce mouvement étoit vigoureux & bien
réglé, & le chien reſpiroit très-librement, quoiqu'il ſemblât impoſſible que la poitrine ſe fût
ouverte pour laiſſer paſſer le cœur, ſans recevoir
l'air extérieur, dont le poids devoit empêcher les
poumons de ſe dilater. Mais cette ouverture étoit
formée par une membrane attachée à la baſe du
cœur. Dans cette même portée, la chienne avoit
mis bas un ſecond chien ſemblable au précédent.
L'un d'eux mourut le même jour, & l'autre le
lendemain.

M. *Mery* fit part en 1688 à l'Académie, de la
diſſection d'un Soldat, mort à l'âge de ſoixante-
douze ans aux Invalides, dans lequel on trouva
un déplacement général de toutes les parties
contenues dans la poitrine & dans le ventre,
tant des viſcères que des vaiſſeaux. Le cœur
étoit ſitué tranſverſalement, ſa baſe tournée du
côté gauche, occupoit le milieu, tout ſon corps
& ſa pointe ſe portant du côté droit ; le foie placé
au côté gauche, occupoit entièrement l'hyppocondre de ce côté. La rate étoit dans l'hyppocondre droit. Nous ne citons que ces parties ; il
en étoit de même de toutes les autres.

On lit une obſervation ſemblable dans les
Tranſactions Philoſophiques, mais la multitude
des parties déplacées n'étoit point auſſi conſidérable, dans le corps d'un Miniſtre de la Province
d'Yorck. Il fut attaqué d'une toux & de quelques
autres incommodités qui l'obligèrent à faire un
voyage à Londres, pour conſulter ſur ſon état.
Il fit ce voyage à pied, ou au moins en grande
partie, & mourut quinze jours après ſon arrivée
dans cette Ville. Il avoit bu pendant ſa maladie

une grande quantité d'eau-de-vie, ce qui avoit accéléré le moment de sa mort. A l'ouverture de son corps, on observa, entr'autres choses, que les intestins étoient totalement déplacés; & que le foie, dont le volume étoit très-considérable, étoit situé dans l'hyppocondre gauche, & la pointe du cœur tournée du côté droit.

Le petit nombre d'exemples que nous venons de rapporter, suffit pour donner une idée du genre de monstruosité que nous voulions faire connoître. Le nouveau genre dont nous allons parler, pour terminer cet article, sera sans doute plus agréable à ceux de nos Lecteurs qui tiennent à l'ancienne opinion, que l'imagination des mères est la véritable cause de ces sortes de difformités. Nous les engageons toutefois à lire l'article *Imagination*, pour se prémunir contre une erreur populaire aussi opposée aux loix de l'économie animale.

Le 4 Janvier 1725, naquit à Blois le nommé *Mathurin Voiret*. Il avoit dans les yeux deux cadrans de montre peints distinctement. On comptoit facilement les heures tracées en chiffres romains. Sa mère assuroit qu'elle avoit eu un desir ardent de voir une montre, lorsqu'elle devint enceinte de cet enfant.

On vit quelques années après, à l'Hôtel-Dieu de Paris, le pendant de celui-ci. C'étoit un homme dans les yeux duquel on lisoit très-distinctement ces paroles: *Sit nomen Domini benedictum*, écrites circulairement sur la cornée opaque de ses yeux. La personne de qui je tiens le fait, n'en parlant que par mémoire, n'a pu m'assurer si le dernier mot *benedictum* y étoit entiérement écrit, ou s'il y étoit écrit exactement ; mais elle se ressouvient bien d'avoir lu distinctement les trois premiers.

Voici un fait de même genre, & assez récent pour qu'on puisse s'en assurer. Un Marchand de Dublin ayant des affaires à Londres, y conduisit sa femme, qui étoit alors enceinte. Pendant leur séjour dans cette Capitale, ils y virent ce qu'il y avoit de curieux à voir, & en particulier le trésor où sont déposés la couronne, les bijoux, &c. La couronne sur-tout fit une telle impression sur cette femme, qu'à son retour étant accouchée à Dublin, on vit sur les épaules de l'enfant une couronne très-bien imprimée avec les lettres G R, sur le bord. Cet enfant, qui se portoit bien lorsqu'on envoya cette observation à la Société Royale, avoit près de cinq mois vers la fin de 1777.

On lit dans les Affiches de Tourraine & d'Anjou les deux articles suivans.

Une femme demeurant au Mans, & étant grosse de plusieurs mois, apperçut dans la rue, au moment où elle y pensoit le moins, un Arlequin qui se mit à lui faire des grimaces. Elle en fut si effrayée qu'elle en perdit connoissance. Au terme fixé par la Nature pour l'accouchement, elle accoucha d'un garçon bien conformé, mais qui portoit à la jambe droite un masque bien dessiné, & exactement ressemblant à celui d'un Arlequin. Tout y étoit dans la plus scrupuleuse précision, & on employa inutilement toutes sortes de moyens pour effacer cette empreinte.

Une autre femme de Frerai-le-Vicomte, enceinte de trois mois, guidée par sa charité, alloit tous les jours panfer une de fes voifines, qui avoit un cautère au bras droit. Six mois après, cette femme accoucha d'un enfant, auquel on vit un cautère naturel, tout-à-fait femblable à celui de la voifine, & placé précifément au même endroit. On employa encore inutilement différens remèdes pour guérir cette fingulière indifpofition. Cet écoulement réfifta à tout, & ne céda qu'à la mort du fujet.

Si on difpute, & avec raifon, à l'imagination des mères, le pouvoir d'influer fur les conformations extraordinaires de leurs enfans, on ne peut douter que la bonne crédulité populaire & la prévention n'influent fingulièrement fur le merveilleux qu'on croit appercevoir dans certaines conformations. *Thomas Bartholin* & plufieurs autres nous ont confervé nombre d'exemples de ce genre. Nous n'en citerons que quelques-uns, pour en faire fentir le ridicule, & mettre nos Lecteurs en garde contre ces fortes d'obfervations merveilleufes.

La nommée *Baffevilet*, dit *Thomas Bartholin*, Marchande de rubans, de fil & autre menue mercerie, étant enceinte, paffa devant la boutique de la nommée *Navarre*, Marchande de poiffon à côté du cloître *S. Marcel*, à Paris, & y marchanda un morceau de raie, que la *Navarre* lui fit fi cher, qu'elle fe dépita contre elle, & fe fâcha au point qu'elle renverfa tout l'étalage de marée. La *Baffevilet* accoucha, dit-on, à terme, d'une raie. *Credat Judæus Appella.*

L'exemple fuivant eft de même cathégorie. Une autre femme, du même quartier que la précédente, defirant manger d'un lapin, mais qu'elle vouloit voler, fe donna des mouvemens pour venir à bout de fon deffein. Elle en prit un chez fon voifin, & elle le mit dans fa cave, d'où il repaffa chez le voifin. Son chagrin, dit l'hiftoire, fut extrême de ne plus retrouver fon lapin, & au terme de fa groffeffe, elle accoucha d'un lapin.

On imprime tous les jours de femblables relations, & il fe trouve des gens affez crédules & affez amateurs du merveilleux, pour y ajouter foi, & ne pas concevoir que ces fortes d'accouchemens font des maffes de chair informes, auxquelles l'imagination prête le plus fouvent la figure qu'on a deffein d'y trouver.

Il n'en eft pas de même du fait fuivant, configné dans le Journal des Savans, pour l'année 1685.

On y lit qu'une femme d'environ vingt-deux ans, de la ville de Breft, fe croyant groffe de fept mois, après une perte de fang qui avoit duré un mois, accoucha d'une grappe d'œufs, attachés les uns aux autres par de petits filamens. Il y en avoit depuis la groffeur d'une lentille, jufqu'à celle d'un œuf de pigeon. M. *Olivier*, Médecin de cette ville, en ouvrit plufieurs, & les trouva compofés d'une peau affez dure, qui renfermoit une liqueur vifqueufe, femblable au blanc de l'œuf des oifeaux.

Nous n'infifterons pas davantage fur ces fortes d'obfervations. Celles que nous avons rapportées fuffifent pour donner une idée des variétés étonnantes que la Nature peut mettre dans une même production, & pour faire voir jufqu'à quel point elle s'éloigne fouvent des loix générales qu'elle s'est imposées. Tous ces faits réunis nous montrent que nous sommes encore bien éloignés d'atteindre à la cause de la reproduction des individus du règne animal.

Nous terminerons cet article par une observation bien singulière, dont M. *Lemery* fit part à l'Académie en 1710. S'il ne s'y agit point d'une conformation extraordinaire de naissance, il s'y agit d'une altération bien singulière, d'une maladie bien étonnante, & qui produisit une conformation bien étrange. Une Religieuse, dit M. *Lemery*, eut pendant dix-huit ans une grosseur si énorme au ventre, qu'outre les bandes qui lui étoient nécessaires pour la soutenir, il falloit, quand elle vouloit marcher, que deux Religieuses marchassent devant elle, & lui aidassent à porter son fardeau. Elle mourut âgée de quarante-neuf ans, dans de grandes douleurs. On l'ouvrit, & dès qu'on eut levé la peau du ventre, avant même qu'on eût percé sa cavité, il se présenta un grand sac qui prenoit sa naissance de l'ombilic, & descendoit jusques sur les genoux. Il étoit plein de corps bien différens. Les uns comme des parties de savon, les autres comme de gros morceaux de chair, d'autres comme des pierres de plâtre couvertes de quelques membranes. Il s'y trouva aussi trois vessies, de la longueur d'environ un pied, pleines en partie d'une eau jaune presque huileuse, & en partie de matières presqu'aussi dures que des pierres. Ces vessies n'étoient attachées à rien que vers leurs embouchures. Il faut remarquer qu'entre la peau & les muscles, qui étoient presqu'entièrement consumés avec les tégumens communs, on avoit trouvé quantité d'autres petites pierres, dures comme des morceaux de carreau blanc, dont l'une pouffoit des pointes, comme des molettes d'éperon. La cavité du ventre étant ouverte, on vit les boyaux dans un grand fac, qui prenoit fon origine à la première des vertèbres des lombes, où il étoit fortement attaché. Il étoit rempli de corps étrangers, tous femblables aux premiers, & de trois ou quatre pots d'eau jaune. Le diaphragme étoit fort preffé par ce fac, & le cœur prefqu'applati.

CONSTIPATIONS EXTRAORDINAIRES. Il n'eft pas rare de trouver des gens naturellement conftipés, & qui ne fe débarraffent qu'après un laps de tems plus ou moins confidérable, des reftes de leurs digeftions. Il eft certaines maladies qui occafionnent des conftipations plus ou moins rebelles aux remèdes qu'on emploie dans ces fortes de cas ; mais celle dont il eft ici queftion, eft on ne peut plus furprenante.

On écrivoit de Beaune, le 20 Janvier 1693, qu'un Gentilhomme fut attaqué, à l'âge de quatorze ans, de douleurs de ventre très-vives ; qu'elles furent fuivies d'une fièvre qui dura quatorze jours, & qui lui laiffa une fi grande conftipation, que nonobftant tous les remèdes dont il fit ufage, il paffa trois ans entiers fans aller à la felle. Il mangea fort bien durant ce tems, & but quantité de tifane. Les remèdes fe confumoient dans fon corps auffi bien que les alimens, fans qu'il en rendît aucun. Ajoutez à cela qu'aucune évacuation fenfible ne put fuppléer aux felles ; car le jeune homme n'urinoit pas plus qu'il ne buvoit, & ne fuoit jamais, fi ce n'eft lorfqu'il prenoit des remèdes pour purger le ventre. Cette longue conftipation ne lui caufa ni douleur, ni oppreffion, ni laffitude, ni infomnie, ni dégoût.

Un jour qu'il venoit à cheval de S. Clair de Seure, petite ville à quatre lieues de Beaune, il fentit une violente douleur d'entrailles, accompagnée d'une fièvre continue qui dura neuf jours. Quand il eut été faigné & purgé, la fièvre ceffa, & la conftipation avec la fièvre. Son ventre reprit fa conftitution ordinaire, & depuis plus de dix ans il jouit d'une parfaite fanté.

Voici une obfervation du même genre, & bien auffi fingulière. Une femme, âgée de quarante-cinq à cinquante ans, tomba tout-d'uncoup dans une fuppreffion totale des felles & des urines. On lui adminiftra des remèdes qui ne fervirent qu'à procurer des fueurs abondantes, & on fut obligé de l'abandonner à la Nature.

M. *Guignoux*, Médecin de Valence dans l'Agenois, vit cette femme, pendant cinq ans, dans fon lit, fans fièvre, fans douleur, & pour ainfi dire fans maladie, mais dans un état de foibleffe, occafionnée par des fueurs copieufes & d'une fétidité infupportable.

Ces fueurs n'étoient point continues. Elles prenoient par excès ecphractiques. Leur période étoit d'un ou de deux jours, rarement de trois. Elles duroient deux ou trois heures, ruiffeloient généralement de toute l'habitude du corps, fous forme de grosses gouttes. Dès qu'elle sentoit l'approche de cette évacuation, elle sortoit de son lit pour ne le pas salir, & elle se jettoit dans une botte de paille préparée exprès, & qui se pourrissoit bientôt. Il falloit renouveller toutes les semaines au moins cette espèce de litière.

Cette femme, dépourvue de tout secours, mangeoit indistinctement de tout ce que des personnes charitables lui apportoient. Elle avoit bon appétit, elle engraissa. Son visage devint frais & vermeil ; la foiblesse seule la retenoit au lit. Enfin, contre toute espérance, les couloirs des urines & des selles s'ouvrirent d'eux-mêmes dans la septième année : les sueurs cessèrent, & la malade guérit. Elle vécut depuis en bonne santé pendant l'espace de six à sept ans.

CORPS ÉTRANGERS DANS LE CORPS DE L'HOMME. Presque tous les Auteurs qui ont recueilli des observations curieuses de Médecine, nous ont donné des observations de ce genre, qui toutes nous prouvent que les corps étrangers qu'on avale ne parcourent point aussi-tôt les intestins, mais qu'ils y demeurent souvent long-tems, & se font un passage à travers d'autres parties. Malgré cela cependant ces sortes d'observations n'en sont pas moins surprenantes, & ce sont encore autant de merveilles de la Nature, dont il n'est guère possible de donner de raisons bien satisfaisantes. Nous en avons recueilli un assez grand nombre, qui méritent de trouver place dans notre Ouvrage.

Une Dame, dit M. *Garmann* dans le Journal

d'Allemagne, mangeoit à son dîner l'aîle d'une poularde, dont elle suçoit l'extrémité, & en se levant, elle en avala le petit os qui a la figure triangulaire. La peur s'empara de son esprit, elle appréhenda qu'il n'en survînt quelqu'accident fâcheux ; mais elle n'en fut cependant pas incommodée, quoique cet os ne reparût point dans ses selles quelques jours après. Elle parvint à se rassurer & à oublier cet accident. Trois mois après elle apperçut vers l'ombilic une tumeur, une petite éminence, qui ressembloit assez à un furoncle, & qui lui causoit plus de démangeaison que de douleur. Cette tumeur ouverte, on vit le petit os se présenter, sans être altéré. Ne pourroit-on pas demander ici aux Physiologistes par quel endroit cet os s'étoit échappé de l'estomac ou des intestins ?

Ce phénomène s'accorde assez bien avec un autre, rapporté par *Vanhelmont*, dans son Ouvrage intitulé : *Tract. de Inject. Mat.* Il y est question d'une femme enceinte qui eut envie de manger des moules. Elle en mangea quelques-unes à la hâte, & en avala deux ou trois avec leurs coquilles, qu'elle avoit brisées avec les dents. Elle accoucha deux heures après d'un enfant sain & robuste, avec ces coquilles à demi-brisées, & avec une blessure à l'abdomen : d'où *Vanhelmont* conclut que ces coquilles devoient avoir pénétré l'estomac sans percer les membranes, aussi-bien que l'utérus & l'arrière-faix ; car il seroit absurde de soupçonner que ce fût de nouvelles coquilles formées par la force de l'imagination de la mère.

Un Soldat de Copenhague ayant mangé
quelques

quelques grains d'avoine, ces grains lui reſtèrent dans l'eſtomac, pendant pluſieurs mois. Ils y germèrent & pouſſèrent des pailles ſans grains, qu'on lui fit vomir.

Dans les obſervations que nous venons de rapporter, l'eſtomac ne paroît point endommagé, & les faits en ſont d'autant plus ſurprenans. Il n'en eſt pas de même du ſuivant ; l'eſtomac fut percé, & malgré cet accident, qui n'eſt pas des moins graves, la perſonne parvint à ſe rétablir ; tant la Nature fait effort contre ſa deſtruction !

Le premier Juillet 1720, une Payſanne de Tornin, village de l'Evêché de Warmie, âgée d'environ quarante-ſept ans, ſe trouvant incommodée de l'eſtomac, voulut s'exciter à vomir par le moyen d'un manche de couteau qu'elle ſe mit dans la gorge. Par malheur elle le pouſſa trop avant. La lame lui échappa, & le couteau deſcendit dans l'eſtomac. Les efforts qu'elle fit pour le retirer, ne contribuèrent qu'à augmenter le mal. Trois jours cependant ſe paſſèrent, ſans qu'elle éprouvât de douleurs ; mais le quatrième, elle commença à en reſſentir vers le nombril, & bientôt après elle ſentit la pointe du couteau du côté gauche. Le mal empirant de jour en jour, ſon mari la mena le 10 Juillet à Raſtenbourg, où elle fut miſe entre les mains d'un habile Chirurgien & de M. *Hubner*, Médecin.

Ces Meſſieurs ſentirent d'abord la pointe du couteau qui paroiſſoit à gauche à quatre doigts de diſtance, & à deux doigts au-deſſus de l'ombilic, où elle cauſoit une petite tumeur rouge. On commença par y appliquer un cataplaſme d'herbes émollientes, qu'on eut soin de renouveller jusqu'au lendemain.

Ce jour-là même on remarqua qu'il s'étoit amassé du pus sous la tumeur, & on résolut de faire sans délai une incision, à laquelle on prépara la malade par des confortatifs qu'on lui fit prendre, & par l'application d'une emplâtre dans laquelle on fit entrer de l'aimant pilé. Mais M. *Hubner*, qui n'avoit pas grande confiance à la vertu magnétique de cette emplâtre, se servit de la pierre d'aimant même qu'il approcha de la tumeur. Aussi-tôt tous les assistans remarquèrent que la peau se tendit, la pointe du couteau faisant effort pour approcher de l'aimant ; ce qui augmenta la douleur de la malade. Enfin, après l'avoir attachée debout à une planche, on procéda à l'incision, que M. *Hubner* voulut faire lui-même. Il fit d'abord une petite ouverture à la peau & aux muscles. Ensuite appercevant la pointe du couteau plus distinctement, il aggrandit l'ouverture, & en fit une au péritoine. Il en sortit environ une cuillerée de pus, mêlé avec du sang, & en même-tems parut le fer du couteau, qu'on tira avec des pincettes. L'opération dura, dit l'Auteur, environ le tems de dire un *Pater* ; la malade se trouva mal, mais il ne survint point de foiblesse. Sa maigreur ne contribua pas peu à abréger le tems de l'opération, & à la faciliter. On recousit l'incision, & on y mit un appareil convenable.

A l'égard de l'estomac que le couteau avoit percé, on ne fit autre chose que de prescrire à la malade un régime très-exact, qui consista, le premier jour, en une décoction d'herbes vulnéraires,

& deux pincées de sucre balsamique. Le second,
la même chose, avec un peu de gruau clair &
bien passé. Le troisième, le thé balsamique, avec
un jaune d'œuf, en petite quantité, à quoi on
ajouta quelques cordiaux, pour remédier à la
foiblesse & à quelques tremblemens qui lui
prirent. Le quatrième, elle se trouva beaucoup
mieux. On lui donna du bouillon, dans lequel
on mit quelques herbes astringentes. Le cinquième, on s'apperçut que la plaie de l'estomac
commençoit à se fermer. On ajouta aux alimens
ordinaires de l'élixir de vie. On continua de la
sorte les jours suivans, excepté que le 16 Juillet,
on joignit à l'élixir de l'essence de rhubarbe,
qui procura deux selles à la malade, laquelle
avoit été resserrée le jour précédent. Depuis le
18 jusqu'au 24, on alterna, & on lui donna un
jour du sucre balsamique & l'autre de l'élixir.
Enfin, le vingt-quatrième, la plaie étant entiérement fermée, & la malade ne voulant plus de
remèdes, on la renvoya à son village. Le 2 Août,
M. *Hubner* l'alla voir, & la trouva non-seulement
gaie, & en bonne santé, mais assez forte pour
porter sans peine deux seaux d'eau. Le mouvement de la voiture lui avoit fait mal. Elle avoit
été obligée de se mettre au lit en arrivant ; mais
elle s'étoit presqu'aussi-tôt rétablie. Le couteau
qu'on lui avoit tiré avoit sept pouces de longueur.
Le séjour qu'il avoit fait dans son estomac, n'en
avoit aucunement altéré la lame : elle étoit seulement devenue noire. Pour le manche, il étoit
endommagé. Aussi la malade eut-elle avant
l'opération, de fréquens rapports qui avoient le
goût de corne de cerf, qui étoit la matière de

ce manche. Cette observation prouve qu'il ne faut pas prendre à la lettre l'aphorisme d'Hypocrate, qui dit : *Il est mortel d'être percé à la vessie, à la cervelle, au cœur, au diaphragme, à quelques-uns des intestins menus, au foie.* On a vu des exemples semblables en plusieurs endroits. On en vit un de cette espèce à Pragues en 1602, à Konigsberg en 1735, à Halle en 1691. *Hildanus* rapporte un fait de même genre également curieux. C'étoit une grande aiguille qui fut trois jours sans se faire sentir dans le corps d'une Servante, qui l'avoit avalée en 1592.

En voici un beaucoup plus récent, qu'on lit dans les Mémoires de l'Académie de Chirurgie. M. *le Dran* le père, dit avoir trouvé au milieu du bras d'un homme une épingle avalée depuis quelques années. Son fils, également célèbre dans l'art de la Chirurgie, dit en avoir découvert une située à côté des veines du bras, en faisant une saignée. *Rondelet* dit en avoir trouvé dans un abscès au bras, & ajoute qu'elle étoit rouillée. *Faviard* parle dans sa soixante-septième Observation Chirurgicale, d'une aiguille qu'il avoit tirée du muscle deltoïde. *Moinichat* rapporte qu'au bout de quatre ans on tira de la jambe d'un homme une aiguille qu'il avoit avalée. *Bartholin* parle d'un fait semblable, dans sa sixième Centurie. *Roderius à Castro* cite un exemple plus surprenant encore. Il dit qu'un enfant de six ans avala une aiguille, qui sortit naturellement par sa jambe plus de huit ans après. Nombre d'Auteurs dignes de foi assurent avoir vu plusieurs fois des aiguilles avalées passer jusques dans la vessie, & former la base de quelques pierres, qui s'y engendroient.

Voici un fait plus récent, & attesté par plusieurs témoins de l'Art.

Le 29 Mai 1766, la nommée *Eléonore Kaylock* entra à l'Hôpital de Glocester, pour s'y faire guérir d'une douleur de côté, occasionnée par trois épingles qu'elle avoit avalées neuf mois auparavant. Cette douleur étoit au côté droit. Trois mois après il survint une tumeur vers l'épaule gauche ; on l'ouvrit & on la fit suppurer, & les trois épingles sortirent par cette plaie. Ce fait fut publié par M. *Lysons*, Médecin de cet Hôpital, d'après une lettre qu'il écrivit à M. *Nicholls*.

Cet exemple n'est pas le seul d'un corps étranger avalé & porté vers l'une des extrémités du corps. M. *Coulon* l'aîné, Citoyen de Besançon, écrivoit à M. l'Abbé *Bignon*, qu'un de ses Fermiers s'apperçut qu'il survenoit une tumeur à l'épaule gauche d'une jeune vache de trois ans. Quand il jugea la tumeur assez mûre, il la perça, & il en sortit du pus : mais il fut bien surpris quelques jours après d'en voir sortir le bout de la lame d'un petit couteau, qui se portoit naturellement de plus en plus en dehors. Il voulut l'arracher ; mais dès que la lame fut sortie, il éprouva une résistance, qui l'empêcha de retirer entiérement le corps étranger. Cette résistance étoit occasionnée par le manche du couteau, & on fut obligé d'abandonner ce séquestre à la Nature. La lame du couteau resta hors la plaie, tantôt plus, tantôt moins sortie ; ce qui n'empêcha pas la vache de faire deux veaux. Quelque tems après le corps étranger disparut ; mais on ne sut d'abord s'il étoit entiérement sorti & tombé, ou s'il étoit rentré en dedans, soit que la vache se fût couchée dessus, soit qu'elle eût été heurtée en cet endroit. L'incertitude ne dura point long-tems. On vit la vache maigrir peu-à-peu, & enfin elle mourut. On trouva le couteau qui lui étoit rentré dans le corps ; mais l'Auteur n'indique pas si ce fut dans l'épaule, ou dans une autre partie du corps qu'il fut trouvé. On sait seulement que la lame sortoit entre deux côtés, lorsque la bête étoit vivante. Tout ce qu'on a pu conjecturer aussi sur cet accident, c'est qu'un petit Berger qui portoit toujours du sel dans sa poche, y avoit mis ce couteau, & que l'ayant sans doute laissé tomber dans l'étable, & le manche étant chargé de sel, la vache friande de sel l'aura avalé. Nous laissons aux Anatomistes à nous indiquer les routes par lesquelles des corps étrangers portés dans l'estomac se transportent dans toutes autres parties du corps, au lieu de suivre la continuité du canal qui s'abouche avec ce viscère. Le fait sera sans doute plus facile à expliquer, lorsqu'il s'agira d'un corps pointu qui peut percer les tuniques de l'estomac & s'insinuer de différens côtés, suivant que les mouvemens du corps pourront l'y déterminer ; mais toujours sera-t-il surprenant & difficile à expliquer comment des épingles, des aiguilles, & autres corps de cette espèce, traversent l'estomac & se portent par-tout ailleurs, sans autres accidens que ceux qui surviennent à la longue, lorsqu'ils sont enfin engagés dans des parties musculaires, ou dans des vaisseaux, d'où ils ne peuvent se dégager pour se porter ailleurs. Or les faits de cette espèce ne sont pas aussi rares qu'on pourroit l'imaginer, & nous allons en rapporter quelques-uns, dont on ne peut révoquer en doute la certitude.

On vit en 1660, à l'Hôpital de Leyde, une malheureuse femme, sujette à des accès de néphrétique, qui se plaignoit, entr'autres symptômes, de douleurs vives & pongitives qu'elle sentoit auprès du nombril, où lui étoit survenu une tumeur. Elle fit voir cette tumeur à M. *Henri Brechyfeld*, & à M. *Stenon*, qui apperçurent quelque chose de pointu, sortant de la tumeur. Ils saisirent ce corps étranger avec les doigts, & ils tirèrent la moitié d'une aiguille d'acier. La femme leur dit qu'il y avoit bien trois ans qu'elle avoit cassé une aiguille avec les dents, & qu'elle en avoit avalé une partie.

Un malade de l'Hôpital de Lille, se plaignoit en 1686 d'une douleur aiguë au bas-ventre, dans la région de l'hypogastre. Il y avoit tumeur, inflammation & pulsation, accompagnée de fièvre ; tous accidens qui dénotoient un abscès. MM. *Hachin* & *Gellé*, l'un Médecin, l'autre Chirurgien de cet Hôpital, firent à cet homme une ouverture à cinq ou six doigts au-dessous du nombril. Le pus qui en sortit en grande quantité sentoit très-mauvais, il coula pendant plusieurs mois, & le malade mourut.

A l'ouverture du cadavre, on trouva une épingle attachée à l'urètre du côté droit ; elle étoit couverte d'une matière tartareuse.

Cet exemple n'est pas le seul qu'on puisse citer de corps étrangers engagés dans cette partie du corps. *Hildanus, Hortius, Tulpius, Sckenkius*, & plusieurs autres, rapportent que diverses personnes ont rendu des paquets de cheveux par les urines. *Bartholin* parle d'un homme qui, ayant pris des pillules, en rendit une par cette voie, & que d'autres ont rendu de la même manière des grains d'anis, des aiguilles, de la paille d'orge, de petits os, des noyaux de prunes, &c.

On écrivoit le 14 Février 1755, de Pont-Audemer en Normandie, qu'une fille d'environ quarante ans, blanchisseuse de son métier, raisonnable & de bonne conduite, se plaignoit de picotemens dans le sein semblables à des piquures d'épingles; elle croyoit même en sentir sous les doigts. Elle se fit voir à quelques Chirurgiens, qui crurent effectivement sentir au tact des épingles. On fit quelques ouvertures, & au grand étonnement des spectateurs, on lui tira du sein quatre épingles plus ou moins enfoncées. Quelque tems après, cette fille ressentant les mêmes douleurs, & persuadée qu'elle avoit encore quelques épingles dans le sein, se transporta à Rouen, où elle étoit dans le tems qu'on écrivit cette lettre. Le fait de l'extraction des quatre épingles est attesté par les Médecins & Chirurgiens qui furent présens à l'opération; mais on n'a point su depuis, ou au moins nous n'avons point eu connoissance de la suite de cet accident, & si depuis on lui a tiré de nouvelles épingles.

On assuroit dans le tems, qu'on avoit observé le même phénomène à Lisieux. Il y eut une dissertation à ce sujet, faite par M. *Lange*, Médecin de cette ville. La femme d'un nommé *Housset*, Savetier à Sens, se plaignoit d'une douleur très-vive à la région hypogastrique supérieure. Il y avoit six semaines qu'elle étoit accouchée, mais il y avoit deux ans qu'elle avoit, pour la première fois, fenti des douleurs dans cette partie ; & dans le tems de fa groffeffe, les douleurs avoient augmenté au point qu'elle ne pouvoit fe courber fans fouffrir beaucoup. On vit, en examinant l'endroit, une tumeur large de quatre pouces fur fix de longueur, placée directement au-deffous de la région ombilicale, entre les mufcles droits, & on la prit d'abord pour un fchirre qui fembloit vouloir dégénérer en cancer. Peu de tems après, les accidens qui continuoient firent connoître qu'on s'étoit trompé dans le prognoftic de cette maladie. On changea les remèdes, la tumeur fe porta au dehors, & elle s'ouvrit ; il en fortit peu de matière fanguinolente. Les bords de l'ulcère fe renversèrent confidérablement : il s'éleva dans le milieu un corps livide de la groffeur d'un œuf de poule : la matière qui en découloit étoit fétide, & la malade fouffroit les douleurs les plus violentes. Le corps étranger qui étoit au milieu de l'ulcère s'avançoit au dehors de jour en jour ; & enfin il fe détacha au bout de fix mois de l'ouverture de la tumeur. Ce corps étoit formé d'une matière qui reffembloit au tartre des tonneaux, & on trouva dans le milieu une groffe épingle. Le fait fuivant préfente quelque chofe de plus difficile à expliquer, ne pouvant foupçonner qu'un enfant d'un an puiffe avaler un épi de froment. Le fait eft cependant des plus avérés. On lit dans les Ephémérides des Curieux de la Nature, qu'un enfant d'un an, du bourg de Natzungen, Diocèfe de Paderborn, ayant une douleur accompagnée d'inflammation au cou, on appella M. *Chriftophe Juden*, qui, par le moyen d'une emplâtre qu'il lui fit appliquer, attira le mal fur les mufcles des côtes, où il se forma une tumeur considérable. On y mit, par son conseil, une emplâtre de vieux-oing : la tumeur prit alors la forme d'un charbon & s'ouvrit. On appella un Chirurgien, M. *Vitmeyer* ; il examina avec soin cette tumeur, & il s'apperçut qu'elle contenoit un épi de froment qu'il tira adroitement, & qu'il conserva ensuite par curiosité.

Vanhelmont parle d'un épi d'orge avalé avant sa maturité, par un enfant qui l'avoit mis dans sa bouche en jouant, & qu'on avoit retiré quelque tems après, d'une tumeur purulente survenue à l'hypocondre gauche, où cet épi avoit acquis une couleur jaunâtre. *Fernel* rapporte un fait à-peu-près semblable. Le Docteur *Volgnad* assure, d'après le témoignage du Chirurgien du Duc *Frédéric Wilhelme d'Altenbourg*, qu'un enfant d'un Laboureur ayant mis dans sa bouche un épi de froment, en avoit avalé une barbe ; & que s'étant formé un abscès sous le bras de cet enfant, le Chirurgien que nous venons de citer en avoit retiré cette même barbe.

M. *Courtial*, Médecin de Toulouse, fit mettre en 1688, l'observation suivante dans le Journal des Savans. Elle prouve encore que différens corps peuvent pénétrer de l'estomac dans toute autre partie du corps. Un garçon de douze à treize ans, dit-il, de la ville de Montgiscar à trois lieues de Toulouse, se plaignit il y a peu de tems, d'une douleur qu'il sentoit au côté gauche vers l'hypocondre. Trois à quatre jours après, il parut une tumeur que le Chirurgien trouva trop dure pour être percée. Il tenta de la ramollir par quelques remèdes. M'étant rencontré dans ce lieu, par occasion, & ayant été prié de voir le malade,

je jugeai que la tumeur étoit en état d'être percée ; & en effet, le Chirurgien ayant donné un
coup de lancette à l'endroit où la suppuration
se manifestoit le plus, il en sortit beaucoup de
pus, & il se présenta ensuite à l'ouverture un
corps verd & roide. Le Chirurgien l'ayant tiré
avec des tenettes, nous vîmes que c'étoit un épi
d'orge tout entier.

Ayant interrogé le garçon & ses parens, nous
apprîmes qu'il se jouoit souvent avec des épis,
& qu'il y avoit environ trois semaines qu'il en
avoit mis un dans sa bouche, & qu'il l'avoit
avalé malgré lui. Cet épi nous parut aussi verd
qu'il avoit pu l'être au moment où ce jeune
homme l'avoit avalé. Les grains seulement
étoient fort enflés, ce qui provenoit sans doute
des humeurs qui l'avoient pénétré.

Voici encore un corps étranger d'une autre
espèce, porté de l'estomac dans un des reins. Le
Docteur *Pierce*, de Bath, nous apprend qu'une
Dame de vingt-huit ans étant morte à la suite
de vomissemens fréquens & d'une fièvre, il en
fit l'ouverture. Outre un abscès au pancréas, dit-il,
qui avoit sphacélé une partie de l'estomac & des
intestins, & avoit été sans doute la cause des vomissemens qu'elle avoit éprouvés, il trouva dans
l'un de ses reins un corps étranger qu'il prit d'a-
bord pour une pierre ; mais l'ayant lavé & dé-
barrassé d'une mucosité qui l'enveloppoit, il trouva
que c'étoit une petite coquille tubinée, dont la
cavité étoit remplie d'une matière visqueuse peu
différente de la substance du limaçon, quant à
la consistance, mais qui avoit la couleur du sang.
Cette petite coquille faisoit cinq à six tours de

fpirale. Sa furface étoit travaillée en échiquier, dont les cafes étoient alternativement faillantes & enfoncées.

Il ne faut pas imaginer, d'après les faits que nous venons de rapporter, que tous les corps étrangers qui peuvent fe trouver en différentes parties du corps humain y ayent été apportés par la voie de l'eftomac; les faits fuivans ne permettent pas de douter qu'il eft des circonf-tances où ils peuvent avoir été introduits du dehors au dedans. Cependant, nous conviendrons que nous n'avons d'autres preuves de cette affertion, que l'impoffibilité de concevoir le phénomène autrement.

M. *Duverney* fit part à l'Académie, en 1702, d'une épingle qui réfidoit dans le bras d'un homme fort connu par fon mérite & par fon intelligence dans les beaux Arts, mais qu'il ne nomme point. Elle étoit, dit-il, dans un rameau de veine qui fait la communication de deux veines plus groffes, pofée de travers par rapport au vaiffeau, la pointe tournée du côté des doigts. Elle étoit très-fenfible & très-manifefte. Celui qui la portoit dans fon bras ne fe fouvenoit point de l'avoir avalée. On ne crut point impoffible que, pendant qu'il dormoit, elle fe fût enfoncée infenfiblement dans fon bras, même avec une tête qu'elle avoit, & fans faire fortir de fang : on l'ôta en ouvrant le vaiffeau.

Si l'intromiffion de cette épingle laiffe de l'incertitude fur la voie par laquelle elle s'eft infi-nuée, il paroît, dans le fait fuivant, que celles dont nous allons parler fe font introduites de dehors au dedans.

Le 13 du mois de Juillet 1775, on lut à l'Académie de Berlin, un Mémoire sur la dissection d'une femme, du corps de laquelle on avoit retiré cent vingt aiguilles à coudre, de différentes grosseurs & grandeurs, & avec elles une épingle jaune de quatre à cinq pouces de longueur, qui fut trouvée dans le duodenum. Cette malheureuse femme avoit été sujette à des fureurs utérines, qui lui troubloient l'esprit, & on croyoit que pendant ses accès, elle avoit avalé & plus particulièrement enfoncé dans la peau ce grand nombre d'aiguilles qui y étoient demeurées environ trente ans. On en avoit trouvé dans une de ses mamelles, dans son poulmon, son foie, dans le pylore, &c.

On a vu anciennement à Paris, un phénomène du même genre. C'étoit une femme, des différentes parties du corps de laquelle on tiroit des aiguilles. M. *Petit*, Chirurgien, fut chargé par la Police, avec plusieurs autres personnes de l'art, d'examiner ce phénomène. Ils découvrirent sur le corps de cette femme un ulcère fistuleux, par lequel ils crurent qu'elle introduisoit ces aiguilles. Mais voici une autre histoire plus récente & du même genre, & plus circonstanciée en même-tems, dont nous devons le récit à M. *Boucher*, Médecin de Lille.

Une fille de la campagne du bourg de Tourcoin, à trois lieues de Lille, bien faite, bien constituée, avec une peau fraîche & des couleurs vermeilles, fit à l'âge de vingt ans une chûte qui lui attira un dépôt dans la tête, à gauche. Ce dépôt s'étendoit jusque sous l'aisselle. La poitrine fut endommagée, & plusieurs accidens accompagnèrent cette maladie. Il resta au haut du bras gauche un ulcère, qui, s'étendant peu-à-peu, cerna circulairement le bras. Une Demoiselle du lieu obtint de son père la permission de retirer la malade dans sa maison, & se chargea du soin de la panser & de lui fournir le nécessaire. Elle appella cependant, pour conseil, M. *Ducolombier*, Médecin, résidant dans ledit bourg, où il exerçoit la Chirurgie. La malade se plaignit de douleurs vives dans toute l'habitude du corps, mais plus marquées en certains endroits qu'elle désigna. M. *Ducolombier* sentant sous la peau des corps étrangers solides, & de forme cylindrique, proposa de faire des incisions pour les retirer. Il en fit ; & s'il fut surpris de tirer de vraies aiguilles à coudre, il le fut bien davantage lorsqu'il vit que chaque jour en reproduisoit de nouvelles , & qu'il falloit chaque jour faire de nouvelles opérations. Une circonstance qui ajouta à son étonnement, fut qu'il ne pouvoit reconnoître nulle part des cicatrices que celles qui étoient l'effet des plaies faites par son bistouri, & encore ces plaies se refermoient-elles bien vîte, puisque quelque grandes que fussent ses incisions, elles se refermoient le lendemain.

Ce Médecin fit part de ce phénomène à plusieurs de ses confrères, qui vinrent visiter la malade, & qui tirèrent eux-mêmes des aiguilles. M. *Boucher*, qui nous a appris ce fait, en tira lui-même au bout de neuf ans, l'une de la cuisse, & l'autre de la tempe. Celle-ci se cassa en la tirant, & il les envoya dans le tems à Paris, à M. *Macquer*. Il en a vu qui étoient de la longueur du doigt. Au reste, quoique la plus grande partie

de ces corps étrangers fuſſent des aiguilles, on a
auſſi tiré du corps de cette fille des pointes de
clous, des portions de chaînons, & juſqu'à la lan-
guette d'une petite balance. La malade indiquoit
à chaque fois où on devoit chercher ces corps
étrangers. Il arrivoit aſſez ſouvent qu'on étoit
obligé de tâtonner long-tems avant de rien ſentir,
& cela lorſque le corps étranger étoit fort avant
dans les chairs ; mais inſenſiblement, & par des
preſſions douces, on venoit à bout de les ramener
à la ſurface de la peau quand c'étoit des aiguilles.
M. *Boucher* dit en avoir ſenti une dans le corps
glanduleux du ſein, mais il ne voulut pas permettre qu'on fît une inciſion pour l'en tirer.

Cette fille ne répondoit autre choſe à ceux qui
l'interrogeoient ſur ſon état, que c'étoit un ſort,
& ce fut même le motif qui détermina la Demoi-
ſelle qui la reçut chez elle à la ſoigner, & à ne
la point quitter.

Il y avoit neuf ans que cette fille étoit dans cet
état lorſque M. *Boucher* la vit ; & depuis trois ans,
elle étoit devenue paralytique au point de ne pouvoir s'aider en rien. Elle étoit ordinairement couchée dans un petit lit fait exprès, ouvert où il
convenoit, ſur un baſſin, dans lequel elle rendoit
ſes excrémens. L'ulcère, qui occupoit circulairement le haut du bras, avoit rongé toute l'épaiſſeur des chairs, de façon que l'os ne paroiſſoit
plus que recouvert de ſon périoſte, & de quelques vaiſſeaux qui entretenoient la communication du bras avec l'épaule. Tout le corps étoit
dans le maraſme : le viſage cependant conſervoit
ſes couleurs & ſa ſérénité, & les fonctions naturelles ſe faiſoient aſſez bien. Elle traîna donc

pendant près de trois ans cette misérable vie, abandonnée des Médecins, ne voyant plus personne, & ne recevant de secours que de sa bienfaictrice.

Il paroît évident que ces corps étrangers ont été introduits du dehors au-dedans ; mais comment l'ont-ils été ? C'est une question difficile à résoudre. L'ont-ils été une seule fois, par un seul endroit, par l'ulcère qui étoit au haut du bras ? Cela ne paroît pas possible. Qui les eût conduits dans toutes les parties du corps les plus éloignées & les plus opposées ? l'ont-ils été successivement ? ce qui paroît le plus probable, mais il l'est également qu'ils n'ont pu l'être en différens tems, & à mesure qu'on les a extraits, depuis que la malade étoit tombée dans l'état de paralysie. Incapable de s'aider d'aucun de ses membres, il ne lui étoit pas possible de suivre ce manège. Elle ne voyoit alors personne qui pût se prêter à cette friponnerie. Ils n'ont donc pu l'être que dans un même tems, & être successivement répartis aux endroits ou aux environs des endroits où on les a trouvés, & c'est l'opinion de M. *Boucher*.

On sait, dit-il, que la peau est très-sensible, & que la membrane adipeuse ne l'est point du tout. Il y a cependant des nerfs qui traversent le tissu graisseux, & il s'en trouve plus ou moins, selon les parties. On conçoit que cette fille vivement frappée de son objet, se sera mise au-dessus des premières impressions que dut lui causer l'introduction des aiguilles dans le tissu de la peau, s'appercevant que les douleurs s'évanouissoient en faisant glisser les aiguilles dans le tissu graisseux, & conséquemment elle se sera déterminée

à

à en introduire dans toute l'habitude du corps & dans toutes les parties où ce tissu aboutit, & cela avec d'autant moins d'inconvénient, qu'à l'âge où elle étoit, & jouissant d'une bonne santé, ce tissu devoit être assez garni. Il est même probable, ajoute M. *Boucher*, que la pointe de quelque grosse aiguille aura frayé le chemin aux pointes de clous, &c. Ce manége aura duré jusqu'au tems où les corps étrangers plus ou moins enfoncés dans les chairs & dans les intervalles des muscles par les mouvemens musculaires, se seront raccrochés à des fibres ou à des membranes nerveuses. Alors les douleurs l'ont forcée de demander qu'on lui fît l'extraction de ces corps.... Mais, quel a pu être le but ou le motif de cette supercherie? C'est ce qu'on ne peut expliquer : on peut seulement reconnoître ici l'extravagance d'une imagination déréglée, ou d'un cerveau malade.

Les faits suivans, d'une autre espèce que les précédens, sont néanmoins du même genre ; ils laissent comme les premiers, de l'incertitude sur la manière selon laquelle ces corps étrangers se sont introduits dans les parties dans lesquelles on les a trouvés.

On lit dans les Ephémérides des Curieux de la Nature, qu'une fille bien née, & âgée de quinze ans, jouissoit depuis son enfance d'une bonne santé, mais elle n'avoit jamais pu supporter les corps de baleine. Ils lui causoient de vives douleurs au dos, aux reins & au ventre. Quelques semaines après avoir eu ses règles pour la seconde fois, elle perdit l'appétit ; elle eut des frissons & des chaleurs. Ses forces diminuèrent : elle maigrit, se plaignit de maux d'estomac & de bas-ventre. Cette dernière partie devint de jour en jour plus grosse & plus dure, la respiration gênée, la langue sèche. Tous les remèdes furent inutiles; elle mourut. On fit une ponction entre le nombril & les fausses côtes du côté gauche, & on en tira deux pots d'eau brune, épaisse, avec un cheveu de la longueur d'un pied.

On fit l'ouverture du cadavre, & on découvrit plusieurs particularités que nous passerons sous silence, pour remarquer que l'hypogastre droit étoit rempli d'un pus épais, & de plusieurs excroissances, la plûpart adhérentes au méfentère. La plus grosse & la plus dure de toutes étoit recouverte à sa partie supérieure, d'une peau épaisse de quatre lignes, qui formoit un gros sac d'où étoit sortie cette eau brune, tirée par la ponction. Le sac n'étoit point adhérent à l'excroissance. Entre le sac & le péritoine, on trouva encore cinq à six cheveux aussi longs que le précédent. Ils n'étoient implantés nulle part. La moitié de l'excroissance qui entouroit le sac avoit la couleur & la consistance du foie, & l'autre moitié étoit blanche & épaisse.

Le sac renfermoit plusieurs dents d'enfant, deux antérieures, l'une supérieure, l'autre inférieure, huit molaires, deux canines, toutes presqu'aussi grosses que les secondes dents; une mâchoire supérieure avec ses alvéoles, dans lesquelles étoient deux dents incisives, plusieurs petits os différens.

La grandeur des os & des cheveux ne permet pas de soupçonner qu'ils se fussent formés depuis que la fille étoit nubile.

Quoique moins incompréhensible, le fait suivant n'en est pas moins surprenant. En 1684, une femme de Paris se fit une contusion à la tête, vers la partie moyenne du pariétal gauche; il y survint une petite tumeur. L'incommodité qu'elle souffroit augmenta progressivement; & au mois de Mai 1686, elle fut attaquée de convulsions, de vomissemens, d'engourdissemens aux jambes, d'insomnie & d'autres symptômes fâcheux. On avoit employé inutilement plusieurs remèdes; la tumeur étoit devenue de la grosseur d'une noisette: elle s'enfloit & désenfloit par intervalles, & c'étoit dans ce dernier cas que la malade souffroit le plus.

On ouvrit cette tumeur, & on y trouva un petit corps étranger détaché de la chair. En l'examinant, on y vit remuer un petit animal, dont la tête & la queue ressembloient à celles d'une écrevisse: il étoit à-peu-près de la grosseur d'un grillon sans pieds; son corps étoit couvert d'une espèce de petites écailles, & situé de façon que le bec regardoit le derrière de la tête, & se cachoit sous les fibres du muscle crotaphite. Il devoit faire élever la peau lorsqu'il retiroit sa tête, en se ramassant vers sa queue.

Si on explique facilement, dans le fait que nous allons rapporter, de quelle manière le corps étranger dont il y sera question, aura pu s'insinuer dans la partie du corps où on l'a trouvé, on n'explique point aussi facilement comment il aura pu s'y nourrir & y demeurer pendant un laps de tems aussi considérable, & ce fait peut en cela être rangé parmi l'une des merveilles de la Nature. Voici ce dont il s'agit.

Le 27 Août 1691, *Marguerite Steflin*, âgée de quarante-deux ans, fut attaquée d'une fièvre violente, qui parut céder à quelques remèdes qu'on lui administra. Elle revint cependant à plusieurs reprises, sur-tout le 8 Septembre suivant, où elle fut accompagnée d'une grande douleur dans l'oreille droite, y sentant, disoit-elle, quelque chose qui sembloit lui ronger cette oreille. Cette fièvre fut accompagnée de plusieurs accidens, de syncopes sur-tout, mais ces accidens cédèrent encore pour quelque tems aux remèdes. Au commencement d'Octobre, ces accidens devinrent encore plus forts. On lui administra de nouveaux remèdes; & cinq jours après, il lui sortit de l'oreille six petites chenilles vivantes de différentes grosseurs & couleurs, les unes grosses de trois à quatre lignes, & longues de six lignes; les plus petites, grosses de deux à trois lignes, & longues de trois à quatre. Les plus grandes étoient entièrement blanches, & les petites mêlées de rouge & de blanc. On les mit dans l'eau tiède, & elles nageoient sur la superficie de ce liquide. Il en sortit de cette grosseur jusqu'au nombre de quatorze en plusieurs fois.

A la fin du même mois, la malade sentit redoubler ses élancemens; & y ayant porté le doigt rudement, elle occasionna une hémorrhagie considérable, & en même-tems la sortie d'une chenille vivante de l'espèce des arpenteuses; elle avoit dix-huit à vingt lignes de longueur, & cinq à six de grosseur. Après la sortie de cette dernière, la malade fut parfaitement guérie, & il ne lui resta aucun accident.

M. *Drouin*, qui communiqua dans le tems

cette obſervation au Journal des Savàns, faìt remarquer que cette femme a toujours dit qu'il lui étoit entré quelque choſe dans l'oreille. Ce pourroit bien être, ajoute-t-il, quelque papillon qui y auroit dépoſé ſes œufs ; mais il reſte à expliquer comment ces inſectes une fois éclos, ont pu ſe nourrir, dans quel endroit ils ont pu reſter ſi long-tems cachés ſans boucher l'organe de l'ouïe, & ſans ſe faire appercevoir plutôt.

D

DENTS. Nous laiſſerons aux Anatomiſtes & aux gens de l'art à traiter de la ſtructure, de la conformation, de la ſituation & des uſages de ces oſſelets importans, des affections auxquelles ils ſont ſujets, pour ne parler ici que des obſervations extraordinaires qu'on a faites en différens tems à leur ſujet.

On ſait que les dents ſortent de leurs alvéoles à différens âges, & perſonne n'ignore combien les enfans ont à ſouffrir de leur éruption. On ſait pareillement que les deux dernières dents molaires ne paroiſſent que fort tard à chaque mâchoire, & qu'on les nomme, à cauſe de cela, *dents de ſageſſe.* On a vu des ſujets chez leſquels elles ne ſe ſont produites qu'à l'âge de cinquante ans. Leur éruption peut encore être plus long-tems différée. Le célèbre Anatomiſte, M. *Ferrein*, avoit ſoixante-quatre à ſoixante-cinq ans, lorſque les deux dernières percèrent ſes gencives, & lui cauſèrent de longues & vives douleurs; mais un fait qui paroîtra plus surprenant, c'est celui qu'on a consigné dans l'Histoire de l'Académie, pour l'année 1730, d'après le rapport de M. *Dufay*, Médecin du port de l'Orient. Il écrivoit à M. *Geoffroy* que dans le cours de deux ans, il étoit sorti à un Charpentier de ce port, âgé de quatre-vingts ans, quatre dents, deux *incisives* & deux *canines*.

Ces sortes de faits ne seroient point aussi rares qu'on le croit communément, si on avoit le soin de recueillir toutes les observations de ce genre. On lit, dans les Ephémérides des Curieux de la Nature, qu'un homme, originaire de Bohême, devint aveugle à la quatre-vingt-treizième année de son âge. Depuis long-tems il étoit privé de toutes ses dents. Il lui en poussa une, avec de très-vives douleurs, l'année d'après celle pendant laquelle il avoit perdu la vue. *Aristote, Pline, Thomas Bartholin* & quantité d'autres Auteurs font mention de diverses personnes auxquelles il est sorti des dents à 80, 81, 84, 104 ans. Et chose plus extraordinaire encore, il en poussa trois, à trois différentes reprises, à la Comtesse *d'Esmonde*, vers les dernières années de sa vie, & elle avoit près de cent quatre ans lorsque la dernière survint.

Les fluxions, l'intempérie de l'air & quantité d'accidens qui ne sont point de notre ressort, nous privent souvent de ces précieux organes, ou nous obligent à emprunter le secours de l'art pour nous en débarrasser. Jusques-là rien d'extraordinaire ni de merveilleux; mais voir les dents tomber sans douleur, sans aucun accident qui annonce leur chûte, c'est un fait bien singulier. Or, c'est ce qui arrive à ceux qui boivent de l'eau d'une certaine fontaine qui se trouve à Senlisse, village près de Chevreuse, & ce fait est consigné dans l'Histoire de l'Académie Royale des Sciences, pour l'année 1712. Il y a, dit l'Historien de l'Académie, une fontaine, dans le village que nous venons de citer, dont l'eau fait tomber les dents sans fluxion, sans douleur & sans que l'on saigne. On ne peut se prendre qu'à elle de cet effet; car l'air est très-bon, très-tempéré, les habitans plus robustes & plus sains qu'ailleurs, seulement il y en a plus de la moitié qui manquent de dents. D'abord elles branlent dans la bouche pendant plusieurs mois, comme un battant dans une cloche, ensuite elles tombent fort naturellement.

L'eau qu'on accuse de ce mal est vive. On la trouve fort froide, lorsqu'on la boit sortant de la fontaine. On reconnoît qu'elle est dure, lorsqu'on s'en sert dans les cuisines pour faire cuire des pois & quelques autres légumes. On prétend qu'elle donne des tranchées à ceux qui n'y sont point accoutumés. M. *Aubry*, Curé de ce lieu, envoya un baril de cette eau à M. *Couplet*, avec une ample relation de tout ce qui la regarde, & lui marqua en même-tems qu'on lui avoit conseillé de n'en point user qu'après l'avoir fait bouillir; ce qui en corrige la mauvaise qualité. Il la croyoit minérale, & conjecturoit qu'elle contenoit du mercure.

M. *Lemery* l'a examinée de toutes les manières, & l'a traitée avec tous les moyens chimiques, & n'y a rien découvert de particulier.

Seulement sur quatre pintes qu'il fit évaporer à petit feu, il lui resta douze grains d'un sel alkali fixe fort âcre; ce qui paroît bien peu de chose pour une aussi grande quantité d'eau. Il n'y trouva aucun indice de mercure. D'ailleurs on fait boire ordinairement aux enfans qui sont tourmentés par les vers, de l'eau dans laquelle on fait tremper & bouillir un petit sachet de mercure, & leurs dents n'en sont point attaquées. La cause du mauvais effet de la fontaine de Senlisse, doit sans doute être quelque principe très-subtil & très-délié, puisqu'il échappe aux moyens chimiques les mieux administrés.

Lorsque M. *Lemery* s'occupoit de ce travail, il se rappella que *Vitruve* parle d'une fontaine de Suse en Perse, qui produit le même effet, & il vit à Paris un Persan, né dans cette ville, qui s'ôtoit avec la main, quand il vouloit, sept à huit dents de la bouche, & qui les replaçoit à volonté. Il faut cependant observer, comme M. *Lemery* le remarque très-bien, que ce Persan étoit fortement attaqué du scorbut.

On voit des dents monstrueuses & qui tiennent lieu de celles qui sont dans l'ordre ordinaire de la Nature.

Plutarque assure que *Pirrhus*, Roi des Epirotes, n'avoit qu'une seule dent, occupant toute la mâchoire, & sur laquelle on voyoit seulement de petites lignes, qui sembloient la diviser en plusieurs. *Valere* rapporte la même chose d'un Roi de Prusse. *Agellius* en dit autant du fameux *Sicinius*, qui, pour ce sujet, fut surnommé *Dentatus*. *Bernardin Genga*, fameux

Anatomiste à Rome, dit avoir trouvé, dans le cimetière de l'Hôpital du S. Esprit, une tête, dont la mâchoire inférieure étoit égarée, mais dont la supérieure n'avoit que trois dents; savoir, deux molaires, chacune desquelles étoit divisée en cinq, avec leurs racines séparées, & une troisième qui formoit les quatre incisives & les deux canines.

M. *Renard*, Chirurgien de Madame la Princesse Douairière de Guimenée, assuroit qu'un nain, qui appartenoit à cette Princesse, avoit un double rang de dents. Ce fait est consigné dans la seconde année du Journal de Médecine de *Blegny*.

Toutes ces merveilles, quelqu'extraordinaires qu'elles paroissent, ne seroient rien en comparaison de la fameuse *dent d'or* qui fit tant de bruit dans son tems, si celle-ci eût véritablement existé. Nos Lecteurs nous sauront gré sans doute de leur rapporter cette histoire fabuleuse, pour leur faire voir combien l'amour du merveilleux est capable de séduire ceux même qui devroient être le plus en garde contre ces sortes de prodiges.

Jacob Horstius, homme d'un très-grand mérite d'ailleurs, fut le premier qui donna du crédit à une prétendue merveille de cette espèce. Il assure qu'en Silésie il vint au monde un enfant avec une dent d'or, & ce fut peut-être ce qui fit naître l'idée de la supercherie dont il est ici question. Il s'agit d'un enfant qui naquit à Wilna en Lithuanie. On ne dit pas précisément si cet enfant apporta ce prodige en naissant, mais seulement que la mère de l'enfant s'en étant apperçue par hasard, & en ayant parlé à quelques-unes de ses voisines, la chose fut si bién divulguée, qu'elle vint jusqu'aux oreilles de M. l'Evêque de Wilna. Ce prélat habile & savant, pour ne point donner lieu à un bruit ou à une erreur populaire, fit d'abord appeller les Médecins, les Chirurgiens & les plus habiles Orfèvres de la ville, pour examiner cette dent. Tous, après l'avoir sérieusement examinée, furent d'accord que c'étoit véritablement une dent d'or.

Le Père *Tilkowski*, Jésuite, qui rapporte cette histoire, examinant quels pouvoient être les principes de la génération de cette dent, rapporte plusieurs choses curieuses sur la génération de l'or, & tout ce qui peut être produit dans le corps d'un animal ; mais comme homme de bonne foi, il ajoute à la fin de sa relation, que le bruit ayant couru que cette dent d'or avoit blanchi, pendant quelques accès de fièvre dont l'enfant avoit été attaqué, il avoit eu la curiosité de voir lui-même la chose, & qu'il avoit trouvé que c'étoit une véritable dent d'os, & qu'on s'étoit fortement trompé, lorsqu'on l'avoit prise pour une dent d'or massif, la dent n'étant que simplement couverte d'une petite lame d'or, qui avoit été détruite dans la suite par plusieurs causes.

Mais que dirons-nous d'un phénomène aussi singulier, consigné dans le Mercure du mois de Juillet pour 1722.

Voici, dit-on, un prodige étonnant, dont tout Rome a été témoin. Un Boucher de cette ville acheta, dans le Royaume de Naples, un

troupeau de moutons, pour le débiter ici en détail. Ceux à qui il en vendit s'apperçurent que
ces moutons avoient les dents toutes dorées
vers la gencive. M. le Cardinal *Ottoboni*, à qui
on porta une des têtes de ces moutons, en fit
racler les dents, & cette raclure rendit le poids
de deux livres d'or très-pur. Son Eminence,
ajoute-t-on, garde très-précieufement une autre
de ces têtes.

Celui qui a fait paffer cette relation à l'Auteur du Mercure, ajoute encore qu'il a vu de
ces têtes chez plufieurs particuliers, qui pouvoient contenir pour fix ou huit *jules d'or*. Nous
ne nous permettrons aucune réflexion fur un
fait de cette nature ; ce qui nous paroît très-
vraifemblable, c'eft que perfonne ne s'eft occupé à Naples à dorer exprès les dents de ces
moutons, pour les vendre à un Boucher de
Rome.

Si les deux faits précédens ne méritent aucune croyance, le fuivant eft attefté par des
témoins irréprochables. D'ailleurs, quelque merveilleux qu'il puiffe paroître, il n'eft pas auffi
incompréhenfible que le précédent. Voici ce
qu'on lit à ce fujet dans les Tranfactions Philofophiques.

Au mois d'Octobre 1717, un Artifte de Londres trouva un fort beau diamant, eftimé 13000
livres fterlings, dans une dent d'éléphant qu'il
fcioit pour faire des bâtons d'éventail.

DESSÉCHEMENS DES PARTIES DU CORPS.

DESSÉCHEMENS DES PARTIES DU
CORPS. S'il n'eft pas rare de voir certaines
parties du corps animal fe deffécher, fe durcir

& changer, pour ainſi dire, de nature, il l'eſt ſingulièrement de voir cet accident s'étendre à toute l'habitude du corps, & tel qu'il ſe fit remarquer dans Madame *Borquet* d'Aumale, âgée d'environ cinquante-ſix ans. Elle fut priſe d'un rhumatiſme inflammatoire univerſel. Il attaqua ſur-tout les jointures. Elle s'en prenoit alors aux circonſtances d'un âge critique, & à la diminution de ſes règles, qui, dans tout le cours de ſa vie, n'avoient fait que ſe montrer. Elle guérit néanmoins de cet accident, par les remèdes qu'on lui adminiſtra. Pluſieurs années après, le 11 Novembre 1756, elle ſe plaignit d'une grande roideur dans les jambes ; elle s'en prit alors au froid, car il geloit effectivement aſſez fort depuis quatre jours. Le ſoir on s'apperçut d'une bouffiſſure à la face & aux extrémités. Elle s'en inquiéta peu les premiers jours. Cependant cette bouffiſſure ſe convertit bientôt en un œdème conſidérable, qui s'étendit depuis les orteils juſqu'aux hanches, & depuis les doigts juſqu'à la poitrine. Les parties œdémateuſes commençoient à éprouver des douleurs rhumatiſmales fort aiguës, ſur-tout aux jointures ; le mouvement y devint très-difficile & très-douloureux, ſans cependant la moindre apparence de fièvre. Les nuits étoient aſſez tranquilles, l'appétit bon, les urines abondantes & citrines, le ventre faiſoit ſes fonctions avec aſſez de pareſſe, comme en ſanté. M. *Marteau de Grandvilliers* fut appellé, & lui adminiſtra ſans ſuccès les remèdes qui paroiſſoient les plus appropriés. Ce ne fut qu'à la longue que les douleurs s'évanouirent avec l'enflure.

Mais, à mesure que l'enflure se passoit, on n'appercevoit aux bras, aux jambes, aux cuisses, que des muscles atrophiés, roides, durs, secs, comme ceux d'une momie ; des articulations contractées & presqu'incapables de mouvement. M. *Marteau* lui administra encore des remèdes, mais inutilement. Les muscles des extrémités acquirent une consistance comme tendineuse. C'étoit une rigidité, une dureté, qui ne pouvoit se comparer qu'à celle des cartilages. Les mouvemens des pieds devinrent de plus en plus difficiles : ceux des genoux, quoique très-roides, étoient moins gênés. Il restoit un peu de mouvement aux doigts de la main, point du tout aux poignets, & fort peu aux coudes. L'avant-bras ne souffroit plus la moindre extension. La peau, qui recouvroit toutes ces parties, étoit âpre, dure comme un cuir, au point d'émousser la lancette. Peu-à-peu les muscles cervicaux participèrent au vice général des autres. Cependant à travers cette dureté cutanée, on démêloit encore très-bien les pulsations des artères. Cette dureté gagna de proche en proche, & sur la fin fit des progrès assez rapides.

M. *Marteau* craignit, avec raison, une attaque d'apoplexie. Que de canaux en effet oblitérés, & soustraits au commerce de la circulation ! Quelle surcharge pour les vaisseaux du tronc & de la tête ! Quel danger de la part de la pléthôre ! Manger beaucoup, transpirer peu ! Aussi la malade se plaignoit-elle de vertiges, d'élancemens, sur-tout du côté gauche. La fréquence de la saignée paroissoit le seul moyen de reculer la mort, & de faire vivre cette malheureuſe femme, dans un corps à demi-pétrifié ; mais elle étoit impraticable aux pieds, & preſqu'autant impoſſible au bras. La Nature parut vouloir ſe ſuffire à elle-même, en provoquant des hémorrhoïdes ; mais elle ne fit qu'une tentative impuiſſante. Le 13 Novembre 1757, elle tourna tous ſes efforts ſur la membrane pituitaire. L'évacuation d'une très-grande quantité de ſéroſité rouſſe fut ſuivie d'une hémorrhagie de deux palettes par la narine gauche, & le mal de tête s'appaiſa. Pendant l'hémorrhagie le pouls étoit fort plein, aſſez vif, même un peu bruſque. M. *Marteau* crut ſentir dans l'aine gauche un léger tremblement, qu'il ne trouvoit point dans la droite.

L'hémorrhagie s'opiniâtrant, la malade s'inquiétant, il fit ouvrir la veine, mais ſans ſuccès. Le vaiſſeau bien atteint, ne fournit point ſix gouttes de ſang noir & fort épais. L'hémorrhagie ſe tarit d'elle-même, & dans la nuit le ſang força la compreſſe, & ſortit à la quantité d'une demi-palette. Ces hémorrhagies ſe répétèrent trois à quatre fois, à cinq à ſix jours d'intervalle, & toujours au grand ſoulagement de la tête. Dès qu'elles ceſsèrent, l'appétit ſe perdit. Une fièvre anomale ſe mit de la partie, les gencives ſe gonflèrent, devinrent livides, l'haleine exhaloit une puanteur inſupportable. Il ſurvint de tems en tems des vomiſſemens très-fétides, enfin un ptyaliſme de ſéroſité ſanguine. Elle ſuintoit manifeſtement comme une roſée de tout le palais, d'où on la voyoit percer comme une ſueur de ſang. Ce ſymptôme termina la vie de cette malheureuſe femme au mois de Décembre 1757.

Quelque ſurprenant que paroiſſe ce phénomène, en voici un bien plus singulier, quoique borné aux seules extrémités supérieures du corps.

En 1703, l'Académie vit une fille, nommée *Anne Perrault*, de Mouftier-Saint-Jean, village de Bourgogne, à deux lieues de Sainte-Reine, âgée de vingt à vingt-un ans, à qui il étoit arrivé un accident bien singulier à l'âge de sept ans. A la suite d'une fièvre ordinaire, ses deux mains & ses deux bras se desséchèrent, jusqu'à la naissance du coude, & ses deux mains tombèrent naturellement, de sorte qu'il ne lui resta que deux moignons. Elle apporta à l'assemblée ses mains dans sa poche, & elle les en tira avec ses moignons, dont elle se servoit fort adroitement. Elles étoient noires & sèches comme les mains d'une momie.

E

ECARTS DE LA NATURE. L'espèce humaine n'est pas la seule dans laquelle on remarque des monstruosités de toutes espèces. Les animaux nous offrent de semblables phénomènes, & plus multipliés encore, vu la plus grande multiplicité des individus; mais on y fait moins attention, à moins que ces difformités ne soient extrêmement frappantes, & ne méritent, par leur extrême singularité, d'être consignées dans les observations des Naturalistes. Nous n'en donnerons ici qu'un petit nombre d'exemples, pour faire observer seulement que la Nature conserve une certaine uniformité jusques dans les circonstances où elle se plaît à s'éloigner de ses loix générales. Nous distinguerons encore ici des monstres par excès, d'autres par défauts, & plusieurs par des singularités plus frappantes les unes que les autres.

Ecarts par excès. Le 30 Janvier 1779, on fit voir à l'Académie des Sciences de Paris un lézard à deux têtes, conservé dans l'esprit-de-vin, & on assure, d'après le témoignage de gens irréprochables, que tant que cet animal avoit vécu, il avoit très-bien fait les fonctions de ses deux têtes. Il mangeoit de l'une & de l'autre. Il voyoit de ses quatre yeux, & ce qu'il y a de plus singulier, c'est que si on plaçoit à sa droite & à sa gauche du pain, de manière qu'il ne vît que le morceau à droite avec son œil droit & le morceau à gauche avez l'œil gauche de la tête gauche, il accomplissoit les loix de l'équilibre, non en mourant de faim, comme l'*âne de Buridan*, mais en se portant droit devant lui, jusqu'à ce que quelque mouvement de l'une des deux têtes, lui cachât l'un des deux morceaux de pain ; alors il se dirigeoit droit à l'autre. Cette expérience, assure-t-on, a été répétée plusieurs fois, en présence de plusieurs personnes : si on mettoit vis-à-vis de lui un seul morceau de pain, alors il y alloit droit.

L'histoire de l'hydre de Lerne & ses sept têtes, est bien certainement une fiction poétique ; mais elle avoit son fondement dans la Nature. Nous en avons donné la preuve dans l'exemple du lézard dont nous venons de parler, & cet exemple n'est point le seul.

Elien rapporte qu'on trouvoit assez communément des serpens à deux têtes dans le pays
arrosé

arrosé par le fleuve Arcas ; qu'ils étoient ordinairement longs de quatre coudées, ayant le corps noir & les têtes tirant sur le blanc. *Aristote* avoit assuré ce fait avant *Elien*. On voyoit un serpent de cette espèce, qu'on conservoit embaumé, dans le cabinet d'*Aldrovande*, à Bologne. *Fortunius Licetus* assure qu'on en a vu un semblable dans les monts Pyrénées. *Porta* parle d'une vipère à deux têtes vue à Naples, & D. *Figelius* de Hambourg atteste qu'il en avoit vu une semblable à Rome & une autre à Lyon. *Redi* assure également avoir vu à Pise un serpent à deux têtes, & que ce serpent avoit été pris sur les bords de l'Arno ; mais nous ne voyons dans aucune de ces observations que ces monstres fussent vivans. Il paroît toutefois qu'ils avoient vécu pendant un certain tems, & il n'y a rien de plus extraordinaire en cela que ce que nous avons déjà rapporté au sujet du lézard dont nous avons fait mention.

Veut-on voir un animal de cette espèce, ayant deux têtes ? Le cabinet de M. *Valmont de Bomare*, ouvert à tous les amateurs d'Histoire Naturelle, rue de la Verrerie, à Paris, nous en fournit un exemple assez curieux. Ce savant Naturaliste conserve dans son cabinet un chat à deux têtes. Il naquit à Paris en 1773, & il vécut quelques jours. On y remarque quatre yeux, quatre oreilles ; deux trachées-artères, qui s'annonçoient du vivant de l'animal, par un cri différent qui sortoit de chacune des gueules de ce monstre.

Voici maintenant quelque chose de plus. Ce sont des corps doubles ; mais dans ces sortes d'exemples, comme dans les semblables pris dans l'espèce humaine, ces sortes de monstres ne sont point vivans. Ils périssent presque tous en naissant.

L'Auteur des Affiches de Poitiers assure avoir vu un chat double, qui mourut presqu'en naissant, & qu'on conservoit dans de l'esprit-de-vin. Ce chat avoit deux corps réunis, depuis le col jusqu'aux extrémités inférieures. Il avoit deux pattes en avant, deux autres sur le dos, & quatre en arrière, deux gueules, trois oreilles, dont une sur la tête. On y distinguoit les deux sexes, l'un des corps dont il étoit composé avoit même quelque chose de l'un & de l'autre.

On voit un faon de cette espèce au Cabinet du Roi, à Paris. Les deux animaux qui forment ce monstre, sont réunis par les deux sternum, qui se trouvent, par cette réunion, placés aux deux côtés du sujet. M. *d'Aubenton* en a donné une description très-curieuse & très-détaillée qu'on peut lire dans le sixième volume de l'Histoire Naturelle de M. *de Buffon*.

On voit encore dans le Cabinet du Roi un cochon, ayant deux corps bien conformés, & réunis par leurs poitrines ; trois pieds, une seule tête, & trois oreilles, deux placées comme il convient, & la troisième a son insertion près l'ouverture des lèvres.

S'il est rare de trouver des animaux doubles, il ne l'est pas d'en trouver qui aient plusieurs parties de trop.

On lit dans une lettre écrite le 30 Juillet 1776, par M. *de la Roche*, d'Aisnay-le-Château en Bourbonnois, que le 28 de ce mois, une truie du domaine de Picdenye, Paroisse de Saint-Bonnet-le-Désert en Bourbonnois, mit bas deux

monſtres, dont l'un avoit quatre oreilles, aſſez
ſemblables par leur conformation à des morilles;
le nez d'un lièvre, avec trois défenſes à la mâchoire ſupérieure, d'un pouce & demi ou environ
de longueur. On en voyoit deux paſſées en ſau-
toir au-deſſus du nez : la troiſième, ſituée au-
deſſus de cette partie, avançoit en forme de
trompe, & paroiſſoit un peu plus longue que les
deux autres. Les jambes de devant imitoient
aſſez bien celles d'un cochon; l'épaule & le
col étoient couverts d'un gros poil hériſſé,
tacheté en roux, blanc, noir, brun & bleu : le
reſte du corps aſſez ſemblable à celui du cochon,
à l'exception des deux jambes de derrière, dont
l'une d'abord pliée, ſe relevoit ſur le dos, tandis
que l'autre, formant pluſieurs grands plis, ſe terminoit en une pointe, longue d'environ cinq
pouces, & au bout de laquelle on remarquoit
une petite corne fort pointue. Cet animal ne
vécut que deux jours : il ne pouvoit têter, malgré
les efforts qu'il faiſoit pour y réuſſir, en ſe traî-
nant ſous le ventre de ſa mère. Le ſecond mourut
le jour même de ſa naiſſance. Il avoit les oreilles
fendues, les yeux & le nez d'un lièvre, la gueule
de travers : le nez entroit dans cette partie, &
ſortoit par un côté, avec une très-groſſe dent de
deux pouces de longueur, ſituée ſur le devant
de la mâchoire ſupérieure ; le corps & le poil
d'un cochon : les jambes de derrière, dont les
jarrets étoient fort gros, ſe croiſoient & étoient
relevés ſur le dos.

On voit dans le Cabinet du Roi un veau
muni de deux croupes. Son épine ſe diviſe en
deux parties, à la ſixième vertèbre dorſale. Les

divisions font contournées & difformes. Tous les autres membres sont bien conformés. Sa partie antérieure ne présente qu'un seul animal, la postérieure en offre deux. Il a six pieds, deux antérieurement & quatre postérieurement.

On voit dans le même Cabinet un chat assez bien conformé; mais qui, au défaut des côtes, porte la croupe d'un autre chat. Celle-ci est elle-même bien conformée, si ce n'est que sa queue est très-courte.

On conserve dans le même Cabinet un mouton qui a vécu plusieurs années, auquel on remarque deux pieds surabondans. Ceux-ci sortent de la partie antérieure de la poitrine, & ont la forme de ceux des béliers des Indes. L'un des deux a trois ongles, l'autre n'en a que deux.

On voit dans le même endroit une vache qui fit beaucoup de bruit à Paris en 1745, & qui n'avoit rien de merveilleux qu'un effet de la supercherie de ceux qui gagnoient leur vie à la faire voir. Cette vache est très-bien conformée. Toute la monstruosité qu'on y remarque, consiste en une jambe surabondante, attachée à la partie supérieure du dos, entre les omoplates, & le merveilleux y est dans une tumeur qu'on remarque à la partie postérieure de cette jambe, à laquelle on avoit donné, par un artifice grossier, la figure d'une tête d'homme. On trouve la description de cet animal dans l'Histoire Naturelle de M. *de Buffon*.

On tua en 1775, dans une des boucheries de Paris, un bœuf qui avoit quelque chose de plus singulier que cette vache. Il avoit cinq yeux, &

trois narines. Il avoit deux yeux placés sur la même ligne droite du côté gauche : deux autres semblablement placés du côté droit, & un troisième au-dessus de ces deux-ci. Sa narine droite étoit double, & paroissoit en former deux. Le reste étoit bien conformé.

Dans la même année on voyoit un monstre d'une autre espèce à Saint-Porchère. C'étoit un lièvre, dont la tête, de grosseur ordinaire, avoit sur les os des tempes deux oreilles placées comme elles devoient l'être, & deux autres, qui, naissant de la base de la conque des deux premières, pendoient comme celles d'un chien courant. La mâchoire inférieure étoit dans sa place naturelle ; les lèvres supérieure & inférieure étoient bien marquées ; mais elles tenoient ensemble, & fermoient entiérement le passage des alimens de ce côté-là. On voyoit sous la mâchoire inférieure une espèce de seconde bouche, sans ossemens, formée par la lèvre inférieure, qui s'ouvroit, se fermoit aisément, recevoit la nourriture, & la portoit à l'ouverture de l'œsophage, placé au-dessous, entre les muscles thyroïdes. Cet animal ne pouvoit aspirer que par le nez, & il n'y avoit point de glotte à cette ouverture. Le tronc n'offroit rien de particulier jusqu'au diaphragme ; mais à cet endroit, la colonne vertébrale se bifurquoit, & se prolongeoit de chaque côté, jusqu'au coccix, qui étoit de longueur naturelle. A chacune de ces branches on voyoit un bassin, un abdomen, des extrémités inférieures & une queue. Les extrémités supérieures étoient aussi doubles, deux situées où il convenoit, les deux autres sur celles-ci. Comme ce lièvre étoit fort petit, on ne pouvoit en diftinguer le fexe.

Non-feulement on trouve dans les animaux des parties furabondantes, mais encore on y trouve fouvent des parties très-étrangères à leur efpèce. En voici quelques exemples.

Jean Lofer, Gouverneur de Setz, affura à *Gabriel Clauder*, qu'un Gentilhomme de fes voifins avoit pris à la chaffe un lièvre qui avoit de véritables cornes, & que ce Gentilhomme l'avoit gardé plus d'un an dans fon parc. Cet animal différoit encore des autres lièvres par fon poil, qui étoit de couleur cendrée blanche. Cet exemple n'eft pas le feul du même genre ; car *Jonfton* fait mention, dans fon Hiftoire Naturelle des quadrupèdes, de deux autres lièvres qui avoient pareillement des cornes.

Le même *Clauder* affure qu'en 1687, un Chaffeur tua dans une forêt une chevrette qui avoit des cornes recouvertes de poil, comme les refaits d'un cerf. Elles étoient offeufes, compofées de plufieurs pièces contiguës & arrondies. L'une des perches n'avoit point la longueur ordinaire des bois de chevreuil.

M. *Chrétien-François Paullin* dit avoir vû, en 1663 au mois de Mai, dans le Duché de Holftein, près de Itzehoa, une oie mâle, grande, courageufe, & d'une belle couleur blanche, qui avoit fur la tête une petite corne pointue. Une femme du Comté de Pinneberg nourriffoit un chat qui avoit de chaque côté auprès des oreilles une excroiffance dure, & d'une vraie fubftance de corne.

Le même Médecin *Paullin* affure avoir ouï

dire au Prince *Hermant*, Landgrave de Heffe, que Madame *Chriftine*, Ducheffe de Saxe, entr'autres curiofités qu'on lui préfenta dans la Haute-Heffe, en avoit rapporté un corbeau qui avoit des cornes, & que le Duc de Saxe eut auffi dans le même tems un corbeau qui avoit une corne fur la tête.

Nous pourrions rapporter encore ici une multitude d'exemples de ces fortes d'écarts de la Nature ; mais il paroît que ceux que nous venons d'indiquer peuvent fuffire, pour nous faire connoître ce que peut la Nature en ce genre ; nous nous bornerons donc au fuivant, comme méritant de trouver place ici.

On vit à Paris au mois d'Août 1765, une vache qui portoit au col la moitié d'un veau vivant. La partie de ce veau qui fortoit du col de cette vache étoit de trois pieds de longueur. Les cornes de fes pieds, reffembloient à celles d'un daim & d'un léopard. Cette vache étoit haute de cinq pieds, & étoit très-douce & très-familière.

Écarts par defaut. Nous pafferons légèrement fur cette efpèce de monftruofité. Elle n'offre rien de curieux comme l'efpèce précédente ; & nous nous bornerons même à un feul genre, comme fuffifant pour nous en donner une idée ; nous ne parlerons que de ces animaux qui reffemblent aux Cyclopes de la Fable.

On voyoit au mois d'Avril 1779, à l'affemblée de M. *de la Blancherie*, un chat qu'on confervoit depuis deux ans dans de l'efprit-de-vin. Il n'avoit qu'un œil, & cet œil étoit placé au milieu de fa gueule. Cet animal avoit vécu cinq jours par les foins attentifs de la perfonne à laquelle il appartenoit, & qui l'alimentoit de lait, à l'aide d'un petit entonnoir qu'elle plaçoit dans un des coins de fa gueule.

On voit un monftre de cette efpèce dans le Cabinet du Roi. C'eft un chat qui n'a qu'un feul œil au milieu du front. Il n'a point de nez. Les narines font remplacées par une partie charnue, arrondie, & couverte de quelques poils. La gueule eft une fimple ouverture, fans caractère, à laquelle on n'apperçoit aucune efpèce de lèvre. Le refte eft bien conformé. Il ne paroît point avoir vécu.

On voit au même endroit un chien auffi mal traité de la Nature. Il n'a qu'un feul œil placé au milieu du front. Les autres organes de la tête lui manquent, à l'exception des oreilles, qui terminent une longue ouverture tranfverfale. Cette ouverture lui tient lieu de gueule, & il ne paroît pas également avoir vécu.

On a apporté de la Martinique un cochon, dans lequel on remarque le même défaut. On le conferve également au Cabinet du Roi. Il n'a qu'un feul œil au milieu de la face, au-deffus duquel il fort du front une excroiffance cartilagineufe. Cette excroiffance reffemble un peu à la trompe de l'éléphant. Il a deux oreilles : la gueule & le nez exiftent auffi, mais ces deux organes font très-difformes. Les autres parties font affez bien conformées.

En voici un du même genre, plus curieux que les précédens, parce que l'animal a vécu pendant un laps de tems affez long. Il s'agit ici d'un poulain, qui naquit dans le Polezin de Ravigo, États de Venife. Il n'avoit qu'un feul œil au milieu de la face. Son front s'élevoit en pyramide, accompagnée latéralement de deux protubé-rances. Le crâne avoit la forme d'un cône tronqué. Il n'avoit point de nez. Sa lèvre fupé-rieure étoit très-courte, l'inférieure allongée, & laiffoit voir la feule mâchoire de l'animal. Toutes fes autres parties étoient bien conformées. Il vécut quatre mois.

On trouve dans les animaux, comme dans les hommes, des monftruofités propres à favorifer l'opinion de ceux qui prétendent que ces fortes d'effets dépendent de la force de l'imagina-tion des mères. Nous en citerons quelques exemples.

M. *Frézier*, Ingénieur du Roi, à l'Ifle Saint-Domingue, écrivoit en 1722, à M. *de Juffieu*, qu'il y étoit né un veau qui avoit des écailles au lieu de poils. Elles étoient irrégulières tant en figure qu'en grandeur : les joints feulement un peu garnis de poil en quelques endroits. On pré-tendoit qu'il tenoit encore d'ailleurs du crocodille ou cayman ; mais les écailles étoient la reffem-blance la plus fûre. En fuppofant ici les effets de l'imagination de la mère fur les fœtus, on explique facilement ce phénomène. On fait que les caymans font très-gourmands de bœufs, & qu'il y en a un très-grand nombre dans toutes les rivières de Saint-Domingue, qui aboutiffent à la mer. Une vache pleine manquée par un cayman, & qui en aura eu grande peur, ou qui aura été feulement témoin du malheur arrivé à quelqu'autre, fuffit pour expliquer ce fait. C'eft grand dommage fans doute, qu'une explication aussi simple ne soit point conforme aux loix de l'économie animale. (Voyez *Imagination.*)

M. *Vimond*, Docteur en Médecine, demeurant à Sap en Normandie, écrivit en 1778, que dans une maison de ce bourg, où on étoit dans l'usage de faire couver des œufs de canes par des poules, douze de ces œufs ayant été mis dans cette intention sous une poule, un chat qui avoit contracté une amitié singulière pour cette poule, avoit voulu partager sa peine ; qu'il en avoit tiré trois à lui, sur lesquels il s'étoit couché à l'exemple de la poule ; qu'au bout du tems de l'incubation, les œufs couvés par la poule avoient donné neuf canetons, mais que les trois que le chat avoit fomentés de sa chaleur n'avoient d'abord rien produit ; qu'au bout de quatre ou cinq jours, le chat ne les quittant pas, on avoit pris le parti de les casser, & qu'on fut très-surpris de trouver dans chacun de ces œufs un petit monstre participant de la nature du chat & de celle du canard, dont deux étoient vivans & l'autre mort. M. *Vimond* conservoit un de ces canards-chats dans de l'eau-de-vie, & il offroit dans sa lettre de l'envoyer aux curieux. Voici la description de cet animal.

La mâchoire inférieure est semblable à celle qui sert à former le bec des oiseaux, c'est-à-dire, du canard, avec une langue qui occupe toute la longueur de cette partie. A la place de la partie supérieure du bec, on voit un nez & un museau de chat. Ce petit monstre a quatre pattes dont les pieds sont membraneux comme ceux du canard, avec cette différence que les ongles finissent en petites griffes très-pointues & très-fines. Ce monſtre a des aîles qui prennent naiſſance à l'articulation des épaules. Tout le corps eſt couvert d'un long duvet noir-brun, qu'on prendroit pour du poil.

On trouve de ſemblables exemples dans l'Hiſtoire Naturelle du Bréſil, par *Marcgraave*, liv. 5, & dans le Journal de Médecine de *Blegny*, année 1679.

Nous terminerons les obſervations de ce genre par un phénomène qu'on conſerve dans le cabinet de l'Académie de Munich, & qu'on peut regarder comme ce que les Naturaliſtes racontent de plus extraordinaire ſur le mélange des eſpèces.

Ce ſont quatre monſtres aquatiques, moitié grenouilles, moitié lottes, pêchés dans des étangs qui entourent l'Abbaye de Raitembuch, ſituée à trois lieues de Lech en Bavière. La tête & les pattes de ces animaux, qu'on conſerve dans de l'eſprit-de-vin, ſont exactement celles d'une grenouille ; ils ont ſur le dos la petite boſſe à laquelle, à ce qu'on croit, eſt attachée la tête de la lotte. On diſtingue enſuite trois nageoires du même poiſſon : la première ſituée le long du dos, les deux autres ſur l'eſtomac ; enfin une queue qui ne peut être que celle d'une lotte. La longueur totale du plus grand de ces monſtres eſt de dix pouces, ſur leſquels la partie grenouille n'en a que deux. On avoit, dit-on, pêché, dans le tems, plus de douze cens de ces animaux, que la ſuperſtition allarmée s'empreſſa de détruire, & l'Apothicaire de l'Abbaye eut toutes les peines poſſibles à enlever & à conſerver les quatre dont nous venons de faire mention.

ECHO. L'écho eſt un phénomène ordinaire de la Nature, une ſimple réflexion de ſon, que tous les Phyſiciens connoiſſent, & dont ils rendent facilement raiſon; mais il en eſt certains qui ſont étonnans par la multiplicité de leurs réflexions, & par la ſingularité de leurs phénomènes. Ils méritent donc de trouver place ici.

On doit ranger dans cette claſſe celui dont le Père D. *François Gueſnet*, Sous-Prieur de l'Abbaye de S. George, Ordre de S. Benoît, rendit compte à l'Académie Royale des Sciences de Paris en 1691. Cet écho ſe faiſoit remarquer à la maiſon de campagne de M. *de Lilly*, Préſident au Bureau des Finances de Rouen.

Dans cet écho, dit D. *Gueſnet*, celui qui chante n'entend que ſa voix : ceux qui écoutent n'entendent que l'écho, & point la voix de celui qui chante, mais avec des variations ſurprenantes; car l'écho ſemble tantôt ſe rapprocher & tantôt s'éloigner. Quelquefois on entend la voix très-diſtinctement, quelquefois on ne l'entend preſque plus. L'un n'entend qu'une ſeule voix, un autre en entend pluſieurs : l'un entend à droite, un autre à gauche. Le Père D. *Gueſnet* explique tous ces phénomènes dans le Mémoire qu'il envoya à l'Académie, par la ſeule figure demi-circulaire de la cour où cet écho ſe fait entendre, & ſon explication eſt fondée ſur des démonſtrations géométriques.

Le ſuivant mérite également d'être connu. L'Abbé *Guynet*, Eccléſiaſtique du grand Séminaire d'Autun, étant pendant les vacances de 1769 au château de la Rochepot, & ſe promenant ſur le chemin de Châlons, qui paſſe au-deſſous du village, il heurta rudement & ſans deſſein une pierre contre une autre : le bruit excité par ce choc lui fut rendu après quelques ſecondes, & il jugea, par le tems que l'écho avoit mis à répondre, qu'il répéteroit peut-être un demi-vers alexandrin tout entier. Le lende-main, Madame la Comteſſe *de la Rochepot*, que M. l'Abbé *Guynet* avoit prévenue, étant venue en cet endroit, l'écho répéta quatorze ſyllabes bien articulées. L'Abbé *Guynet* voulut voir ſi, à l'exemple de celui dont il eſt fait mention dans l'Hiſtoire d'Oxford, le ſilence & la fraîcheur de la nuit lui en feroit répéter un plus grand nom-bre. Il y revint à dix heures du ſoir avec le Curé de la Paroiſſe, & effectivement l'écho répéta juſ-qu'à ſeize ſyllabes. Cet écho eſt vis-à-vis le châ-teau de la Rochepot, bâti ſur un rocher très-élevé & creux en quelques endroits. C'eſt vrai-ſemblablement dans ces rochers que la voix ſe réfléchit parfaitement.

En voici un plus ſingulier encore, dont on trouve la deſcription dans les nouveaux Mémoi-res de la Société Royale. Cet écho eſt ſitué près de *Rofneath*, belle maiſon de campagne à l'oueſt d'un lac d'eau ſalée, qui ſe perd dans la rivière de Clyde, à dix-ſept milles au-deſſous de Glaſcou. Ce lac eſt environné de toutes parts de collines, dont quelques-unes ſont des roches arides, les autres ſont couvertes de bois. Or, voici ce qu'on remarque en cet endroit : quelques perſonnes ayant mené ſur ce lieu un homme qui ſonnoit parfaitement de la trompette, on le fit placer ſur une pointe de terre que l'eau laiſſe à décou-vert. Il ſe tourna vers le nord, & il ſonna un air de huit *demi brèves*, & s'arrêta. Aussi-tôt un écho reprit cet air, & le répéta très-distinctement & très-fidèlement, mais sur deux tons plus bas que n'étoit celui de la trompette. Quand cet écho eut fini, un second écho, d'un ton encore plus bas que le premier, répéta le même air avec la même exactitude. Ce second fut suivi d'un troisième, & pareillement d'un ton plus bas que le second ; & après cette troisième répétition, on n'entendit plus rien. L'expérience fut répétée plusieurs fois de suite, & toujours avec le même succès.

Quelque singuliers que soient les échos dont nous venons de parler, ils ne sont point aussi surprenans que celui dont le Père *Kirker*, le Père *Schot* & *Misson* nous ont donné la description. Ce dernier s'entendoit dans le château de Simonette. Il y avoit, disent-ils, dans l'un des murs de ce château une fenêtre, d'où celui qui parloit entendoit répéter ses paroles jusqu'à quarante fois.

E A U. Substance précieuse à l'homme par les bienfaits continuels qu'il en reçoit : substance admirable aux yeux du Physicien, par les observations curieuses qu'elle lui fournit, & dont il faut lire le détail dans les Ouvrages de ceux qui l'ont considérée & chymiquement & physiquement. Tout le monde sait qu'elle est susceptible de trois modifications différentes, ou qu'elle se présente à nos recherches sous trois états bien différens. Sous la forme de liqueur, & c'est son état le plus ordinaire ; dans cet état elle offre au Méchanicien qui sait en profiter, une puissance propre à produire des effets bien extraordinaires. Elle fait mouvoir nos moulins, & vient à bout de vaincre

des réfiftances énormes. Renfermée dans un canal
très-long & très - étroit , mais communiquant
avec une bafe très - large , elle peut furmonter
des obftacles qu'aucune autre force ne pourroit
vaincre, c'eft le fameux foufflet hydroftatique de
Muffenbroeck , de *Defaguilliers* & de plufieurs
autres célèbres Phyficiens qui connoiffoient parfaitement les forces de la Nature.

Fortement échauffée, elle fe réduit en vapeurs,
& nous met encore entre les mains une nouvelle
puiffance bien fupérieure à celles que l'homme
emploie communément dans les befoins ordinaires de la vie. J'en appelle en témoignage la
pompe à feu & la fameufe marmite de *Papin*.

Convertie en glace, on ne connoît guère d'obftacles qui puiffent lui réfifter. Elle fend les arbres
les plus gros, elle foulève le feùil des portes ; elle
brife les vaiffeaux qui la contiennent, fuffent-ils
même de métal ; & c'eft l'expérience de M. *De-
lahire* , qui fit crever le canon d'un piftolet après
l'avoir rempli d'eau & avoir expofé cette eau à
toute la rigueur de la faifon , dans un tems de
forte gelée. Mais tous ces effets font connus des
Phyficiens, & ne doivent point nous occuper ici.
Parmi ceux qui ne font point ordinaires, il en eft
un qu'on a obfervé plufieurs fois, & qui, dans les
différens endroits où il a été obfervé, a toujours
occafionné de grandes difputes entre les Naturaliftes. C'eft le prétendu changement de l'eau
en fang. Voici de quelle manière le célèbre *Linnæus* s'exprime à ce fujet dans une lettre qu'il
écrivit à M. *Elvius* , Secrétaire de l'Académie de
Stockholm.

Vous pouvez vous fouvenir, lui dit-il, que tou-

tes les fois que de la campagne on eſt venu rapporter à notre Académie que l'eau avoit été changée en ſang, j'ai toujours combattu cette idée
populaire. Je ſais cependant qu'il eſt dangereux
de heurter de front un préjugé auſſi univerſelle-
ment reçu parmi nos Luthériens orthodoxes, ſur-
tout depuis que M. *Suedberg*, un de nos plus zélés
Evêques, a prétendu ſoutenir contre l'avis de
tous les Phyſiciens, la réalité de cette tranſmutation qu'il appelle l'*Abyme de Satan*, en diſant
poſitivement qu'elle ne ſe faiſoit point naturellement, & que lorſque Dieu permettoit de ſemblables miracles, le Diable faiſoit de ſon côté
tous ſes efforts pour les détruire par le moyen de
ſes inſtrumens qui étoient, ſelon lui, les hommes
mondains & incrédules, les eſprits-forts, en un
mot, les Naturaliſtes & les Phyſiciens.

Cette prétendue tranſmutation pour laquelle
nos Docteurs zélés parlent ſi bien, arrive également en d'autres pays. *Swammerdam* l'a obſervée
en Hollande, & principalement à Leyde, dont les
habitans furent fort allarmés. *Derham* l'a pareillement obſervée en Angleterre, & on en a vu
pluſieurs exemples en France; mais ce phénomène ſe fait plus fréquemment obſerver en Suède
que par-tout ailleurs.

Dans le jardin de l'Univerſité d'Upſal, on voit
trois étangs dont celui du milieu, qui eſt le plus
grand, & dans lequel il n'y a point de plantes
aquatiques, ſe change toujours en ſang au tems du
ſolſtice d'été d'un ſoir & d'un matin à l'autre, ſur-
tout par un tems calme. Cette eau ſanguine eſt
tout-à-fait ſingulière par plus d'une raiſon, &
j'ai eu la ſatisfaction de la montrer à plus d'une

perſonne,

personne, sur-tout au savant M. *Klingenstierna*, qui fait chez nous l'ornement de la Physique.

Tous les matins, quand le tems est calme, cet étang paroît de tous les quatre coins, comme si on y avoit répandu de la poudre à canon. Cette poudre voyage peu-à-peu des bords au centre, comme autant d'armées marchant en bon ordre; & au bout de quelques heures, elle s'arrête & s'assemble toute au centre de l'étang. L'eau sur laquelle cette poudre a passé paroît couverte d'une peau grisâtre & presque imperceptible. Je ne saurois dire d'où, ni comment cette peau se forme; mais lorsqu'on amasse un peu de cette poudre dans une cuiller, on voit avec étonnement que tout est en vie & composé de millions d'insectes, que M. *de Geer* a parfaitement décrits & dessinés sous le nom de *Podura aquatica* : en même-tems on voit sous l'eau une substance sanguine, qui paroît comme le sang tiré du pied, qu'on met ensuite dans un vase rempli d'eau. Ces substances sanguines rougissent l'eau dans l'endroit où elles se trouvent, & la font paroître couleur de chair. Elles sont tantôt plus, tantôt moins solides; elles se dissolvent quelquefois, & deviennent invisibles pendant que d'autres nouvelles prennent leur place. L'eau en est alors si remplie, que personne n'ose s'en servir pour la cuisine. Vers les neuf ou dix heures du matin, tout se dissout & disparoît; mais le même phénomène se renouvelle vers le soir. On l'observe aussi de grand matin, sur-tout quand il est tombé de la pluie pendant la nuit. En prenant de cette substance sanguine avec une cuiller, on voit des millions de petits insectes, qui ressemblent à des

grains de gruau , & tous de la groſſeur d'une
lente ; ils ont deux cornes entortillées de petites
branches , par le moyen deſquelles ils s'élèvent
dans l'eau , & un œil au milieu du front. Cet inſecte
porte en latin le nom de *Monoculus* , & il eſt très-
bien deſſiné dans le premier volume de l'immortel Ouvrage de *Swammerdam.*

Lorſque l'eau croupit , elle commence à ſe
pourrir & devient trouble : c'eſt ce qui forme la
nourriture convenable à ces inſectes; & auſſi-tôt
qu'ils en ont ſuffiſante quantité , ils ſe multiplient
prodigieuſement & à-peu-près de même que la
vermine ſur la tête d'un enfant. On s'étonne avec
raiſon de la quantité inconcevable de ces inſectes , & leur multiplication rapide par millions ,
nous rappelle l'idée de la toute - puiſſance du
Créateur , dit M. *Linnæus.* Mais , ajoute-t-il ,
je ne ſaurois les regarder comme de mauvais
augure pour le pays où ils ſe trouvent ; non plus
que ſi en voyant une étable mal-propre remplie
de puces , on vouloit conclure de-là qu'on n'iroit
point en traîneau pendant une telle année. C'eſt
une comparaiſon ſingulière à la vérité , que fait
ici M. *Linnæus* , mais qui rend parfaitement ſon
idée , & qui fait voir qu'on ne doit rien inférer
de la multitude prodigieuſe de ces inſectes. Auſſi ,
ajoute-t-il , n'avons-nous aucun exemple que ces
ſortes d'inſectes ayent fait le moindre mal. Les
canards , tant ſauvages que domeſtiques , en font
leurs meilleurs repas , auſſi-bien que le *diliſcus* ,
la *limextipuca* , les *netonectœ* , &c.

Ceux qui font de longs voyages ſur mer , trouvent ſouvent l'eau dont on ſe ſert pour la cuiſine & pour la boiſſon , remplie de ces inſectes.

Lorsque dans un verre de cette eau on met quelques gouttes de vin ou d'eau-de-vie, ils meurent sur-le-champ, & tombent au fond.

On observe encore d'autres phénomènes singuliers & extraordinaires dans les eaux. Laissant de côté les qualités différentes qu'elles peuvent acquérir par leurs mêlanges & les combinaisons variées dont elles sont susceptibles, ne parlons que des divers mouvemens qui peuvent les agiter, & parmi ceux-ci, considérons ce qu'on appelle en général des courans. La plupart n'ont rien de surprenant, & dont on ne puisse rendre aisément raison ; mais il en est un particulier qui mérite d'être distingué des autres, & que nous ne devons pas passer sous silence : c'est le fameux courant de *Moscka*, *Mosche*, ou *Male*, sur les côtes de la Norwège, & qui doit son nom au rocher de *Moschenfield*, situé entre les deux isles de Tofode & de Woeroen, & qui s'étend à quatre milles vers le sud & vers le nord.

1°. Il est extrêmement rapide, sur-tout entre le rocher de Mosche & la pointe de Lofoede ; mais plus il s'approche des deux isles de Woeroen & de Roest, moins il a de rapidité. Il achève son cours du nord au sud en autant de tems.

2°. Ce courant est si rapide, qu'il fait un grand nombre de petits tournans que les habitans du pays & les Norwégiens appellent *gargamer*.

3°. Son cours ne suit point celui des eaux de la mer dans leur flux & dans leur reflux. Il y est plutôt tout contraire. Lorsque les eaux de l'océan montent, elles vont du sud au nord, & alors le courant va du nord au sud. Lorsque la mer se retire, elle va du nord au sud, & le courant du sud au nord.

Ce qu'il y a de plus remarquable, c'est que, tant en allant qu'en revenant, il ne décrit point une ligne droite, ainsi que les autres courans qu'on trouve dans quelques endroits où les eaux de la mer montent & descendent, mais il va en ligne circulaire.

Quand les eaux de la mer ont monté à moitié, celles du courant vont au sud-sud-est. Plus la mer s'élève, plus il se tourne vers le sud ; delà il se tourne vers le sud-ouest, ou du sud-ouest à l'ouest.

Lorsque les eaux de la mer ont entièrement monté, le courant va vers le nord-ouest, & ensuite vers le nord. Vers le milieu du reflux, il recommence son cours, après l'avoir suspendu pendant quelques momens. Il est difficile de savoir s'il va toujours devant lui, ou s'il revient sur lui-même, c'est-à-dire, s'il coule vers l'est, ou s'il revient vers l'ouest. Les habitans du pays croyent qu'il coule à l'est, & qu'il va du nord au nord-est, & du nord-est à l'est ; de l'est au sud-est, du sud-est au sud, & qu'il fait ainsi en douze heures, tout le tour de la boussole. Mais il paroît que les Auteurs de cette opinion ont mal observé. Il n'est pas naturel que ce courant puisse retourner par l'est ; il faut nécessairement qu'il revienne par l'ouest, lorsqu'il prend son cours du nord au midi, ainsi qu'il le fait lorsqu'il passe du midi au nord. C'est ce qu'on prouvera clairement en passant à l'exposition de ses causes.

Le principal phénomène qu'on y observe est son retour par l'ouest, du sud-sud-est vers le nord, ainsi que du nord vers le sud-est. S'il ne revenoit pas par le même chemin, il lui seroit fort difficile,

& presqu'impossible de passer de la pointe de Lofoede aux deux grandes isles de Woeroen & Roest. Il y a cependant aujourd'hui deux Paroisses qui seroient nécessairement sans habitans, si le courant ne prenoit pas le chemin que nous venons d'indiquer : mais comme il le prend en effet, ceux qui veulent passer par la pointe de Lofoede à ces deux Isles, attendent que la mer ait monté à moitié, parce qu'alors le courant se dirige vers l'ouest. Lorsqu'ils veulent revenir de ces Isles vers la pointe de Lofoede, ils attendent le mi-reflux, parce qu'alors le courant est dirigé vers le continent, ce qui fait qu'on passe avec beaucoup de facilité.

Comme il est assez rare de trouver en pleine mer un courant aussi rapide, les Physiciens se sont appliqués à en découvrir la cause, & ont eu à ce sujet différentes opinions qui ne paroissent point conformes à la vérité.

La plupart ont supposé dans cet endroit de la mer un grand gouffre qui, en engloutissant les eaux, & les rejettant ensuite, leur donne ce mouvement singulier. Cette opinion est si peu analogue à la nature de la chose, qu'elle ne mérite point d'être réfutée. Il en est de même de plusieurs autres opinions qui ne méritent point de trouver place ici, vu leur invraisemblance. Nous croyons devoir nous borner à rapporter celle qui nous paroît la mieux fondée & la plus propre à satisfaire à tous les phénomènes dont il est ici question.

Je poserai d'abord comme un axiome, (c'est l'Auteur de cette opinion qui parle lui-même) que par-tout où il y a un courant, il faut que les eaux foient plus élevées d'un côté que de l'autre, ou, ce qui eft la même chofe, qu'il n'y a point de courant fans pente.

Je poferai encore comme un fait inconteftable, que dans cet endroit, l'eau monte d'un côté, & defcend de l'autre, & c'eft-là précifément ce que je vais prouver être la caufe de ce courant.

Pour fe convaincre de cette vérité, il fuffit de fe repréfenter la fituation du pays, c'eft-à-dire, imaginer une petite langue de terre qui s'étend à feize milles de Norwège dans la mer, depuis la pointe de Lofoede, qui eft la plus à l'oueft, jufqu'à celle de Loddinge, qui eft la plus orientale. Cette petite langue de terre eft environnée par la mer, & pendant le flux, & pendant le reflux, les eaux y font toujours arrêtées, parce qu'elles ne peuvent avoir d'iffue que par fix détroits ou paffages, qui divifent cette langue de terre en autant de parties. Quelques-uns de ces détroits ne font larges que d'un demi-quart de mille, & quelquefois moitié moins. Ils ne peuvent donc contenir qu'une petite quantité d'eau. Ainfi, lorfque la mer monte, les eaux qui vont vers le nord, s'arrêtent en grande partie au fud de cette langue de terre. Elles font donc bien plus élevées vers le fud que vers le nord. Lorfque la mer fe retire & va vers le fud, il arrive pareillement que les eaux s'arrêtent en grande partie au nord de cette langue de terre, & font par conféquent bien plus hautes vers le nord que vers le fud.

Les eaux arrêtées de cette manière, tantôt au nord, tantôt au fud, ne peuvent trouver d'iffue qu'entre la pointe de Lofoede & de l'ifle de Woeroen, & qu'entre cette ifle & celle de Roeft.

La pente qu'elles ont lorfqu'elles defcendent, caufe la rapidité du courant, &, par la même raifon, cette rapidité eft plus grande près de Lofoede, que par-tout ailleurs. Comme cette pointe eft plus près de l'endroit où les eaux s'arrêtent, la pente y eft auffi plus forte, & plus les eaux du courant s'étendent vers les ifles de Woeroen & de Roeft, plus il perd de fa viteffe. On voit que toutes ces circonftances font autant d'argumens qui fortifient cette opinion concernant ce fameux courant.

Au fujet de fes tournans, on a imaginé bien des fables. On a dit qu'ils brifoient tout ce qui en approchoit; que cet effet particulier avoit fait donner à ce courant, par les Marins, le nom de *Male*; que ce courant étoit fi rapide, que les baleines même ne pouvoient en approcher; & autres contes de cette efpèce qui ne méritent aucune croyance. Il eft faux que ces tournans aient affez de force pour brifer la moindre chofe, & l'expérience fait voir que lorfqu'on y jette un morceau de bois, l'eau s'arrête & ceffe de tournoyer. Mais ce qui eft le plus ridicule, c'eft de prétendre que les baleines ne puiffent en approcher.

On fait affez que dans ce courant on trouve toujours beaucoup de poiffons. Il faut cependant avouer qu'il eft furprenant qu'une maffe fluide, dont le diamètre eft fort fouvent de deux toifes, puiffe faire des tournans.

Ceux qui en ont cherché la caufe, ont cru qu'il y avoit en deffous des rochers qui faifoient tournoyer l'eau ; mais la conséquence qu'on tire de la présence de ces rochers est fausse. Ils seroient bien plus capables d'empêcher que d'occasionner des tournans. L'eau qui frappe contre un rocher, se divise au lieu de tournoyer. Il faut donc en chercher la cause dans l'impétuosité des eaux.

Je poserai ici deux principes, dit l'Auteur, tous deux fondés sur les loix du mouvement. 1°. Lorsqu'un corps qui se meut choque un autre corps qui l'empêche de continuer son chemin en ligne directe, il tourne sur lui-même ; mais un corps fluide comme l'eau, ne peut tourner sur lui-même ; il faut donc en ce cas qu'il circule ou décrive une espèce de spirale. 2°. Dans un espace où coule rapidement & sans ordre, pour ainsi dire, une masse fluide, il est impossible que quelques colonnes d'eau ne soient pas mues plus rapidement que les autres ; c'est ce qu'on peut voir tous les jours dans les ruisseaux & dans les rivières.

Tout ce que je viens de dire, ajoute ici l'Auteur, me paroît clair & démontré, & toutes ces suppositions de rochers ou de gouffres au fond de la mer, paroissent sans fondement, & même opposées aux loix du mouvement & de la Nature.

Il est aisé de concevoir à présent comment ce courant peut aller du nord vers le sud, ou du sud au nord, en même-tems que la mer va vers l'un de ces points du monde, & pourquoi son cours est diamétralement opposé à celui des eaux de la mer. Rien ne s'oppose à celles-ci, soit qu'elles montent, soit qu'elles descen-

dent, au lieu que celles qui font arrêtées près
& au-deſſus de la pointe de Lofoede, ne peuvent ſe mouvoir, ni en ligne droite, ni au-deſſus de cette même pointe, tant que la mer n'eſt
pas deſcendue plus bas, & n'a pas en ſe reti-
rant, emmené les eaux que celles qui ſont arrêtées au-deſſus de Lofoede doivent remplacer.
Ceci paroît effectivement démontrer la vraie
cauſe du phénomène.

Ce que le courant de Moſche a de ſurprenant encore, & ce qui mérite une attention particulière, c'eſt que ſon cours n'eſt point direct,
comme celui des autres courans, mais qu'il décrit conſtamment une portion de cercle du ſud
au nord, & du nord au ſud. Or, on expliquera
facilement cette ſingularité, par ce qui a été dit
ci-deſſus. La direction de ce courant eſt toujours oppoſée à celle de la mer; ainſi, quand
l'un rencontre l'autre, celle-ci s'oppoſe au cours
du premier. Au commencement du flux & du
reflux, les eaux de la mer ne peuvent détourner
celles du courant; mais, lorſqu'elles ont monté
ou deſcendu à moitié, elles ont aſſez de force
pour changer ſa direction. Comme il ne peut
alors ſe tourner vers l'eſt, parce que l'eau eſt
toujours ſtable près de la pointe de Lofoede, il
faut néceſſairement qu'il aille vers l'oueſt, où
l'eau eſt plus baſſe.

EFFERVESCENCE FROIDE. On déſigne
ſous le nom d'efferveſcence, un mouvement
tumultueux, une eſpèce de bouillonnement qui
s'excite dans le mélange de deux ou pluſieurs
ſubſtances, qui tendent à ſe combiner récipro-

quement, & par la combinaison defquelles il fe dégage un fluide aériforme, qui ne peut demeurer uni à cette combinaison. Ces mouvemens font fi communément accompagnés d'un certain degré de chaleur plus ou moins marqué, qu'on eft furpris & qu'on regarde comme un phénomène extraordinaire d'obferver, en pareilles circonftances, une diminution fenfible dans la température du mixte.

Quelque fingulier que paroiffe ce phénomène, il a été néanmoins apperçu plufieurs fois. MM. *Homberg*, *Geoffroy* & *Amontons* en ont donné des exemples dans les Mémoires de l'Académie des Sciences, pour les années 1700, 1705. On en trouve de femblables, rapportés par *Muffembroeck*, *Hales* & plufieurs autres célèbres Phyficiens ; mais aucun n'avoit encore remarqué le refroidiffement qui s'engendre dans la combinaifon de l'acide nitreux & de l'alkali minéral. Il réfulte au contraire de toutes les expériences faites anciennement, & des théories établies, que les alkalis fixes purs excitent avec les acides des fermentations ou des effervefcences avec chaleur, & jufqu'ici on avoit tenu pour conftant que cette chaleur fe manifeftoit fpécialement dans la combinaifon de ces fortes d'alkalis avec l'acide nitreux. Or, l'obfervation fuivante contrarie fingulièrement cette théorie, ou fait au moins une exception à la règle générale qu'on avoit établie. Elle annonce & elle démontre un nouveau caractère entre l'alkali végétal & l'alkali minéral. Voici le fait.

M. *de Morveau*, fi bien connu par fes travaux précieux en Chimie, mit dans un gobelet sept gros quarante-un grains d'esprit de nitre, dont la concentration étoit déterminée, par le rapport de ce poids, à six gros treize grains d'eau distillée sous un pareil volume. Il y plongea un thermomètre qui descendit à quatre degrés au-dessus de la glace, échelle de *Reaumur*, & après l'y avoir laissé assez de tems, pour qu'il s'y fixât, il jetta dans le gobelet six gros cinquante-trois grains de beaux cristaux de soude, quantité nécessaire à la saturation. L'effervescence fut si considérable, que le liquide, qui n'occupoit que la sixième partie du vase, parut vouloir passer sur les bords & s'élever en écume blanche jusqu'à leur hauteur. La dissolution fut accompagnée de frémissemens, de bulles, de vapeurs, qui retomboient en forme de pluie autour du gobelet. Cependant le thermomètre avoit commencé à descendre au premier instant de l'effervescence, & il descendit successivement jusqu'à deux degrés au-dessous de zero. Le vase étoit lui-même très-froid, sur-tout vers sa partie inférieure. Le thermomètre commença à remonter, dès que l'acide fut saturé, & en peu de minutes il revint à quatre degrés au-dessus de zero.

M. *de Morveau* répéta plusieurs fois la même expérience, & toujours avec le même succès, non que la liqueur soit toujours descendue au même point, mais toujours proportionnellement de la même quantité. La première fois de 4—0 à 0—2, la seconde de 11 à 5, la troisième de 15 à 9. Ce même refroidissement n'a pas lieu dans la dissolution des cristaux de soude par tous les acides. L'effervescence de cet alkali avec l'huile de vitriol, fait monter la liqueur du thermomètre de près de cinquante-cinq degrés.

Mais ce qu'il y a de remarquable, c'est que cet effet varie même avec l'acide nitreux, suivant sa concentration. Il est assez naturel qu'étant plus foible, le refroidissement soit moins considérable, & c'est ce que M. *de Morveau* a très-bien remarqué, en employant de l'acide nitreux, dont la concentration n'étoit à celle du premier que comme 22 est à 100. Il y a eu moins de différence, & le refroidissement n'a été que de trois degrés. Il suivroit de là que plus l'acide seroit concentré, plus le refroidissement seroit considérable; c'est effectivement l'un des principes que M. *Geoffroy* établit dans le Mémoire imprimé à ce sujet, parmi ceux de l'Académie; mais ce principe est faux, & en voici la preuve.

J'ai pris, dit M. *de Morveau*, de l'acide nitreux fumant; j'y ai jetté des cristaux de soude, & le thermomètre, au lieu de descendre, est monté brusquement de onze à vingt-trois dégrés. Il s'en falloit bien que l'acide fût saturé, & il s'y faisoit déjà un précipité de nitre quadrangulaire, qui n'avoit point assez d'eau pour être tenu en dissolution. J'ai doublé le volume de liquide, en y versant de l'eau distillée, & sur le champ cette espèce de précipité a disparu. Ensuite y ayant descendu un thermomètre, qui étoit à onze degrés $\frac{1}{2}$, & y ayant jetté de nouveaux cristaux de soude, pour achever la saturation, l'effervescence a recommencé, & cette fois, au lieu de monter, le thermomètre a descendu de près de cinq degrés. Ceci forme donc encore une exception à cette autre propofition de M. *Geoffroy*, *que plus les mélanges ont de difpofition à fe coaguler, plus ils excitent de froid*. Car il eft évident qu'un acide très-déphlegmé a beaucoup plus de difpofition à fe coaguler avec un alkali, que celui qui l'eft moins, puifque tout le méchanifme de la criftallifation confifte à enlever aux parties falines ce phlegme furabondant. Mais ce n'eft pas feulement la différente concentration de l'acide nitreux qui produit une contrariété d'effets auffi frappans, dans la combinaifon de ces deux fubftances, c'eft encore la différente forme fous laquelle l'alkali minéral eft préfenté à cet acide. Il faut néceffairement qu'il foit criftallifé pour opérer ce refroidiffement. M. *de Morveau* a démontré cette dernière vérité, en réitérant la même combinaifon, foit avec de la cendre de foude très-sèche, foit avec de la diffolution de fel de foude. Dans le premier cas, il y a eu pendant l'effervefcence augmentation de chaleur, & cette augmentation a été jufqu'à fept degrés. Dans le fecond cas, quoique la diffolution alkaline fût faturée au point de criftallifer par l'évaporation infenfible & fans feu, il y a eu néanmoins deux degrés de chaleur d'augmentation.

Il réfulte donc de ces expériences, que le refroidiffement dont il s'agit, eft toujours de fix degrés au-deffous de la température actuelle de l'atmofphère; qu'il ceffe quand l'acide eft trop concentré; que ce n'eft pas une propriété conftante de l'alkali minéral; qu'il fe diffout avec chaleur dans les autres acides; qu'il se dissout même avec chaleur dans l'acide nitreux, lorsqu'il lui est présenté en liqueur, ou avant d'être séparé de la terre de soude; en un mot, que ce refroidissement n'a lieu qu'avec les cristaux de la soude, & un esprit de nitre médiocrement fort. Quoique réduit à ces circonstances, le phénomène n'en est pas moins intéressant, ou plutôt elles augmentent encore la singularité de l'effet; puisqu'en se l'appropriant, si on peut le dire, elles nous forcent d'en chercher elles-mêmes l'explication.

EFFORT DE LA NATURE. Nous donnons ce nom à certains effets extraordinaires qu'on observe dans l'économie animale, qui ne peuvent être produits que par un changement subit, dont on ne peut concevoir la cause, ni même la cause éloignée étant connue, dont on ne peut suivre la liaison de celle-ci avec la cause immédiate de ces sortes de phénomènes. Ceux dont nous allons faire mention, sont sans doute de ce genre.

On apprend, par une lettre de Gessenay au Canton de Berne, écrite le 30 Avril 1776, qu'une jeune fille essuya, il y a sept ans, une grande maladie, qui la priva de la faculté de parler, sans cependant lui ôter celle de l'ouie. Ses honnêtes parens voulurent profiter de la liberté qui lui restoit dans ce dernier organe, pour lui donner de l'éducation autant qu'il seroit possible, & ils l'envoyèrent à l'école, où elle apprit à écrire, & où elle participa aux instructions qui n'exigent que cet organe. On lui avoit donné

une ardoife à la maifon, fur laquelle elle tra-
çoit fes penfées & les communiquoit à fes parens. Il y a quelques femaines, marque-t-on dans
cette lettre, que, plus agitée que de coutume,
elle écrivit ces mots fur fon ardoife : *Ma
mère, j'efpère recouvrer bientôt, par la grace de
Dieu, l'ufage de la parole.* Cette bonne mère
lui fit comprendre alors qu'elle devoit fe ré-
figner à la Providence, & qu'il ne falloit point
fe bercer d'un efpoir chimérique, qui ne pouvoit qu'aggraver fa peine. Peu de jours après,
cette fille, âgée de quatorze ans, s'étant couchée, fentit en elle-même une émotion extraordinaire. Elle ne put fermer l'œil, & paffa
une partie de la nuit affife fur fon lit. Son père
fe leva de grand matin, pour aller vaquer à fon
travail ordinaire, & cette fille fit des efforts in-
croyables pour pouvoir prononcer le mot de
père; mais elle ne put y réuffir qu'à l'inftant où
il venoit de partir. Elle appella fa mère, qui
ne pouvoit comprendre d'où venoit cette voix
inconnue. Elle accourt cependant; tout le refte
de la famille fe raffemble, & ce fut, dans ce
moment, une de ces fcènes attendriffantes, qu'il
eft impoffible de décrire. On vouloit fur le champ
aller annoncer cette nouvelle au chef de la famille; mais la fille infifta, pour lui ménager à
fon retour le plaifir de la furprife. Il revint à
l'heure accoutumée, & la fcène fe renouvella.

Cette fille eft, difoit-on, grande & bien faite.
Elle a beaucoup d'intelligence, & s'eft trouvée
parfaitement inftruite de tout ce qu'on avoit en-
feigné en fa préfence aux enfans de la Paroiffe.
Elle continue, depuis cette époque, à parler

diftinctement, & il ne lui eft furvenu aucune autre maladie, aucune autre révolution.

Olaus Borrichius fait mention d'un autre exemple du même genre, qui fut produit par une violente affection de l'ame. Un homme, dit-il, avoit perdu la parole depuis quatre ans, & vint me confulter. Après m'être affuré, par l'infpection, qu'il n'y avoit aucun vice de conformation dans la langue de cet homme, & que toute fon indifpofition confiftoit dans une difficulté de mouvoir la langue, que je trouvai flafque & roide, je lui fis une ordonnance, que je crus propre à remplir cette indication. Or, comme cet homme alloit chez l'Apothicaire, pour la faire exécuter, il rencontra par hafard, dans fon chemin, une vieille femme, à laquelle il portoit depuis long-tems une haine mortelle. La vue de cet objet odieux, auquel il ne s'attendoit point, excita en lui un tranfport de colère fi violent, que fa langue fe délia tout-à-coup, pour lui lâcher une imprécation très-énergique.

Ce fait fe rapporte affez à celui qu'*Hérodote* raconte du fils de *Créfus*, auquel un mouvement de frayeur avoit pareillement rendu la parole.

ELECTRICITÉ. Tous les effets produits par le fluide électrique, font fans contredit autant de merveilles de la Nature; mais l'habitude qu'on a de les voir, diminue de beaucoup la furprife qu'ils devroient produire. D'ailleurs, ils font trop connus actuellement pour les mettre dans la claffe des phénomènes qui font l'objet

de

de notre Ouvrage. Il en est cependant quelques-uns plus modernes, plus singuliers, & qui paroissent même faire bande à part, qui méritent de trouver place ici.

On sait que le fluide électrique a le pouvoir d'enflammer des substances inflammables. Depuis 1741, on sait qu'une étincelle, bien dirigée sur quelques gouttes d'éther ou même d'esprit-de-vin, suffit pour enflammer & faire brûler ces liqueurs. On sait encore, depuis les expériences de M. *Volta*, que la moindre étincelle électrique produit le même effet sur l'air qu'on appelle inflammable. On sait même que ce dernier fluide combiné, en justes proportions avec de l'air pur, & plus particulièrement avec celui qu'on appelle déphlogistiqué, brûle avec une rapidité étonnante, & produit, lorsqu'il est renfermé dans un vaisseau approprié, une détonnation foudroyante. Mais, ce que peu de personnes savent encore, c'est qu'une étincelle électrique commouvante, c'est-à-dire, produite par la décharge d'une petite bouteille de Leyde, ou de tout autre instrument de cette espèce, produit le même effet, fait brûler avec détonnation une goutte d'éther, combinée avec une quantité suffisante d'air atmosphérique. Cette détonnation seroit beaucoup plus forte, & même pourroit devenir dangereuse, si on combinoit l'éther avec de l'air plus pur, ou mieux, plus salubre que l'air atmosphérique, avec de l'air déphlogistiqué, comme l'a très-bien observé le Docteur *Ingen-Housz*, de qui nous tenons cette observation. Il avoit combiné de l'éther avec une quantité suffisante de cette dernière espèce d'air. Le tout étoit renfermé dans un vaiffeau de cuivre très-folide, & dont le bouchon, ou mieux, l'un des fonds étoit arrêté par trois vis. L'exploſion fut ſi terrible, que les vis furent forcées & le fond emporté. Voici de quelle manière on peut répéter prudemment cette expérience ſur-preſſante.

On prend, avec un petit tube de verre, une goutte d'éther, qu'on porte dans une petite boule de gomme élaſtique, dans laquelle elle ſe volatiliſe & ſe combine avec l'air atmof-phérique, dont cette boule eſt naturellement remplie.

Je prends communément pour cela un tube de deux lignes de diamètre, ouvert à ſes deux extrémités ; je le plonge dans un ſlacon qui contient de l'éther, & je le plonge juſqu'à ce qu'il deſcende de trois lignes de profondeur dans la liqueur. Alors je bouche avec le doigt l'ouverture ſupérieure du tube, & la liqueur qui y eſt entrée, y demeure ſuſpendue, & je l'enlève pour la porter dans la boule de gomme élaſtique. Cette boule eſt d'environ deux pouces de diamètre. Je débouche l'ouverture du tube, & l'éther tombe dans la boule. Je retire le tube, que je mets de côté, & portant alors le bec de la boule dans le col d'un petit vaiſ-feau de fer-blanc de deux pouces à deux pouces & demi de hauteur & de groſſeur, dont l'ou-verture eſt de ſept à huit lignes, je preſſe, une fois ſeulement, le corps de la boule élaſtique, pour pouſſer la liqueur évaporée dans le vaiſſeau de métal, & je bouche auſſi-tôt ce dernier avec un bouchon de liège qui y entre avec force.

Cela fait, je charge une très-petite bouteille de Leyde, & mettant, à l'aide d'une petite chaîne, le corps du vaiſſeau de fer-blanc en communication avec la ſurface extérieure de la bouteille, j'excite & je porte l'étincelle qu'elle peut fournir contre une petite tige de métal, iſolée & maſtiquée dans un tube qui traverſe l'épaiſſeur du vaiſſeau de fer-blanc, & qui vient ſe terminer à une ligne ou environ de la paroi intérieure & oppoſée de ce vaiſſeau. Cette étincelle ſe reproduit dans l'intérieur du vaiſſeau, entre la tige & le corps du vaiſſeau. La vapeur s'enflamme bruſquement, & fait partir le bouchon avec détonnation.

Voici un fait électrique des plus ſurprenans, qu'on ne doit cependant pas regarder comme unique dans ſon eſpèce. On en doit la connoiſſance à M. *de Reaumur*, qui le tenoit de M. *Lohier*, Avocat au Parlement de Rennes, qui l'avoit obſervé. Le 14 Septembre 1746, dit M. *de Reaumur*, vers les ſept heures & demie du ſoir, M. *Lohier* étant avec deux de ſes amis, dans un cabinet fait & couvert de planches peintes en verd, il apperçut ſubitement ſur la partie de ſa robe-de-chambre qui répondoit à la poitrine, trente à trente-cinq corpuſcules lumineux, ayant l'éclat vif & blanc de l'éclair, avec une nuance très-légère de rouge. Ces corpuſcules étoient pour la plupart globuleux. Les plus petits étoient de la groſſeur d'un pois, & les plus gros de celle du bout du petit doigt. On voyoit, parmi ces globules, ſix à ſept corpuſcules qui paroiſſoient cylindriques, de la longueur d'un pouce ou un pouce & demi, & de

l'épaiſſeur de deux lignes. Ces corps longs paroiſſoient deſcendre vers le bas de la robe-de-
chambre, par un mouvement ſemblable à la
démarche non accélérée d'un ver, & celui qui
fit le plus de chemin, parcourut quinze à dix-
huit lignes ou environ. A l'égard des globules,
ils ne paroiſſoient point avoir de mouvement
de tranſlation. M. *Lohier* crut ſeulement y en
remarquer un de circulation. A la lueur de ces
corps lumineux, on pouvoit lire aiſément de
l'écriture, & diſtinguer les deux couleurs de la
robe-de-chambre. Un des aſſiſtans crut que ces
corps lumineux étoient des vers luiſans, & voulut en enlever un, en gliſſant deſſous une feuille
de papier très-mince ; mais il fut fort ſurpris
de voir que le papier couvroit le prétendu ver,
& lui ôtoit toute l'apparence d'épaiſſeur qu'on
avoit cru lui remarquer, & qu'il reprit en ôtant
le papier. Une ſeule de ces lignes lumineuſes ſe
ſépara en la touchant avec le papier, & forma
trois à quatre globules. Une autre s'écoula d'elle-
même, en ſe ſéparant auſſi en globules. On avoit
beaucoup de peine à éteindre ces petits corps
lumineux. Quelques-uns ne le furent qu'après
avoir été frottés & pincés pluſieurs fois. Ils ne
ſubſiſtèrent cependant pas long-temps. Au bout
de cinq à ſix minutes, ils s'étoient tous éteints
d'eux-mêmes & ſucceſſivement. Les deux côtés
de la poitrine parurent éclairés en même-tems.
Il parut plus de globules du côté gauche ; mais
ceux du côté droit furent plus vifs, & durèrent plus long-tems. On en remarqua quatre ou
cinq & quelques lignes lumineuſes ſur l'épaule
droite, & aucun ſur tout le reſte du corps. En-

viron une demi-heure après l'extinction de ce
phénomène, il tomba une pluie assez forte, mais
de peu de durée. Deux heures auparavant il
en étoit tombé une à-peu-près pareille, & le
tems en général étoit obscur & disposé à la
pluie.

Le fait que nous allons rapporter, paroîtra
sans doute bien plus singulier. Il est consigné
dans le Journal Encyclopédique, qui ne le rapporte que d'après le témoignage d'un témoin
instruit & de bonne foi.

M. *Cazajus*, Curé de Canens, près S. Ibars,
Diocèse de Rieux, a, dit-on, un talent bien
singulier. Le voici. Il prend un couteau, en
applique la pointe à la partie intérieure de l'une
de ses dents, & le retire brusquement, en le
frottant contre la partie inférieure de cette
même dent, qui jette aussi-tôt des étincelles,
d'abord sulfureuses, puis argentines, & si considérables, qu'il en allume une bougie, dont la
mèche est préparée avec de l'amadou & de la
poudre à tirer. Mais il ne peut obtenir de ces
étincelles que d'une seule de ses dents, & c'est
une des dents plattes de sa mâchoire supérieure.
C'est la seule qui soit aussi électrique, quoique
toutes les autres le soient cependant un peu.
Ce fait, assure-t-on, est tout-à-fait notoire à
Canens, à S. Ibars, à Rieux & dans tous les
environs. Nous ne pouvons nous permettre
aucune réflexion sur un fait de cette nature.
Ce seroit un escamotage fort singulier & fort
adroit, si ce fait n'étoit point réel.

Il arriva, au mois de Juin 1768, à Ivry,
près Paris, un phénomène électrique qui est

affez connu, mais qui fe manifefta ici d'une manière beaucoup plus vive qu'il n'a coutume de fe produire. Un Rémouleur ou Gagne-petit repaffant des cifeaux fur une meule de grès, qu'il faifoit tourner avec rapidité, par le moyen d'une grande roue, vit, au moment où il s'y attendoit le moins, la meule toute en feu, & fe brifer auffi-tôt avec un éclat fi fort & une dé-tonnation fi violente, qu'un fragment de cette meule fut lancé à plus de trente pieds de hauteur.

ENFANS PRÉCOCES. Nous fommes bien éloignés d'ajouter foi à toutes les merveilles que la bonne crédulité de nos ancêtres a publiées en ce genre. Cependant quelqu'extraordinaires que paroiffent certains faits, lorfqu'ils font atteftés par des témoins dignes de toute notre confiance, on ne doit point les regarder comme impoffibles. Il en eft même plufieurs que nous avons rejettés, & qui peut-être font auffi conftans que ceux que nous avons cru devoir adopter ; mais nous n'avons pas voulu groffir une lifte, que nos Lecteurs trouveront fuffifamment étendue, & propre à leur faire voir jufqu'où peut aller la prodigalité & la bienfaifance de la Nature. Les enfans peuvent être précoces ou du côté du corps, ou du côté de l'efprit. Nous avons des exemples très-furprenans de ces deux genres.

Un des plus finguliers phénomènes du premier genre, eft fans contredit celui que rapporte *Thomas Bartholin* ; il affure avoir vu naître des fouris qui fe trouvèrent pleines d'autres fouris. Il dit la même chofe d'une jument d'Efpagne :

elle fit une mule qui se trouva pleine d'une autre mule ; & il assure que le même phénomène s'est fait observer dans l'espèce humaine. Le témoignage de *Bartholin* se trouve confirmé par celui de *Gabriel Clauderus*, qui cite un fait semblable, & bien authentique, d'après le rapport que lui en avoit fait M. le Maréchal *de Fimpling.* En 1672, dit-il, la femme d'un Meûnier du bourg de Bézendorff, accoucha à terme d'une petite fille, qui paroissoit se bien porter, à l'exception qu'elle avoit le ventre plus gros que dans l'état naturel. Huit jours après sa naissance, elle fut attaquée de violentes douleurs au bas-ventre, dont on s'apperçut par ses cris continuels & ses mouvemens inquiets. Elle rendit par la vulve une eau teinte de sang ; après quoi elle accoucha d'une petite fille vivante, qui fut suivie de la sortie d'un arrière-faix. L'écoulement des vuidanges se fit comme dans un accouchement naturel. Cet embryon étoit de la longueur du doigt du milieu, & comme il étoit vivant, avec forme humaine, il fut baptisé ; mais la mère & l'enfant moururent le lendemain.

Quoique reculé à une époque bien plus éloignée de la naissance, le fait suivant n'en est pas moins suprenant.

On lit dans le Journal des Savans, pour l'année 1684, que dans un village à deux ou trois lieues d'Ypres, une fille qui n'avoit point encore neuf ans, accoucha d'un garçon plein de vie. L'âge de la mère fut justifié par les registres baptistaires.

En voici un autre d'une espèce différente, qui doit également se ranger parmi les merveilles de la Nature. M. *de Breuil - Givron* écrivoit le 25

Mai 1686, du château de la Thébaudais, près Redon, qu'il y avoit au bourg Pleſſé une femme groſſe, dont on entendoit crier l'enfant. J'allai, dit-il, le 18 de ce mois à Pleſſé pour m'en aſſu-rer, & j'appris de cette femme qu'elle étoit groſſe de huit mois ; que ſon enfant commençoit à remuer du 20 Février, & que le vendredi-ſaint, en allant à l'Egliſe, dont ſa maiſon n'eſt éloignée que de quarante pas, elle entendit pour la pre-mière fois trois cris dans ſon ventre. Depuis ce tems ſon enfant a continué de crier trois ou quatre fois par jour, & il fait à chaque fois quatre ou cinq cris, & quelquefois juſqu'à huit ou neuf, & bien diſtincts, comme ceux d'un enfant nouveau-né. Ces cris ſont même quelque-fois pouſſés avec de tels efforts, qu'on voit enfler l'eſtomac de cette femme, comme ſi elle alloit étouffer. J'ai été pluſieurs fois témoin de cette ſingularité, ajoute M. *de Breuil-Givron.*

Voici des ſingularités d'une autre eſpèce, & toujours du même genre. On écrivoit de Montau-ban, le 20 Janvier 1683, qu'une petite fille, âgée de ſept ans, étoit depuis dix-huit mois ſujette aux évacuations périodiques de ſon ſexe. Elle avoit un teint fleuri, marque de ſon tempérament ſanguin, & elle ne ſe portoit jamais mieux qu'à la ſuite de cette évacuation, durant laquelle elle ſentoit dans ſes entrailles une chaleur extraordinaire, une petite chaleur à la tête, & quelques inquiétudes pendant la nuit. Dans ce tems, elle étoit un peu altérée ; ſon appétit étoit moins grand, mais elle étoit fort incommodée, pour peu qu'elle fût alors expoſée au ſoleil ou au ſerein.

Avant qu'elle fût ſujette à cet écoulement,

elle étoit souvent incommodée de grandes douleurs de tête, de douleurs & d'enflures aux
jointures, & d'une petite fièvre qui la minoit
insensiblement.

On assuroit, dans cette même lettre, qu'on
avoit déjà vu dans la même ville, une fille de
cinq ans, qui souffrit la même évacuation périodique pendant l'espace de quinze mois, & chose
plus surprenante, que cette évacuation étoit
arrêtée naturellement, sans que la petite fille en
eût été incommodée.

Il naquit à Bernon en Champagne, au mois
de Septembre 1756, une fille qui apporta, en
naissant, toutes les marques extérieures de puberté. Agée seulement de quatre mois, elle
commença à être réglée, & elle l'avoit toujours
été, lorsque le 30 Novembre 1760, M. *Baillot*,
Chirurgien, demeurant à Linières, près Tonnerre, envoya cette observation à M. *Morand*.
Cette fille, dit-il, est incommodée la veille de
ses règles, qui durent ordinairement trois jours;
mais dès qu'elles paroissent, elle revient à son
état naturel. Elle jouit d'ailleurs d'une bonne
santé.

En voici une d'un mois plus précoce, & dans
laquelle les autres parties du corps répondoient
parfaitement au fait dont il est ici question.
M. *Lenglade*, Chirurgien de Carcassonne, écrivoit en 1708 à M. *Duverney*, qu'il avoit vu une
fille de cet endroit qui avoit été réglée à l'âge de
trois mois. Elle avoit alors un peu plus de
quatre ans. Elle étoit haute de trois pieds &
demi; le corps bien proportionné, les mamelles
& les parties de la génération comme celles d'une

fille de dix-huit ans ; de forte qu'elle paroiffoit parfaitement nubile.

Ces faits ne font point auffi rares qu'on pourroit l'imaginer. On en trouveroit un affez grand nombre d'exemples, fi toutes les fois qu'on les remarque, on les confignoit dans les papiers publics. M. *Roze*, Chirurgien de l'Hôtel-Dieu de Nemours, écrivit en 1764, à feu M. *Roux*, alors Auteur du Journal de Médecine, qu'une petite fille alors âgée de quatre ans & demi, étoit réglée depuis trente mois, & que cette évacuation étoit fi néceffaire à fa conftitution, que dès qu'il lui furvenoit quelque dérangement, ce qui arrivoit quelquefois, cet enfant étoit attaqué de dartres humides au vifage, & de fluxions catarrheufes fur les yeux. Mais un exemple plus rare & plus frappant, c'eft fans contredit celui que rapporte *Schmidt*, Correfpondant de l'Académie des Infcriptions de Berne. Il dit qu'une fille qui, depuis l'âge de deux ans avoit toujours été réglée, accoucha à neuf ans d'une fille. L'enfant fut arraché par morceaux, autant, dit-il, par la petiteffe des parties, que par l'ignorance du Chirurgien. Les filles des Indes orientales, que les Voyageurs affurent avoir eu des enfans à l'âge de neuf ans, n'offrent donc point un phénomène inoui.

Mais voici un fait bien oppofé aux précédens. Il y a ici près, dit *Jean Dolæus*, Médecin de la Cour de Naffau, une Payfanne qui affirme qu'elle n'a jamais été fujette à la maladie naturelle à fon fexe, & cependant elle fait tous les ans un enfant.

La Nature n'eft pas moins prodigue envers les

garçons qu'envers les filles. Les exemples suivans en fourniront la preuve.

Il naquit le 23 Juillet 1753, à Cahors, un enfant mâle, d'une conftitution ordinaire, de père & mère qui ne préfentent rien de remarquable. Peu de tems après fa naiffance, on lui vit prendre un accroiffement fingulier, & la force de fes gémiffemens avoit de quoi étonner ceux qui les entendoient. Il a continué à croître rapidement ; & à l'âge de trois ans, cet enfant, en qualité de mâle, étoit auffi bien conftitué qu'un homme de trente ans, qui feroit bien partagé de ce côté. A l'âge de cinq ans & deux mois, où M. *Sages de Gazelles*, Médecin, l'examina, fa taille étoit de quatre pieds trois lignes. Il étoit quarré des épaules, la poitrine large, fes mufcles bien prononcés, fa tête groffe, mais non difforme. Il avoit, dit ce Médecin, la taille plus petite à proportion que les bras & les extrémités inférieures. La Nature paroiffoit avoir obfervé à cet égard les mêmes loix de proportion, qu'elle a coutume de garder dans l'enfance pour l'accroiffement.

Depuis un an, il avoit un penchant décidé pour le fexe. Il aimoit les filles nubiles, & il donnoit des fignes extérieurs d'une paffion très-férieufe. Sa phyfionomie enfantine, & fa raifon, qui n'étoit guère plus formée qu'elle ne l'eft dans un enfant de cet âge, faifoient un contrafte fingulier & divertiffant, avec fon maintien paffionné & fes defirs amoureux.

Sa voix n'étoit pas moins merveilleufe que le refte : c'étoit une baffe-taille. Elle donnoit le *C fol ut* plein du milieu du clavier de l'orgue, &

elle defcendoit jufqu'à *L A mi la*. Si elle s'eft foutenue, elle fera fans doute devenue une affez belle baffe-contre.

Sa force étoit proportionnée. Il fouleva, dit M. *de Gazelles*, de terre & d'une main, un poids de cinquante livres. Il en fouleva enfuite un autre de cent livres, qu'il porta à deux ou trois pas.

Ses parens étoient pauvres. Son père, *Michel Dufour*, étoit Vigneron, & conféquemment cet enfant étoit mal nourri, ce qui retarde ordinairement les effets de la puberté, & conféquemment rendoit cet enfant plus extraordinaire.

En 1695, on avoit obfervé un phénomène femblable près le mont Saint-Claude, & ce fait eft configné dans l'Hiftoire de l'Académie. Cet enfant, dit-on, commençoit à marcher dès l'âge de fix mois. A quatre ans il paroiffoit capable de la génération ; à fept ans il avoit de la barbe, & à dix ans, époque à laquelle un Magiftrat de Befançon communiqua cette obfervation à l'Académie, il avoit la taille d'un homme.

En voici un qu'on peut ranger dans la même claffe, & dont M. l'Abbé *de Sauvages* nous a procuré la connoiffance. Cet enfant fe nommoit *Jacques Viala*. Il étoit né dans un hameau du Diocèfe d'Alais. Quoique d'un tempérament robufte, il parut noué à l'âge d'environ quatre ans & demi. Durant tout ce tems on ne remarqua d'extraordinaire en lui qu'un très-grand appétit, qu'on fatisfaifoit par une abondance de mets groffiers en ufage dans le pays. Mais bientôt fes membres fe dénouèrent, fon corps fe développa, & il crut tellement, qu'à cinq ans il avoit déjà quatre pieds trois pouces,

& quelques mois après, quatre pieds onze pouces. A six ans, il avoit cinq pieds, & étoit gros à proportion. Sa croissance devenoit, pour ainsi dire, sensible à l'œil. Ce qu'il y eut encore de singulier dans ce phénomène, c'est que comme il n'avoit été précédé d'aucune maladie, il n'eut d'autre incommodité que celle que la faim lui faisoit éprouver d'un repas à l'autre.

Dès l'âge de cinq ans sa voix mua, la barbe parut, & à six ans il en avoit autant qu'un homme de trente ans. Enfin, on reconnut alors en lui toutes les marques de la puberté la moins équivoque.

Quoique son esprit fût plus formé qu'il ne l'est ordinairement dans les enfans de cet âge, ses progrès n'avoient point été proportionnés à ceux de son corps. Son air & ses manières avoient encore quelque chose d'enfantin, bien qu'il ressemblât, par sa taille, à un homme fait ; ce qui produisoit au premier coup-d'œil un contraste singulier.

Sa voix étoit une basse-taille pleine, & des plus fortes, & on ne l'entendoit parler qu'avec une sorte d'émotion. Sa force extraordinaire le rendoit déjà propre aux travaux de la campagne, si pénibles dans son pays. A cinq ans, il portoit assez loin trois mesures de seigle, pesant quatre-vingt-quatre livres. A six ans & demi, il mettoit sur ses épaules des fardeaux de cent-cinquante livres, qu'il portoit fort loin, & réitéroit ces travaux aussi souvent que des curieux l'y engageoient par des libéralités. On croyoit alors qu'il deviendroit un géant ; mais ces espérances s'évanouirent tout-d'un-coup : ses jambes se courbèrent, son corps fe rapetiffa, fes forces diminuèrent, fa voix s'affoiblit fenfiblement, & on attribua ces changemens fi fâcheux, aux excès qu'il avoit faits de fes forces. Peut-être auffi ce changement vint-il de ce que la Nature avoit fouffert dans une extenfion fi rapide. Au refte, il étoit encore plufieurs années après, tel qu'il étoit à fix ou fept ans, & dans une efpèce d'imbécillité.

L'enfant dont il eft ici queftion, offre un phénomène bien plus extraordinaire. On le trouve configné dans le Mercure du mois de Novembre, pour l'année 1735. Cet enfant avoit alors onze mois, & il avoit plus de quatre pieds & demi de hauteur, plus de quarante pouces de groffeur. Son bras avoit huit pouces de tour près du poignet, & fes autres membres étoient gros à proportion. Il fe tenoit ferme fur fes jambes, & ne prononçoit encore que quelques paroles mal articulées. Il avaloit tous les jours, outre le lait de fa mère, une pinte de lait de vache, & rongeoit encore du pain avec affez d'avidité.

L'Archiducheffe le fit venir à Bruxelles. Elle le fit examiner par fes Médecins, & ils crurent qu'étant venu au monde de la même groffeur & grandeur que les autres enfans, il ne pourroit point vivre long-tems, vu l'excès de dépenfe à laquelle la Nature s'étoit portée en fi péu de tems en fa faveur. Nous n'avons pu favoir fi ce prognoftic a été vérifié.

On vit en 1736 un phénomène du même genre. On préfenta à cette époque à l'Académie un petit Payfan, nommé *Noël Fichet*, né le 19 Mars 1729, à Frefnay-le-Buffard, Paroiffe aux environs de Falaife en Normandie, remarquable par

fa taille & par fa force. Dès fa première année,
fa mère s'apperçut qu'il avoit beaucoup crû. Il
crut enfuite d'un demi-pied par an jufqu'à fa
quatrième année : il avoit alors trois pieds &
demi, & il avoit à fept ans quatre pieds huit
pouces quatre lignes, mefuré nuds pieds.

Dès l'âge de deux ans, il donna des fignes
d'une puberté précoce, qui acquit bientôt enfuite toute fa perfection. A l'âge de quatre ans,
il prenoit des bottes de foin de quinze livres,
qu'il jettoit dans le ratelier des chevaux ; & dans
l'été de 1735, il jettoit dans un charriot, par-
deffus fa tête, des gerbes de bled pefant vingt-
cinq livres.

L'Académie ayant eu occafion de revoir cet
enfant en 1737, il n'avoit crû que de trois pouces
deux lignes. En 1741, & à l'âge de douze ans,
il n'avoit qu'un pouce ou environ de plus, &
en tout cinq pieds & un demi-pouce ; ce qui eft
bien éloigné de cet accroiffement rapide qu'il
avoit pris dès les premières années après fa naiffance ; car il n'avoit rien d'extraordinaire lorfqu'il vint au monde.

On eft fans doute étonné que des enfans, fi
grands de bonne heure, ne deviennent point
enfuite des géans. Mais s'ils ont en même-tems
des fignes de puberté, cela ne doit point paroître fi fingulier. Elle annonce dans tous les animaux, qu'ils approchent de leur état de perfection. Ainfi, lorfqu'elle fe montre dans les enfans
qui croiffent fi extraordinairement, cela ne prouve peut-être qu'un développement plus rapide,
comme dans les pays chauds, mais non que l'individu foit d'une taille gigantefque. Il faudroit

pour cela que la puberté, au lieu d'accompagner ce grand accroiffement, ne fe manifeftât que dans le tems ordinaire, & peut-être plus tard.

Ces phénomènes, qui ne font peut-être pas auffi rares qu'on pourroit le croire, fe font particulièrement obferver chez les Habitans de la campagne. En voici encore un qui date du fiècle dernier. *Jacques Dobrefenski*, de Négrepont, Profeffeur extraordinaire de l'Univerfité de Pragues, rapporte qu'en 1693, il naquit au bourg de Teirzovits, à fept milles de Pragues, dans une famille de Laboureur, un enfant nommé *Jacques Sima*, qui étoit déjà fi grand & fi fort à l'âge de trois ans, qu'il battoit le grain à la grange, & étoit en état de foutenir les travaux les plus pénibles de la campagne, comme les plus robuftes payfans. Il commença à cet âge à avoir de la barbe, & il en avoit autant qu'un homme fait, à l'âge de douze ans & demi, époque à laquelle le Profeffeur de Pragues publioit cette obfervation. Ses membres & fon corps étoient alors bien proportionnés, à l'exception qu'il étoit boiteux depuis fa naiffance, de la jambe gauche. Cette jambe étoit torfe, & n'avoit point une aune de longueur. La hauteur de fon corps étoit de deux aunes un quart; fa largeur, les bras étendus, de deux aunes, & fa poitrine couverte de poils.

Les autres exemples que nous pourrions citer ici, ne préfenteroient rien de plus merveilleux que ceux que nous venons de rapporter, & qui prouvent tous que la Nature plus libérale envers certains fujets, donne à leur corps des accroiffemens

croiſſemens extraordinaires & bien éloignés des
loix générales qu'elle s'eſt impoſées à cet égard.
Les ſuivans nous feront voir qu'elle s'éloigne
auſſi quelquefois de ſes loix générales relativement à l'eſprit, & qu'on a vu pluſieurs exemples
d'enfans extrêmement précoces de ce côté.

Tout le monde ſait l'hiſtoire du fameux *Pic
de la Mirandole* ; mais voici des faits plus ſurprenans encore.

On lit dans la Vie de *Chrétien-Henri Heineckein*,
écrite en allemand par ſon Précepteur, *Chrétien
de Schoneich*, que cet enfant naquit à Lubeck
le 6 Février 1721, & mourut le 27 Juin 1725.
Il ne vécut donc que quatre ans & près de cinq
mois. Or, dans ce court eſpace de tems, il donna des preuves ſi extraordinaires de ſon eſprit &
de ſa mémoire, qu'on ne pourroit ſe réſoudre à
ajouter foi à ce qu'on rapporte à ſon ſujet, ſi tous
ces faits n'étoient atteſtés par un très-grand nombre de témoins irréprochables. A dix mois, il
commença à parler, & cela, à l'occaſion de diverſes figures dont il parut deſirer l'explication.
On la lui donna, & tout d'un coup on remarqua
qu'il obſervoit avec une attention ſingulière les
mouvemens des lèvres de ceux qui lui parloient,
& il vint à bout, non ſans effort cependant, de
prononcer ſyllabe par ſyllabe ce qu'on lui diſoit. Ses progrès furent, depuis ce tems, très-
rapides, puiſqu'à un an, il ſavoit les principaux
événemens du Pentateuque ; à treize mois, l'Hiſtoire de l'Ancien Teſtament, & à quatorze celle
du Nouveau. Au mois de Septembre 1723, cet
enfant avoit acquis une connoiſſance ſi exacte de
l'Hiſtoire ancienne & moderne, & de la Géogra-

<table>
<tr><td>*Tome I.*</td><td>R</td></tr>
</table>

phie, qu'il répondoit pertinemment aux diverses questions qu'on lui faisoit. Il chargea aussi sa mémoire de quantité de mots latins, & il parvint à parler cette langue avec assez de facilité. Quelque tems après, il apprit aussi passablement le françois ; & avant le commencement de sa quatrième année, il étoit fort avancé dans la connoissance de la Généalogie des principales Maisons de l'Europe. Une grande partie de sa quatrième année fut employée à un voyage de Danemarck, où il fut admiré de toute la Cour, & harangua de fort bonne grace le Roi & les Princes du sang. De retour à Lubeck, il y apprit à écrire, & en fort peu de tems. Mais après avoir langui quelques mois, il mourut à l'époque que nous avons indiquée. C'étoit une chose remarquable de comparer les talens extraordinaires de cet enfant, avec la délicatesse de sa complexion ; car il eut à essuyer plusieurs maladies fâcheuses qui se suivirent de près. Une autre chose également remarquable, c'est que cet enfant ne fut sevré de sa nourrice que quelques mois avant sa mort, ayant toujours témoigné beaucoup de répugnance pour toute nourriture, excepté le lait & particulièrement celui de sa nourrice.

On perdit encore à l'âge de dix ans, un enfant qui promettoit infiniment. Il étoit fils d'un Médecin d'Ienne, & se nommoit *Christiel Lebereath Dexter*. Il mourut le 12 Décembre 1706. On publia ses Ouvrages posthumes en allemand. Ce sont des Traités de Piété dans lesquels on remarque une simplicité pleine de bon sens.

Nous n'avons point su ce que devint par la suite *Jacques Marini*, Vénitien : mais l'Histoire

nous a confervé la mémoire de fon étonnante capacité dans un âge où à peine on commence à
donner aux enfans les premiers élémens d'une
éducation fcientifique. *Fretheus* nous apprend
qu'âgé de fept ans, cet enfant foutint à Rome,
l'an 1647, le jour de la Pentecôte, des thèfes
publiques fur la Théologie, la Jurifprudence,
la Médecine & plufieurs autres fciences ; qu'il s'y
fit admirer de plufieurs Cardinaux & autres gens
de confidération affemblés pour l'entendre.

Ferdinand Cordoue ne fut pas moins admirable par fon profond favoir, quoique d'un âge
plus avancé que le précédent. Il vint à Paris en
1645. Il étoit alors âgé de vingt ans. Il favoit
toute la Bible par cœur, & poffédoit tous les
arts libéraux ; il favoit le grec, le latin, l'hébreu,
l'arabe & le caldaïque. Il favoit outre cela, le
Droit civil & canonique, & même la Théologie,
jufqu'à ne rien ignorer de ce qu'avoient dit fur
ces matières S. *Thomas, Alexandre de Hales,
Jean Scot & S. Bonaventure.* Il avoit déjà compofé un Commentaire fur l'Apocalypfe, &
quelques autres Ouvrages. On affure qu'il favoit
peindre, chanter & jouer de toutes fortes d'inftrumens ; qu'il étoit adroit à tous les exercices
du corps, & qu'il joignoit à tant de connoiffances
beaucoup de modeftie, de douceur & de poli-
teffe. Il difputa, au Collége de Navarre, contre
cinquante des plus habiles Docteurs, & il fe fit
généralement admirer dans cette difpute. Ce fait
fe trouve configné dans l'Hiftoire de la Ville de
Paris, par *Felibien.*

Le fils de M. *Baratier*, Pafteur de l'Eglife Fran-
çoife, réformée à Schfwabach, dans le Marquifat

de Margraviat d'Anspach, nous offre encore un exemple du même genre. Le père exposa les talens de son fils dans une lettre qu'il écrivit à la sollicitation de plusieurs de ses amis; & ceux qui ont connu cet admirable sujet, s'accordent tous à reconnoître que le père ne l'a point flatté.

Cet enfant se nommoit *Jean Philippe*. Il ne commença à connoître toutes ses lettres qu'à l'âge d'environ deux ans & demi, & il lisoit parfaitement bien à trois ans, malgré les fréquentes & dangereuses maladies dont il fut attaqué dans le cours de cette année. Son père, qui lui servoit de gouverneur, se contenta de lui faire connoître à cet âge l'Histoire sainte jusqu'à Jesus-Christ, & la Géographie qui avoit rapport à cette partie de l'Histoire sacrée. Il tourna alors toutes ses vues du côté des langues, & commença à lui parler latin à trois ans & trois mois. Parvenu à l'âge de quatre ans, il étoit tellement accoutumé à cette langue, qu'il n'en parla pas d'autre avec son père. Vers la cinquième année, cet habile Précepteur lui fit lire la Bible latine de *Sébastien Chateillon*: il y prit d'autant plus de goût, qu'il avoit déjà beaucoup de connoissance de l'Histoire sainte. Il répéta cette lecture deux fois en quatorze mois, ensuite on lui mit entre les mains *Justin*. A quatre ans & demi, il commença l'étude du grec. Au bout de cinq mois, il lisoit & expliquoit avec beaucoup de facilité les livres historiques du Nouveau Testament. Quand son sage Précepteur se fut apperçu que son fils s'étoit suffisamment familiarisé avec la langue grecque, il jugea à propos de lui enseigner l'hébreu. Cette nouvelle étude commença en Octobre 1726. Il apprit à lire cette langue sans peine & sans ennui en peu de jours ; & dès le premier Février 1727, il avoit lu & possédoit parfaitement les vingt-quatre premiers Chapitres de la Genèse. Le 25 Août suivant, il étoit à la fin du second livre de Samuel. Vers la fin d'Octobre, il avoit lu tous les livres historiques de la Bible en hébreu, jusqu'aux Chroniques inclusivement, excepté cependant *Esdras* & *Néhemie.* Cet enfant s'attacha ensuite particulièrement aux Pseaumes, dont le style sublime , concis, sentencieux, lui plaisoit beaucoup. Il se faisoit un plaisir d'en découvrir & d'en entendre les endroits par fois obscurs ; & vers la fin de sa septième année , son père commença à exercer sa mémoire, en lui faisant apprendre ces Pseaumes dans leur langue originale. Il les apprit avec une facilité surprenante.

Si des faits de cette espèce sont surprenans , ils ne sont point hors de croyance, & on les croira plus facilement encore , si on lit les observations que M. *Baratier* père ajoute à la fin de sa relation, & en suivant la marche qu'il a tenue dans l'éducation de son fils.

Quoique cet enfant, dit-il, ait fait des progrès qui paroissent peu communs, cependant il n'y a rien en tout cela qui surpasse son âge. Il y a donné un tems assez considérable ; il y est parvenu nsensiblement, & par des degrés si foibles & si petits, qu'ils étoient presqu'imperceptibles. Si on considère en effet ce que cet enfant savoit dans l'Histoire & dans la Géographie, on verra que ce n'étoit rien que de superficiel ; il ne connoissoit ni la chronologie des événemens, ni la succession des Princes, ni la situation des

R iij

parties de la Géographie, qu'autant que toutes ces connoiſſances ſe rangeoient comme d'elles-mêmes par la ſuite de ſes lectures, ſans réflexions & ſans effort. A l'égard des cinq langues qu'il poſſédoit, les trois premières ne lui coûtèrent pas plus qu'une langue maternelle coûte à un enfant. Il les apprit ſans s'en appercevoir. La grecque & l'hébraïque ne lui coûtèrent preſque point davantage, ſi on conſidère le tems qu'il y employa, & les foibles commencemens par où il y étoit parvenu. Il commença l'une & l'autre par un verſet ou deux de l'Ecriture Sainte, ſur leſquels je le tins quelquefois des jours entiers, dit M. *Baratier*, à les lire ſeulement trois ou quatre fois le jour ; & il n'eſt allé en avant qu'autant & à proportion qu'il l'a voulu, par la facilité qu'il y trouvoit ; il n'a point appris ces deux langues à la fois. Je ne l'ai admis au grec que lorſque le latin lui a été aſſez familier pour s'en ſervir comme d'une langue maternelle ; & à l'hébreu, lorſqu'il a ſu aſſez de grec pour pouvoir lire la Bible ſans avoir beſoin d'en apprendre des mots nouveaux....

Quelque choſe que diſe M. *Baratier* pour diminuer la conception & la facilité étonnante de ſon fils, on ne peut néanmoins ſe refuſer à le regarder comme un véritable prodige, & comme un enfant traité extraordinairement de la Nature.

Le Baron *de Helmfeld*, Suédois, mourut en 1674, à l'âge de vingt-trois ans, & offrit à ſes contemporains un exemple à-peu-près ſemblable d'un homme extrêmement favoriſé de la Nature. A l'âge de vingt ans, il parloit dix langues,

& étoit fort habile dans la Philofophie, les Mathématiques, la Jurifprudence. Auffi la Société Royale de Londres fe fit-elle un honneur de fe l'affocier dès fa dix-feptième année. Deux ans après, il fut fait Affeffeur du Tribunal de Wifmar, charge d'une très-grande importance, furtout lorfque la Suède poffédoit plufieurs Provinces en Allemagne; & ce fut une perte bien réelle pour l'Etat, lorfque la mort moiffonna une tête auffi bien organifée.

Adrien Baillet, à qui nous devons un Traité très-curieux des Enfans célèbres par leurs études, eut dû fe mettre au rang de ces Héros, & le Public lui rendit dans ce tems, avec plaifir, l'honneur qu'il fe refufa par modeftie. Il naquit en 1649, au village de Neuville près Beauvais. Son père, qui étoit un payfan, n'étoit point en état de lui faire apprendre à lire : mais l'envie qu'en avoit le jeune *Baillet* lui fit prendre le parti de fe retirer, dès l'âge de huit ans, chez des Cordeliers, où le Sacriftain lui montra à lire & à écrire. Quelque tems après, fon père le retira pour le mettre entre les mains d'un Curé, qui l'envoya faire fes études au Collége de la ville de Beauvais. Il s'appliqua avec tant d'ardeur à l'étude des Langues & de l'Hiftoire, que quand il entra en Rhétorique, il favoit l'hébreu, & il avoit déjà compofé des Tables chronologiques. Il fe donna tout entier à la Théologie. En 1672, il fut chargé d'enfeigner les Humanités. Ce fut alors qu'il commença à paroître au nombre des Savans, par des pièces de Poéfie & par d'autres Ouvrages. Ayant reçu les Ordres en 1676, il prit poffeffion d'une Cure dont il fe démit après, pour être Bibliothécaire de M. *de Lamoignon*. Il mourut le 21 Janvier 1705.

Baillet n'eſt point le ſeul qui s'étoit occupé à recueillir des notices ſur les enfans devenus célèbres par leurs travaux littéraires, & qui nous ait donné un Ouvrage curieux en ce genre. D'autres Savans ſe ſont occupés encore du même objet. Entr'autres, M. *Goëzius* nous a donné un Ouvrage aſſez agréable dans le même genre. Il eſt intitulé *Goezii Elogia quorumdam precocium Eruditorum*. M. *Kleſſeker* nous a encore donné une Bibliothèque de Savans précoces, & il n'avoit pas vingt ans lorſqu'il la fit imprimer. *Wolf & de Seelen* ont auſſi écrit un Ouvrage *de precocibus Eruditis ;* & on lira ſans doute avec plaiſir des Ouvrages de ce genre, ſi bien faits pour exciter l'émulation & le deſir de s'inſtruire.

ESTOMAC. Tout le monde ſait que c'eſt dans ce viſcère que s'opère la digeſtion des alimens qui ſervent à l'accroiſſement du corps, tant qu'il peut avoir lieu, & à réparer les pertes occaſionnées par la tranſpiration inſenſible & habituelle. Perſonne n'ignore que cette poche membraneuſe, ſurchargée d'alimens qu'elle ne peut digérer, s'en débarraſſe quelquefois par des efforts qui occaſionnent le vomiſſement, & perſonne n'eſt ſurpris de voir ſortir alors de ce viſcère des alimens non ou mal digérés. Mais en voir ſortir des corps étrangers, qu'on ne ſe doutoit pas devoir s'y trouver, d'autres qu'une dépravation de goût & une aliénation d'eſprit y avoient introduits, qui devoient naturellement détruire cet organe par leur préſence ;

ce font de ces phénomènes qu'on ne peut guère expliquer, & qui cependant ne font point auffi rares qu'on pourroit l'imaginer. Nous allons en donner plufieurs exemples.

Vers la fin du mois d'Août 1682, on voyoit à Charenton, près Paris, une fille qui paroiffoit attaquée de vomiffemens affez fréquens, dans lefquels elle rejettoit des araignées, des chenilles, des limaces & autres infectes. Ce phénomène fit beaucoup de bruit parmi les Savans à Paris, & on avoit déjà imaginé plufieurs hypothèfes pour l'expliquer, lorfque M. *Defita*, Liéutenant Criminel, voulut examiner juridiquement cette queftion de Phyfique, & voici quel fut le réfultat de fon enquête.

Cette fille étoit âgée d'environ dix-neuf ans, & depuis près de deux ans & demi, elle étoit attaquée d'une maladie des plus fingulières. Elle tomboit de tems en tems en des convulfions fi horribles, qu'il falloit trois ou quatre hommes des plus robuftes pour la retenir fur fon lit. Après ces convulfions furvenoit une léthargie qui lui duroit depuis fix, huit, jufqu'à vingt heures, pendant laquelle elle perdoit tellement l'ufage de fes fens & du fentiment, qu'on pouvoit lui enfoncer des épingles dans les parties charnues, fans lui caufer de douleur. Or, c'étoit à la fuite de cette léthargie qu'elle vomiffoit ordinairement ces fortes d'infectes.

Le Lieutenant Criminel l'ayant interrogée, parvint à lui faire avouer que depuis fept à huit mois, elle avaloit, en cachette & avec un defir fingulier, des chenilles, des araignées & autres infectes. Elle defiroit même depuis long-tems d'avaler des crapauds, mais elle n'avoit pu s'en procurer. Elle ajouta que ces animaux étoient plus forts lorfqu'elle les rejettoit, que quand elle les avaloit.

Voici, à peu de chofe près, le pendant de la ville de Charenton, avec cette différence que le hafard feul eut part à l'accident dont il va être queftion.

Au commencement du printems de l'année 1667, un garçon Boucher, allant en marchandifes, fut preffé de la foif, & but avec avidité d'une eau dormante qu'il trouva fur fa route. Il éprouva, dès le foir même, quelques maux d'eftomac, qui augmentèrent de jour en jour. Il fit inutilement quantité de remèdes qu'on lui indiqua. Enfin, croyant fentir dans fon eftomac quelques corps étrangers qui y remuoient, furtout le matin, & étant outre cela affecté de dégoût, d'infomnie, de douleur de tête, & quelquefois de fyncopes, on l'engagea à prendre le matin de la graiffe de ferpent. Il y avoit déjà fix mois qu'il éprouvoit ces accidens, lorfqu'on lui indiqua ce prétendu remède. Il le prit, & & fe difpofant à fortir enfuite pour vaquer à fes affaires, à peine fut-il hors de la cour de la maifon, qu'il vomit & rendit trois crapauds vivans. Il prit enfuite de la thériaque, & fa fanté fut rétablie. Ce phénomène fe trouve configné dans une lettre de *Segerus* au Docteur *Saehs*; elle eft datée de Thorn.

S'il eft étonnant que cet homme ait fubfifté pendant fi long-tems avec un ennemi qui luttoit contre lui dans fon eftomac, il eft bien plus furprenant qu'on puiffe vivre ayant dans le corps un animal plus dangereux encore. Or, voici plufieurs exemples de perfonnes qui ont vécu après avoir avalé des ferpens vivans.

M. *Jean-Chrétien Frommann*, Docteur en Médecine & Profeffeur de Philofophie au Collège de Cobourg en Françonie, parle d'une pauvre femme veuve, âgée de vingt-fix ans, qui demeuroit hors de la ville dans une maifon malfaine, où fe retiroient quantité d'infectes de différentes efpèces. Cette femme ayant l'habitude de dormir la bouche ouverte, un ferpent, long d'une demi-coudée & gros à proportion, fe gliffa dans fon eftomac. Elle fut attaquée de différens accidens, que l'Auteur décrit fort au long ; & à l'aide de plufieurs remèdes qu'il lui adminiftra, il parvint à le lui faire rendre & à la délivrer d'un hôte auffi incommode.

Taberna Montanus indique les remèdes qu'il avoit employés pour faire rendre à un homme une falamandre, & trois grenouilles à une femme qui les avoit avalées. *Tragus* indique auffi ceux qu'il employa favorablement pour faire rendre à un enfant un ferpent qui s'étoit introduit dans fon eftomac. *Fretegius* rapporte un fait femblable, & parle du moyen qui lui réuffit, pour faciliter la fortie d'un crapaud vivant qui fe trouvoit dans l'eftomac d'un enfant de dix ans.

Tous ces animaux s'étoient infinués par la bouche & pendant le fommeil, & il eft furprenant qu'on conferve la vie en pareilles circonftances; auffi *Melchior Sebifius*, qui rapporte un fait de ce genre, remarque-t-il que la perfonne qui fut le fujet de cette obfervation, en mourut. Un jeune homme, dit-il, fut trouvé mort, le 8 Avril 1617, par ſes domeſtiques, dans un lieu bien fermé, & on trouva auprès de lui un ſerpent vivant. On lit une obſervation, à-peu-près ſemblable, dans les Ephémérides des Curieux, pour l'année 1675. Un Cordonnier, dit-on, reſſentoit, depuis nombre d'années, de très-vives douleurs au bas-ventre, ſans qu'aucun des remèdes qu'on lui adminiſtra puſſent le ſoulager. Dans un moment de déſeſpoir il ſe donna un coup de tranchet, & ſe fit une large plaie au-deſſous de l'eſtomac, dont il mourut. On ſe diſpoſoit à l'enterrer, & il étoit déjà renfermé dans ſon cercueil, lorſqu'une perſonne curieuſe de conſidérer cette plaie, leva la planche de deſſus. Elle trouva à côté du cadavre un ſerpent de la longueur du bras, & de la groſſeur de deux travers de-doigt. Il étoit ſorti par l'ouverture de la plaie, & il vécut encore quatre jours.

Ce qui paroîtra ſans doute plus ſurprenant encore, c'eſt la durée du tems que de pareils inſectes peuvent demeurer renfermés dans le corps, & il n'eſt guère poſſible de fixer cette durée ; car on a vu des perſonnes vivre pluſieurs années avec des hôtes auſſi incommodes. Nous n'en rapporterons qu'un exemple, que *Thomas Reineſius* nous a conſervé. Il écrit que *Catherine Geilerin*, groſſe ſervante, âgée de trente ans, & ayant de bonnes couleurs, ſentit, au printems de 1647, des douleurs vagues dans l'abdomen, accompagnées de mouvemens extraordinaires & d'un dégoût de toutes ſortes de breuvages, excepté l'eau & le lait qu'elle aimoit paffionnément. Le 23 Juin, elle fe baigna & prit de la thériaque. La nuit fuivante, les douleurs augmentèrent confidérablement. Enfin, après beaucoup d'agitations, de fueurs froides & une extinction de voix, elle vomit, le 26 Juin, quatre petits crapauds, gros comme des bourdons, deux plus gros, & deux lézards de la groffeur d'une plume à écrire, & de la longueur d'un doigt ou environ. M. *Reinefius* fut appellé, & lui adminiftra des remèdes qui la foulagèrent beaucoup; mais, le 12 Juillet fuivant, ayant fenti dans les entrailles de nouvelles douleurs & de nouveaux mouvemens, accompagnés d'anxiétés, elle rendit par en bas un petit crapaud vivant, & deux heures après un plus gros & un petit, mais tous les deux morts. Le 18 Juillet, elle vomit des eaux bourbeufes, épaiffes & fétides. Les urines étoient de même & dépofoient une quantité de fédiment farineux. La malade étoit fort affoiblie. Le 28, elle rendit, avec les matières ordinaires, une maffe jaunâtre, fibreufe, corrompue & qui avoit quelques points luifans. On lui adminiftra quelques remèdes qui la refirent un peu, jufqu'au 24 Mars fuivant, où elle reffentit les fymptômes avant-coureurs de fes vomiffemens. On lui adminiftra de nouveaux remèdes, & le 29, elle rendit une grenouille vivante, avec trois lézards. Le 4 Avril, elle vomit deux grenouilles vertes vivantes. Le 11, elle rendit par en bas un gros crapaud mort qui avoit des ongles très-pointus. Elle fut fix heures à le rendre, & elle eut même befoin pour cela d'un fecours étranger.

Cette fille affura le Docteur *Reinefius*, qu'elle avoit éprouvé les mêmes accidens cinq années de fuite dans la même faifon, & qu'elle les attribuoit à l'imprudence qu'elle avoit eue, fix ans auparavant, de boire de l'eau corrompue, remplie de frai de grenouilles & autres animaux. Depuis l'époque de la dernière évacuation indiquée ci-deffus, cette fille fe porta affez bien, & en 1661, on écrivoit qu'elle étoit pleine de vie & qu'elle travailloit. Il lui étoit cependant refté de la langueur & une difficulté de refpirer, lorfqu'elle fe donnoit de grands mouvemens. Elle vivoit de pain trempé dans du lait, & elle ne pouvoit boire que de l'eau. Elle avoit une répugnance invincible pour la viande, & lorfqu'elle en mangeoit, elle éprouvoit des agitations extraordinaires dans l'eftomac.

Voici encore d'autres exemples du féjour extraordinaire de différens corps nichés, pour ainfi dire, dans l'eftomac.

On lit, dans les Obfervations de *Fabricius Hildanus*, qu'une femme, ayant pris de l'émétique, vomit un morceau de coene de lard fumé, qu'elle avoit mangé deux ans auparavant. On lit auffi, dans les Ephémérides des Curieux de la Nature, qu'un Bourgeois d'Erfort rendit en vomiffant, des pilules qu'il avoit prifes pour fe purger deux ans auparavant, & que ces pilules étoient encore couvertes de la feuille d'or avec laquelle on les avoit enveloppées. *Kerkringius* parle d'un enfant qui avoit avalé fort vîte trente grains de raifin, fans les mâcher. Ce fruit refta trois mois dans fon eftomac, fans lui caufer aucune incommodité. Il eut enfuite des foibleſſes, pour leſquelles on lui fit prendre un léger purgatif, qui lui fit rendre dix grains de raiſin encore entiers.

Voici bien des corps d'une autre nature, & bien peu faits pour ſe trouver dans l'eſtomac. En 1687, le Docteur *Jean David de Porta*, Médecin du Prince de *Naſſau*, fut appellé pour voir une Angloiſe, âgée de trente-ſix ans, qui, depuis neuf mois, étoit tourmentée tous les jours d'une douleur très-vive au-deſſous de l'orifice ſupérieur de l'eſtomac, & d'un vomiſſement de ſang, peu abondant à la vérité, mais qui revenoit auſſi tous les jours. La malade ne ſe rappelloit point qu'il lui fût arrivé aucun accident qui eût pu rompre quelque vaiſſeau & occaſionner pareil vomiſſement. Quelques jours après elle rendit, avec quantité de ſang, une clef de fer, longue d'environ deux travers de doigt, & enveloppée dans des membranes ſanguinolentes. Le Médecin fut appellé de nouveau, & après qu'il l'eut interrogée, elle ſe rappella qu'étant entrée neuf mois ou environ auparavant dans la cuiſine, elle y avoit mangé avec une certaine avidité des boulettes de veau, & qu'en en avalant une, elle avoit ſenti, dès ce moment, à l'œſophage & à la partie ſupérieure de l'eſtomac une douleur aiguë, qui l'excita à vomir : que cette douleur avoit continué avec les autres accidens, & que ces douleurs étoient d'autant plus vives, qu'elle avoit l'eſtomac plus rempli de ſolides ou de liquides.

Les faits ſuivans ſont encore plus ſurprenans, & il faut qu'ils ſoient auſſi-bien conſtatés qu'ils le ſont, pour qu'on puiſſe ſe déterminer à les croire.

Nous lifons dans une lettre écrite de Londres par M. *Hanfen*, le 27 Mars 1682, qu'un jeune homme, âgé d'environ vingt ans, dans la ville d'Ely, Diocèfe de Cambridge, fe difant enforcelé, vomit à plufieurs reprifes des clous de différentes grandeurs, des épingles, de petites pièces de plomb, telles que celles que les Vitriers employent pour les fenêtres, de la petite monnoie de cuivre d'Angleterre, nommée *fardins*, des pierres à aiguifer, d'un doigt de longueur & de la largeur de deux doigts. M. *Vyhite*, qui vit cet homme, affura qu'il parloit d'affez bon fens, qu'il n'étoit point malade, comme quelques-uns l'avoient cru, bien qu'il fût fort pâle de vifage; mais qu'il fentoit des douleurs dans la poitrine & ailleurs, lorfqu'il vomiffoit toutes ces matières. Il vomit un jour un morceau de plomb de la longueur de plus de deux doigts en préfence d'une Dame, à laquelle il parla avec tout le bon fens poffible. On lui demanda un jour pour quelle raifon il vomiffoit des pierres à aiguifer, plutôt que d'autres pierres. Il répondit qu'il n'en favoit rien ; que tout ce qu'il pouvoit dire, c'eft que peu de jours auparavant, ayant eu une de ces pierres dans fa poche, fans favoir ce qu'elle pouvoit être devenue, il l'avoit vomie peu de tems après. Un des Chirurgiens du Roi d'Angleterre emporta le 22 du mois de Mars, tout cet amas de matière dans une boîte, & tranfporta le tout à Newmarket, pour le préfenter au Roi ; le réfultat de cette obfervation fit mettre en prifon plufieurs femmes, qu'on foupçonnoit d'être *forcières*. Il faut convenir que ce ne fut point en confultant les Aphorifmes d'*Hypocrate*, d'*Hypocrate*, qu'on porta ce jugement ; & il eſt heureux pour les femmes d'Angleterre , que le forçat de Breſt, dont nous allons parler , ſoit mort ſur nos côtes , & non ſur celles d'Angleterre. Voici le fait , bien plus ſurprenant encore que le précédent.

Un forçat de la chiourme de Breſt , nommé *André Bazile* , natif de Nantes , entra à l'Hôpital de la Marine le 5 Septembre 1774. Il ſe plaignoit d'une toux , de maux d'eſtomac , & de coliques , pour leſquels M. *de Courcelles* , Médecin de quartier , lui fit adminiſtrer des remèdes qui parurent le ſoulager. Il y étoit encore au premier Octobre , lorſque M. *Fournier* , autre Médecin de cet Hôpital , entra en quartier. Il ſe plaignit de vomiſſemens qui le fatiguoient beaucoup , & de douleurs dans l'eſtomac. N'ayant pu tirer d'éclairciſſemens de lui qui puſſent lui faire connoître la cauſe de ſa maladie , M. *Fournier* lui adminiſtra les remèdes qu'il crut pouvoir lui convenir.... Bref, il mourut le 10 de ce mois à deux heures après midi. M. *Fournier* ſoupçonnant quelque dérangement intérieur , voulut qu'on en fît l'ouverture. On la fit le lendemain. Après avoir ouvert la poitrine , on trouva un épanchement d'eau du côté gauche , & un commencement de ſuppuration dans les poumons du même côté.... Mais ces phénomènes n'étoient rien en comparaiſon de ceux qui ſe préſentèrent à l'ouverture du bas-ventre. Auſſi-tôt que les tégumens & les muſcles furent enlevés , on apperçut l'eſtomac entiérement déplacé , & occupant l'hypocondre gauche , la région lombaire & iliaque du même côté , & ſe prolongeant jufque dans le petit baffin, auprès du trou ovalaire. On fentoit dans ce vifcère plufieurs corps durs; mais qu'on ne pouvoit diftinguer. M. *Fournier* jugeant cette obfervation digne de l'attention de fes Confrères, fit furfeoir à l'opération, & les fit avertir pour l'après-midi. Comme la poitrine étoit ouverte, il voulut dans cette féance fuivre l'œfophage dans toute fa longueur, & pour y parvenir, M. *Fournier* fit renverfer le cœur & les poumons du côté oppofé. Mais ce renverfement, qui ne fut point fait avec affez de précautions, occafionna une rupture dans la partie moyenne de l'œfophage, qui laiffa voir à découvert un morceau de bois, de couleur noire, qui commençoit à la naiffance de ce canal, & qui fe prolongeoit jufque dans l'eftomac. Quelque fingulière que parût cette nouveauté, M. *Fournier* attendit l'arrivée de fes Confrères pour fatisfaire fa curiofité.

A trois heures après-midi, l'affemblée fe trouva compofée d'environ cinquante perfonnes, tant Médecins que Chirurgiens, Elèves, Officiers, &c. On examina d'abord la pofition des parties que nous laiffons de côté pour en venir à l'ouverture de l'eftomac, qui fe préfentoit fous la forme d'un quarré-long, dans lequel on diftinguoit quatre faces, de quatre pouces de largeur chacune, & dans lequel on trouva les pièces fuivantes, énoncées dans un Procès-verbal qui fut dreffé en préfence des fpectateurs. Nous obferverons néanmoins que l'œfophage, l'eftomac, & généralement tous les inteftins, étoient enduits intérieurement d'une couleur noirâtre, depuis l'endroit où l'on voyoit le morceau de bois dont nous avons parlé ci-deſſus, & qui étoit une portion de cercle de barrique, & que tous les corps étrangers avoient pris la même teinte, & avoient une odeur extrêmement fétide, qu'ils conſervèrent, quoiqu'on les eût lavés pluſieurs fois.

Inventaire des pièces trouvées dans l'eſtomac du nommé Bazile.

1°. Une portion de cercle de barrique, de dix-neuf pouces de long, ſur un pouce de large.

2°. Un morceau de bois de genêt, de ſix pouces de long, & demi-pouce de diamètre.

3°. Un morceau *idem*, de huit pouces de long, même diamètre.

4°. Un morceau *idem*, de ſix pouces de long, même diamètre.

5°. Un morceau *idem*, de quatre pouces, même diamètre.

6°. Un morceau *idem*, de quatre pouces de long, coupé dans ſa longueur, à-peu-près par le milieu.

7°. Un morceau de bois de chêne, de quatre pouces & demi de long, un pouce & demi de large, & demi-pouce d'épaiſſeur.

8°. Un morceau *idem*, de quatre pouces de long, un pouce de large, huit lignes d'épaiſſeur.

9°. Un morceau *idem*, de quatre pouces de long, demi-pouce de large, quatre lignes d'é-paiſſeur.

10°. Un morceau *idem*, de quatre pouces de long, demi-pouce de large, quatre lignes d'é-paiſſeur.

11°. Un morceau *idem*, de deux pouces de

long, un pouce de large, demi-pouce d'épaiſſeur.

12°. Un morceau *idem*, de quatre pouces &
demi de long, quatre lignes de largeur ſur chacune de ſes faces.

13°. Un morceau *idem*, de quatre pouces de
long, de forme triangulaire, & de quatre lignes
de ſurface.

14°. Un morceau *idem*, de quatre pouces de
long, quatre lignes de diamètre.

15°. Un morceau *idem*, de cinq pouces de
long, demi-pouce de large, & deux lignes d'é-
paiſſeur, ſéparé dans ſa longueur.

16°. Un morceau *idem*, de cinq pouces de
long, quatre lignes de large, & deux lignes
d'épaiſſeur.

17°. Un morceau *idem*, de forme irrégulière,
trois pouces de long, trois lignes d'épaiſſeur.

18°. Un morceau *idem*, de trois pouces de
long, demi-pouce de large, & trois lignes d'é-
paiſſeur.

19°. Une portion de cercle de barrique, de
cinq pouces de longueur, ſur un pouce de
largeur, & deux lignes d'épaiſſeur.

20°. Un morceau de ſapin, de quatre pouces
de long, ſur un pouce de large, & cinq lignes
d'épaiſſeur.

21°. Un morceau *idem*, de quatre pouces de
long, & quatre lignes de diamètre.

22°. Un morceau *idem*, de deux pouces &
demi de long, d'un pouce de large, en forme
de coin épais, à ſa baſe de quatre lignes.

23°. Un morceau *idem*, de trois pouces de long,
demi-pouce d'épaiſſeur, & de forme irrégulière.

24°. Un morceau *idem*, de deux pouces & demi de long, & quatre lignes d'épaiſſeur.

25°. Une portion d'écorce de cercle, de trois pouces & demi de long, ſur un pouce de large, faiſant partie du grand morceau détaché de la partie ſupérieure qui étoit dans l'œſophage, & qui étoit tombée dans l'eſtomac.

26°. Un bouchon de bois, d'un pouce de long, ſur un pouce de diamètre.

27°. Une cuiller de bois, rognée ſur les bords inférieurs, de cinq pouces de long, ſur un pouce & demi de large.

28°. Un tuyau d'entonnoir de fer-blanc, de trois pouces & demi de long, un pouce de diamètre ſupérieurement, & demi-pouce inférieurement.

29°. Une autre portion d'entonnoir de même matière, de deux pouces & demi de long, ſur demi-pouce de diamètre.

30°. Le manche d'une cuiller d'étain, de quatre pouces & demi de long.

31°. Une cuiller d'étain entière, de ſept pouces de long, le cueilleron replié.

32°. Une autre cuiller de même matière, de trois pouces de long.

33°. Une autre *idem*, de deux pouces & demi de longueur.

34°. Un briquet de fer, de deux pouces & demi de long, large d'un demi-pouce ſur une de ſes faces, & de quatre lignes d'épaiſſeur, peſant une once quatre gros & demi.

35°. Un fourneau de pipe écorné, avec un morceau de tuyau, le tout de trois pouces de longueur.

S iij

36°. Un clou de demi-liſſe, épointé, avec ſa tête, de deux pouces de long.

37°. Un clou de petit-ſix, extrêmement pointu, d'un pouce & demi de long.

38°. Une portion de cuiller d'étain, applattie, d'un pouce de long, ſur demi-pouce de large.

39°. Trois portions de boucle d'étain, de figure irrégulière, chacune d'un demi-pouce ou environ de longueur.

40°. Cinq noyaux de prunes.

41°. Un petit morceau de corne.

42°. Deux morceaux de verre blanc, dont le plus grand d'un pouce quatre lignes de long, ſur un demi-pouce de large, de forme irrégulière.

43°. Deux morceaux de cuir, dont le plus grand de trois pouces de long, ſur un pouce de large, forme irrégulière, & l'autre d'un pouce quatre lignes de long, & demi-pouce de large.

44°. Un couteau avec ſa lame, à manche de bois, recourbé, de trois pouces & demi de long, & d'un pouce dans ſa plus grande largeur ; le tout enſemble formant cinquante-deux pièces, peſant en total une livre dix onces quatre gros.

Nous ne pouvons, dit M. *Fournier* qui a publié cette obſervation, que regretter le ſilence que ce malheureux a gardé avec nous ſur le genre de ſa maladie. S'il m'avoit été poſſible de le ſoupçonner, j'aurois pu lui faire bien des queſtions, qui auroient peut-être ſervi à donner quelques lumières ſur un phénomène auſſi extraordinaire. J'ai fait après ſa mort toutes les informations imaginables ſur le caractère, le tempérament & la manière de vivre de cet homme : voici à quoi elles ſe réduiſent. Naturellement hypocondriaque, & même un peu fou, il avoit été pendant treize ans Soldat dans la Marine, d'où il avoit été renvoyé, comme ayant la tête dérangée. Entr'autres chofes, fes camarades lui perfuadoient fouvent qu'il étoit très-malade. Il difoit qu'il le croyoit, & en conféquence il alloit fe mettre au lit. Il paffoit dès-lors pour avoir un grand appétit, & pour manger beaucoup. Renvoyé du Corps Royal, il retourna à Nantes, où il fut au bout de quelque tems condamné aux galères. Un de fes compatriotes, qui fubit la même peine, & qui ne l'a point quitté dans les prifons, m'a affuré que fouvent il lui avoit vu gratter le mortier & la chaux qui recouvroient les murs de la prifon, & en mettre une grande quantité dans fa foupe, difant que cela le foutenoit & lui fortifioit le cœur. Il m'a ajouté que quelquefois il avoit un appétit dévorant, qui s'annonçoit par une falivation abondante, & qu'alors il mangeoit ce qui eût fuffi pour raffafier quatre hommes. Mais que s'il n'avoit pas de quoi fe fatisfaire, ce qui lui arrivoit fouvent, parce qu'aimant paffionnément le tabac, il vendoit fes rations pour s'en procurer, il avaloit alors des petites pierres, des boutons de vefte, de guêtres de cuir, & d'autres petits corps. Ayant auffi interrogé ceux qui étoient fur le même banc que lui au bagne, ils ont déclaré que deux jours avant fon entrée à l'Hôpital, ils lui avoient vu avaler deux morceaux de bois de quatre à cinq pouces de longueur. Mais quelque recherche que j'aie faite, je n'ai pu favoir quand il avoit avalé cet énorme morceau de cercle de dix-neuf pouces.

Depuis fon entrée à l'Hôpital, fes remèdes &

ſes boiſſons paſſoient ordinairement, mais il prenoit très-peu d'alimens ſolides ; ce qui n'eſt pas
étonnant, puiſqu'outre que les corps étrangers,
qui étoient dans l'œſophage & dans l'eſtomac,
les empêchoient de traverſer ce viſcère, quand
même ils auroient pu y ſéjourner, il leur reſtoit
encore la difficulté de remonter contre leur
propre poids, depuis le trou ovalaire juſqu'au
pylore.

Il paroît cependant, de la réunion de tous ces
faits, des accidens que le malade a éprouvés, &
de toutes les informations qu'on a faites :

1°. Que l'on n'a pu lui mettre ces corps
étrangers après ſa mort, comme quelques perſonnes l'ont ſoupçonné, ce qui paroît évident,
1°. ſi on conſidère le dérangement prodigieux de
l'eſtomac, qui n'a pu être que ſucceſſif, & vrai-
ſemblablement occaſionné que par le poids de
toutes ces pièces ; 2°. ſi on fait attention à l'adhérence très-forte qu'il avoit contractée avec le
bord du trou ovalaire, & où il y avoit gangrène
occaſionnée par la preſſion & le frottement du
grand morceau de cercle ; 3°. ſi on obſerve la
couleur noire de toutes ces pièces qui étoient
comme macérées, qui répandoient une odeur
très-fétide, & qui avoient teint de la même
couleur les inteſtins ; 4°. ſi on remarque les accidens qu'il a eus, dont il ne s'eſt plaint que les
derniers jours, & que ſes voiſins ont aſſuré qu'il
avoit eſſuyés depuis long-tems, des coliques qui
le tourmentoient depuis ſon entrée à l'Hôpital,
le peu d'alimens ſolides qu'il prenoit, enfin ſon
propre témoignage : car une des Sœurs s'eſt ſou-
venue qu'il avoit dit *qu'il avoit mille diables de*

chofes dans le corps qui le tueroient : à quoi elle n'avoit pas fait grande attention, le regardant comme un fou.

2°. Il eſt vraiſemblable & même avéré, qu'il avoit l'eſprit aliéné : que les ſucs diſgeſtifs viciés par quelque cauſe que ce ſoit, lui occaſionnoient par intervalles cette faim dévorante, & que n'ayant pas de quoi la ſatisfaire, il avaloit tout ce qu'il trouvoit pour ſe raſſaſier.

3°. Il paroît qu'il avoit contracté cette habitude peu-à-peu, & qu'il s'étoit d'abord accoutumé à avaler de petits corps, qui avoient paſſé par les voies ordinaires, & qu'il s'étoit malheureuſement perſuadé que ces derniers en faiſoient de même, conſidérant apparemment le canal inteſtinal comme un tuyau droit, où ce qui entroit par le haut devoit néceſſairement ſortir par le bas, ſans aucun empêchement. S'il eſt aiſé de démontrer que les accidens qu'il a éprouvés ſont la ſuite néceſſaire de ce qu'on a trouvé après ſa mort, s'il eſt également facile de ſe convaincre par des témoignages & des atteſtations authentiques de la vérité du fait ; il n'en eſt pas moins impoſſible d'imaginer & d'expliquer comment il n'a point éprouvé de ſymptômes plus vifs, plus effrayans, plus caractériſtiques, & ſur-tout comment il a pu faire paſſer par le pharynx & l'œſophage un morceau de bois de dix-neuf pouces, ſans aucune rupture de cette partie, & ſans être étouffé. La force de la déglutition ſeroit-elle aſſez conſidérable pour cela ? C'eſt ce que nous nous garderons d'affirmer, dit M. *Fournier*, non plus que de vouloir réſoudre par des raiſonnemens, un fait qui, pour s'être paſſé ſous nos yeux,

n'en paroît pas moins merveilleux ni moins incompréhenfible.

Nous terminerons ces obfervations par un phénomène moins frappant que le précédent, mais
qui déroute encore les théories les mieux reçues.
Perfonne n'ignore que le verd-de-gris eft un des
poifons les plus actifs que nous connoiffions ;
que pris même en très-petite dofe, il caufe de
grands ravages & occafionne des accidens plus
fâcheux les uns que les autres, & qu'il exige les
fecours les plus prompts. Il paroît cependant,
par le fait que nous allons rapporter, qu'il en a
féjourné pendant un laps de tems affez confidérable, une certaine quantité dans l'eftomac du
fujet, fans qu'il en ait été fenfiblement incommodé. Voici ce qu'on lit dans les Mémoires de
l'Académie de Copenhague.

Un pauvre manouvrier ayant mis dans fa bouche deux fols qu'il venoit de recevoir, une de
ces pièces tomba par accident dans le fond de
fa gorge, & il ne put s'empêcher de l'avaler ;
elle refta long-tems au milieu de l'œfophage,
où elle lui caufoit de vives douleurs, avec crachement de fang & une grande difficulté d'avaler
les alimens folides. Au bout de cinq femaines,
elle tomba dans l'eftomac, & elle ne lui caufa
plus aucune incommodité. Enfin, fix mois après,
comme il étoit à travailler, il lui prit un vomif-
fement, & il rendit dans les efforts qu'il fit, la
pièce toute rouillée & toute couverte de verd-
de-gris, telle qu'on la fit voir à l'Académie.

EVACUATIONS EXTRAORDINAIRES.

Nous rangerons dans cette claffe toute évacuation

quelconque, périodique ou non périodique. Nous y comprendrons celles même qu'on devroit renvoyer à l'article *Hémorrhagie*, afin de rassembler sous un seul coup-d'œil tout ce qu'il y a d'extraordinaire en ce genre. Parmi ces sortes de phénomènes, les évacuations périodiques nous offrent des faits bien suprenans; & ce sera par ceux-ci que nous commencerons cet article. Ces sortes d'évacuations sont ordinaires, naturelles & nécessaires au sexe; elles ont des tems marqués, une voie fixée, & des qualités qui leur sont propres. Or, on observe des phénomènes plus singuliers les uns que les autres, qui contrarient la Nature dans tous ces points. L'homme qui n'est point assujetti aux mêmes loix, & dont la constitution paroît même répugner à cet assujettissement, s'y trouve quelquefois astreint par une de ces bizarreries de la Nature, dont on ne peut guère se rendre raison. Ce sont sous ces différens points de vue que nous présenterons à nos Lecteurs les faits que nous allons rassembler.

La nommée *Robert*, femme en dernières noces de *Jean Monoury*, Vigneron, demeurant à Augy, âgée de trente-huit à trente-neuf ans, d'un tempérament sanguin, n'eut point d'enfans de son premier mari, & jamais ne fut réglée à l'ordinaire. Une bouffissure générale de la tête, une difficulté de respirer, étoient les signes auxquels elle connoissoit l'approche de ce flux périodique, & une saignée faite aussi-tôt suppléoit aux évacuations que la Nature refusoit, & faisoit disparoître ces symptômes. Manquoit-elle à être saignée, ce flux, au lieu de prendre les voies ordinaires, se faisoit jour par la bouche. Il lui survenoit un vomisse-

ment de sang écumeux , après lequel elle se portoit bien , si ce n'est qu'elle se trouvoit un peu
plus foible que lorsqu'on paroit à cet inconvénient
par une saignée. Pendant quinze ans qu'elle vécut
avec son premier mari , cette évacuation s'annonçoit assez régulièrement par les mêmes caractères , excepté cependant que lorsqu'une fois l'é-
vacuation avoit été très-abondante , ce qui arrivoit quelquefois au point , qu'elle rendoit du sang
par les selles , elle étoit deux , trois , & quelquefois quatre mois sans être incommodée de cette
évacuation.

Devenue veuve , elle se remaria avec *Monoury* ;
& au bout de quelque tems , elle devint grosse
sans avoir été mieux réglée qu'auparavant. Elle
accoucha heureusement à son terme , & nourrit
son enfant pendant quelques mois. Comme les
lochies n'avoient point été abondantes , elle eut
une si grande quantité de lait , que son sein s'en-
gorgea de façon , qu'on fut obligé de lui faire
passer son lait , dans la crainte que le sein ne s'abs-
cédât. La négligence qu'elle eut la plupart du
tems à prévenir cette évacuation périodique par
la saignée du pied , lui fit souvent éprouver
des foiblesses dont elle auroit pu se garantir. Au
mois de Juin 1756 , le vomissement de sang qui
suppléoit d'ordinaire , fut si considérable , qu'elle
rendoit le sang par flots. Les saignées & les autres remèdes ne purent que le modérer de façon qu'il dura quinze jours ; mais la grande foiblesse où elle fut réduite fit craindre pour ses jours.
Elle se rétablit cependant , & elle commençoit
vers la fin de Juillet , à reprendre ses forces lorsqu'elle s'apperçut que son ventre se tuméfioit.

C'étoit une hydropifie qui ne put céder aux remèdes les plus appropriés & même à neuf ponctions. Elle mourut le 3 Janvier fuivant.

Une femme de quarante-trois ans, nommée *Breton*, native & habitante de Charonne près Paris, eut une fuppreffion à l'occafion d'une peur. Deux mois après, il fe manifefta fur toute l'habitude de fa poitrine une rougeur qui, en peu de tems, fe trouva parfemée d'un nombre prodigieux de tubercules de même couleur, gros comme des pois ou à-peu-près. Ces tubercules s'ouvrirent & laifsèrent couler abondamment du fang pendant quelques jours. Le tems requis à cette évacuation une fois paffé, tout difparut pour recommencer le mois fuivant, & ainfi de fuite. Il y avoit déjà dix ans que cela continuoit lorfqu'on publia cette obfervation. Elle avoit pareillement un bouton de même nature, fitué à la partie moyenne de la pomette du côté gauche, & ce bouton produifoit la même évacuation que ceux de la poitrine.

Quelque furprenant que paroiffe ce phénomène, & il l'eft en effet, l'Anatomifte peut néanmoins en rendre facilement raifon, en fuppofant un obftacle qui s'oppofoit au cours du fang par les voies ordinaires. Dans ce cas, il n'eft pas étonnant de le voir refluer par l'artère épigaftrique, de celle-ci dans les mammaires, & forcé dans cet endroit, fe faire un paffage par les vaiffeaux capillaires, de là dans les lymphatiques; & voilà tout le myftère dévoilé. Par ce même méchanifme, il eft très-facile de l'amener jufque dans les vaiffeaux du vifage.

Le fait fuivant eft encore du même genre, &

peut s'expliquer de la même manière. En 1667, une femme de la campagne, âgée de trente-quatre ans, & grosse de son troisième enfant, eut immédiatement après la première suppres-sion, un écoulement périodique de sang par le jarret gauche. Les premiers mois, il couloit avec tant de violence, qu'elle employa tous les re-mèdes propres à l'arrêter. Mais après le troisième mois de sa grossesse, il ne couloit que gouttes à gouttes. Cet écoulement eut lieu régulièrement pendant les trois premiers mois, & duroit, jour & nuit, trois jours & six heures. Après, il ne fut plus que de deux jours & quelques heures. Enfin, une fois, d'un jour & dix heures. On doit cette observation à M. *Elsnerus*, Médecin.

Une fille de Norwège avoit coutume, à l'approche de ses règles, d'avoir sur presque toute l'habitude du corps, mais particulièrement autour des mamelles, des taches rouges très-larges. Il survenoit ensuite un grand mal de tête, la plupart du tems accompagné de douleurs de dents. Ayant fait usage d'un sudorifique, elle eut une sueur de sang très-copieuse, après laquelle elle fut guérie de ses taches & de ses douleurs. Par la suite, elle employa en pareilles circonstances le même remède avec le même succès. Mais mariée ensuite, & ayant fait un enfant, elle se réta-blit, & ses règles prirent leur route naturelle.

Quelque surprenantes que paroissent les ob-servations précédentes, elles tiennent toutes à la nature du sujet. On sait qu'il est de la constitu-tion de la femme d'éprouver une évacuation pé-riodique; & s'il est surprenant qu'elle ne se fasse pas par la voie ordinaire, on conçoit que ce n'est que l'effet de quelques obstacles qui déroutent alors la Nature : mais observer de semblables évacuations dans les hommes , & par des voies aussi extraordinaires que celles que nous allons indiquer, ce sont autant de merveilles dont il n'est pas possible de rendre raison.

Musgrave a consigné dans les Actes de Léipsic , pour l'année 1702, une observation de ce genre bien singulière. La voici :

Un Domestique , dit-il , eut, depuis son enfance jusqu'à l'âge de 24 ans , une hémorrhagie périodique au pouce de la main gauche , dans le tems de la pleine lune. Il sortoit tous les mois, du côté droit de l'ongle , jusqu'à quatre onces de sang. Cette évacuation n'étoit point précédée , comme on pouvoit l'imaginer , de maux de tête , de difficulté de respirer , ni d'aucun symptôme qui annonçât la plétore. Il n'avoit d'autre signe de son hémorrhagie, quelques jours avant qu'elle survînt , qu'une espèce de rigidité qu'il ressentoit dans la dernière articulation du pouce. Quand ce jeune homme eut atteint l'âge de dix-sept ans, il sortoit par ce même endroit jusqu'à une demi-livre de sang. Cette perte considérable ne l'affoiblissoit point; il avoit de l'embonpoint. A l'âge de vingt-quatre ans , cette évacuation ne se faisoit plus aussi régulièrement qu'à l'ordinaire; elle se faisoit même avec assez de peine. Voulant même se débarrasser de cette incommodité, il se fit poser un fer rouge à l'endroit d'où sortoit le sang, & il parvint à supprimer cette hémorrhagie. Cette imprudence lui causa des accidens considérables. Trois mois après, il eut un crachement de sang, une toux violente, ses forces se perdirent, & on craignit même qu'il ne devînt phthysique. Plusieurs saignées faites à propos parèrent à cet accident. Peu de tems après, il fut tourmenté de coliques violentes : quelques purgatifs l'en délivrèrent, mais elles recommençoient si-tôt qu'il s'exposoit au froid, ou qu'il faisoit trop d'exercice ; le crachement de sang revenoit en même-tems. Enfin, depuis la suppression de cette hémorrhagie périodique, il a toujours été foible, languissant, pâle, & n'a jamais joui d'une bonne santé.

Voici un exemple du même genre, mais dont l'évacuation se fait par une autre voie. C'est le sujet lui-même, un Habitant de Boursault, près d'Epernay en Champagne, qui fait le récit de son accident.

Le 13 Mars, 1760, vers les quatre heures après midi, je me sentis subitement frappé d'un coup à la tête, au-dessus de l'oreille gauche. La douleur dura jusqu'au lendemain à pareille heure, & se termina par une effusion de sang assez considérable, qui sortit par l'oreille. Douze heures après, même douleur, qui m'annonça même effusion. Le flux continua pendant cinq jours à revenir de douze heures en douze heures, avec mêmes circonstances. Les cinq jours expirés, on me conseilla de me faire saigner & de prendre des bouillons rafraîchissans, ce que je fis. Je croyois en être quitte pour la peur que m'avoit causé ce phénomène. C'est ainsi que je regardois cet accident, puisque jusqu'à trente-quatre ans, je n'avois pas répandu une goutte de sang sans blessure. Mais quelle fut ma surprise, lorsque le 14 Avril je fus réveillé par une douleur qui me

fit

fit fouvenir de celle du mois précédent. Ayant remarqué qu'elle ne différoit en rien de la première, je m'attendois à une femblable effufion de fang. Je demeurai, comme la première fois, cinq jours en cet état. Enfin, le 13 Mai & le 15 Juin, même effufion, même intervalle de tems. Il faut obferver que le cinquième jour, celui de la fin de mes purgations périodiques, car je ne puis donner un autre nom à ces accidens, fe termina par deux faignemens de nez, immédiatement après un coup affez violent, dont je me fentis frappé au-deffus de l'œil gauche.

Plufieurs Auteurs ont rapporté des exemples femblables à celui dont nous allons faire mention, quant à la partie du corps par laquelle l'évacuation périodique avoit lieu. Nous nous en tiendrons au fuivant, comme fuffifant pour faire connoître ce genre de phénomènes.

Le 24 Juin 1756, M. *le Beuf* l'aîné, Chirurgien à Laroche-Chalais près Coutras, fut appellé pour voir le Berger d'une métairie, qui étoit tombé fur le cartilage xiphoïde, & il crut devoir le faigner ; mais la maitreffe du logis lui dit en confidence que cette faignée pourroit être préjudiciable au malade, vû l'état dans lequel il fe trouvoit alors, car il avoit, lui dit-elle, fes règles. M. *le Beuf* fut furpris de ce récit, & imagina d'abord que c'étoit apparemment une fille cachée fous l'habit d'un garçon. Ses foupçons augmentèrent lorfqu'après avoir confidéré le fein gauche il le trouva plus volumineux que ne doit être celui d'un homme. Sa bafe étoit ronde, bien circonfcrite, & formoit, fans affaiffement, une pyramide bien foutenue. Le mamelon étoit auffi

Tome I. T

bien forti, & l'aréole brune de grandeur ordinaire ; il reffembloit en un mot au têton d'une fille de vingt ans, & c'étoit l'âge du malade. Je lui fis, dit M. *le Beuf*, des queftions qui le firent rougir, & je l'amenai à lui faire avouer que depuis deux ans il étoit fujet à cette évacuation menftruelle, auffi-bien réglée que les périodes de la lune. Cet écoulement, qui fe faifoit par le canal de l'urètre duroit deux jours ; & d'après ce qu'il me dit, j'ai cru qu'il pouvoit fournir quatre onces de fang. Il m'affura qu'il ne reffentoit, aux approches de ce phénomène, aucune douleur de rein, ni aucune douleur aux parties génitales, & qu'il étoit toujours furpris par l'écoulement qui commençoit pendant fon fommeil. Le fang étoit vermeil, continue M. *le Beuf*, à ce que je vis, en voulant m'affurer pofitivement de fon fexe, qui fe trouva très-bien confirmé. Mais ce qui me furprit davantage, ajoute M. *le Beuf*, ce fut d'apprendre qu'ils étoient quinze frères & une fœur dans cette famille, qui avoient également leurs règles, & que leur père étoit dans le même cas.

L'obfervation fuivante paroîtra moins furprenante, par l'habitude où l'on eft de voir affez fréquemment couler le fang par les narines : mais ce qui rend cette obfervation curieufe & digne de trouver place ici, c'eft la régularité périodique de cette efpèce d'évacuation.

M. *Caeftryck* fils, Chirurgien de l'Hôpital militaire de Thionville, fut appellé en 1765, à un village près de cette ville, pour y voir un malade auquel il donna les fecours convenables à fon état. Mais paffant de là dans une chambre voifine, il y trouva un homme nommé *George Schleith*, Habitant & Sergent de la Seigneurie du même lieu, d'une ftature médiocre, jouiffant d'une bonne fanté, & qui perdoit alors par les narines une grande quantité de fang. Il fe difpofoit à arrêter cette hémorrhagie, lorfque plufieurs perfonnes préfentes lui apprirent que depuis plufieurs annés cet homme étoit habitué à ces fortes de pertes. Le fang s'arrêta quelque tems après, & l'homme, âgé alors de trente-huit ans, apprit au Chirurgien que depuis l'âge de feize ans, il avoit eu une évacuation femblable tous les mois. Il lui apprit encore que deux jours avant il éprouvoit un mal-aife très-fenfible, des étourdiffemens confidérables, des laffitudes & des engourdiffemens infupportables jufqu'à ce que cet écoulement eût rappellé le calme dans la machine. Il lui apprit encore que fa mère, d'un tempérament fanguin, avoit été non-feulement réglée felon l'ufage, mais qu'elle avoit éprouvé, depuis l'âge de vingt-cinq ans, un pareil écoulement par les narines, depuis fa première couche jufqu'à l'âge de quarante-cinq ans, tems auquel elle l'avoit perdu.

L'évacuation fuivante, quoique périodique, fut malheureufe au fujet qui y fut expofé.

Le nommé *Jacques Poter*, âgé de quatre-vingt-cinq ans, demeurant à Boulogne-fur-mer, d'un tempérament extrêmement fort & robufte, paroiffant très-fain, fut attaqué le 29 du mois de Mars 1764, d'une douleur de tête très-aigue. Le 30, la fièvre furvint; le 2 Avril, il eut une falivation des plus abondantes. Le 10 du même mois, M. *Daunon*, Maître en Chirurgie, étant appellé, il trouva le malade dans un état défefpéré.

Sa luette étoit confidérablement relâchée, les amygdales dans une difpofition gangreneufe, & en outre un ulcère chancreux à la bafe de la langue. A l'aide de quelques remèdes modérés & appropriés, le malade fe trouva beaucoup mieux quelques jours après. Mais les mêmes accidens revinrent du 15 au 16 Mai fuivant, & ne furent appaifés que par l'événement que voici.

Cet homme reffentoit une douleur extraordinaire au gros orteil du pied droit; il y apperçut une petite tache rouge de la figure d'une lentille : bientôt après, cette tache rouge s'ouvrit, & l'homme fut fort étonné de voir fon fang fortir de fon foulier. L'hémorrhagie fut confidérable, & M. *Daunon* étant appellé, parvint à l'arrêter à l'aide d'une compreffion faite fur cette partie, & on continua cette compreffion pendant deux jours. L'appareil levé, on ne vit ni tache, ni érofion; le malade continua de marcher à l'ordinaire. Cette faignée révulfive fe fit périodiquement pendant vingt mois, étant précédée des accidens énoncés ci-deffus. A la fin l'homme fuccomba & mourut.

On lut à la Société Royale de Médecine de Dublin, une lettre de M. *Ash*, dont voici le précis.

Walter Walsh, Cabaretier à Trym, homme fobre, d'une complexion fanguine & d'une humeur gaie, étant dans la quarante-troifième année de fon âge, en 1658, fut attaqué vers le tems de Pâques, d'une grande douleur dans tout le bras droit, accompagnée de chaleur & de rougeur à la main droite, & d'un picottement au bout du doigt index : on y voyoit une tache, comme s'il y fût entré une épine : cet homme foupçonnant en effet une épine, perça l'endroit où étoit la tache, & auſſi-tôt le ſang en ſortît, formant un petit filet, mais qui dardoit avec violence. L'impétuoſité de ce jet s'étant enſuite ralentie, le ſang ne vint plus que goutte à goutte; puis il darda de nouveau avec violence, ce qui dura vingt-quatre heures. Au bout de ce tems, le malade tomba en défaillance : alors le ſang s'arrêta de ſoi-même, & les douleurs ceſsèrent pendant toute la durée de ſa vie, qui fut de douze ans; après cet accident, cet homme fut ſujet à de fréquens retours du même phénomène ; il avoit rarement deux mois de relâche, & jamais moins de trois ſemaines. Il étoit rare qu'il perdît moins de deux quartes, c'eſt-à-dire, près de deux pintes de ſang en une fois. En général, plus les retours de l'accident étoient éloignés, plus l'hémorrhagie étoit conſidérable. Lorſqu'on s'efforçoit d'arrêter le ſang, cet homme éprouvoit des douleurs cruelles dans le bras. Aucun des remèdes qu'on a coutume d'employer en ce genre, n'eut de ſuccès dans cette circonſtance-ci. Il n'avoit d'ailleurs aucune autre incommodité. Il ne s'appercevoit ni de l'influence des ſaiſons, ni des changemens de tems. La première hémorrhagie n'avoit été occaſionnée par aucun accident extérieur. Lorſqu'il buvoit plus qu'à l'ordinaire, il perdoit auſſi plus de ſang. Il n'eut point d'enfans depuis ſa première hémorrhagie. Les fréquens retours de cet accident l'affoiblirent beaucoup à la longue; de ſorte que ſur la fin de ſa vie, il ne rendoit que peu de ſang, car ce ſang n'étoit que comme de l'eau légèrement teinte. Il mourut le 13 Février 1670.

T iij

Quoique non périodiques, les évacuations fuivantes & les hémorrhagies dont il nous refte à parler, n'en font pas moins merveilleufes & étonnantes.

Etant furvenu une tumeur à la mamelle gauche d'une femme récemment accouchée, M. *Braunius*, qui la voyoit, fe crut obligé d'y faire une incifion près du mamelon, pour procurer l'écoulement du pus qui s'y étoit amaffé. Etant venu un jour panfer cette plaie, il n'eut pas plutôt levé l'appareil, l'emplâtre & la tente, qu'il en fortit de la bière prefqu'en même quantité que cette femme l'avoit bue auparavant, & qui n'avoit prefque pas changé de qualité & d'odeur. Sa couleur étoit feulement devenue un peu blanchâtre.

Il n'eft aucune partie du corps dont il ne puiffe furvenir quelqu'évacuation extraordinaire. Pour ne parler que des évacuations fanguines, des hémorrhagies extraordinaires, nous lifons dans les Ephémérides des Curieux de la Nature, qu'en 1674, aux environs de la Chandeleur, un enfant de Littleshall, Province de Shrop, fut attaqué d'une hémorrhagie au nez, aux oreilles & à la partie poftérieure de la tête, fans y reffentir aucune douleur. Elle continua pendant trois jours, après lefquels le nez & les oreilles ceffèrent de faigner, mais le fang diftilloit toujours de la partie poftérieure de la tête, comme une fueur abondante. Trois jours auparavant la mort de cet enfant, qui ne vécut que fix jours dans cet état, le fang fortit de la tête avec tant de violence, qu'il jailliffoit à une certaine diftance. On en voyoit fortir encore alors de fes épaules. Il faignoit même au milieu du corps, & en fi grande quantité, que l'on pouvoit tordre les linges dont il étoit enveloppé. Pendant les trois derniers jours de fa vie, le fang fe fit encore jour aux orteils, aux coudes, aux jointures, & aux bouts des doigts de cet enfant. Il couloit fi abondamment, fur-tout des extrémités des doigts, que fa mère, dans l'efpace d'un quart-d'heure, rempliffoit le creux de fa main du fang qui s'en échappoit. Tant que cette hémorrhagie dura, l'enfant ne pouffoit point de grands cris, on l'entendoit feulement fe plaindre & gémir, tandis que trois femaines auparavant il avoit pouffé des cris fi perçans, que la mère affura n'en avoir jamais entendu de tels. Après la mort de l'enfant, on apperçut fur tous les endroits d'où le fang s'étoit écoulé, de petits trous femblables à des piquûres d'épingles.

Voici encore un exemple d'une hémorrhagie bien extraordinaire, mais qui ne fut point auffi funefte au fujet qui en fut attaqué. Le Père *Fuhrmenn*, Jéfuite à Bamberg, étoit dans l'ufage de fe faire tirer du fang tous les ans. Il crut pouvoir négliger cette pratique en 1681, étant alors âgé de cinquante-neuf ans ; mais à la fin de cette même année il fut furpris d'une hémorrhagie fi furieufe, qu'il perdit en quatre jours par la narine gauche une quantité prodigieufe de fang, qui fut eftimée par le Docteur *Sartorius*, aller à quarante livres. Les remèdes les plus propres à arrêter le fang, irritèrent davantage & augmentèrent l'écoulement, qui fe faifoit comme par une veine rompue. La faignée, fi avantageufe en pareilles circonftances, mais qu'on n'ofa d'abord pratiquer, vu la foibleffe & l'état de fyncope dans lequel le malade fe trouvoit, fut enfin adminiftrée, mais fans effet. La poudre de fympathie, fi célèbre par fa vertu aftringente, ne produifit point un meilleur effet.

On s'avifa de lui appliquer une grande ventoufe à la région du foie, & alors le flux de fang s'arrêta un peu : mais une difficulté de refpirer, une toux cruelle, des douleurs néphrétiques, des hémorrhoïdes, & une enflure de bas-ventre, fuccédèrent auffi-tôt. Cet inconvénient fit défefpérer de la guérifon du malade, & on étoit comme affuré de fa mort, lorfque le Médecin s'avifa de lui faire mettre dans le nez de la rue & de l'ortie blanche bien pilées. Ce feul remède eut tout le fuccès qu'on pouvoit defirer. Le fang commença à ne plus couler, & après qu'on en eut ôté la rue, qui, par les éternuemens trop fréquens qu'elle caufoit, renouvelloit encore cet écoulement, il ceffa tout-à-fait, & le malade fe rétablit peu-à-peu dans une parfaite fanté. Le Médecin publia dans le tems cette cure extraordinaire d'une maladie auffi fingulière, dans un petit Ouvrage, intitulé : *de admirandâ narium Hemorrhagiâ nuper obfervatâ & percuratâ*, à *Gregorio Sartorio, Philof. & Medic. Doctori*.

On dit communément pour exprimer une grande douleur, *qu'elle fait verfer des larmes de fang*. Cette expreffion métaphyfique n'eft pas fans fondement, & on a vu plus d'une fois couler des larmes de fang. On lit dans le Journal d'Allemagne, qu'un particulier de Prefbourg, qui demeuroit fur les bords du Danube, avoit un enfant de quinze à feize mois, d'un tempérament

gras & fanguin, qui n'avoit eu aucune incommodité jufqu'alors, mais qui après avoir crié
pendant quelque tems, rendit du fang par l'œil
& à trois ou quatre reprifes. Il eft probable que
les cris redoublés de cet enfant avoient rompu
quelques vaiffeaux capillaires dans cette partie.
Cette obfervation que *Segerus* rapporte lui en
rappella une femblable, & il affure avoir vu
couler des larmes de fang des coins gauches
des yeux d'un enfant nouvellement né. Je levai
un peu, ajoute-t-il, la paupière fupérieure, qui
avoit été fermée jufqu'alors, & ayant remarqué
que les yeux de cet enfant étoient bien difpofés,
& que le fang ne fortoit que du grand angle,
j'ordonnai un collyre, compofé d'eau rofe,
d'euphraife, & de tutie préparée. On en laiffoit
tomber quelques gouttes dans le coin de l'œil,
& l'enfant fut guéri.

Hecheftettere rapporte l'hiftoire d'une petite
fille de onze mois, qui répandoit des larmes de
fang, lorfqu'elle pleuroit : mais cet accident ne
dura que quatre jours. *Dodonnei* parle d'une
fille d'un tempérament fanguin, dont les règles
fe trouvèrent fupprimées. Le fang qui devoit
s'évacuer par en bas, reflua vers les parties
fupérieures, & fe fit jour par le grand angle de
l'œil. *Foreftus* fait mention d'une femme âgée &
ictérique, qui, pendant plufieurs femaines, rendit
du fang par les yeux en forme de larmes. Dans
celle-ci c'étoit fans doute l'effervefcence de la
bile & fon acrimonie, qui donnoient de la fluidité
au fang, & le portoient vers les parties fupérieures ; mais dans les enfans ce font les cris & les
pleurs qui caufent ces défordres. C'eft pourquoi

Œtius dit, dans son excellent Ouvrage, intitulé : *de Erupt. sang. ab angul. lib.* 7, que le sang sort quelquefois de l'angle des yeux des enfans, à cause de leurs cris continuels, qui ouvrent les vaisseaux des joues. Le même effet peut aussi être produit par des éfforts, comme par une toux continuelle. Telle étoit celle d'une petite fille de deux mois, dont parle *Magerus* dans les Ephémérides des Curieux de la Nature. L'agitation, dit-il, de tout son corps, & sur-tout des poulmons, produisit une hémorrhagie par les yeux, par les narines & par la bouche. Cette éruption recommençoit de tems en tems, & la petite fille en périt.

Les passions violentes produisent encore le même effet. On lit dans les Transactions Philosophiques, pour l'année 1694, l'histoire d'une femme ictérique, qui étoit devenue sujette à cette évacuation. Elle étoit, dit-on, plongée dans une tristesse si grande, que la vie lui étoit à charge. Trois mois après, se trouvant à l'extrémité, il lui survint une hémorrhagie par la glande lacrymale. Elle perdit bien deux livres de sang en trente heures. L'éruption qui s'étoit arrêtée, reparut au bout de huit jours, & avec tant de violence, que la femme y succomba, & qu'elle en mourut.

Lansonius rapporte un fait de ce genre, occasionné par une vive douleur & un chagrin cuisant. Un homme, dit-il, âgé de soixante-deux ans, fut mis en prison. Il en conçut un si grand chagrin, qu'il en pleura des larmes de sang. Il fut ensuite attaqué d'une fièvre maligne dont il mourut.

Quelle que foit la caufe qui détermine le fang à fe porter aux yeux, & à fe faire jour par les vaiffeaux de ces organes, ces effets n'en font pas moins extraordinaires, & méritent d'être connus.

F

FÉCONDITÉ. Il n'eft pas rare de voir une femme accoucher de deux enfans en une feule couche, on en a vu qui font accouchées de trois; mais il eft rare & extraordinaire d'en voir naître un plus grand nombre. Quelque rares que foient ces phénomènes, on en obferve quelquefois, non-feulement dans l'efpèce humaine, mais encore chez les animaux; & fi on étudie avec foin les phénomènes de la végétation, on en obferve encore de femblables en ce genre.

La nommée *Marie-Anne Collin*, âgée de trente-neuf ans, mariée depuis deux ans à *Claude Lallemand*, Vigneron, âgé de cinquante ans, demeurant Paroiffe de S. Remi, bourg de Sorci, dans le Comté appartenant à Madame la Comteffe Douairière *de Choifeuil-Meufe*, eft accouchée, le 22 Avril 1766, au commencement du fixième mois de fa groffeffe, de cinq filles vivantes & bien conformées, au rapport du Chirurgien du Bourg, témoin de cet accouchement. Il n'y avoit qu'un feul placenta pour ces cinq filles. Chacune pefoit une livre. Une feule pefoit une once de moins. Elles fe reſſembloient exactement. Toutes ont reçu le baptême, & elles ne ſont mortes qu'au retour de l'égliſe, dans l'eſpace d'une heure & de quelques minutes, les unes après les autres. La mère ſe portoit bien. Sa ſœur, mariée à un Tailleur de pierres, même Paroiſſe, étoit accouchée au mois de Juillet 1760, dans le huitième mois de ſa groſſeſſe, de trois enfans, un garçon & deux filles.

M. *Gottlob*, célèbre Médecin, nous fait part d'une obſervation du même genre, au ſujet d'une nommée *Sophie Bunnen*, femme de *Martin Loheki*, demeurant au village de Kruckenbek en Poméranie. Au bout de deux ans & demi de mariage, cette femme, dit-il, s'eſt trouvée mère de onze enfans en trois couches. La première, le 4 Septembre 1728 ; il en vint quatre enfans, dont deux périrent avant l'accouchement. Le 20 Mars de l'année ſuivante, elle accoucha de trois filles, toutes trois vivantes, & qui furent baptiſées. Quelque tems après, elle eut une fauſſe couche, dans laquelle elle mit au monde quatre enfans, comme dans ſa première couche. De tous ces enfans aucun ne vécut ; mais ceux que cette femme a eus l'un après l'autre vivent & jouiſſent d'une bonne ſanté. Les quatre enfans de la première couche étoient de même grandeur, même groſſeur & parfaitement ſemblables. On les conſerva dans de l'eſprit-de-vin.

Voici encore une femme plus féconde que la précédente, & dont la mémoire mérite d'être conſervée. Le 21 Mars 1755, on écrivoit de S. Petersbourg qu'on venoit de préſenter à l'Impératrice un Payſan Ruſſien, nommé *Jacques Kiriloff*, & ſa femme, tous deux du village de Wendeskeo, dépendant du gouvernement de Moſcow. Ce Payſan, dit-on, avoit été marié deux fois, & il avoit alors ſoixante-dix ans. Sa première femme eſt accouchée vingt & une fois, & a eu cinquante-ſept enfans, tout pleins de vie ; ſavoir, quatre fois de quatre enfans, ſept fois de trois & dix fois de deux. Sa ſeconde femme qui l'accompagnoit, comptoit déjà ſept couches. Une, de trois enfans à la fois, & ſix de deux jumeaux chacune ; ce qui faiſoit quinze enfans. Ainſi ce Patriarche Ruſſien avoit eu alors ſoixante-douze enfans. On lit, dans le Code Juſtinien, qu'une femme avoit eu quatre filles d'une ſeule couche. Quelques Hiſtoriens rapportent que dans le Péloponèſe, une femme accoucha cinq fois de quatre enfans, & que pluſieurs femmes en Egypte ont eu juſqu'à ſept enfans à la fois. *Lælius* écrit avoir vu, dans le Palais, une femme de condition libre, amenée d'Alexandrie pour la montrer à l'empereur *Adrien*. Elle avoit eu cinq enfans, dont quatre d'une même couche, & le cinquième étoit venu quarante jours après ſes frères. Mais voici quelque choſe de bien plus extraordinaire.

M. *Saignette*, Médecin à la Rochelle, écrivoit à M. *Lemery*, en 1684, qu'une femme de Saintonge étoit accouchée de neuf enfans, tous bien formés & dont on diſtinguoit le ſexe, & que cette même femme avoit eu l'année précédente onze enfans d'une ſeule couche. L'hiſtoire de la maiſon de Pourcelet en France, où l'on a vu neuf jumeaux devenir de fort grands hommes, rend ce fait très-croyable ; mais ce qui eſt ſans exemple, c'eſt qu'une même femme ait eu deux couches conſécutives de cette nature.

On trouve à-peu-près le pendant de cette fécondité étonnante, dans le Mercure de France, pour l'année 1728. On y lit que *Dominga Fernandes*, fille âgée de vingt-quatre ans, ſe maria, en Février 1727, avec *André de Caſtro*, Marchand & Habitant de Caraminhal. Cette femme, après ſept mois de mariage, fit une chûte qui lui cauſa un vomiſſement. Le 8 Février 1728, elle accoucha d'un garçon ; le 20 Avril, d'une fille ; le 27 du même mois, d'un garçon ; le 28, de deux autres garçons ; le 29, d'un autre ; & le 30, encore d'un autre. Aucun de ces enfans n'a reçu le baptême, ſi ce n'eſt la fille. Le 5 mai, cette femme accoucha encore de deux filles & d'un garçon ; mais on ne ſait ſi ces derniers ont été baptiſés. On marquoit ſeulement alors que la mère avoit reçu l'Extrême-Onction. La Marquiſe *de Parga*, dans les terres de laquelle ſe trouve ſituée la ville de Caraminhal, fut voir cette femme, & en fit prendre ſoin.

On lit un fait également ſurprenant dans les Mémoires de l'Académie Royale des Sciences, pour l'année 1709. Le premier Février de cette année, la femme d'un Boucher d'Aix accoucha de quatre filles, qui paroiſſoient à différens termes. Il vint enſuite une maſſe informe, & puis, de deux en deux jours, de nouveaux enfans bien formés, tant garçons que filles, juſqu'au nombre de cinq ; de ſorte qu'en tout il y en avoit neuf, sans compter la masse. Ils étoient tous vivans, & furent tous baptisés ou ondoyés.

Voici une fécondité surprenante, mais d'un autre genre. M. l'Evêque de Seez assura à l'Académie, qu'un homme de son Diocèse & qu'il connoissoit, âgé de quatre-vingt-quatorze ans, avoit épousé une femme de quatre-vingt-trois, grosse de lui, & qui étoit accouchée à terme d'un garçon. Le tems des Patriarches est revenu dans ce Diocèse, disoit à ce sujet l'Historien de l'Académie, en rapportant ce fait.

On trouve dans les animaux des exemples d'une fécondité également surprenante. Nous n'en citerons qu'un seul exemple, pour en donner une idée.

Dans un village éloigné de trois milles de Rimini, une vache blanche, âgée de six ans, de bonne taille, qui avoit déjà mis bas deux fois, & un seul veau à chaque fois, comme tous les pieds fourchus, mangea extraordinairement vingt jours avant de mettre bas pour la troisième fois, & les huit derniers jours de sa portée, elle étoit devenue tellement grosse, qu'il falloit la lever sur ses pieds. Enfin, le 23 Février 1676, à deux heures après midi, elle mit bas un veau, trois heures après un second, cinq heures après un troisième, & le lendemain matin une genisse. Ces quatre petits étoient de grandeur ordinaire, tous très-vifs, très-sains & également robustes. De ces quatre, le second mourut par le peu de soin qu'on eut d'eux.

La fécondité des plantes n'a rien d'extraordinaire, c'est l'intention de la Nature, & l'habitude où l'on eſt d'en voir les effets, ôté à ce phénomène tout le merveilleux qu'il offre aux yeux du Naturaliſte. Mais, lorſqu'on vient à calculer les effets de cette fécondité, on eſt admirablement ſurpris de ſon immenſe extenſion. Jugeons-en ſur un calcul de ce genre, fait par M. *Dodard*, & conſigné dans les Mémoires de l'Académie.

Il prit au haſard, pour ſujet de ſon obſervation, un orme de ſix pouces de diamètre, de vingt pieds de haut juſqu'à la naiſſance de ſes branches, & qui pouvoit avoir douze ans. Il en fit abattre, avec un croiſſant, une branche de huit pieds de long, & négligeant les graines abattues par les coups redoublés du croiſſant & par la chûte de la branche, il fit compter ce qui en reſtoit, & il s'y trouva 16450 graines.

Il y a ſur un orme de ſix pouces de diamètre plus de dix branches de huit pieds. N'en comptons que dix, le nombre des graines ſera donc de 164500.

Toutes les branches qui n'ont point huit pieds, priſes enſemble, font une ſurface beaucoup plus que double de celle des dix branches de huit pieds ; mais ne la comptons que double ſeulement, parce que ces branches ſont peut-être moins fécondes. Toutes ces branches priſes enſemble fourniront donc 329000 graines.

Or, un orme peut aiſément vivre cent ans, & l'âge où il eſt arrivé à ſa fécondité moyenne, n'eſt certainement pas douze ans. On peut donc compter, pour une année de fécondité moyenne, plus de 329000 graines. N'en mettons que
330000,

330000 ; ce qui fera beaucoup au-deſſous de la réalité. Multiplions maintenant ces 330000 par 100, nombre d'années de vie que nous avons ſuppoſées, l'orme aura donc, au bout de ce laps de tems, produit 33000,000 graines, & c'eſt, comme on voit, un calcul exact, établi ſur des données beaucoup au-deſſous de celles que nous euſſions dû ſuppoſer. Or, ces trente-trois millions de graines ſont venues d'une ſeule.

Ce n'eſt là, dit M. *Dodard*, que la fécondité naturelle de l'arbre qui n'a point fait paroître tout ce qu'il renfermoit.

Si on l'avoit étêté, il auroit repouſſé de ſon tronc autant de branches qu'il en avoit auparavant dans ſon état naturel, & ces nouveaux jets ſeroient ſortis, dans l'eſpace de ſix lignes de hauteur ou environ, à l'extrémité du tronc étêté.

A quelqu'endroit, à quelque hauteur qu'on l'eût étêté, il auroit toujours repouſſé également ; ce qui paroît conſtant par l'exemple des arbres nains qui ſont coupés preſque rez-pied & rez-terre.

Tout le tronc, depuis la terre juſqu'à la naiſſance des branches, eſt donc plein de principes ou de petits embrions de branches, qui, à la vérité, ne peuvent jamais paroître tout à-la-fois, mais qui, étant conçus comme partagés par de petits anneaux circulaires de ſix lignes de hauteur, compoſent autant d'anneaux, dont chacun en particulier eſt prêt à paroître & paroîtra réellement, dès que le retranchement ſe fera préciſément au-deſſus de lui.

Tome I. V

Toutes ces branches invisibles & cachées n'existent pas moins que celles qui se manifestent, & si elles se manifestoient, elles auroient un nombre égal de graines, qu'il faut par conséquent qu'elles contiennent déjà en petit. Donc, en suivant l'exemple proposé, il y a dans cet orme autant de fois 33 millions de graines, que six lignes sont contenues de fois dans la hauteur de vingt pieds, c'est-à-dire, 480 fois. Il faut donc multiplier 33 millions par 480, pour avoir la totalité des graines que cet orme contient actuellement en lui-même, & on aura pour produit 15,840,000,000. L'imagination sans doute est épouvantée de se voir conduire jusque-là par la raison.

FERMENTATION. Tous les phénomènes de la fermentation sont admirables, & les changemens variés qu'elle opère dans les corps qui se trouvent soumis à cette opération de la Nature, ont sans doute de quoi satisfaire la curiosité du Chimiste & du Physicien ; mais ils sont trop connus pour trouver place dans cet Ouvrage, où nous n'avons dessein de recueillir que ceux qui se font observer rarement ou qui semblent contrarier les idées les plus reçues sur les opérations de la Nature. Nous ne parlerons donc ici que du suivant, qui est on ne peut plus singulier.

On lit dans les Affiches du Dauphiné, n°. 15, pour l'année 1775, qu'il y avoit, dans la cave d'un Bourgeois des Baronnies, plusieurs de ces vases, qu'on appelle vulgairement des *dames-jeannes*, & qu'ils étoient remplis de vin. Ils étoient deſtinés à remplir des bouteilles ordinaires. Or, on trouva qu'un tiers du vin en-deſſus étoit tourné. On tira ce vin, & on imagina que tout celui qui étoit contenu dans le même vaſe étoit auſſi gâté. On ſe trompa. Le tiers du milieu étoit dans toute ſa force & excellent. Le tiers du côté du fond ſe trouva encore impotable & dans le même état exactement que le premier. Les trois parties furent meſurées & trouvées égales. Ce fut dans le mois d'Octobre de l'année 1774, après un été extrêmement chaud & ſec, qu'on fit cette ſingulière découverte.

FEUX SOUTERRAINS. Nous rangerons dans cette claſſe tous les feux qui ſe produiſent de la terre, de quelque manière qu'ils ſe produiſent, & quelle que ſoit la cauſe qui les allume. De-là, ceux qui s'élèvent des mines, des foſſés, des cloaques & du ſein même de l'eau, trouveront ici leur place.

Or, preſque tous les Auteurs qui ont traité de l'exploitation des mines, connoiſſent ce phénomène, & nous en donnent pluſieurs exemples qui nous prouvent en même-tems qu'il eſt plus général qu'on ne le croyoit ordinairement.

Tout ſurprenans que paroiſſent ces faits, ils ont perdu une partie de leur merveilleux depuis la découverte de l'air inflammable des marais.

La mine de charbon de terre, ouverte depuis quelques années dans les montagnes voiſines de Briançon, pour l'uſage des Troupes du Roi, avoit toujours été travaillée paisiblement & sans accidens fâcheux, lorsque, vers la fin de Février 1763, les ouvriers se trouvèrent traversés dans leurs travaux par un phénomène jusqu'alors inconnu pour eux, & qui en maltraita plusieurs. C'étoit une vapeur inflammable qui s'amassoit au fond des travaux, dès qu'on avoit été seulement un jour sans y entrer, & qui, s'enflammant aux lumières que les ouvriers portent pour s'éclairer, détonnoit avec une violence incroyable. Le danger qu'ils couroient, & qui ne se fit que trop sentir à quelques incrédules qui avoient voulu le révoquer en doute & s'en assurer par eux-mêmes, détermina les Entrepreneurs à abandonner la première mine où le phénomène s'étoit fait appercevoir, & à en ouvrir une seconde; mais leur précaution fut inutile, ils y retrouvèrent le même ennemi. M. *Pajot de Marcheval*, Intendant de la Province, ayant été informé de cet accident, voulut interroger ceux qui avoient été exposés aux effets de cette explosion souterraine, & il apprit d'eux, qu'en pénétrant au fond de la mine, ils avoient vu la flamme de leur chandelle s'allonger peu-à-peu, & que bientôt après l'explosion s'étoit faite. M. *Pajot* rendit compte de cet accident au Ministère, qui en instruisit l'Académie, & la chargea d'y chercher un remède. Celle-ci chargea M. *Duhamel* & M. *de Montigny* de cette commission, & voici le rapport, ou au moins le précis du rapport que ces savans Académiciens présentèrent à l'Académie à ce sujet.

Le même phénomène, disent-ils, est connu dans les mines de charbon du Hainaut, sous le nom de *feu brison*. Une vapeur blanchâtre, assez semblable à des toiles d'araignées, s'échappe avec violence des fentes ou crevasses qui sont aux parois des galeries. Cette vapeur est très-inflammable & détonne avec la plus grande violence, lorsqu'elle est allumée. Dans ce cas, elle renverse & tue presque tous les ouvriers qui n'ont pas la précaution de se jetter ventre à terre; car il est à remarquer que cette vapeur exerce toute sa violence vers le haut de la galerie, & n'affecte que peu ou point du tout ce qui se trouve en bas.

Robert Hook rapporte, dans sa Collection Philosophique, que la même chose arriva dans les mines de la Province de Sommerset, près les montagnes de Mendy. Quelques ouvriers furent jettés, par cette explosion, du fond de la mine à son ouverture. Il assure même que l'effort de la matière enflammée a quelquefois été assez violent, pour enlever le treuil placé sur l'ouverture de la mine.

Les Transactions Philosophiques de Londres font mention de plusieurs phénomènes de cette espèce, observés dans les mines du Comté de Lancastre & dans celles de Newcastle. En 1750, trois hommes qui travailloient dans ces dernières, furent si violemment frappés par l'explosion de la vapeur enflammée, que leurs membres furent séparés de leurs corps.

Ces inflammations passagères produisent quelquefois des embrasemens permanens : quelquefois le feu s'allume sans l'action d'aucune cause étrangère. *Lehmann*, à qui ces inflammations spontanées étoient connues, les attribue aux pyrites contenues en grande quantité dans les mines de charbon, qui venant à se décomposer, s'échauffent quelquefois au point de mettre le feu à la mine. Dans la Paroisse de Feugerolles en Forez, le feu allumé de lui-même dans une mine, consuma le charbon qui étoit sous une petite montagne qui se sépara en deux, & cet embrasement dure depuis si long-tems, qu'aucune ancienne Histoire de la Province n'en fait mention. Un semblable accident a détruit dans le même canton une partie de la montagne de la Viale. En 1738, le feu prit de la même manière dans une mine voisine de Saint-Etienne ; mais on vint à bout, à force de travail, de couper la communication, & d'éteindre cet embrasement.

Ces vapeurs inflammables, disent nos Savans Académiciens, ne sont pas les seules que les ouvriers aient à redouter dans les mines de charbon. Il en est d'une autre espèce, qui bien moins effrayantes, ne sont pas moins dangereuses. Celles-ci ne s'enflamment pas, elles éteignent au contraire les lampes & les chandelles qui les rencontrent, & ne manquent pas d'étouffer en très-peu de minutes, les ouvriers qui les respirent. On les nomme *moffètes*, & en quelques endroits *pousses*.

Dans les mines de charbon du Hainaut & de l'Auvergne, elles s'annoncent souvent par une espèce de brouillard : quelquefois aussi elles sont absolument invisibles. Cette même vapeur se retrouve aussi dans les houillières ou mines de charbon d'Angleterre & d'Ecosse. Les Transactions Philosophiques font mention de huit perſonnes étouffées le même jour au bas des échelles, à l'entrée d'une mine de charbon appartenant au Lord Saint-Clair, en Ecoſſe. Voilà le précis des dangers auxquels les Mineurs ſont expoſés : voici maintenant les moyens dont on ſe ſert pour s'en garantir.

Dans les mines du Comté de Lancaſtre, lorſque les ouvriers ſont obligés d'interrompre les travaux, on envoye dans la mine, avant d'y rentrer, un homme habillé d'une eſpèce de ſac à manche, de gros drap, qu'on nomme *palſot*, qui le couvre depuis la tête juſqu'aux pieds, de façon qu'il ne voit que par deux ouvertures garnies de glaces, pratiquées à l'endroit des yeux, & cette eſpèce de chemiſe eſt entièrement bien mouillée. Cet homme tient à la main une chandelle allumée. Dès qu'il eſt arrivé dans la galerie où eſt la vapeur, il ſe couche par terre, & attend que cette vapeur, qui paroît ſous la forme d'un petit nuage, gros comme une veſſie, vienne à lui. Alors il l'allume avec ſa lumière. Elle éclate, & met dans un mouvement violent tout l'air de la mine, dans laquelle on peut alors rentrer impunément. Il eſt aiſé de voir que cette opération doit être faite bien à tems : car pour peu qu'on attendît, la vapeur groſſiroit bientôt par de nouvelles exhalaiſons, & le nuage deviendroit ſi conſidérable, qu'on ne pourroit plus le faire éclater, ſans s'expoſer au plus grand danger. On peut auſſi s'appercevoir aiſément que cette opération ne remédie que peu ou point du tout à la vapeur qu'on appelle *pouſſe*, & qui n'eſt pas moins dangereuſe que la première.

V iv

Dans les mines du *Hainaut*, on employe des moyens moins dangereux, & qui sont plus sûrs. On ouvre d'espace en espace des puits, qu'on nomme de *respiration*, ou en langage du pays *bures d'airage*. On en place autant qu'il est possible aux deux extrémités de chaque galerie. Alors l'air ayant un libre passage dans la mine, y circule, & entraîne avec lui ces vapeurs si redoutables ; & lorsque cette circulation n'est pas assez vive, on l'augmente, en suspendant dans les puits de respiration, à l'endroit où ils communiquent aux galeries, de grands brasiers de charbon allumé, portés par des grilles soutenues par des chaînes de fer. La raréfaction de l'air occasionnée par ces brasiers, attire l'air de la mine, qui est remplacé par celui qui entre par les autres ouvertures : il s'y établit un courant d'air assez vif, & il fait réellement d'autant plus frais dans ces souterrains, qu'on y fait plus de feu.

Si des circonstances locales rendoient l'ouverture de ces puits trop difficile, comme si, par exemple, la mine de charbon se plongeoit sous une montagne fort élevée, on y suppléeroit par le moyen suivant : on établit à l'entrée de la mine, supposée unique, une cheminée de brique de trente ou quarante pieds de hauteur. On y suspend, comme dans les puits, un brasier, dans lequel on entretient toujours un grand feu. Au-dessous de ce brasier, & dans l'espace qui se trouve au-dessous de lui & le cendrier, on pratique dans le mur un trou auquel on adapte un tuyau de fer qui descend dans la mine, & qui se prolonge par des tuyaux de bois, jusqu'au fond des galeries. Il arrive alors néceſſairement que la cheminée, dont la porte doit être toujours exactement fermée, excepté dans les momens où l'on ouvre pour attiſer le feu, pompe avec violence, par le tuyau, l'air du fond de la mine, qui eſt continuellement remplacé par celui du dehors, qui entre par l'embouchure, & que toutes les vapeurs, toutes les exhalaiſons étant emportées, à meſure qu'elles ſe forment, les Mineurs n'ont plus rien à craindre. Cette eſpèce de cheminée eſt amplement & exactement décrite dans les Tranſactions Philoſophiques, & dans un petit Ouvrage publié par M. *Genneté*, intitulé : *Nouvelle conſtruction de cheminée, Paris,* *1759*. C'eſt un ventilateur mis en jeu par l'action du feu, & du même genre que ceux que les Anglois employent pour renouveller l'air dans les priſons, dans les ſalles d'Hôpitaux, dans la cale des vaiſſeaux. M. *Duhamel* a donné la deſcription de ces derniers dans ſon Ouvrage ſur les moyens de conſerver la ſanté des équipages dans les voyages de long cours, publié en 1759.

Toutes les matières animales & végétales en putréfaction, & renfermées dans des cavités intérieures, où elles n'ont point une libre communication avec l'air extérieur, fourniſſent des produits très-inflammables, & au point même qu'ils s'embraſent quelquefois d'eux-mêmes. En voici un exemple aſſez curieux, arrivé le 26 Juillet 1757.

Le ſieur *Garnier*, Maître Maçon, accompagné de deux de ſes ouvriers, ſe tranſporta ce jour-là vers les ſept heures du matin, dans la maiſon d'un particulier, pour y visiter la fosse d'aisance, dont on soupçonnoit d'engorgement le conduit. On fit l'ouverture de cette fosse, en levant la pierre qui en fermoit exactement l'entrée. Au moment qu'on l'eut dégradée, on vit sortir autour de ses bords une flamme bleue. La lumière qui éclairoit les ouvriers ne put avoir aucune part à ce phénomène. Elle étoit éloignée de la pierre de près de cinq pieds.

Ayant pris une chandelle allumée pour voir dans la fosse, le sieur *Garnier* n'y put rien distinguer, à cause d'une vapeur très-épaisse, qui en remplissoit toute la cavité, & d'une odeur très-pénétrante, (que les Vuidangeurs nomment *le plomb*) qui en sortoit. Cependant cette flamme bleue, qu'on avoit vue autour de la pierre, ne l'épouvanta pas beaucoup. Il en avoit vu de semblables en pareilles occasions, & il voulut s'assurer de l'état de la fosse ; pour cela il se servit d'un moyen qui augmenta l'incendie des matières combustibles d'une manière effrayante. Il jetta dans la fosse un papier allumé à dessein de l'éclairer intérieurement par la lumière de ce papier. Mais le contact de la flamme produisit une inflammation subite de la vapeur inflammable dont elle étoit remplie, & il en sortit aussi-tôt une flamme si grande, que passant par une trappe qui répondoit presqu'au-dessus de l'ouverture de la fosse, & de là dans la cour, elle monta à la hauteur de dix-huit pieds. Elle continua ainsi pendant l'espace d'une demi-heure, après quoi elle parut s'éteindre. Quelques instans après cependant elle se ranima ; mais ce ne fut que pour deux ou trois minutes. Tout cessa enfuite. Cette flamme étoit d'une belle couleur bleue, & le bruit qu'elle faifoit, reffembloit à celui qu'on entend dans les forges, lorfque le charbon pétille. Tous les voifins en furent finguliérement effrayés, & n'en pouvoient fupporter l'odeur forte de foufre qu'elle répandoit. Elle ne caufa cependant aucun dommage. Les ouvriers n'en furent point malades, quoique plufieurs de ceux qui la fentirent fe trouvèrent mal ; mais tous reffentirent pendant plus de quinze jours une âcreté & un feu dévorant dans la poitrine, qui leur caufa une grande altération & de légers crachemens de fang, qui n'eurent point de fuite.

L'engorgement du conduit fut effectivement la caufe de ce phénomène. La vapeur de la foffe ne pouvant fortir, s'y étoit condenfée, & cette vapeur étant fulfureufe, dut devenir par-là fortement inflammable. On remarqua en effet que l'enduit dont étoit recouverte intérieurement la pierre qui bouchoit la foffe, étoit épais comme le petit doigt. C'étoit une matière blanche & fulfureufe, qui prenoit feu dès qu'on en approchoit une lumière, & même par le fimple frottement. Cette efpèce de matière fulfureufe ou phofphorique n'avoit pu être formée que par les parties de la vapeur de la foffe, qui, en fe condenfant, s'étoient attachées à la pierre. La vapeur étoit donc de même nature, & conféquemment dut prendre feu avec la plus grande facilité. On voit par ce phénomène, la grande difpofition qu'ont les matières fécales à devenir fulfureufes. Il nous montre encore que le phofphore de M. *Homberg* peut être préparé par les mains de la Nature.

On peut ranger dans la même claſſe, à la différence près des matériaux, la production d'une multitude de phénomènes de cette eſpèce. Nombre de corps en effet contiennent un principe aërien inflammable, qui n'attend que quelque circonſtance favorable pour ſe produire & manifeſter ſon inflammabilité. Or, quantité de mêlanges qui ſe font dans le ſein même de la terre, dégagent plus ou moins abondamment ce principe, & produiſent des effets parfaitement analogues à ceux que nous avons indiqués ci-deſſus. Nous laiſſons aux Phyſiciens le ſoin d'étudier le caractère particulier des différentes ſubſtances qui concourent à la production de ces ſortes de phénomènes, d'expliquer de quelle manière ſe font leurs mêlanges, comment le principe inflammable s'en dégage, & ce qui l'amène quelquefois à l'état d'une inflammation ſpontanée. Nous nous bornerons au ſimple récit des faits qui peuvent éclairer le Phyſicien, & le mettre à portée de ſaiſir la théorie de ces phénomènes ſurprenans.

Le Père *Lana* nous apprend qu'en 1688, un Pionnier étant entré, ſans aucune lumière, dans un égoût, une eſpèce de cloaque, dont les murailles n'étoient revêtues que de ſalpêtre, il en ſortit tout-à-coup une flamme qui lui brûla légèrement l'épiderme en pluſieurs endroits, & le rendit totalement aveugle. Cependant, ajoute-t-il, on n'apperçut aucune altération dans ſes yeux, ni dans leurs membranes.

En 1664, un habitant de Rome, qui avoit une maiſon ſur le bord du Tibre, vis-à-vis le Château Saint-Ange, voulant faire vuider au printems le puits de cette maifon, fitué derrière un tas de fumier, fit venir des ouvriers qui s’acquittèrent très-bien de cette fonction. Le puits étant pref-qu’entièrement vuidé, l’un de ces ouvriers voulut y defcendre avec une chandelle ; mais à peine fut-il au milieu, qu’il cria qu’on le retirât, vu la chaleur infupportable qu’il reffentoit , jointe à une odeur de foufre. On le retira , & un fecond y defcendit après lui, tenant également une chan-delle. Si-tôt qu’il fut au milieu du puits , il s’en éleva une flamme bleue qui dura quelques mo-mens. Il cria de toutes fes forces , & on le retira à demi-grillé. Sa barbe & fes cheveux étoient entièrement brûlés, fes habits commençoient à prendre feu.

Feu M. *Raoul*, Confeiller au Parlement de Bordeaux, écrivoit au mois de Juillet 1740, qu’il y avoit dans le Prieuré de Tremolac, de l’Ordre de Clugny, à cinq lieues de Bergerac, un ruiffeau inflammable & brûlant. Il fut découvert, dit-il, il y a quatre ans par un voleur d’écreviffes, qui, pour mieux appercevoir les trous où elles fe cachent, fe fervoit de torches de paille allumées. Tant que cet homme marcha fur le gravier du lit prefqu’horifontal de ce ruiffeau , le feu ne prit point à l’eau de la fuperficie ; mais étant arrivé à des endroits plus inégaux & parfemés de creux, il fut bien étonné de voir que l’eau s’enflamma, au point qu’il en eut fa chemife brûlée. C’étoit une flamme bleuâtre. M. l’Abbé de Tremolac en fit répéter deux ou trois fois l’expérience, & elle réuffit conftamment.

Avant qu’on connût l’air inflammable des marais, ce fait, il faut en convenir, devoit

paroître bien merveilleux ; mais il eſt bien
étonnant que la connoiſſance de ce principe
aériforme ait été reculée juſqu'en 1767, car,
d'après les obſervations de MM. *Bougière* &
Peliſſier de Barri, Ingénieurs-Géographes, faites
en 1764, ſur le ruiſſeau dont nous venons de
parler, il eſt conſtant qu'on eût dû être alors
perſuadé qu'il s'élève du fond de certaines eaux
un principe aérien ſuſceptible d'inflammation.
Ces Meſſieurs s'étant en effet tranſportés en cet
endroit, ils obſervèrent qu'en marchant dans
l'eau de ce ruiſſeau, on troubloit un limon fin
& non glaiſeux, duquel il ſortoit une très-
grande quantité de bulles, leſquelles venant à
crever à la ſurface de l'eau, y répandoient une
vapeur inflammable, capable de s'allumer à
l'approche d'un flambeau, ou d'une torche de
paille. La flamme, diſent-ils dans leur rapport,
qui s'en élève eſt bleuâtre : elle a à-peu-près
autant de chaleur que du papier allumé, & on
y allume des étoupes, des allumettes ; preuve
évidente, diſent-ils, que c'eſt une inflammation
réelle, & non une lumière phoſphorique, comme
quelques-uns le prétendoient. Cette flamme dure
juſqu'à ce que la vapeur ſoit conſommée, &
lorſqu'elle l'eſt, on tenteroit inutilement de répéter l'expérience. Il faut laiſſer à l'eau le tems
de former de nouvelles matières. Le même phénomène, ajoutent ces Meſſieurs, ſe remarque
dans preſque tous les ruiſſeaux, les étangs & les
réſervoirs du canton.

Ce phénomène étoit connu dès la plus haute
antiquité. *Saint Auguſtin* en parle dans ſes Ouvrages, & regarde comme une merveille une

fontaine de cette espèce, qu'on voyoit de son tems dans le Dauphiné ; mais cette fontaine a bien perdu de son merveilleux par le laps du tems, & même dès 1699, elle n'étoit plus aussi curieuse & aussi digne de l'attention des Naturalistes.

L'Académie avoit chargé M. *Dieulamant*, Ingénieur du Roi au département de Grenoble, de lui rendre compte des merveilles qu'on publioit à son sujet ; & voici le rapport qu'il en fit à l'époque que nous venons de citer.

Cette fontaine, dit-il, ne mérite pas le nom de fontaine. C'est un petit terrain de six pieds de longueur, sur trois ou quatre pieds de largeur, sur lequel on voit une flamme légère, errante, & telle qu'une flamme d'eau-de-vie, attachée à un rocher mort d'une espèce d'ardoise pourrie, & qui se fuse à l'air. Ce terrain est sur une pente assez roide, environ à douze pieds au-dessous, & autant à côté ; il tombe des montagnes voisines, un petit ruisseau ou torrent, qui peut-être a coulé autrefois plus haut & auprès du terrain brûlant, & qui aura donné lieu de croire que ces eaux brûloient.

On ne remarque point que la flamme sorte d'un trou ou d'une fente de rocher par où on pourroit soupçonner qu'elle auroit communication avec quelque caverne inférieure qui seroit enflammée. On ne voit point de matière qui puisse servir d'aliment à la flamme. On s'apperçoit seulement qu'elle sent beaucoup le soufre. Elle ne laisse point de cendres. Il y a une espèce de salpêtre blanc, fort âcre, aux environs de cet endroit où est le feu.

On assura à M. *Dieulamant* que ce feu est plus ardent en hyver, & dans les tems humides ; qu'il diminue peu-à-peu dans les grandes chaleurs, & même s'éteint souvent dans les grandes chaleurs de l'été, après quoi il se rallume de lui-même. Il est fort aisé de le rallumer avec d'autre feu, ce qui se fait promptement & avec bruit.

M. *Dieulamant* observa enfin qu'aux environs du feu, le terrain se fendoit, s'affaissoit & couloit en bas : il n'en attribue point la cause au feu, mais aux eaux qui coulant entre les rochers morts, creusent ou emportent le terrain. Cet effet est si considérable en quelques endroits du Dauphiné, & sur-tout dans le pays qu'on nomme *le Champsaur*, que quelquefois deux villages situés sur deux montagnes différentes, & qui ne pouvoient se voir, parce que d'autres montagnes plus hautes étoient entre deux, ont commencé tout-d'un-coup à se voir, par l'affaissement des montagnes interposées.

Le phénomène dont nous venons de parler n'est donc dû qu'à la génération, ou mieux au développement d'un principe aërien inflammable, de même nature que celui que M. *Volta* découvrit dans des endroits marécageux en 1767, & dont il indique les propriétés dans ses Lettres sur l'air inflammable des marais. Nous savons aujourd'hui que ce principe aërien se trouve par-tout où il y a des terrains marécageux, & qu'on parvient à l'en dégager avec la plus grande facilité. Mais les Anciens, qui ne connoissoient point ce principe, regardoient avec étonnement ces sortes de phénomènes, & il en sera peut-être de même

un

un jour de ceux qui conservent encore pour nous
le titre de merveilleux.

Le 2 Juillet 1673, M. *George Veste*, Apothicaire de Hermanstad, écrivoit à M. *Henri Voll-
gnad*, qu'à quatre lieues de cette ville, il sortoit du pied d'une montagne couverte de vignes,
une source dont l'eau s'enflammoit. Cette eau,
dit-il, produit à sa source un jet d'une palme de
hauteur. Si on en approche à peu de distance
une lumière, cette eau s'enflamme & brûle comme
de l'esprit-de-vin. Cette flamme s'élève à trois
pieds de hauteur, & met le feu aux substances
combustibles qu'elle touche. Une fois enflammée,
cette eau brûle très-long-tems, & on ne peut l'é-
teindre qu'avec de la terre qu'on y jette.

Quoiqu'enflammée, cette eau reste froide; elle
a un goût de soufre comme certaines eaux aci-
dules, mais sa flamme n'a aucune odeur.

Si on la transporte hors de son bassin, elle ne
s'enflamme plus. Les Habitans de ce canton prétendoient alors que l'éruption de cette fontaine
ne remontoit point au-delà de vingt ans; mais ce
ne fut qu'en 1672 qu'on découvrit cette propriété
inflammable, à l'occasion de quelques roseaux de
son voisinage, auxquels des villageois s'avisèrent
de mettre le feu, elle s'enflamma pour la première fois, & brûla ainsi jour & nuit pendant plusieurs semaines.

On lit dans le Journal des Savans, pour l'année
1684, que dans le Palatinat de Cracovie, au
milieu d'une montagne dont la terre est limo-
neuse, pleine de cailloux grisâtres, & ordinairement couverte d'herbes & de fleurs odoriféran-
tes, il y a une grande fontaine dont l'eau est claire,

d'une odeur & d'un goût agréables à la source; elle en sort avec impétuosité, & bouillonne avec un bruit qui se fait entendre d'assez loin. L'eau de cette fontaine s'élève de plus en plus à mesure que la lune approche de son plein. Lorsqu'elle est pleine, la fontaine regorge, & elle s'abaisse dans le décours.

Si on approche des bouillons de cette eau un flambeau allumé, elle s'enflamme comme de l'esprit-de-vin; mais cela n'arrive qu'à la source; & cette flamme, quoique très-subtile, brûle le bois qu'on en approche. On l'éteint en frappant sur la surface de l'eau avec des balais faits de branches d'arbres.

M. *Bernouilli* nous a donné, dans une lettre qu'il écrivit en 1685, la description d'une eau de même caractère que la précédente.

Il y a, dit-il, dans la cave d'une maison de cette ville (Basle en Suisse) une source d'eau vive entourée d'un enclos quarré, haut de sept pieds, & large d'environ quatre pieds. L'eau en est conduite par des tuyaux de bois à une fontaine publique, qui est à quelques cent pas de là dans le marché aux poissons. Ces tuyaux reçoivent en chemin l'eau d'une source plus élevée; & de peur qu'au lieu de couler vers la fontaine cette eau ne regorge vers l'enclos, & ne passe dans l'orifice du tuyau, comme cela est souvent arrivé dans de grandes sécheresses, l'homme qui en a soin a coutume, quand l'eau est basse, de boucher cet orifice avec une grosse cheville de bois. Il l'avoit fait il y a environ deux mois; mais quand il voulut le déboucher le 18 Août 1685, parce que l'eau passoit la hauteur de l'orifice d'un demi-pied & plus ; à peine eut-il frappé deux ou trois coups fur ce bouchon, qu'il fauta avec tant violence, qu'il auroit tué le Fontainier s'il l'eût touché. Une flamme qui l'avoit pouffé fortit en même-tems avec un grand éclat, & brûla les cheveux, la barbe & les habits de cet homme, éteignit la chandelle, nagea quelque tems fur l'eau avec fifflement, & remplit l'enclos & la cave d'une épaiffe fumée dont cet homme fut prefque fuffoqué. On le trouva à demi-mort avec plufieurs brûlures au vifage.

En 1687, M. *de Caffini* rapportoit à l'Académie des Sciences de Paris, qu'il y avoit à Porette proche Boulogne, une fontaine qui prenoit feu à l'approche d'une chandelle. Cet endroit appartenoit à M. *Ranucci.*

Un phénomène plus furprenant encore par les circonftances qui l'accompagnèrent, fut fans doute celui qu'on obferva au commencement de ce fiècle, près de Bofeley, dans la Province de Shrop. Ce fut une efpèce de *volcan hydropirique*, qui caufa la plus grande épouvante à ceux qui furent témoins de ce phénomène.

La fontaine de Bofeley, dit la relation qu'on nous en donna dans le tems, fit fa première éruption vers le commencement de ce fiècle. Deux jours auparavant, il s'étoit élevé la plus grande tempête qu'on eût obfervée dans le pays. A peine l'ouragan fut-il ceffé, que le nouveau phénomène caufa bien d'autres allarmes aux Habitans. Au milieu d'un profond fommeil auquel tout le monde étoit livré, ils furent réveillés vers les deux heures du matin par un bruit terrible, & tel qu'on n'en avoit jamais entendu de fembla-

X ij

ble. La terre parut si agitée, qu’on crut toucher au moment de la destruction générale. Tout le monde, en un instant, fut sur pied. Ceux qui eurent assez de courage ou de sang froid pour se hasarder à considérer la cause d’un pareil bouleversement, sortirent de leurs maisons & se réunirent pour aller vers l’endroit d’où le bruit paroissoit venir. De plus de deux cens personnes qui s’étoient rassemblées, il n’y en eut que sept ou huit qui osèrent s’approcher d’une petite montagne éloignée d’environ cent pas de la rivière de Severne, & au pied de laquelle étoit une fonderie. Ils s’apperçurent bientôt que tout le bruit venoit de là ; toute la surface de la terre y étoit en effet dans une agitation violente ; elle s’élevoit & s’affaissoit plusieurs fois dans l’espace d’une minute. Un homme de la compagnie, plus hardi que les autres, prit un couteau, avec lequel il fit en terre un trou de quelques pouces de diamètre. Aussi-tôt il sortit de terre avec impétuosité une eau jaillissante, qui s’éleva jusqu’à six ou sept pieds de hauteur. L’éruption fut si violente, que cet homme en fut renversé. Un moment après, le même homme ayant passé près de la source, avec une lumière, l’eau s’enflamma & jetta des flammes. Lorsqu’on eut réitéré plusieurs fois la même expérience, le propriétaire du terrein voulant conserver une singularité si curieuse, fit faire une citerne & la fit couvrir, en y laissant néanmoins une ouverture pour satisfaire la curiosité du public. Dès qu’on approche une lumière du trou fait au couvercle de cette citerne, l’eau prend feu & brûle comme de l’esprit-de-vin, aussi longtems qu’on empêche l’air extérieur d’exercer sa force ; mais aussi-tôt que le couvercle est levé, les flammes disparoissent. La chaleur de ce feu est telle, que si on met au trou du couvercle de la viande dans un pot plein d'eau, elle est cuite aussi promptement qu'elle pourroit l'être au plus ardent foyer. Ce même feu réduit en un moment de gros morceaux de bois verd en cendres. Ce qui cause le plus de surprise, c'est que malgré sa violence, l'eau n'a pas le moindre degré de chaleur, & est aussi froide que celle des autres fontaines. Ainsi le feu n'y réside pas. Ce ne peut être qu'une vapeur inflammable qui a percé la terre en même-tems que l'eau, qui pénètre même la source, & qui enfin s'y enflamme & brûle comme la naphte brûle dans l'eau.

Quoique le phénomène suivant appartienne plutôt à la classe des volcans dont nous parlerons ailleurs, nous le rangeons dans celle des précédens, parce qu'il ne produisit aucun ravage, & qu'il ne fit observer précisément qu'un feu allumé sous terre, & poussant à la vérité au-dehors les corps qui s'opposoient à son passage.

M. *de la Lanne*, Consul de Candie, écrivoit au Consul de Tunis, en 1707, qu'à deux milles de l'isle de Santorini, qui est à soixante-dix milles de Candie, on s'est apperçu d'une nouvelle isle, qui ne parut d'abord que comme un petit bâtiment, laquelle grossissant chaque jour, est devenue aussi grande qu'un vaisseau de haut bord. Elle est, dit-il, entourée de plusieurs autres petites isles, & il en sort continuellement de grandes flammes. Cette nouveauté est d'autant plus surprenante, qu'en cet endroit, l'eau a plus de soixante brasses de profondeur, & qu'il faut que ces feux souterrains ayent une grande force pour pouvoir lancer si haut à travers la mer, une si grosse masse de rocher. Ce phénomène commença à être vu le 23 Mai 1707, au lever du soleil, selon une lettre du Père *Bourgnon*, Missionnaire en cet endroit.

Il eût été naturel de commencer cet article par les phénomènes que nous offre le feu ordinaire; mais tout merveilleux qu'ils soient en soi, ils sont trop connus pour trouver place ici; & comme nous ne voulons parler que d'un seul que peu de personnes connoissent, nous avons cru pouvoir le rejetter à la fin de cet article. Le voici:

Un garde-feu, sur-tout celui qui est fait de treillage, pour que l'observation en soit plus frappante, est sensiblement froid du côté qu'il regarde le feu & souvent fort chaud du côté opposé, ou du côté de la chambre. Pour qu'on n'imagine pas que cet effet ne soit qu'un sentiment relatif, parce qu'en le touchant avec la main, le dos de celle-ci tournée vers le feu éprouve une grande chaleur, & fait juger froid le corps qu'elle touche, voici comment on peut se convaincre de cette vérité. Le feu étant fort ardent, laissez bien chauffer le garde-feu, retirez-le ensuite brusquement à quelque distance du foyer. Appliquez en même-tems les mains sur ses deux faces, & vous éprouverez que celle qui étoit du côté du feu est sensiblement froide & l'opposée chaude.

FLUX ET REFLUX. Le flux & reflux de la mer est un des phénomènes les plus surprenans de la Nature, mais qui n'excite plus l'admiration du peuple par l'habitude qu'il a de le

contempler. Il ceſſe même d'être une merveille
pour le Phyſicien qui croit être parvenu à en découvrir la cauſe ; & tout admirable qu'il ſoit, nous
ne croyons pas devoir en faire un article particulier. Mais il eſt des phénomènes de même genre,
qui paroiſſent s'éloigner des loix générales, qui
méritent de trouver ici leur place, & dont nous
donnerons une légère idée.

Tous les Voyageurs ont remarqué l'Euripe,
fameux détroit de la mer Egée, qui ſépare l'Au-
lide & la Béotie de l'Eubie. Ce détroit ſe reſſerre
tellement à l'endroit où eſt bâtie la fortereſſe de
Négrepont, qu'une galère a peine à y paſſer, &
c'eſt ſur-tout vers cette partie qu'on remarque
les effets ſurprenans que les anciens & les modernes ont tâché inutilement d'approfondir. Pendant dix-huit ou dix-neuf jours de chaque lune,
l'Euripe eſt réglé, comme diſent les Habitans,
c'eſt-à-dire, qu'en vingt-quatre ou vingt-cinq
heures, il a deux fois ſon flux & reflux, ainſi que
l'Océan. Mais pendant les autres jours il eſt dé-
réglé, & alors, dans l'eſpace de vingt-quatre ou
vingt-cinq heures il a onze, douze, treize & même
quatorze fois ſon flux & reflux. C'eſt, ſans contredit, un phénomène ſurprenant, une eſpèce de
merveille dont nous avons donné une explication
à l'article Flux & Reflux de notre Dictionnaire de
Phyſique.

Voici maintenant un autre phénomène non
moins ſurprenant : c'eſt ce qu'on appelle dans le
pays le *Prororoca*.

Il y a dans l'Amérique méridionale une ville
ſituée à environ un degré & demi de l'Equateur
du côté du ſud, appellé *Para*, du nom d'un fleuve

qui la traverse. Elle est à plus de cinquante milles de l'Océan. Le fleuve qui baigne les murs de cette ville est formé par un amas de ruisseaux & de rivières qui se réunissent en cet endroit, & de là vont se jetter dans la mer. L'embouchure du fleuve des Amazones, qui se précipite aussi dans le même Océan, est fort éloigné de cette ville. On voit une prodigieuse quantité d'isles dans le fleuve Para ; une d'entr'elles, nommée par les Indiens *Maraga*, a environ cinquante milles de circuit.

Parmi les petites rivières qui se réunissent vers Para, il y en a une qu'on désigne, dans l'idiome du pays, sous le nom de *Guama*. C'est ici qu'on trouve une isle d'un circuit peu considérable, mais connue & très-célèbre parmi les Habitans du canton. Elle est à quarante-cinq milles de la ville, au milieu du fleuve, qui, dans cet endroit, ainsi que dans tous les fleuves de l'Océan, peut avoir là deux cens pas de largeur. On voit deux fois par jour le flux & le reflux, pourvu que la lune ne soit pas trop éloignée des syzygies. Le lendemain, ou le surlendemain de chaque nouvelle ou pleine lune, tems auquel les marées sont les plus fortes, les eaux s'élèvent avec tant de violence, tant de précipitation un peu au-dessus de l'isle dont on vient de parler, que dans très-peu de tems elles remontent jusqu'au point où les jours précédens & les suivans elles ne parvenoient que dans l'espace de six ou sept heures. C'est cette élévation subite & précipitée des eaux que les Indiens appellent *Prororoca*, nom assez expressif dans leur langage, qui désigne en même-tems la vélocité des eaux & le danger que courent ceux qui navigent alors sur ce fleuve. C'est de cette circonstance du lieu où commence cette élévation subite des eaux, que l'isle a pris le nom de *Prororoca*.

A peine commence-t-on à entendre un bruit épouvantable, qu'on voit trois ou quatre flots d'une écume blanche se précipiter les uns sur les autres du haut de cette isle : aussi-tôt les eaux s'élèvent, se répandent de tous côtés, inondent une grande partie de l'isle & des campagnes voisines. Alors elles entraînent tout ce qu'elles rencontrent sur leur passage, même jusqu'à des masses énormes de rochers dans les endroits où le lit du fleuve est plus resserré, ou bien où il se divise en plusieurs branches. Le Prororoca est d'une violence extraordinaire, & les eaux paroissent réellement en fureur. C'est ainsi que le Prororoca s'étend dans toutes rivières qu'il rencontre, jusqu'à ce que perdant peu-à-peu de ses forces, il s'appaise enfin lorsque les eaux sont parvenues de tous côtés à une hauteur considérable. Le Prororoca est moins violent le jour suivant, & il n'est plus à craindre le troisième jour.

Quoique toutes les forces de cette eau en fureur agissent vers la partie supérieure du fleuve, on ne doit pas cependant penser que vers la source du fleuve & dans les endroits un peu éloignés de cette isle, il n'y ait pas dans les eaux des mouvemens un peu opposés. Il n'est pas possible qu'il sorte de cette isle un si grand volume d'eau, avec une si grande impétuosité, & qui s'élève à une hauteur si considérable, sans qu'une partie ne tombe par son propre poids vers la partie opposée du fleuve. Les eaux qui viennent du Prororoca, & celles qui viennent de l'Océan doivent, en se rencontrant, produire des mouvemens assez violens pour épouvanter les Voyageurs. Ce danger doit durer jusqu'à ce que toutes les eaux ayent acquis un degré de force à-peu-près égal dans presque toute cette étendue du fleuve.

Cette isle n'est pas le seul endroit où le Prororoca se manifeste. Il est encore bien plus terrible à l'embouchure du fleuve des Amazones, auprès du promontoire nommé *Cap-Nord*. Ce débordement s'y exécute avec une force & une impétuosité inconcevables. C'est-là que M. *de la Condamine*, allant à Cayenne, fut sur le point de périr par la négligence des Indiens.

Avant d'expliquer ce phénomène, il est bon de connoître de quelle manière les Habitans de ces cantons raisonnent sur un fait si obscur & si difficile.

Quelques-uns pensent que le Prororoca a lieu, lorsque les marées font remonter les eaux du fleuve, & agissent sur elles avec une force supérieure à celle qui les entraîne vers la mer. Si cela étoit, tous les fleuves de la mer éprouveroient à leur embouchure un Prororoca pendant la haute marée, & on devroit l'observer deux fois par jour. D'ailleurs, pourquoi ne voit-on jamais de Prororoca au-dessous de la ville de Para, quoi-que dans un endroit du fleuve, où plusieurs autres petites rivières réunissent leurs eaux pour aller se jetter dans la mer, & où elles vont avec le plus d'impétuosité au-devant des marées? Pourquoi dans ce même fleuve de Guama où le flux de la mer s'exécute d'une manière très-lente, un peu au-dessus de l'isle dont on a parlé, le Prororoca déborde-t-il avec tant de force & tant d'impétuofité ? Pourquoi cela arrive-t-il toujours lorfque la lune a paffé fes fyzygies ?

Ce qui paroît le plus probable pour expliquer un phénomène auffi fingulier & auffi obfcur, eft qu'on doit regarder comme un fait certain & conforme aux obfervations les plus exactes, que le Prororoca eft joint aux marées, & qu'il doit en dépendre entièrement, ce qui paroît par la defcription donnée du débordement. De cette manière, la marée feroit la caufe de cette éruption épouvantable des eaux : mais en parlant ainfi, on n'explique rien, & la difficulté fubfifte la même. Il s'agit donc de trouver la caufe immédiate par laquelle la marée, qui eft toujours plus forte après la conjonction & l'oppofition de la lune avec le foleil, peut faire qu'une maffe d'eau énorme s'élance avec tant d'impétuofité de l'endroit où commence le Prororoca. Voici de quelle manière M. *de Brunelli* explique ce phénomène.

Il doit y avoir un peu au-deffus de l'ifle du Prororoca une grande ouverture aboutiffante à un grand fouterrain qui fe rend à la mer à peu de diftance du rivage. Il eft certain qu'il exifte en différens endroits de la route, des canaux de cette efpèce, par lefquels les eaux remontent à des diftances très-éloignées : c'eft par ce canal fouterrain que les eaux de là remontent avec cette abondance, cette impétuofité qui produit le Prororoca. Ces eaux font entraînées par leur propre pefanteur depuis la mer jufqu'à l'ifle, & elles fortent enfin par l'ouverture que M. *Brunelli* fuppofe en cet endroit ; mais elles ne s'élèvent pas en ligne droite ; elles s'élancent au contraire un peu obliquement à caufe de l'obliquité du

canal, & elles montent avec une impétuofité incroyable contre la direction des eaux du fleuve. Il
y a lieu de croire que cela arrive toutes les fois que
la marée eft très-forte, le gonflement des eaux fe
trouve précifément fur l'ouverture du canal, qui
aboutit à la mer. Cela pofé comme peu de tems
après les fyzygies, l'intumefcence des eaux de la
mer eft plus forte, toutes chofes égales d'ailleurs,
que dans tous les autres tems, il faut auffi que le
Prororoca foit plus violent dans ces circonftances:
peut-être auffi que les eaux ont beaucoup plus de
profondeur au-deffus de cette ouverture du canal,
que celles du fleuve n'en ont auprès de l'ifle du
Prororoca, qui, dans ce tems, font très-baffes.
Les eaux de la mer étant donc entrées dans ce
canal fuppofé, doivent couler avec beaucoup
plus d'impétuofité jufque vers l'ifle, par la feule
action de leur propre poids, ce qui eft conforme
aux loix de l'hydraulique, jufqu'à ce que toutes
les eaux qui font dans ce fleuve, & qui entrent de
la mer dans ce canal, foient parvenues à une hauteur à-peu-près égale.

Les jours fuivans, c'eft-à-dire, lorfque la lune
eft fort éloignée des fyzygies, les eaux qui fe trouvent fur les deux ouvertures du canal dont il s'a-
git, font à-peu-près au même degré de hauteur,
puifque dans ce tems l'intumefcence des eaux de
la mer eft beaucoup moindre ; par conféquent
les forces déprimantes de part & d'autre feront
égales, comme on le voit dans les fyphons. Il
n'y aura donc point de Prororoca ces jours-là.
Comme ce Prororoca, quelque grand, quelque
rapide qu'il foit, ne dure que fort peu de tems,
il doit toujours avoir lieu, foit que la lune fe

trouve en conjonction, soit qu'elle se trouve en opposition avec le soleil.

On concevra aussi facilement pourquoi la lune étant dans les syzygies au tems des équinoxes, les Prororoca sont beaucoup plus violens. Les marées sont, dans ce tems, beaucoup plus fortes que dans tout autre ; par conséquent, l'intumescence est beaucoup plus grande. Il arrive de là que les eaux de la mer entrent dans le canal avec plus de violence, & en sortent avec plus d'impétuosité par l'ouverture qui aboutit au fleuve. Enfin, ce canal aboutissant à la mer à peu de distance du rivage, on peut expliquer assez commodément pourquoi le Prororoca arrive toujours dans les tems où les eaux du fleuve sont repoussées par celles de la mer. En effet, les eaux ne se gonflent à l'ouverture de ce canal que lorsqu'elles refluent peu-à-peu vers le rivage, & remontent de toutes parts vers le fleuve. Telles sont les conjectures de M. *Brunelli* sur ce singulier phénomène ; & ces conjectures sont au moins fondées sur des données qu'on ne peut lui refuser.

FONTAINES EXTRAORDINAIRES.

Nous ne ferons qu'un seul article des phénomènes singuliers & extraordinaires que les fontaines, les sources & les lacs offrent à notre curiosité.

Parmi ces sortes de phénomènes, celui de l'intermittence de certaines sources, quoique plus généralement connu & facile d'ailleurs à expliquer, mérite de trouver place ici. Nos Lecteurs verront avec plaisir que ce phéno-

mène eſt plus multiplié qu'on ne le croit ordinairement.

L'Auteur de la Deſcription des glacières de
Suiſſe, parle d'une fontaine, ſituée à Engſtler
dans le Canton de Berne, ſujette à une double intermittence, l'une annuelle, & l'autre jour-
nalière. Elle ne commence à couler que vers
le mois de Mai, & elle coule, aſſure-t-il, plus
abondamment pendant la nuit que pendant le
jour.

Le merveilleux de cette opération qui frappe
le vulgaire au point de lui faire croire que cette
eau eſt un préſent de la Divinité, pour abreu-
ver ſes troupeaux qu'on amène vers ce tems
ſur la montagne, diſparoît aux yeux du Phyſicien qui voit que c'eſt l'effet de la chaleur
qui commence alors à faire fondre les glaces
en-deſſous; car elles reſtent inaltérées & conſtamment glacées en-deſſus. Ce qui pourroit paroître plus difficile à expliquer & plus merveilleux, c'eſt que l'eau ſoit plus abondante
pendant la nuit. Cela vient ſans doute de l'al-
ternative de la chaleur, & du refroidiſſement
cauſé par la préſence & par l'abſence du ſoleil dans la maſſe de la terre, couverte de cet
amas de glace. Comme il faut en effet un certain tems pour que la chaleur du ſoleil produiſe
ſon effet, & qu'elle ſe communique aux parties éloignées, il arrive que le moment de la
chaleur eſt poſtérieur de pluſieurs heures à
celui de la plus grande chaleur de l'air qui a
lieu vers les trois heures après-midi. Ce n'eſt
donc que quelques heures après le coucher du
ſoleil qu'arrive la plus grande liquéfaction de

la glace qui touche la terre. Ajoutez à cela le chemin que l'eau, qui en provient, doit faire dans ces endroits refferrés entre des vallons & fous des glaces, & il ne fera pas étonnant que cette eau ne coule abondamment que vers le milieu de la nuit.

La fontaine fuivante a fans contredit quelque chofe de plus réel & de plus curieux dans fon intermittence. C'eft celle qui fe trouve près de Torbay dans le Devonshire, à l'une des extrémités de la petite ville de Brixham. On en trouve la defcription dans les Tranfactions Philofophiques, n°s. 202 & 224. Les habitans du pays l'appellent Lay-well. Elle eft fur le penchant d'une colline, & éloignée d'un mille de la mer, ce qui exclut toute communication avec la mer. Son baffin eft de quatre pieds & demi de largeur fur huit de longueur. Il y a un courant qui coule conftamment dans ce baffin, & l'eau en fort par l'autre extrémité, par une ouverture de trois pieds de largeur fur une hauteur convenable.

Il s'écoule quelquefois un tems affez confidérable, comme de quelques heures, pendant lefquelles l'eau coule uniformément fans hauffer ni baiffer; mais le plus fouvent elle a un mouvement de flux & reflux fort fenfible & affez prompt. L'eau s'élève de quelques pouces pendant environ deux minutes, après quoi elle s'abaiffe pendant environ autant de tems, & celui-ci eft fuivi d'un petit repos; en forte que la durée totale eft d'environ cinq minutes. Cela s'exécute une vingtaine de fois de fuite, après quoi la fontaine paroît fe repofer pendant environ deux heures, & l'eau coule uniformément pendant ce tems-là.

On lit, dans le Journal des Savans, pour le mois d'Octobre 1688, la description d'une fontaine aussi singulière. Elle est sur le chemin qui conduisoit de Pontarlier à Touillon, au bout d'un petit pré & au pied de quelques montagnes qui la dominent. Elle coule par deux endroits séparés dans deux bassins, dont la rondeur lui a fait donner le nom de *fontaine ronde*. Le bassin supérieur, plus grand, a environ sept pas de longueur sur six de largeur, & il y a au milieu une pierre en talus qui sert à rendre sensible son mouvement de réciprocation.

Quand le flux va commencer, on entend un bouillonnement au-dedans de la fontaine, & l'on voit aussi-tôt l'eau sortir de tous côtés, & produisant beaucoup de bulles d'air, elle s'élève alors d'un pied & même plus.

Dans le reflux l'eau s'abaisse à-peu-près dans le même tems & par les mêmes gradations inverses. La durée totale du flux & reflux est d'environ un demi-quart-d'heure, y compris deux minutes, à peu de chose près, de repos. La fontaine tarit presqu'entièrement à chaque reflux, sur-tout de deux l'un, & à la fin de ce reflux, on entend une espèce de gazouillement qui annonce cette fin.

La petite ville de Colmars en Provence, a encore une semblable fontaine. Elle se trouve aux environs de cette ville, & elle est remarquable par la fréquence de ses écoulemens. Quand elle est prête à couler, un léger murmure annonce son arrivée. Elle croît ensuite

pendant

pendant une demi-minute. Alors elle jette de l'eau de la groffeur du bras, puis elle décroît pendant cinq à fix minutes, & s'arrête un moment pour reprendre enfuite fon écoulement. De cette manière la durée de fon écoulement & de fon intermittence eft de fept à huit minutes; en forte qu'elle coule & qu'elle s'arrête environ huit fois dans une heure. On trouve l'hiftoire de cette fameufe fontaine dans les Œuvres de *Gaffendi*, & dans l'Hiftoire Naturelle du Languedoc & de la Provence, par M. *Aftruc*.

La fontaine de Fronzanches, Diocèfe de Nîmes, à la droite & affez près du lit de la Vidourle, fort de terre à l'extrémité d'une pente affez roide, tournée au levant. Son intermittence eft plus marquée. Elle coule & s'arrête régulièrement deux fois en vingt-quatre heures. La durée de fon écoulement eft de fept heures vingt-cinq minutes, & celle de l'intermittence, de cinq heures juftes ou très-près; en forte que fon écoulement retarde chaque jour de cinquante minutes. On ne peut néanmoins en conclure aucune liaifon, foit avec le mouvement de la lune, foit avec la mer, quoiqu'on lui ait donné le nom de flux & reflux. Il feroit abfurde d'établir de-là des canaux jufqu'à la mer de Gafcogne, qui eft à cent trente-lieues. D'ailleurs ce retard de cinquante minutes n'eft pas précifément celui des marées ou du paffage de la lune par le méridien. L'analogie d'un mouvement avec l'autre ne fe foutient pas davantage, que fi ce retardement étoit beaucoup plus grand ou moindre.

Il est encore une fontaine fameuse en ce genre ; c'est celle de Fontestorbe, à l'extrémité d'une chaîne de rochers qui s'avancent presque jusqu'au bord de la rivière de Lers, entre Fougas & Belestat, Diocèse de Mirepoix. Fort au-dessus du lit de la rivière, on voit une voûte de vingt à trente pieds de profondeur, de quarante pieds de largeur sur trente de hauteur. Au côté droit est une fontaine, dans une ouverture triangulaire du rocher, dont la base a huit pieds ou environ de largeur. C'est par cette ouverture que coule l'eau, quand le flux est arrivé. Ce qui caractérise singulièrement son intermittence, c'est qu'elle n'est intermittente que dans le tems de la sécheresse, pendant les mois de Juin, Juillet, Août & Septembre. Alors elle coule pendant trente-six à trente-sept minutes. Vient-il à pleuvoir, le tems de l'intermission se raccourcit & s'anéantit enfin, lorsqu'il a plu quatre ou cinq jours de suite ; en sorte qu'elle est alors continue, quoiqu'avec une augmentation périodique. Enfin, lorsque la pluie a continué assez long-tems, le flux est continu & égal ; ce qui dure pendant tout l'hiver, jusqu'au tems de la sécheresse, où la fontaine redevient périodique & intermittente par les mêmes gradations inverses.

On trouve encore quantité d'autres fontaines du même genre. Telles font celles des environs de Paderborn, qu'on nomme Bullerbares, qui coulent, dit-on, douze heures, & se reposent autant de tems : celle de Hautecombe en Savoie, près du lac de Bourget, qui coule & s'arrête deux fois par heure : celle de Buxton dans le Comté de Darby, & dont parle *Childrey* dans les Curiofités de l'Angleterre, qui coule tous les quarts-d'heure feulement : une autre, près du lac de Côme, célèbre dès le tems de *Pline le jeune*, qui hauffe & qui baiffe périodiquement trois fois par jour, &c.

Mais voici des phénomènes d'un autre genre. Ce font ceux que préfentent certains puits ou certaines fources qui s'élèvent & qui s'abaiffent à certaines périodes, fans qu'on leur connoiffe d'écoulement. Il y a près de Breft un puits fujet à ces abaiffemens & élévations périodiques, dont l'explication a beaucoup occupé les Phyficiens. On en trouve la defcription dans le Journal de Trevoux, pour le mois d'Octobre 1728.

Il eft fitué à deux lieues de Breft, au bord du bras de mer qui s'avance dans les terres jufqu'à Landerneau. Sa diftance, au bord de la haute mer, eft de foixante-quinze pieds, & à-peu-près du double de la baffe mer. Il a vingt pieds de profondeur, & fon fond eft plus bas que la haute mer, & plus élevé que la baffe.

Il feroit peu étonnant, & même il feroit naturel que ce puits baifsât à la baffe mer, & montât à la haute ; mais c'eft tout le contraire, l'eau de ce puits eft à fa plus baffe hauteur ; elle eft à onze & même à douze pouces au-deffus de fon fond, lorfque la mer eft la plus élevée. Elle refte en cet état environ une heure, à compter du moment de la haute mer. Elle croît enfuite environ deux heures & demie, dans le tems que la mer baiffe ; après quoi elle refte ftationnaire pendant environ deux heures.

Elle commence alors à décroître une demi-
heure avant le moment de la plus baffe mer,
& cela continue pendant les quatre premières
heures de la mer montante ; enfin elle refte
dans le même état d'abaiffement pendant environ trois heures, c'eft-à-dire, pendant les deux
dernières heures de la mer montante, & la
première heure de la mer defcendante, après
quoi elle recommence à monter. On a remarqué, dans la plus grande féchereffe de 1724,
que ce puits tariffoit quelques heures à la mer
montante, & qu'il fe rempliffoit à la mer defcendante, tandis que des puits voifins n'étoient
point fujets à ces alternatives.

On voit, entre Londres & Gravefande, une
forte de petit lac, appellé *Greenhive*, qui préfente les mêmes phénomènes, d'après le rapport du Docteur *Defaguilliers* ; mais tous ces
phénomènes n'approchent point de la fingula-
rité du fameux lac Zirehnitz. Il eft fitué près
de la ville de ce nom, dans le Duché de Car-
niole. Il a environ trois lieues de France de
longueur & une demie de largeur, fous une forme affez irrégulière.

Ce lac eft plein d'eau pendant prefque toute
l'année ; mais vers la fin de Juin & les premiers jours de Juillet, l'eau s'écoule par dix-
huit efpèces de puits ou conduits fouterrains ;
en forte que ce qui avoit été le féjour des poiffons & des oifeaux aquatiques qui y font très-
nombreux, devient celui des beftiaux, qui y
viennent paître une herbe très-abondante. Les
chofes reftent ainfi pendant trois à quatre mois,
fuivant la conftitution de l'année, & ce tems

expiré, l'eau revient par les trous qui l'avoient abforbée, & avec une violence fr confidérable, qu'elle jaillit jufqu'à la hauteur d'une pique, de manière que dans l'efpace de vingt-quatre heures, le lac eft revenu à fon premier état.

On doit cependant remarquer ici qu'il y a quelques irrégularités dans le tems & la durée de cette évacuation. Il eft quelquefois arrivé que le lac eft rempli & vuidé deux ou trois fois dans l'année. Une fois il n'éprouva de toute l'année aucune évacuation ; mais il n'eft jamais arrivé qu'il foit refté vuide plus de quatre mois. On peut confulter à ce fujet un excellent Ouvrage de M. *Weichard Valvafor*, intitulé : *Gloria Ducatus Carniolæ*, imprimé en 1688. Il déduit, avec beaucoup de probabilité, les phénomènes de ce lac, des cavités fouterraines qui communiquent avec lui, par les ouvertures dont nous avons parlé, & qui font pleines d'une eau alimentée par les pluies. Lorfque ces pluies ont ceffé pendant long-tems, & qu'elles font évacuées jufqu'à un certain point, elles donnent lieu au jeu de fyphons qui vuident tout le lac. Il faut lire le développement de cette explication dans *Valvafor*, ou dans les Actes de Leipfick, pour l'année 1688.

Laiffant de côté les intermittences, voici un phénomène d'un autre genre, qui n'eft pas moins admirable ni moins fingulier, & qu'on obfervoit fur un petit lac à Straherrick, fur les terres du Lord *Lovel*, en 1683, fuivant le rapport du Chevalier *Mackenzi*. Ce petit lac, dit-il, ne fe gèle jamais tout-à-fait avant le mois de Février, même dans les gelées les plus ru des ; mais à la première gelée qui survient dans ce mois, le lac prend tout-à-fait, & deux nuits suffisent pour rendre la glace d'une épaisseur considérable. J'ai, ajoute le même Auteur, entendu parler de deux autres lacs, dont l'un se trouve dans mes terres, & s'appelle *Lochumenar*. Il est d'une largeur considérable, & il se comporte comme le précédent. Je tiens ce phénomène de personnes dignes de foi. L'autre lac est à Geancanish dans le Straglash, sur des terres qui appartiennent au Comte *Chrissolm*. Ce lac est situé dans un fond, entre les sommets d'une très-haute montagne ; de sorte que ce fond est très-élevé. On voit toujours de la glace au milieu du lac, même lorsqu'il fait le plus chaud, & que les bords sont dégelés. Ce phénomène paroît d'autant plus surprenant, qu'il fait très-chaud en cet endroit, parce que les montagnes réfléchissent les rayons du soleil. D'ailleurs on ne voit rien de pareil dans les lacs du voisinage qui sont aussi élevés.

Le fameux lac Ness nous offre un phénomène bien opposé. Il ne gèle jamais, au contraire, dans les plus fortes gelées, il en sort des vapeurs plus considérables.

Un phénomène d'un autre genre encore, & qui mérite d'être observé, c'est celui qu'on remarque à l'une des sources des eaux de Forge, à celle qu'on appelle *la Reinette*. Elle charie le mars sous la forme de gros flocons jaunâtres ; & ce qui est plus remarquable, c'est que la quantité en augmente considérablement une heure avant le lever du soleil, & une heure avant son coucher. S'il doit survenir un orage ou quelque grande pluie, on voit l'eau de la Reinette se troubler quelquefois dans la journée même qui précède l'orage, & devenir toute brouillée par la quantité de flocons qu'elle voiture. Enfin, on juge de la violence de l'orage & de l'abondance de la pluie, par la quantité de flocons qu'on observe dans cette eau, & par le tems qu'elle reste brouillée.

Le phénomène suivant est bien plus surprenant encore ; mais doit-on y ajouter foi, quoique consigné dans les Actes d'une célèbre Académie ? On y lit que le 29 Juillet de l'an 980, l'eau d'une fontaine en Lorraine fut changée en sang ; ce qui fut suivi d'une peste terrible, qui fit mourir un grand nombre de personnes, tant en France qu'en Italie.

Le fait suivant est plus croyable, quoiqu'il méritât néanmoins quelques restrictions. On lit dans les Mémoires de l'Académie, pour l'année 1712, qu'il y a à Senlisse, village près de Chevreuse, une fontaine, dont l'eau fait tomber les dents sans fluxions, sans douleurs & sans qu'on saigne. On ne peut, ajoute-t-on, s'en prendre qu'à elle de cet accident ; car l'air y est très-bon, très-tempéré, & les habitans plus sains & plus robustes qu'ailleurs. Seulement il y en a plus de la moitié auxquels il manque des dents. D'abord elles branlent dans la bouche pendant plusieurs mois, ensuite elles tombent fort naturellement. L'eau qu'on accuse de ce mal est vive. On la trouve froide, lorsqu'on la boit à la sortie de la fontaine. On reconnoît qu'elle est dure, lorsqu'on s'en sert dans la cuisine, & on prétend qu'elle donne des tranchées à ceux qui n'y font point accoutumés. M. *Lemery*, qui l'a examinée, n'y a rien trouvé d'extraordinaire, finon douze grains d'alkali fixe fur quatre pintes, & pas la moindre quantité de mercure qu'on auroit pu y foupçonner. Cet habile Chimifte rappelle à ce fujet que *Vitruve* parle d'une fontaine de Suze en Perfe, qui produifoit le même effet, & il ajoute qu'il a vu à Paris un Perfan, né à Suze, qui s'ôtoit avec la main fept à huit dents de la bouche, & fe les remettoit auffi facilement. Il eft vrai, obferve M. *Lemery*, que cet homme étoit violemment attaqué de fcorbut.

Nous terminerons ces fortes d'obfervations par un accident bien fingulier qui arriva en 1750. Le 16 Juillet de cette année, un ruiffeau qui traverfe la petite ville de Sirkes, fituée en Lorraine, fur le bord de la Mofelle, & qui, dans les tems ordinaires, n'a pas à fon embouchure plus de deux à trois pieds d'eau, fe gonfla fi prodigieufement tout-d'un-coup, que l'eau s'éleva à vingt-deux pieds fur la largeur d'environ quarante toifes. Elle renverfa le mur d'enceinte qui étoit fort épais, & toutes les maifons qui fe trouvèrent fur fon paffage. Ne trouvant pour s'écouler qu'une arcade de dix-huit pieds, percée dans l'autre partie du mur de la ville, & qui lui fert ordinairement de fortie, elle s'éleva fi confidérablement, qu'elle renverfa ce mur & une tour qui étoit de ce côté-là, & fortit par cette brèche avec affez d'impétuofité, pour fufpendre pendant quelques momens le cours de la Mofelle, & porter de l'autre côté de cette rivière les décombres

des bâtimens qu'elle venoit d'enlever. Heureusement cette dernière partie du mur ne put résister à l'impétuosité des eaux. Sans cela, en
s'élevant davantage, elles auroient détruit toute
la ville. Trente-trois maisons furent absolument
rasées, & vingt-sept tellement minées, qu'elles
étoient prêtes à s'écrouler, & qu'il fallut les
abattre. Comme cet accident arriva le jour, il
n'y eut que vingt & une personnes qui furent
noyées. Voici maintenant les réflexions que
M. le Comte *de Treffan* ajouta dans le tems à
cette relation.

Le ruisseau qui passe à Sirkes, reçoit les eaux
de trois montagnes qui, prises ensemble, ne
composent point deux lieues quarrées de surface. On n'apperçoit sur ces montagnes aucun
étang, aucun réservoir, dont l'écoulement subit ait pu donner lieu à l'inondation. Il n'avoit
point plu de toute la journée aux environs.
On avoit seulement senti quelques coups de
vent. Un bois, qui couronne la montagne la
plus élevée, avoit paru couvert d'un nuage noir
fort épais. Toutes les ravines qui ont fourni à
l'inondation, paroissent avoir tiré leur origine
du milieu de ce bois. Ces raisons firent conjecturer à M. *de Treffan*, que cette grande quantité d'eau pouvoit bien n'être due qu'à une
trombe qui se feroit déchargée sur cette montagne. Quoique ce météore soit beaucoup plus
rare sur la terre que sur la mer, on en observe
néanmoins quelquefois.

FROID. Rien ne seroit peut-être plus
incertain en Physique que le degré du froid &

du chaud, fi on étoit obligé de s'en rapporter au feul témoignage de fes fens. Indépendamment des caufes particulières qui peuvent faire varier les impreffions qu'en reçoivent nos organes, il eft au moins certain que le fentiment ne peut faire remarquer que les grandes différençes, & ne les exprimer que d'une manière affez vague, & par les effets qu'elles produifent. Il ne faut pas s'en étonner, les fenfations ne produifent point d'idée diftincte, & il n'y a que les idées qui puiffent fe rendre par des paroles. Il a donc fallu imaginer quelque moyen de réduire les effets du froid & du chaud à des mefures exactes & précifes, pour en pouvoir faire la comparaifon, & ce moyen eft le thermomètre. Avant l'invention de cet inftrument, on ne connoiffoit les grands degrés de froid que par leurs fuites, & c'eft de cette manière que quelques Hiftoriens ont pu conferver à la poftérité le fouvenir de quelques hivers mémorables.

Calvifius rapporte par exemple, que l'an 859 de l'ère Chrétienne, la mer Adriatique gela de telle forte, que l'on pouvoit aller à pied de la terre ferme à Venife.

Le froid fut fi exceffif en 753, au commencement de l'automne, que le Pont-Euxin en fut gelé à la longueur de cent milles, & toute l'étendue de la mer voifine, à trente coudées de profondeur, comme le rapporte le Patriarche Nicephore, dans fon abrégé de l'Hiftoire Byzantine. La même chofe arriva dans d'autres endroits, felon *Sydhenam*, en 1709, & comme alors on avoit des thermomètres, & qu'heureufement celui dont fe fervoit M. *de la Hire* s'eft confervé affez long-tems, on l'a comparé à ceux que l'induſtrie des Phyſiciens a réduits à n'avoir tous qu'une même marche. De-là on a pu ſavoir que le degré de froid, qui a régné à Paris, avoit répondu à 15 ½ degrés au-deſſous de la congélation de l'échelle du thermomètre de M. *de Reaumur*, & que ce froid avoit produit à Veniſe l'effet dont nous venons de parler.

Le degré de froid de 1709, a été pendant long-tems le plus grand dont nous ayons eu connoiſſance dans notre climat. En effet, les funeſtes effets qu'il produiſit, & qui n'en avoient que trop bien conſervé la mémoire, donnoient lieu de penſer qu'un plus grand degré de froid ſeroit capable de détruire tous les êtres organiſés du climat où il ſe feroit ſentir, & on étoit encore perſuadé de cette idée, par celui qui avoit été obſervé en Iſlande en même-tems, & qui ne s'eſt pas même trouvé ſi grand que celui qu'on avoit éprouvé à Paris, lorſqu'on a réduit les degrés du thermomètre, qui avoit ſervi à cette obſervation, à celui auquel il répond ſur les thermomètres actuels.

Mais depuis que les obſervations ſe ſont multipliées, & que le génie des ſciences s'eſt communiqué dans les parties les plus ſeptentrionales de l'Europe, on a vu que ce degré de froid qu'on regardoit comme le plus fort que des êtres organiſés puſſent ſoutenir, étoit bien éloigné de celui qu'on éprouvoit tous les ans dans certains climats, ſans que les hommes, les animaux, ni les plantes du pays en fuſſent trop maltraités, & qu'il n'approchoit pas même de celui qu'on obſerve dans d'autres régions. C'eſt l'hiftoire de ces froids extraordinaires qui fait la matière d'un Mémoire très-curieux que M. *Delifle* fit imprimer parmi ceux de l'Académie.

Avant de rapporter le précis des obfervations qui le compofent, il eft bon de dire un mot des inftrumens dont on s'eft fervi pour les faire. Les thermomètres à efprit-de-vin n'étoient pas propres à cet ufage. Cette liqueur, qui dans ce climat, n'eft pas propre à fe glacer, gèle en maffe dans les pays feptentrionaux, pendant la rigueur de l'hiver. Il n'y a que ceux de mercure qu'on y puiffe employer. Le défaut des fouterrains affez profonds, pour conferver à-peu-près la même température, avoit empêché M. *Delifle* de fe fervir en 1732, dans la conftruction des thermomètres qu'il fit à S. Péterfbourg, de la méthode qu'il avoit employée à Paris, pour conftruire ceux d'efprit-de-vin. Cette méthode confiftoit à expofer fucceffivement fes thermomètres à la température des caves de l'Obfervatoire, & à la chaleur de l'eau bouillante ; puis à partager en cent parties l'intervalle entre ces deux termes, quel qu'il pût être : mais obligé d'y renoncer, il imagina de prendre fes degrés au-deffous du point où le mercure feroit porté par l'eau bouillante, en fuppofant toujours la maffe de mercure augmentée, par cette chaleur, d'un certain nombre de parties, ce qui, comme on voit, donnoit des degrés inégaux dans les différens thermomètres, mais toujours proportionnés, & qui peuvent fe rapporter à ceux du thermomètre de M. *de Reaumur*.

Le premier ufage de ces thermomètres, fut d'obferver à S. Péterfbourg le froid du 27 Janvier

1733 ; les thermomètres exposés à l'air libre, descendirent au degré qui répond au vingt-septième au-dessous de la congélation dans celui de M. *de Reaumur*. En considérant que le froid de 1709 n'a fait descendre ce dernier que de quinze degrés & demi, on jugera aisément de la rigueur de la saison à Saint-Pétersbourg. C'est le premier froid de cette espèce qui ait été observé exactement ; mais quoiqu'il nous paroisse extrême, & que pendant qu'il dura, personne ne pût s'exposer à l'air, même avec les meilleures fourrures, cependant M. *Delisle* a appris qu'en 1747, & au commencement de 1748, on en avoit observé un plus fort à Saint-Pétersbourg, le thermomètre étant descendu au trentième degré au-dessous du terme de la congélation.

Quelque grand cependant que paroisse ce dernier degré de froid, il n'est encore que médiocre, si on le compare à celui qui a été observé dans différens endroits, & dont M. *Delisle* a dressé une Table, dans laquelle celui de 1709, qui s'y trouve compris, est le moindre terme. Les voyages ordonnés par l'Impératrice des Russies, pour la recherche de la communication de l'Asie à l'Amérique, ont fourni un grand nombre de ces observations. Les autres ont été tirées de différentes relations.

Le plus grand froid observé en Europe, qui se trouve dans cette Table, est celui qu'éprouvèrent en 1737, les Académiciens qui allèrent en Laponie, pour y mesurer un degré du cercle polaire. Le thermomètre y descendit au trente-septième degré, échelle de *Reaumur*.

Lorsqu'on ouvroit la chambre chaude dans laquelle ils étoient renfermés, l'air de dehors convertiſſoit ſur le champ en neige la vapeur qui y étoit contenue, & en formoit de gros tourbillons : enfin on ne pouvoit s'expoſer à l'air extérieur, ſans éprouver un froid qui ſembloit déchirer la poitrine.

Probablement on a dû éprouver un froid à-peu-près ſemblable à Quebec en 1744. M. *Gautier* eſtime que ſon thermomètre étoit deſcendu au trente-troiſième degré, échelle de *Reaumur*. Nous diſons *eſtime*, car le mercure étant rentré dans la boule après le trente-deuxième degré, il n'a pu avoir le dernier terme du froid que par eſtimation. Un froid preſque pareil s'eſt fait ſentir en 1746 à Aſtracan. Le thermomètre y eſt deſcendu à vingt-quatre degrés & demi au-deſſous de la congélation.

Ce qu'il y a de ſingulier, c'eſt que Quebec & Aſtracan ſont placés à-peu-près ſous les parallèles de quarante-ſix ou quarante-ſept degrés, qui répondent au milieu de la France : preuve bien évidente que le degré de froid ne dépend pas toujours de la latitude du lieu où on l'obſerve. On en ſera encore mieux convaincu, en faiſant attention qu'à Kirenga, ſur les frontières de la Chine, le froid a été obſervé de ſoixante-ſix degrés & deux tiers du thermomètre de *Reaumur*, quoique cette ville ne ſoit qu'à la latitude de cinquante-ſept degrés trente minutes, qui revient à-peu-près à celle de Riga & du nord de l'Ecoſſe, où on n'éprouve rien de pareil.

Le plus grand froid qui ſe trouve marqué dans

la Table de M. *Delisle*, est celui qui a été observé
à Yeniseisk en Sibérie, le 16 Janvier 1735, au
matin : le thermomètre a baissé, pendant quelques
heures, à soixante-dix degrés au-dessous de la
congélation. Deux heures auparavant & deux
heures après, il étoit beaucoup plus haut.

Ce dernier froid est le plus grand qui soit
dans la Table de M. *Delisle*, parce que c'est le
plus fort qui ait été observé jusqu'à présent ; mais
à en juger par les effets, on en trouvera peut-
être d'aussi terribles rapportés dans plusieurs
voyages.

Il y a, par exemple, tout lieu de croire que
ce fut à un froid pareil que fut exposé le Capitaine Willougly, lorsque cherchant en 1553, le
chemin de la Chine par la mer septentrionale,
les glaces l'arrêtèrent à Orzina en Laponie,
sous la latitude de soixante-neuf degrés, où il
fut trouvé mort avec tout son monde l'année
suivante.

Les Hollandois qui cherchèrent le même
passage, furent obligés de passer l'hiver à la
nouvelle Zemble en 1596, & ils ne se garan-
tirent de la mort dont le froid les menaçoit,
qu'en s'enfermant dans une hutte, qui n'avoit
aucune ouverture, & dans laquelle ils entretenoient un feu continuel. Malgré ce secours, ils
eurent bien de la peine à s'empêcher d'avoir les
pieds gelés. Leurs habits & leurs fourrures étoient
continuellement couverts de glace, & le vin sec
de Cherés y étoit si parfaitement gelé en masse,
qu'il se distribuoit par morceaux.

Mais à en juger suivant les précautions qu'on
a coutume de prendre contre le froid dans les

pays septentrionaux, nous ne connoissons rien de comparable au froid qu'a éprouvé le Capitaine *Middleton* dans l'habitation des Anglois, à la baye d'Hudson, sous la latitude de cinquante-sept degrés vingt minutes.

Les maisons de cette habitation sont bâties de pierres, & leurs murailles ont deux pieds d'épais : les fenêtres sont très-étroites, & garnies de volets épais, qu'on ferme pendant dix-huit heures au moins chaque jour. On y allume quatre fois par jour de très-grands feux dans des poëles faits exprès, & dont on ferme exactement les cheminées, dès que le bois est réduit en charbon. On ne s'éclaire pendant la nuit qu'avec des boulets de vingt-quatre rougis au feu, & suspendus devant les fenêtres. Malgré toutes ces précautions, toutes les liqueurs, sans en excepter l'eau-de-vie, gèlent jusque dans les plus petites chambres & les mieux échauffées, & tout l'intérieur des chambres & les lits se couvrent d'une croûte de glace épaisse de plusieurs pouces, qu'on est obligé d'enlever tous les jours.

De quelque fourrure qu'on soit enveloppé, pendant le rigoureux froid, s'exposer à l'air extérieur, c'est risquer de perdre en rentrant dans les lieux chauds, la peau de son visage & de ses mains, & même d'avoir quelquefois les doigts des pieds & des mains gelés. Les lacs d'eau dormante, qui n'ont que dix à douze pieds de profondeur, gèlent jusqu'au fond : la mer gèle à-peu-près de la même épaisseur. Quoique la glace ne soit que de huit à neuf pieds à l'embouchure des rivières, & aux endroits où la marée est forte, ces masses énormes de glace se

fendent

fendent quelquefois avec un bruit horrible, qui égale celui des plus gros canons.

Quant à la terre, M. *Middleton* croit qu'elle n'eſt jamais entièrement dégelée ; car ayant fait fouiller à la profondeur de cinq à ſix pieds, pendant les deux mois d'été, il la trouva gelée & blanche comme de la neige.

Il y a donc tout lieu de croire que le froid qu'on éprouve à la baye d'Hudſon, eſt pour le moins auſſi grand que celui qu'on reſſent en Sibérie : mais pour en être parfaitement ſûr, il faudroit y porter des thermomètres.

Le froid fait aſſez ſouvent obſerver des phénomènes très-bizarres. En voici un de cette eſpèce, qui fut communiqué à M. *de la Condamine* par un de ſes amis. Il étoit aux Sables d'Olonne, & il rapporte qu'on n'y avoit preſque point éprouvé de froid pendant les mois de Décembre 1762 & Janvier 1763. La même température, dit-il, régnoit à ſix lieues la ronde : mais au-delà de ce terme l'hiver uſoit à la rigueur de tous ſes droits : la terre étoit profondément gelée, & la Loire priſe, quoique près de ſon embouchure. Quelle a pu être la raiſon qui a préſervé ce petit canton de la gelée ? Pourquoi l'air s'y eſt-il maintenu ſi doux ? Ce ſont des queſtions auxquelles il n'eſt pas poſſible de donner des réponſes ſatisfaiſantes, lorſqu'on ne veut point haſarder des hypothèſes.

FRUITS. Nous renverrons à l'article *Végétation* les principaux phénomènes qui les concernent ; mais comme celui dont il eſt ici queſtion, n'a aucun rapport à cette opération de la Nature, nous avons cru devoir en faire un article à part.

En 1646, un Apothicaire ayant voulu conserver pendant quelque tems des cerises aigres dans toute leur fraîcheur, en mit de parfaitement mûres dans un bocal de verre, large d'embouchure. Il plaça entre chaque fruit autant de feuilles de vignes qu'il en falloit pour empêcher qu'ils ne se touchassent. Il ferma ce bocal avec un couvercle de verre, lutta les jointures avec de la cire molle, & suspendit ce vaisseau par un cordon dans un puits. Le cordon se cassa, le bocal tomba au fond du puits, & fut oublié.

L'an 1686, des ouvriers qui faisoient quelques réparations à ce puits, ayant trouvé ce bocal, qui étoit revenu au-dessus de l'eau & qui surnageoit, l'apportèrent au même Apothicaire qui l'avoit suspendu dans ce puits quarante ans auparavant. Il le reconnut, l'ouvrit, & trouva les cerises bien entières, & assez bien conservées contre la pourriture ; mais elles n'avoient plus leur saveur naturelle. Le Docteur *Everhard Gockel*, de qui on tient ce fait, dit avoir vu les cerises.

G

GÉANTS. De tout tems on a vu des hommes d'une taille au-dessus de l'ordinaire, plus ou moins bien conformés, & auxquels on a donné le nom de géants. Jusque-là, point de difficulté ; mais existe-t-il dans quelque contrée du monde, ou a-t-il existé une race particulière d'hommes de cette espèce ? C'est-là le point de controverse ; & malgré les autorités respectables & les relations de différens Voyageurs qui paroissent favoriser cette opinion , il ne paroît pas qu'elle soit admissible. Nous ne nierons pas qu'il ait existé des hommes d'une taille bien au-dessus de celle de certains hommes , auxquels nous accordons souvent très - gratuitement la qualité de géants. Nous trouvons nombre de faits de cette espèce , dont nous ne pouvons cependant garantir la certitude que par la confiance qu'on doit à des Historiens très - estimés , mais qui pourroient bien avoir été trompés dans celle qu'ils ont bien voulu accorder eux-mêmes aux Relations d'après lesquelles ils les rapportent. Mais ces faits isolés que nous ne rapporterons ici que pour flatter la curiosité de nos Lecteurs , ne prouveront jamais qu'il ait existé un Peuple de géants.

Solin , in Pholihist , cap. 5 , dit que pendant la guerre de Crête , après le débordement des rivières , on trouva un homme qui avoit trente-trois coudées de longueur , au rapport même de *Metellus* & du Lieutenant L. *Flaccus* , témoins oculaires. Or , ces trente-trois coudées font précisément quarante-neuf pieds & demi de notre mesure.

Pline rapporte dans le sixième chapitre du septième livre de son Histoire Naturelle , qu'une montagne ayant été renversée en Crête par un tremblement de terre , on trouva un corps debout , & que ce corps avoit quarante-six coudées de longueur , ce qui fait soixante-neuf pieds de notre mesure. On crut que c'étoit le corps du géant *Orion*, ou celui d'*Otys*.

Plutarque nous en indique un autre bien plus grand encore, lorsqu'il rapporte que *Sertorius* étant en Mauritanie, fit ouvrir dans Tanger le sépulcre d'*Antée*, & qu'on trouva son cadavre ayant soixante-dix coudées de longueur ; ce qui revient à cent cinq pieds de notre mesure.

Philoftrate nous apprend que par le renversement d'une côte sur la rive d'Oronte, on découvrit le sépulcre de l'Ethiopien *Ariadne*, dont le cadavre avoit trente coudées de longueur, ou quarante-cinq pieds. Il ajoute encore que dans une caverne du mont Sigée, on trouva le corps d'un géant de vingt-deux coudées.

Si les anciens usages conservés dans les villes sont des preuves suffisantes des faits qu'ils sont censés représenter, on ne peut disconvenir que la Sicile ne fût autrefois habitée par des géants. On promène tous les ans à Messine, & avec grande solemnité deux figures gigantesques ; & ces statues représentent, à ce qu'on dit, *Mathea* & *Ranzone*, mari & femme, qui tyrannisoient anciennement la ville. Mais il en est peut-être de ces deux statues colossales, comme de celle du Suisse qu'on promène & qu'on fait brûler tous les ans à Paris. Quoique colossale, il n'en faudroit point conclure que le Suisse qu'elle représente fût de cette taille.

Quelqu'exact que soit l'Historien *Thomas Tafellus*, je doute qu'on puisse aisément ajouter foi à ce qu'il dit dans la description de la Sicile. On lit dans la première Décade, au chapitre quatrième du premier livre, qu'en 1342, quelques Villageois ayant creusé du côté de l'orient, au

pied du mont *Erix*, que les Siciliens appellent
Monte di Trapani, découvrirent une grande caverne, depuis appellée *Caverne du Géant*, où ils
trouvèrent le corps d'un géant assis. Il avoit,
dit-il, à la main, pour bâton un mât de navire,
dans lequel étoit une masse de plomb pesant
quinze cens livres.

Mais on croira plus facilement ce que dit *Fe-*
sellus, lorsqu'il assure qu'en l'an 1516, *Jean Tran-*
ciforte, Comte du bourg *Mazarino*, ayant fait
creuser du côté du midi, dans son champ appellé
Gibilo, éloigné du bourg d'environ mille pas,
on y trouva, dans un sépulcre, le corps d'un
géant de vingt coudées, ou de trente pieds de
hauteur. On le croira aussi facilement encore,
lorsqu'il assure qu'entre Syracuse & Léontin on
trouva dans un petit bourg nommé Mellitis, un
grand nombre de sépulcres & ossemens de
géants, qu'on en trouve encore beaucoup auprès
de l'ancien bourg Hycara, que les Siciliens appellent Carini, dans une caverne immense située
au pied d'une montagne ; & lorsqu'il rapporte
qu'en 1547, dans le territoire de Palerme, où
est la fameuse fontaine appellée la *Mer-douce*,
Paul Léontin faisant fouiller au pied d'une montagne pour y faire du salpêtre, on y découvrit le
corps d'un géant de dix-huit coudées, ou vingt-
sept pieds de hauteur.

La Sicile n'est pas le seul endroit où on assure
avoir trouvé des cadavres & des ossemens de
géants. *Phlegonitrall* assure, dans son Ouvrage
de Mirabilibus & Longævis; qu'on a trouvé dans
la fameuse caverne de Diane en Dalmatie, plusieurs corps dont les côtes avoient plus de six

aunes de longueur. Il affure auffi que les Cartha-
ginois, en creufant leurs foffés, trouvèrent dans
deux coffres deux fquelettes de géants. Le premier avoit vingt-trois coudées de longueur, &
l'autre vingt-quatre. Il ajoute encore, que dans
le Bofphore Cimérien, un tremblement de terre
ayant fait ébouler une coline, on découvrit de
grands offemens, qui, étant rangés fuivant la difpofition qui leur convient dans le corps humain,
formèrent un fquelette de vingt-quatre coudées.

Aventin, Hiftorien très-digne de foi, affure
dans fon Ouvrage intitulé : *Annal. Bojor.* lib. 4,
que l'Empereur Charlemagne avoit dans fon armée, un géant nommé *Ænothere*, natif de Tur-
gau, près le lac de Conftance, & que ce géant
renverfoit les bataillons des ennemis comme s'il
eût fauché un pré.

Saxo le Grammairien, raconte dans fon fep-
tième livre, que le géant *Hartebenunf* n'avoit que
neuf coudées, ou treize pieds & demi de hauteur,
mais qu'il avoit pour compagnons douze géants,
de vingt-huit pieds de hauteur chacun.

Antonius Pagafeta dit avoir vu parmi les
Cannibales des hommes deux fois plus grands
que les Européens. Il ajoute qu'au détroit de
Magellan, il exifte des hommes d'une grandeur
prodigieufe.

Melchior Nugez, dans fes lettres écrites des
Indes, rapporte que tous les foldats de la garde
des portes de Pékin, Ville Royale de la Chine,
ont quinze pieds de hauteur.

L'Hiftoire du géant *Pallas* eft rapportée par
nombre de graves Auteurs, qu'on ne peut point
tous fufpecter de trop grande crédulité. Ils affu-

rent tous, que fous l'Empereur Henri II, on trouva près de Rome, dans un fépulcre de pierre, le corps d'un géant, qui, étant debout, auroit vu par-deffus les murailles de Rome. Ce corps étoit auffi entier que s'il eût été inhumé depuis peu de tems. On voyoit en fa poitrine une plaie de quatre pieds & demi, & on lifoit fur fon fépulcre l'épitaphe que voici :

> Filius Evandri Pallas quem lancea Turni,
> Militis occidit, morte fuâ jacet hîc.

Sigibert rapporte qu'en l'année 1171, un débordement d'eau découvrit en Angleterre le corps d'un géant de cinquante pieds de longueur.

On voit dans Lucerne en Suiffe, les offemens d'un géant trouvé à Reyden, petit village, en 1577, fous un vieux chêne renverfé par un orage. *Platerus*, Médecin de la ville de Baffe, traça la figure de fon fquelette, & la préfenta avec les offemens au Sénat de Lucerne en 1584.

Fulgefius, liv. 1, chap. 6, dit avoir vu fous le règne de Charles VII, Roi de France, le fépulcre & les offemens d'un géant de trente pieds de hauteur, que le Rhône découvrit dans les collines du Vivarais, vis-à-vis de Valence.

Cælius Rhodiginus dit que fous le règne de Louis XI, on trouva le corps d'un géant de dix-huit pieds de hauteur, fur le bord du torrent qui paffe au bourg S. Péray, vis-à-vis de Valence en Dauphiné.

D'après le rapport du Père *Hiérôme des Monceaux*, Miffionnaire, Capucin de la rue S. Honoré à Paris, on avoit trouvé dans une muraille au village de Cailloubella, qu'on nomme Chailiot, à six lieues de Thessalonique en Macédoine, le squelette d'un géant de quatre-vingt-seize pieds de hauteur. Il tenoit ce fait du Père *Hiérôme de Rhetel*, du même Ordre, & Missionnaire au Levant, qui ajoutoit dans sa lettre écrite de l'isle de Scio, que le crâne d'un géant avoit été trouvé entier; qu'il contenoit six guilots de bled, pesant deux cens dix livres, poids de Paris; 2°. qu'une dent qui tenoit à la mâchoire inférieure en ayant été arrachée, elle pesoit quinze livres : elle avoit, dit-il, un pan de hauteur, c'est-à-dire, sept pouces deux lignes de notre mesure; 3°. que la dernière phalange ou le plus petit os du petit doigt du pied avoit aussi un pan de longueur; 4°. qu'un des os de l'avant-bras depuis le coude jusqu'au poignet, avoit quatre pans de tour, qui font deux pieds quatre pouces huit lignes, & que deux Capitaines avoient mis aisément dans le creux de cet os leurs bras revêtus de leurs veste & juste-au-corps à grandes manches.

M. *Quenel*, Consul de notre Nation en Thessalonique, en fit dresser des actes authentiques en la Chancellerie. Il reçut du Bacha les principales pièces de ce squelette, & acheta les autres pièces des personnes qui s'en étoient saisies.

Voilà sans doute un grand nombre d'autorités qui nous prouvent que de tous tems on a vu des géants; mais il faut convenir que la grandeur démesurée qu'on attribue à la plupart de ceux dont nous avons fait mention, a quelque chose de révoltant, & n'est point faite pour inspirer la confiance qu'on voudroit avoir aux Auteurs de ces récits. D'ailleurs, toutes ces observations ne prouvent point d'une manière incontestable qu'il ait existé une Nation , un Peuple de géants qui ait habité une contrée particulière de notre globe. Le témoignage d'*Antonius Pagafeta* , que nous avons rapporté plus haut , ne suffit pas pour mettre ce point historique hors de doute , non plus que les Lettres de *Melchior Nugez*. Quand on voudroit même s'appuyer sur l'autorité de l'Ecriture sainte , qui parle en plusieurs endroits de géants & de Nations gigantesques , on peut avec tout le respect qu'on doit aux Ecrivains sacrés , interprêter ces textes , & répondre d'une manière satisfaisante à ces autorités ; & c'est ce qu'a fait très-pertinemment un Auteur Allemand , dans une savante Dissertation sur les géants. Elle se réduit à ces deux chefs , qu'il met pour ainsi dire dans la plus grande évidence.

1°. Dit-il , il n'y a aucune raison solide qui prouve que dans l'antiquité il y ait eu des peuples de géants , c'est-à-dire , d'hommes dont la taille fût de dix à douze coudées.

2°. Il y a eu dans les siècles reculés , & dans les suivans , & il y a même de nos jours quelques hommes dont la taille est au-dessus de l'ordinaire. Les exemples que nous avons rapportés ci-dessus , fallût-il en rabattre beaucoup de ce que les Auteurs ont avancé , les phénomènes de ce genre qu'on observe de tems en tems , font plus que suffisans pour constater la vérité de cette dernière proposition.

D'ailleurs personne ne peut douter , d'après l'autorité de l'Ecriture sainte , qui devient précise dans ce fait , que *Goliath* n'eût une taille gigantesque , car le texte sacré nous apprend jusqu'à sa mesure , & nous dit qu'il avoit six

coudées & trois palmes de hauteur. En donnant
à la coudée, comme nous l'avons fait précédemment, dix-huit pouces de hauteur, & à la
palme quatre doigts ou trois pouces ; il s'ensuit
que *Goliath* avoit neuf pieds neuf pouces de
hauteur. Tout Paris a vu un géant de sept pieds
cinq pouces six lignes. Voilà donc des exemples de véritables géants. Mais toute la difficulté
gît dans la première proposition, savoir s'il y a
eu, & s'il y a des peuples entiers d'une taille
gigantesque. Personne n'ignore qu'il y a des
peuples entiers d'une taille plus avantageuse que
d'autres. Tels étoient, & tels sont encore les
Germains par rapport aux peuples d'Italie.
Tacite les appelloit *homines immensæ proceri-
tatis.* Si l'on comparoit la beauté & la fierté de
la taille Allemande, avec la petitesse & la timi-
dité des Lapons, on appelleroit sans doute les
premiers, des géants ; mais que faudroit-il conclure de cette expression ? Rien autre chose,
sinon qu'on trouve de beaux hommes en Allemagne, & des avortons dans la Laponie.

Il paroît qu'on doit raisonner de la même
manière, & c'est ce que fait très-bien l'Auteur
que nous venons de citer, en discutant les textes
sacrés qu'on voudroit appeller en témoignage &
en preuve de l'existence des géants. Nous ne le
suivrons point dans cette savante discussion :
nous nous contenterons d'en donner une légère
idée à nos Lecteurs. On lit, dit-il, dans le premier livre de *Moyse,* chap. 3, vers. 5 : La
quatorzième année *Kedorlaomer* vint avec les
Rois ses alliés, & il défit les *Rephaims* dans le
pays d'*Astharoth* ; les *Zuzimes,* dans le pays de

Ham ; & les *Emimés*, dans le pays de *Kiriathaim*. Or, il n'est point ici question de géants, quoique la version grecque dise qu'il défit les géants qui étoient dans le pays d'Astharoth. C'est inutilement que les Rabbins s'efforcent de soutenir que les mots *Rephaim*, *Zuzim*, *Emim*, & autres semblables, signifient des hommes d'une taille gigantesque. *Jacques Bolduc*, l'homme le plus versé dans la langue hébraïque, nous assure que ce ne sont que des noms honorifiques qu'on a donnés avant & après le déluge, indifféremment à tous ceux qui se distinguoient des autres hommes, par quelque vertu ou qualité extraordinaire. Ils répondent, dit-il, exactement à ceux-ci : *haut*, *puissant*, *illustre*, *intrépide*, &c.

Qu'on ne nous oppose point ici que les espions que *Moyse* envoya à la découverte de la Terre promise, rapportèrent qu'ils avoient vu les peuples de *Nephilim*, issus des anciens Onakims, & que les Israélites n'étoient auprès d'eux que des cigales. On voit évidemment dans cette expression la réponse d'un espion lâche & timide, à qui la frayeur a grossi les objets. Si la taille des Israélites étoit au-dessous de cinq pieds, & que celle des peuples de Nephilim fût de cinq pieds cinq pouces, c'en étoit assez pour que des espions épouvantés les eussent cru des géants, & se fussent regardés auprès d'eux comme des cigales. Ces sortes d'hyperboles sont ordinaires au peuple qui ne s'énonce point avec précision, sur-tout lorsqu'il est frappé de terreur. Les passages de l'Ecriture sainte qui paroîtroient nous autoriser à admettre des nations de géants, doivent donc s'entendre autrement, & nous n'avons aucune preuve certaine qu'il ait exifté aucune nation de cette efpèce. Nous ne prétendons point décider la queftion, ni entrer dans la difpute qui s'éleva en 1766, au fujet des Patagous, anciennement obfervés par Magellan.

GLACE. Nous laiffons aux Phyficiens le foin d'expliquer la formation de la glace, & de difputer entr'eux fi on doit regarder la glace comme l'état naturel de l'eau, que le premier degré de chaleur, échelle de *Réaumur*, fait fondre, ou fi l'eau eft naturellement liquide & coulante; fi la glace eft une liqueur condenfée par l'approximation de fes parties, occafionnée par l'abfence de la matière ignée, ou fi c'eft une liqueur raréfiée, dont les parties font unies par une efpèce de gluten étranger. Nous ne nous occuperons qu'à préfenter à nos Lecteurs des phénomènes finguliers que la glace offre quelquefois à notre curiofité.

On fait que, fuivant la circonftance des tems & des lieux, la glace eft plus ou moins épaiffe; mais il eft rare d'en voir dont l'épaiffeur foit auffi confidérable & la denfité auffi forte qu'on l'a quelquefois obfervé.

On imagine facilement qu'en 1709 & dans des hivers auffi rigoureux que celui qu'on éprouva cette année, la glace doit être très-épaiffe; mais on ne fe perfuaderoit point, fi le fait n'étoit bien attefté, qu'elle avoit vingt-fept pouces d'épaiffeur dans le port de Copenhague, dans les endroits même où elle n'étoit point accumulée. Ce fait eft d'autant plus digne d'attention, que dans la grande gelée de 1683, la Société Royale ayant fait mesurer l'épaisseur de la glace de la Tamise, quand on alloit en carrosse dessus, elle ne se trouva que de onze pouces.

Elle fut encore plus épaisse & plus compacte en Russie. Pendant l'hiver de 1740, le froid y surpassa celui de 1709. On imagina, pour divertir la Cour, de profiter de la force que la glace acquit dans ce tems, pour construire à S. Pétersbourg un palais de glace de cinquante-deux pieds & demi de longueur sur seize pieds & demi de largeur, & vingt de hauteur.

On le construisit en posant des morceaux énormes de glace les uns au-dessus des autres, & le poids des parties supérieures & du comble, qui étoient aussi de glace, n'endommagea aucunement l'édifice. Les murs avoient depuis deux jusqu'à trois pieds d'épaisseur.

Les blocs de glace qu'on employa à cet effet, étoient taillés avec soin & étoient enrichis d'ornemens, & posés les uns au-dessus des autres, selon les règles de la plus élégante architecture.

Il y avoit au-devant du bâtiment six canons de glace, faits sur le tour, avec leurs affuts & leurs roues, pareillement de glace, & deux mortiers à bombe dans les mêmes proportions que ceux que nous faisons de fonte. Les canons étoient de six livres de balles. On ne les chargea que d'un quarteron de poudre, après quoi on y fit couler un boulet d'étoupes, de fer ou de fonte. L'épreuve en fut faite en présence de toute la Cour, & un des boulets perça une planche de deux pouces d'épaisseur, à soixante pas de distance. Il faut lire la description de ce fameux édifice, qui nous en a été donnée par M. *Graaf*, & qui fut traduite en 1711 par M. *Le Roi*.

La glace est quelquefois si épaisse dans les pays septentrionaux, qu'on s'en sert pour s'en faire des remparts, des murailles, pour se mettre à l'abri des invasions de l'ennemi ; ainsi que *Olaus Magnus* le rapporte dans son Histoire de ces pays.

Le 29 Janvier 1776, on tira du Danube un morceau de glace qu'on trouva assez épais & assez dense pour lui donner la forme d'un miroir ardent, &, à l'aide de ce miroir, on alluma de la poudre & d'autres substances inflammables.

GRÊLE. Tout le monde connoît ce phénomène très - ordinaire en certaines circonstances de tems, & on sait qu'il se réunit souvent dans l'atmosphère plusieurs grains qui en forment de plus gros que ceux qui tombent communément ; mais il est rare qu'il s'en trouve d'un volume aussi extraordinaire que ceux dont nous allons faire mention.

Le 17 Juillet 1666, il tomba vers les dix heures du matin de la grêle tout le long de la côte de Suffolk, à Seckfordhall, Wood-Bridge, Snape-Bridge, Albouroug, continuant vers le nord.

Les grains en étoient assez petits à Yarmouth, mais il en tomba un grain à Seckfordhall, auquel on trouva neuf pouces ou environ de groſſeur. Une perſonne de Wood-Bridge en trouva un autre de huit pouces à Milton, où une autre perſonne aſſura en avoir trouvé un de douze pouces de groſſeur. A Snape-Bridge pluſieurs perſonnes dignes de foi aſſurèrent en avoir vu beaucoup qui étoient auſſi gros que des œufs de poule-d'inde, qui pèſent ordinairement neuf ſchellings. *Jean Baker*, de Rumboroug, conduiſant alors une charette dans les bruyères d'Albouroug, eut la tête caſſée & meurtrie en pluſieurs endroits, quoiqu'il eût un chapeau fort épais. Les chevaux furent ſi maltraités, qu'ils emportèrent la charette, ſans que rien pût les arrêter. Cette grêle paroiſſoit toute blanche, polie en dehors, brillante en dedans.

Il eſt étonnant qu'une colonne d'air ait pu ſoutenir le nuage qui la portoit, ſur-tout dans un tems de l'année où l'air eſt moins denſe & a moins de reſſort ; ce qui fit conjecturer que cette grêle ne s'étoit réunie qu'en tombant, & c'eſt bien ce qui arrive dans ces ſortes de circonſtances.

Le Docteur *Jean-Paul Wurfbair* rapporte que le 7 Juin 1676, il y eut à Altdorf un orage violent & ſubit, le ciel ayant été clair & ſerein juſqu'à deux heures après-midi, qu'il ſe couvrit tout-d'un-coup de nuages épais ; qu'il ſe fit enſuite des tourbillons de vent qui emportoient tout ce qui ſe trouvoit ſur leur paſſage. Quand le vent fut un peu calmé, il tomba de la pluie mêlée de grêle très-groſſe, qui caſſa les tuiles & les vitres des maiſons, coucha par terre les bleds, briſa de grands arbres, & entr'autres un gros mûrier. Cet orage dura à peine une demi-heure, après quoi les nuages se dissipèrent, & le soleil reparut; mais la grêle ne se fondit point si vîte. On en voyoit encore le lendemain, sur-tout dans les endroits où le soleil n'avoit point donné. Quelques personnes imaginèrent de mettre de ces grains dans leur boisson, pour la rafraîchir, & elle leur causa des coliques assez violentes. Cette grêle, ajoute l'Auteur de cette observation, fut remarquable par sa grosseur & par sa figure. Les grains étoient beaucoup plus gros que des œufs de pigeons, en partie arrondis, en partie anguleux. Ils avoient à leur centre un noyau transparent & très-pur, de la grosseur d'une lentille.

M. *Parent* rapporta à l'Académie que le 15 Mai 1703, il tomba, aux environs d'Iliers dans le Perche, une quantité prodigieuse de grêle, & que cette grêle étoit également prodigieuse par rapport à sa grosseur. La moindre, dit-il, étoit grosse comme les deux pouces; la plus grosse comme le poing, & pesoit cinq quarterons; la moyenne de la grosseur d'un œuf de poule, & en plus grande quantité. Il en tomba en plusieurs endroits de la hauteur d'un pied. Il y eut trente Paroisses dont les bleds furent coupés, comme si on y eût passé la faucille. Les habitans d'Iliers, voyant ce ravage, eurent recours au son de leurs cloches, qu'ils sonnèrent avec tant de vigueur, que la nuée se fendit au-dessus de leur Paroisse, en deux parties, qui s'écartèrent chacune de leur côté; en sorte que cette seule Paroisse, au milieu de trente autres qui n'avoient point d'aussi bonnes

cloches,

cloches, ne fut presque point endommagée.

La relation de M. *Parent* assure encore que comme les bleds étoient alors peu avancés, quoiqu'épiés pour la plupart, ils repouſſoient, lorsqu'il fit part de ce phénomène à l'Académie, de nouvelles tiges au pied, & que ces tiges commençoient à préſenter de petits épis, qu'on eſpéroit voir venir en maturité. On apprit depuis que la récolte avoit été bonne.

Le 11 Juillet 1753, il s'éleva à Toul, ſur les deux heures après-midi, un orage accompagné de quelques coups de tonnerre qui ſembloient être éloignés. Immédiatement après parut une nuée longue & fort noire, venant du midi au nord, qui s'allongea ſur la ville, & de laquelle tomba une grêle monſtrueuſe par ſa groſſeur. Un des grains, qui avoit déjà perdu de ſa maſſe, avoit vingt-cinq lignes de longueur ſur quatorze d'épaiſſeur & dix-huit lignes de largeur. Il formoit une eſpèce de parallélipipède. Un autre, meſuré à l'inſtant de ſa chûte, avoit près de trois pouces en tous ſens. On en peſa un autre fort gros, & ſon poids étoit de ſix onces. Ces grêlons énormes formoient des polyèdres irréguliers, armés d'eſpèces de nervures, formées par l'aſſemblage d'autres grêlons plus petits qui s'y étoient collés. L'intérieur du gros grêlon étoit blanchâtre & auſſi dur que de la glace ordinaire.

Ces gros grains furent en petite quantité, & la nuée paſſa fort vîte, ce qui rendit le dommage beaucoup moindre qu'il n'eût été ſans ces deux circonſtances. Il y eut cependant plu-

fieurs-perfonnes & beaucoup d'animaux domef-
tiques tués ou bleffés, faute d'avoir pu fe mettre
affez promptement à l'abri. La nuée avoit à
peine une demi-lieue de large. Bientôt elle fut
mêlée de pluie, & dégénéra en une grêle ordinaire. M. *de Treffan*, de qui on tient cette
relation, fit fondre plufieurs de ces grêlons dans
un vafe propre, & ayant fait évaporer l'eau, il
ne lui refta, fur une pinte d'eau, qu'environ deux
grains & demi d'une terre infipide, qui fermen-
toit avec les acides, comme une terre abfor-
bante.

Nous euffions pu recueillir ici un très-grand
nombre d'obfervations du même genre, que nous
nous contenterons d'indiquer.

Déchales rapporte qu'en 1640, il tomba à
Rome une grêle dont les grains étoient gros
comme des œufs. *Vallade* affure, dans fa defcription des ifles Orcades, qu'au mois de Juin
1680, il tomba, par un tems d'orage, & lorfque
le tonnerre grondoit fortement, des morceaux
de glace de l'épaiffeur d'un pied. *Morton* a
obfervé à Northampton en 1693, des lames de
glace, qui tombèrent dans un orage, & qui
avoient deux pouces de longueur fur un pouce
d'épaiffeur ; outre cela il obferva des grains
fphériques d'un pouce de diamètre, fur lefquels
on voyoit cinq rayons faillans, qui formoient
une efpèce d'étoile. En 1720, il tomba une grêle
extraordinaire à Crembs, dont certains grains
pefoient jufqu'à fix livres. Dans la Thuringe,
Province d'Allemagne, il en tomba en 1738,
auprès de Northaufen, dont les grains étoient
auffi gros que des œufs d'oie. Le même phé-

nomène se fit observer dans vingt-quatre bourgs circonvoisins, &c. &c.

GROSSESSES EXTRAORDINAIRES.

Nous en avons indiqué quelques-unes de ce genre à l'article *Accouchement*, parce que ces phénomènes avoient une liaison intime avec l'objet de cet article : mais nous avons réservé pour celui-ci les phénomènes singuliers qui n'ont rapport qu'à une grossesse proprement dite, & où il n'est question d'aucun accouchement. Il ne sera pas inutile cependant de réunir ces deux articles, comme ayant rapport à une même fonction de l'économie animale, à la reproduction de l'espèce.

La femme d'un nommé *Taylot*, Tailleur d'habits, à Heywod dans le Staffordshire, âgée de vingt-quatre à vingt-cinq ans, sentit au mois de Janvier 1678, des douleurs qui annonçoient un accouchement prochain. Elle fut délivrée par les secours de l'art en cinq à six jours d'un enfant mort, après l'extraction duquel on sentit encore dans la matrice un corps étranger, mais qui y étoit tellement adhérent, qu'on ne put le retirer sans une grande perte de sang. C'étoit un os long & protubérant, recouvert d'une peau épaisse, charnue, garnie de cheveux courts. Sur le sommet de cet os étoient rangées en cercle huit dents molaires, si ressemblantes à ces sortes d'os, qu'il n'étoit point possible de s'y méprendre. Un peu au-dessous de cette partie, on remarquoit cinq autres dents molaires placées sur un autre os, qui cependant tenoit au premier : quatre de ces dents étoient rangées presqu'en ligne droite.

Un peu au-deſſus de l'os, où étoient placées les huit dents, on voyoit une groſſe touffe de cheveux d'un brun très-luiſant, dont les extrémités étoient embarraſſées dans une grande quantité de cheveux d'un jaune très-clair, & cette ſeconde touffe de cheveux tenoit à l'extrémité oppoſée à celle où étoient les dents.

Le reſte de cette ſubſtance étoit un kiſte ou poche, conſidérablement rempli de matière liquide, viſqueuſe, non fétide. Cette poche étoit liſſe, & paroiſſoit rouge à l'extérieur.

Il mourut vers la fin de 1774, dans l'Hôpital de Berlin, une pauvre femme âgée de ſoixante ans. Elle avoit depuis long-tems le ventre d'une groſſeur extraordinaire, ſans aucun ſymptôme d'hydropiſie. A l'ouverture du cadavre on trouva qu'elle portoit un enfant entièrement pétrifié, & dont les membres étoient très-bien formés. Après des recherches exactes, on découvrit que cette femme étoit devenue enceinte dans la quarantième année de ſon âge.

On avoit obſervé à Manheim un fait du même genre en 1767, avec cette différence que le fœtus dont il eſt ici queſtion, fut trouvé hors de la matrice, & qu'il paroît dans l'obſervation précédente, que le fœtus étoit reſté dans cette poche membraneuſe, ou au moins rien n'indique qu'il en fût ſorti.

L'enfant trouvé à Manheim dans la capacité du bas-ventre, étoit oſſifié. Il y avoit cinquante ans que la femme qui fait le ſujet de cette obſervation, après avoir eu d'autres enfans, étoit devenue enceinte. Au terme de l'accouchement elle avoit ſenti les douleurs ordinaires ; mais l'enfantement n'ayant point eu lieu dans ce tems, on se contenta de consigner ce phénomène dans les Ephémérides de 1716. La femme étoit restée dans cet état jusqu'à sa mort, & à l'ouverture du cadavre, on découvrit ce fœtus.

Cet enfant peut faire le pendant du fœtus pétrifié, de Sens, dont parle *Guy-Patin*, & qui fut connu sous le nom de *Lithopedium Senonense*. Il étoit resté vingt-huit ans dans le ventre de sa mère, & n'en fut tiré qu'après sa mort.

En voici un autre dont le séjour fut encore plus long, au rapport de MM. *Bourdois & Chomerau*, Médecins de Joigny. Une pauvre femme de la ville de Troye, disent-ils, mariée depuis quatre ans, & qui avoit fait une fausse couche dans la première année de son mariage, devint grosse une seconde fois. Au terme ordinaire, elle eut des douleurs & des signes qui annonçoient un accouchement ordinaire & prochain. Ces signes se soutinrent dans le même état pendant deux jours. Alors on remarqua que la matrice étoit vuide, quoique l'enfant remuât dans le ventre de sa mère, avec plus de force & de facilité qu'auparavant.

Les Médecins de Troye consultés, se décidèrent pour l'opération cæsarienne ; mais la femme n'y voulut point consentir. Dans le mois suivant elle eut quelques douleurs vives, mais passagères, & tomba dans un état de foiblesse & d'épuisement, qui fit craindre pour sa vie. Elle se remit peu-à-peu, & au bout de huit mois elle reprit les fonctions de son état. Elle a vécu dans cette situation pendant trente années, dont elle a passé les cinq dernières à Joigny, toujours grosse,

A a iij

ayant ceffé, depuis fon accident, d'être réglée, & ayant toujours eu du lait aux feins. Enfin, le 22 Juillet 1747, elle mourut à l'Hôtel-Dieu de Joigny, d'une fluxion de poitrine, âgée d'environ foixante-un ans. A l'ouverture du bas-ventre on trouva dans cette cavité une maffe ovale, groffe comme la tête d'un homme, attachée aux vif-cères circonvoifins, & qui fembloit partir de la trompe droite. En ouvrant cette maffe, qui pefoit près de huit livres, on y découvrit un enfant mâle très-bien confervé, fans être en-touré d'aucune liqueur. La peau de cet enfant étoit fort épaiffe. Il avoit des cheveux, deux dents incifives prêtes à percer à chaque mâ-choire.

En voici un autre qui datoit de vingt-fix ans, & qui fit beaucoup de bruit dans la République des Lettres. On doit cette obfervation furpre-nante à M. *Bayle*, Docteur en Médecine à Touloufe.

Marguerite Mathieu, dit-il dans une lettre datée du 22 Juin 1678, femme de *Jean Puget*, Tondeur de draps, étant enceinte en 1652, fentit, vers la fin du neuvième mois de fa groffeffe, les douleurs de l'enfantement, avec les efforts que les femmes font ordinairement pour accoucher. Elle vuida les eaux, mais elle n'accoucha point. Pendant l'efpace de vingt ans elle fentit quelques mouvemens de cet enfant, avec diverfes incommodités : ces incommodités l'obligèrent de tems en tems, fuivant qu'elle en étoit preffée, de prier le Chirurgien d'ouvrir fon ventre, pour en tirer ce fardeau incommode. Les fix années fuivantes elle fe porta affez bien,

& elle ne fentit plus les mouvemens de fon enfant ; mais vers la fin de la vingt-fixième année, les douleurs ayant recommencé, elle fit à fon Chirurgien les mêmes inftances que précédemment.

Elle le pria au moins de l'ouvrir après fa mort, pour tirer l'enfant qu'elle portoit. Elle mourut le 18 Juin 1678 ; fon cadavre fut ouvert le lendemain, & on trouva dans le ventre, hors la matrice, l'enfant mort, fans aucune liaifon avec la matrice, la tête en bas, les feffes penchées vers le côté gauche, les bras & les jambes courbés. Tout le derrière de cet enfant étoit couvert de l'épiploon, épais d'environ deux doigts, & fortement attaché à ce corps, de façon qu'on ne put l'en féparer qu'avec le fcapel, & il fortit très-peu de fang dans cette opération.

Ce petit corps pefoit huit livres. Le crâne étoit fracaffé en plufieurs pièces. Le cerveau avoit la confiftance & la couleur de l'onguent rofat : les chairs étoient rouges à l'endroit où elles tenoient à l'épiploon ; les autres étoient ou blanchâtres ou jaunes, ou un peu livides, excepté la langue qui avoit fa molleffe & fa couleur naturelles. Toutes les parties internes étoient flétries, ou de couleur noirâtre, fans aucune trace de fang, excepté le cœur, qui avoit confervé quelque rougeur. Le front, les oreilles, les yeux, le nez, la bouche étoient couverts d'une matière calleufe de l'épaiffeur d'un doigt. Les gencives étoient coupées. Les dents étoient de la grandeur de celles d'un adulte. Ce corps, malgré cela, ne donnoit aucune mauvaife odeur, même trois jours après qu'il fut tiré du ventre de la mère.

A a iv

C'eſt une choſe bien ſingulière, ajoute M. *Bayle*, que cet enfant ſe ſoit conſervé vingt-ſix ans dans le ventre de la mère, hors de la matrice, ſans aucune communication avec la matrice, & ſans ſe pourrir. Ce phénomène avoit encore cela de ſingulier, que cet enfant s'étoit échappé de la matrice au terme, ou peu de tems après le terme de l'accouchement, & juſque-là cet évènement, quoique non ordinaire, peut facilement ſe concevoir. La matrice peut être ouverte dans tous les points de ſa ſurface par une cauſe quelconque, ne fût-ce que par un abſcès, & dans ce cas, on conçoit que cet enfant a pu ſe porter dans le ventre de la mère, & il n'eſt pas difficile, en ſuppoſant une bonne conſtitution, un bon tempérament, de concevoir que cette ouverture a pu ſe fermer, ſe cicatriſer: mais ce qu'on ne conçoit point aiſément, c'eſt que cet enfant ſoit reſté vingt ans en vie, & on en a des preuves dans les mouvemens que la mère a reſſentis pendant ce long eſpace de tems. Ce qu'on ne conçoit point encore, c'eſt que pendant l'eſpace de ſix ans, où il eſt à ſuppoſer que cet enfant étoit mort, il ne ſe ſoit point corrompu. Beau & ſurprenant phénomène, & bien digne des ſpéculations des Phyſiologiſtes.

On conſerve à Dôle en Franche-Comté, un fœtus également merveilleux. Il eſt reſté ſeize ans dans le ventre de ſa mère. Voici le fait.

Une femme d'un tempérament ſanguin & bien conformé, devint groſſe. Lorſqu'elle fut arrivée à terme, elle eut tous les ſymptômes qui annoncent un accouchement prochain, mais cet accouchement n'eut point lieu. La femme maigrit enfuite, & devint comme un fquelette. Elle parvint cependant à fe rétablir un peu, & par les forces de la Nature, & par les fecours qu'on lui adminiftra : fes règles revinrent, mais en petite quantité. Son ventre groffit enfuite, elle y éprouva une forte tenfion. Enfin, parvenue à l'âge de cinquante-trois ans, & groffe depuis feize, elle mourut le 28 Juin 1661, à la fuite d'une diarrhée, accompagnée d'une fièvre lente.

On fit le lendemain l'ouverture de fon corps. On remarqua d'abord que les tégumens du basventre réfiftoient au rafoir. Ils paroiffoient cartilagineux, & même ils reffembloient à une fubftance gypfeufe. Ils étoient fi bien unis les uns aux autres, & tellement adhérens à la partie fupérieure de la matrice, qu'ils ne faifoient plus qu'une feule enveloppe, qui n'avoit cependant pas un demi-pouce d'épaiffeur, & l'incifion ne fut pas plutôt faite, qu'il fortit avec impétuofité, environ feize livres d'une liqueur féreufe & jaunâtre, mais qui n'avoit aucune mauvaife odeur. On apperçut alors un fœtus à découvert, & fans aucune enveloppe. Il ne paroiffoit même plus aucun indice de matrice, excepté à l'endroit où le fœtus étoit attaché. Il étoit placé obliquement dans la région hypogaftrique, la face en haut, de façon que le fommet de la tête étoit appuyé fur l'os des ifles, droit, & les pieds étoient collés fi fortement aux parties qui avoifinent le rein gauche, qu'on eut befoin du fcapel & de la force de deux perfonnes pour les en féparer.

Ayant enfin retiré ce fœtus, il parut très-bien conformé, & n'avoit que la groffeur d'un enfant de neuf mois. Les parties mufculeufes étoient un peu dures à l'extérieur, mais plus molles à l'intérieur. Le nez étoit applati, la bouche fermée, & les gencives parurent racornies. On le conserva trois jours sans aucune précaution. On jugea cependant à propos, avant qu'il se corrompît, d'examiner les viscères. Ils furent trouvés très-sains, mais affaissés. Au lieu de sang, on ne trouva dans les vaisseaux qu'une humeur séreuse, semblable à celle qui étoit sortie du bas-ventre, & les vaisseaux ombilicaux, à l'extrémité desquels on n'appercevoit plus d'ouverture, n'avoient que trois travers de doigt de longueur.

Voici un fait du même genre, rapporté par M. *de Haller*; mais le fœtus ne s'étoit pas aussi bien conservé que dans le cas précédent. Une femme, dit-il, eut tous les symptômes d'une grossesse, dont elle rapportoit le commencement au mois de Juin 1763. Tous ces symptômes disparurent, & firent place à un état de maladie & de langueur. Sa santé revint cependant au mois de Mai 1764, ses règles reparurent, & elle n'eut aucun signe de maladie jusqu'en 1772. Elle mourut au mois d'Août de cette année, après sept jours d'une fièvre violente, accompagnée de douleurs cruelles. On trouva, à l'ouverture du cadavre, un sac qui communiquoit avec la matrice, par la trompe du côté droit. Ce sac, qui renfermoit la trompe & l'ovaire, contenoit un fœtus d'environ sept mois. C'étoit la putréfaction de ce fœtus qui avoit causé la mort de la femme; mais les détails de sa maladie, dit M. *de Haller*, annoncent que ce fœtus étoit sans vie, dès le mois de Janvier 1764.

D'après les symptômes qui fixoient au mois de Juin cette grossesse, il avoit alors sept mois, & cet âge étoit précisément celui du fœtus trouvé dans les ovaires. Il en résulte une nouvelle preuve que le mois de Janvier 1764, fut l'époque de sa mort.

Cependant cette femme a joui pendant huit ans d'une santé parfaite, sans que cette masse privée de vie, qu'elle portoit dans son sein, lui ait causé, pendant un si long tems, un dérangement sensible, si ce n'est de l'avoir rendue stérile.

Une chose digne de remarque, ajoute M. *de Haller*, c'est qu'après avoir eu des douleurs qui sembloient annoncer une fausse couche, en Janvier 1764, tems qu'on doit regarder comme celui de la mort du fœtus, elle en éprouva de semblables, au terme où elle eût dû naturellement accoucher. Elle eut alors du lait ; ce lait se dissipa, & il reparut encore deux mois après.

On lit dans les Affiches de Picardie un phénomène aussi surprenant que le précédent ; mais on n'a pu savoir combien la femme qui en fait le sujet a conservé de tems l'enfant dont on l'a trouvée enceinte.

Une femme d'Arras, dit l'Auteur de ces Affiches, avoit un abscès au ventre, près de l'ombilic, par l'ouverture duquel il étoit sorti, à diverses reprises, des pelotons de cheveux. Elle mourut le 10 Octobre 1778. On en fit l'ouverture le 11, & on trouva dans la matrice, qui s'étoit ouverte à la partie antérieure de son fond, & qui répondoit à l'abscès, des fragmens d'ossemens en partie détruits, parmi lesquels on remarquoit des morceaux de mâchoire, avec leurs dents, un œil, un nouvel amas de cheveux, &c. Une quantité d'une substance calleuse, qui avoit l'odeur & la couleur du fromage de Marolle fort avancé dans sa fermentation, enveloppoit tout cela. Ces parties étoient non dans la cavité de la matrice, mais dans la substance même de ce viscère, à-peu-près vers l'endroit où aboutit ordinairement la trompe droite. Il fallut employer la force pour détacher les os des membranes de la matrice auxquelles ils étoient adhérens, & où ils paroissoient, pour ainsi dire, avoir pris racine. La plupart avoient tellement changé de figure, qu'il fut impossible d'en reconnoître l'espèce. Les uns en partie détruits jusqu'à leur noyau, ou à leur substance du milieu : les autres parurent réunis après la destruction des chairs, & soudés les uns aux autres. Cependant par le lieu de leur résidence, & par l'indice de leur figure, on crut qu'ils faisoient les débris d'un fœtus humain.

On jugea par la grandeur de ceux qu'on put reconnoître, par leur dureté, la solidité de leurs cartilages, & la fermeté de leurs membranes, ajoutons encore par la longueur des cheveux, laquelle étoit de trois à quatre pouces, & la grosseur des dents, qu'ils avoient appartenu à un fœtus beaucoup plus âgé qu'à terme.

Ce phénomène offre trois choses dignes de l'attention du Physiologiste : 1°. un fœtus conçu dans l'épaisseur de la matrice ; 2°. enclavé dans ce viscère, où il a pu prendre de l'accroissement jusqu'à son terme, & n'ayant pu s'en détacher, où il a continué de croître jusqu'à l'âge où les enfans ont coutume d'avoir des dents, & des cheveux longs de quatre pouces; 3°. la Nature a été affez bienfaifante pour commencer l'expulfion de ce corps étranger par une ouverture extérieure à la matrice, par où il avoit vraifemblablement moins d'efpace à parcourir, moins d'obftacles à furmonter que par la voie naturelle des accouchemens.

Les fœtus peuvent donc s'engendrer & croître hors de la matrice. C'eft un fait bien extraordinaire, mais qui n'eft pas fans exemple. En parcourant les Ouvrages de ceux qui ont écrit fur cette matière, on voit que de tout tems ce phénomène fut connu. On trouve des obfervations de ce genre dans tous les Auteurs. On y voit des groffeffes d'ovaires, de trompes, & même de ventrales; mais ces dernières font beaucoup plus rares. Nous ne ferons que parcourir & indiquer quelques-unes de ces obfervations.

Vefale dit avoir trouvé un fœtus dans la trompe d'une femme, à Paris au mois de Janvier 1569. Il étoit fi gros & la trompe fi diftendue, qu'il prit cette trompe pour une feconde matrice. Il crut que ce fœtus avoit quatre mois. *Tranf. Philof. n°. 48.*

Le D. *Ferne* dit également avoir trouvé dans la corne droite de la matrice, le fquelette d'un enfant avec fon cordon, recouvert d'une matière femblable à du plâtre.

Dans les Mémoires de l'Académie, pour l'an 1722, on trouve l'hiftoire d'un fœtus qui étoit dans la trompe de falloppe.

M. *Maret*, Chirurgien de l'Hôpital de Dijon, affure que fon père avoit ouvert une tumeur à l'ombilic d'une femme, dans laquelle il avoit trouvé les os d'un fœtus; que cette femme fut guérie, & qu'elle eut ensuite d'autres enfans.

M. *de Saint-Maurice* trouva en 1682, un fœtus formé dans un ovaire. On lit un fait semblable dans les *Tranf. Philof. an. 1694. Riolan* en cite plufieurs dans fon Antropographie. *Littre* & *Duverney* en ont configné plufieurs de cette efpèce, dans les Mémoires de l'Académie.

Les groffeffes ventrales font plus rares, mais non fans exemples. *Ambroife Paré*, *Jean Langius*, *Guillemeau*, *Thomas Bartholin*, le **D.** *Baldouin* rapportent plufieurs exemples de ce genre, & nous en avons indiqué quelques-uns précédemment. *Starkey Middleton* ouvrit en 1747, le cadavre d'une femme dans le ventre de laquelle il trouva un enfant attaché à l'inteftin ileum, & aux membranes voifines, par une portion du péritoine, dans lequel le morceau frangé & une portion de la trompe de falloppe du côté droit, paroiffoient fe perdre. Ce qu'il y a de plus particulier dans cette obfervation, c'eft que cette femme avoit porté cet enfant feize ans & plus, & que pendant cet efpace de tems, elle avoit mis au monde quatre autres enfans, tous nés vivans. *Morgagni* & *Santorinus* parlent de plufieurs fœtus tombés dans le ventre, & expulfés par une voie directement oppofée à celle que la Nature leur a deftinée.

Nous en rapporterons encore un exemple, parce qu'il s'eft fait obferver de nos jours.

Etienne Prenal, âgée de vingt-fix ans, femme d'un nommé *Pianet*, Maître Perruquier à Salins, fut attaquée de plufieurs maladies & incommodités, que nous pafferons fous filence, comme étrangères, quoique dépendantes de l'objet de cette obſervation. Nous obſerverons ſeulement que dès le premier Décembre 1770, elle fut attaquée d'une dyſſenterie, qui lui fit rendre des matières ſanguinolentes, purulentes, dans leſquelles on remarquoit des morceaux de chair pourrie, & d'une odeur putride très-forte. On remarquoit encore dans ces évacuations un ſédiment ſanguinolent & plâtreux. Le 16, il ſortit des os par la même voie. Elle en rendit trois le 14 Janvier 1771. Elle en rendit encore pluſieurs de tems à autres, juſqu'au 29 Septembre, jour auquel elle mourut, épuiſée par la longueur de cette cruelle maladie. Elle fut ouverte le 30 par M. *Charnaux*, Maître Chirurgien, & cette ouverture confirma que les os qu'elle avoit rendus, procédoient d'un fœtus qui avoit paſſé dans la cavité du ventre, où il s'étoit pourri, & avoit occaſionné tous les accidens que cette malheureuſe femme avoit éprouvés.

H

HOMMES EXTRAORDINAIRES. On peut faire deux claſſes de ceux qu'on doit diſtinguer du commun des autres hommes. Ils peuvent être extraordinaires, ou par leur conformation, ou par des qualités qui leur ſont propres. Ce ſera ſous ces deux points de vue que nous préſenterons cet article.

M. *Deſlandes* aſſure avoir vu à Lanvau, village éloigné d'environ trois lieues de Breſt, ſur le bord de la mer, un enfant dont toutes les articulations & conféquemment tous les mouvemens qui en dépendent, manquoient. Son corps n'étoit qu'un os continu, comme une pétrification des articles, nerfs & tendons. Nulle phalange aux doigts des pieds & des mains, nul mouvement dans le poignet, dans le coude, dans l'épaule, dans la hanche, &c. Il avoit auffi les paupières parfaitement fixes. Cet enfant avoit vingt-deux à vingt-trois mois. Il ne pouvoit marcher, ni boire, ni manger fans le fecours de fa mère. Une conformation auffi extraordinaire étoit accompagnée d'une douleur perpétuelle.

Voici un autre fait d'un autre genre, également merveilleux. On voyoit en 1775, dans la Paroiffe de Mont-Saint-Jean, à une lieue de Sillé-le-Guillaume, une fille de dix-huit ans qui, depuis fa naiffance, n'avoit donné aucun figne caractérifé de fenfibilité. On avoit beau l'exciter, la pincer, la chatouiller, elle n'en étoit point émue. Jamais elle n'avoit ri, ni pleuré, ni crié. Elle reftoit où on la mettoit ; elle n'avoit ni le pouvoir de changer de place, ni de fe remuer. On la mettoit ordinairement au lit, où elle reftoit jufqu'à ce qu'on l'en retirât. Sa nourriture confiftoit en un peu de bouillie, qu'on lui donnoit matin & foir. Elle n'urinoit point, mais elle rendoit par le fondement des matières fécales très-dures, très-divifées en petites parties. Son cœur battoit foiblement, & c'étoit prefque le feul figne de vie qu'on appercevoit en elle. Elle avoit les yeux ouverts & les paupières mouvantes. Sa petiteffe étoit

extrême,

extrême; elle ne paroiſſoit point avoir grandi depuis ſa naiſſance. Elle conſervoit encore la ſituation forcée qu'elle avoit dans le ſein de ſa mère. Ses jambes étoient collées à ſes cuiſſes, ſon corps courbé en avant, & ſa tête s'inclinoit ſur ſa poitrine. Nous avons tiré cette deſcription des Affiches de Tours.

Voici une eſpèce d'hydrophobe qu'on peut regarder comme extraordinaire dans ſa conformation. Il étoit à Wolduck, Duché de Mecklenbourg, en 1775, & il avoit alors quarante ans. C'étoit un Payſan qui n'avoit jamais bu depuis ſa naiſſance. Dès l'inſtant où il put commencer à fumer, il s'empara d'une pipe, qu'il ne quitta plus. Il travailloit & ſupportoit comme un autre, la chaleur, le froid & les autres intempéries de l'air. Il avoit une répugnance invincible pour tout aliment liquide, & on aſſuroit qu'on lui avoit vu dès l'enfance la même répugnance pour le lait de ſa mère, qu'on le força de prendre les premiers jours de ſa vie. Il étoit ſain, actif & robuſte. *Voyez* HYDROPHOBIE.

On peut ranger dans la même claſſe les enfans dont nous allons faire mention. Ils ſont extraordinaires, & par eux-mêmes, & par leurs parens.

Le 12 Janvier 1763, *Marguerite Krbſcowna* mourut, dans le village de Conino en Ruſſie, âgée de cent huit ans. A quatre-vingt-quatorze elle s'étoit mariée, pour la troiſième fois, à *Gaſpard Raycoul*, du village de Ciwoulſin, âgé pour lors de cent cinq ans, dont elle eut deux fils & une fille. Ces trois enfans, encore vivans à la mort de leur mère, portoient des

marques de la caducité de leurs père & mère.
Ils avoient les cheveux blancs. Leurs gencives
avoient le vuide que laiſſe la perte des dents,
ſans cependant qu'ils en euſſent eu aucune. Ils
n'avoient point la force de mâcher les alimens
ſolides ; ils ne vivoient que de pain & de légumes ; ils étoient aſſez grands pour leur âge,
mais ils avoient le dos courbé & le teint flétri,
& tous les autres ſymptômes de la décrépi-
tude. Leur père vivoit alors & avoit cent dix-
neuf ans.

On doit encore ranger dans la même claſſe
ces perſonnes monſtrueuſes par la groſſeur énorme de leur corps. Il eſt peu de pays & peu
de générations qui n'en voient quelques exemples, & ces phénomènes perdent, par l'habitude qu'on a de les obſerver, tout le merveilleux qu'on y trouveroit, s'ils ſe faiſoient voir
plus rarement ; car il n'eſt pas dans l'ordre de
la Nature que le corps de l'homme excède auſſi
ſingulièrement certaines dimenſions. Nous n'en
donnerons que quelques exemples, parce qu'ils
nous ont paru mériter de trouver place ici.

M. *Linné* dit avoir vu à Amſterdam un enfant ſi énormément gras, qu'il ne pouvoit ſe
tenir debout ſans écarter ſes jambes. Il peſoit
cinq cens livres de Hollande. Sa mère, ne
pouvant ni l'alaiter ni lui acheter du lait, l'a-
voit nourri avec de la bière douce.

Edouard Brigth, Epicier de profeſſion, mort
à Malden, âgé de trente ans, n'avoit point encore deux ans qu'il peſoit plus de cent qua-
rante-quatre livres. A vingt ans, il peſoit trois
cens trente-ſix livres, & à ſa mort, ſix cens ſeize

livres. Il avoit cinq pieds neuf pouces & demi de hauteur. Mesuré sous les bras, il avoit cinq pieds six pouces de circonférence, & autour du ventre six pieds onze pouces. Le gros de son bras étoit de deux pieds deux pouces, & celui de sa jambe deux pieds huit pouces. Lorsqu'il mourut, il fallut douze hommes pour le tirer sur un petit chariot de Brasseur, & un pied-de-chèvre pour le descendre dans la fosse. Ses habits étoient assez amples pour pouvoir y faire entrer sept hommes; ce qui est conforme aux registres de la Paroisse où il décéda, & à l'acte que le Magistrat prit soin de faire dresser. Cet homme mourut le 12 Mars 1750. Malgré cette grosseur énorme, cet homme étoit, dit-on, d'une très-grande légéreté.

On vit un phénomène semblable à Usk dans le Comté de Monmouth. Il y mourut en 1772, un nommé *Philippe Masson*, dont le poignet avoit onze pouces de circonférence, le bras auprès de l'épaule vingt-un, la poitrine cinq pieds, le ventre six, la cuisse trois pieds un pouce, & il étoit, malgré cela, extrêmement agile.

Le 6 Octobre 1754, mourut à Londres le nommé *Jacques Pouvel*, Boucher de profession, né à Stebbing, Province d'Essex. Il n'étoit âgé que de trente-neuf ans, & il pesoit environ quatre cens quatre-vingt livres.

Si de semblables conformations ont quelque chose d'extraordinaire & de merveilleux, il est une autre espèce de gens extraordinaires qui ne méritent pas moins notre attention. Ce sont ceux qui sont pourvus des qualités singulières qui ne se rencontrent point dans l'ordre ordinaire de la Nature. Nous n'en donnerons encore que quelques exemples.

Christophe, Duc de Bavière, trois ans avant sa mort, qui arriva à Rhodes, au retour de la Palestine, leva de terre sur ses épaules, & jetta bien loin de lui une masse de pierre qui pesoit plus de trois cens quarante livres.

Louis de Boufflers, surnommé *le Robuste*, qui vivoit en 1534, étoit tout-à-la-fois très-fort & très-agile. Ses pieds joints l'un contre l'autre, il ne se trouva personne qui pût le faire avancer ou reculer d'un pas. Il rompoit facilement un fer à cheval, & s'il prenoit un bœuf par la queue, il étoit sûr de pouvoir le conduire où il vouloit. Il soulevoit un cheval puissant & l'entraînoit sur ses épaules. Tout botté & armé de pied-en-cap, il s'élançoit sur un cheval, & le montoit sans toucher le cheval & mettre le pied dans l'étrier. Dans une course de deux cens pas, il devançoit le genet d'Espagne le plus léger.

Le Major *Barsabas*, dans le dernier siècle, étoit d'une telle force, qu'en serrant la jambe d'un cheval il lui en cassoit les os. Etant entré dans la boutique d'un Forgeron, il lui commanda un fer de grande résistance. Celui-ci se mit en devoir de le satisfaire ; mais, tandis qu'il avoit le dos tourné, *Barsabas* prit l'enclume & la cacha sous son manteau. L'ouvrier qui voulut battre son fer, fut fort étonné de ne trouver sur quoi le poser, & il le fut encore plus de voir cet Officier remettre sans difficulté son enclume en place. A la table de son Général,

Barfabas prenoit une affiette d'argent fur laquelle il y avoit du vin, & la ferrant entre fes mains, il en faifoit un gobelet, dont la liqueur réjailliffoit jufque par-deffus fa tête. Un Gafcon, qu'il avoit piqué dans la converfation, lui propofa un cartel. Volontiers, lui répondit *Barfabas*, touchez-là. Le Gafcon donna la main, & le Major la preffa de telle forte, qu'il lui brifa les os & le mit hors d'état de fe battre.

Quoiqu'acquifes par l'exercice, & non dues à la feule bienfaifance de la Nature, les qualités fuivantes n'en font pas moins admirables, & ne méritent pas moins de trouver place ici.

Le nommé *Jofeph Fahaye*, né auprès de Spa, Pays de Liège, & qu'on a vu à Paris en 1779, étoit venu au monde fans bras, mais il fe fervoit de fes pieds pour fubvenir aux befoins de la Nature. Il buvoit, mangeoit, prenoit du tabac, débouchoit une bouteille, fe verfoit à boire, fe fervoit d'un cure-dent après fes repas, tailloit fes plumes & écrivoit très-correctement. Il enfiloit une aiguille, faifoit un nœud au bout du fil avec une précifion admirable. Il jouoit aux cartes, au toton, au bilboquet; il chargeoit & tiroit un piftolet; il filoit de la laine, du coton, & tournoit le rouet en même-tems; il tenoit un baton avec autant de force qu'une autre perfonne eût pu le faire avec fes deux mains, & il le jettoit à quarante pas de lui; il apportoit une chaife; il bêchoit la terre, & il cultivoit lui-même fon jardin; en un mot, il faifoit avec fes pieds tout ce qu'un autre eût pu faire avec fes bras. Cet homme, avant de venir fe faire voir à Paris, avoit été Maître d'école dans fon village, où il avoit depuis cinquante jufqu'à foixante écoliers.

On avoit vu à Vienne en Autriche un phénomène de même efpèce, en 1777. C'étoit un jeune homme, né fans bras, & qui peignoit trèsbien le portrait. Il faifoit adroitement, avec les orteils de fes pieds, ce que les autres Peintres font avec les doigts. Né d'une famille honnête, il ne fe donnoit point en fpectacle, & il ne travailloit que devant fes connoiffances.

Nous terminerons cet article par un fait également furprenant, mais auquel la Nature eut plus de part que l'art. Nous le tirons des Nouvelles Littéraires de Florence. On y lit qu'un Prêtre, nommé *Paul Moccia*, âgé de cinquante ans, & connu par des Epîtres Latines & une Profodie Grecque, fe précipitoit dans la mer, & n'étoit pas plutôt au fond, qu'il revenoit perpendiculairement à la furface, où il fe tenoit enfoncé jufqu'à la poitrine, fans qu'on lui vît faire aucun mouvement. Il reftoit dans cette attitude les bras croifés, & marchoit dans l'eau avec la même affurance que fur la terre. Des plongeurs, dit-on, l'ont plus d'une fois tiré vers le fond de la mer; mais à peine l'avoient-ils échappé, qu'il remontoit comme un liège. D'autres fois il s'endormoit fur l'eau, s'étendant fur fa furface, comme il eût fait dans fon lit, fe tournoit & fe retournoit fans jamais enfoncer. Il affuroit qu'il fentoit fous fes pieds une réfiftance auffi marquée que fur un grand chemin, & il étoit comme les autres, émerveillé de cette fingulière propriété. Les Phyficiens qui obfervèrent ce phénomène, remarquèrent, après l'avoir pefé & mefuré fon volume, qu'il pefoit trente livres moins qu'un pareil volume d'eau. Ce ne fut qu'au mois d'Août 1765, que le hafard lui fit découvrir en lui cette merveilleufe propriété, & il en tira enfuite tout le parti poffible par l'exercice & l'habitude.

HOMMES MARINS. On ne peut difconvenir qu'il y ait des variétés étonnantes dans l'efpèce humaine, & qu'elles foient portées au point, qu'un homme qui auroit fait le tour du monde, auroit peine à fe reconnoître en certaines contrées. M. *de Buffon* nous a tracé un tableau très-curieux de ces variétés ; mais les pouffer beaucoup plus loin, & vouloir reconnoître l'efpèce humaine dans quelques monftres marins que le hafard offre quelquefois à notre curiofité, c'eft reculer fans doute trop loin les bornes qui circonfcrivent cette efpèce, nonobftant l'opinion de plufieurs Voyageurs qui nous atteftent avoir vu des hommes marins, qu'ils décrivent fous les noms de *Tritons*, *Néréides*, *Syrènes*, *Ambizes*, &c.

Dans la multitude de monftres que la mer renferme & qu'elle vomit quelquefois fur fes bords, il peut bien fe faire qu'elle en comprenne quelques-uns qui aient quelque rapport, quelque fimilitude avec l'homme ; & il n'eft rien en cela de plus extraordinaire que ce qu'on voit communément fur terre, lorfqu'on compare à l'homme une efpèce de finge, que les Naturaliftes défignent fous le nom de *fatyre*, *d'homme des bois*, & qu'on appelle

Orang-outang à la Chine. Tous conviennent que quoique cet animal porte le masque de la figure humaine, & qu'il en affecte plusieurs caractères à l'extérieur, qu'à l'intérieur il est dénué de tout ce qui constitue l'homme; c'est une véritable brute, mais qui n'a ni l'impatience du magot, ni la méchanceté du babouin, ni l'extravagance des guenons. Il doit donc en être de même de ces monstres marins qui affectent la figure humaine depuis la tête jusqu'à la ceinture; car on n'en a point encore vu dont la figure fût entièrement conforme à celle de l'homme. Mais comme ces phénomènes sont plus rares & conséquemment plus extraordinaires pour nous, ils méritent bien de trouver ici leur place.

On lit dans un Ouvrage, intitulé : *les Délices de la Hollande*, qu'en 1430, après une furieuse tempête qui avoit rompu les digues de West-Frise, on trouva dans la boue des prairies une femme marine. On l'emmena à Harlem, on l'habilla & on lui apprit à filer. Elle usa de nos alimens, & vécut quelques années sans pouvoir apprendre à parler, & ayant toujours conservé son instinct qui la portoit vers l'eau. Son cri, car elle ne s'exprimoit point d'une autre manière, imitoit assez les accens d'une personne mourante.

Un Capitaine Anglois, nommé *Schmid*, assure avoir vu en 1614, dans la nouvelle Angleterre, une syrène d'une grande beauté. Elle ne le cédoit en rien, dit-il, aux plus belles femmes. Elle avoit de beaux cheveux bleus qui flottoient sur ses épaules; mais la partie inférieure, en commençant à la région ombilicale, ressembloit à la queue d'un poisson.

Monconys fait aussi mention, dans son Voyage d'Egypte, de ces hommes marins, semblables à des poissons par la partie inférieure de leur corps, à la réserve, dit-il, que les doigts de leurs mains sont unis ensemble, comme les pieds des oies ou les aîles des chauves-souris.

Thomas Bartholin parloit en 1669 d'une syrène qui avoit paru auprès du port de Copenhague pendant l'été. Elle fut, dit-il, apperçue du rivage par plusieurs personnes dignes de foi; mais elles ne s'accordèrent point toutes sur la couleur de ses cheveux. Les uns prétendoient qu'ils étoient roux, d'autres noirs; mais tous convinrent qu'elle avoit le visage d'un homme sans barbe, & la queue fourchue. *Bartholin* prétend que cette dissention sur la couleur des cheveux, peut venir des positions différentes sous lesquelles elle fut observée, & conséquemment des manières selon lesquelles les rayons lumineux furent réfléchis.

M. *Desponde* fait mention d'un homme & d'une femme qui furent pris en même-tems. La femme survéquit deux ans, & apprit à filer; mais il ne dit rien de particulier sur cette syrène. En 1660, il parut un homme marin sur les côtes de Bretagne, près Belle-Isle. Il ressembloit parfaitement à celui dont nous avons parlé ci-dessus. On lit, dans l'Histoire générale des Voyages, qu'en 1560 des Pêcheurs de l'isle de Ceylan prirent d'un coup de filet sept hommes marins & neuf femmes marines.

Dimas Bosqués, de Valence, Médecin du

Roi de Goa, qui les examina & qui en fit l'a-
natomie en préfence de plufieurs Miffionnaires
Jéfuites, parmi lefquels étoit le Père *Henriqués*,
trouva leurs parties intérieures affez conformes
à celles de l'homme.

M. *Chrétien*, de la Martinique, écrivoit, le
23 mai 1672, que deux François & quatre Nègres étant allés en canot vers la côte du petit
Defert, fitué au fud de la Martinique, & féparé de l'ifle par un petit détroit d'une lieue,
ils s'arrêtèrent fur une pointe avancée de dix
à douze pas en mer, & élevée de huit à dix
pieds au-deffus de l'eau. Là ils virent paroître
à huit pas d'eux un homme marin, qui avoit
la moitié du corps hors de l'eau. L'étonnement,
la frayeur, les empêchèrent d'abord de le confidérer attentivement ; mais le monftre ayant paru
plufieurs fois fur l'eau, & s'y étant arrêté long-
tems, ils fe raffurèrent & ils eurent le tems
de confidérer diftinctement toutes fes parties.
Il avoit la figure d'un homme de la tête à la
ceinture ; la taille petite comme un enfant de
quinze à feize ans ; la tête proportionnée au
corps ; les yeux un peu gros, mais fans difformité ; le vifage large & plein ; le nez large &
camus ; les cheveux gris, mêlés de blanc & de
noir, plats, arrangés comme s'ils euffent été
peignés, & flottant fur le haut des épaules ;
la barbe grife, longue de fept à huit pouces,
& également large par-tout ; fon eftomac couvert d'un poil gris, comme celui d'un vieillard. Ils ne remarquèrent point fi les bras étoient
proportionnés au corps, s'ils étoient plats, s'ils
étoient attachés enfemble, ni s'ils avoient des

ailerons. On n'obferva rien auffi de particulier
au cou, ni au refte du corps qui fortoit de
l'eau. Le vifage & le corps, dit-on feulement,
étoient médiocrement blancs. La partie inférieure, qu'on voyoit entre deux eaux, étoit proportionnée au refte du corps, & femblable à
celle d'un poiffon. Elle fe terminoit par une
queue large & fourchue.

Il parut la première fois à huit pas du rocher. La feconde fois, il s'approcha davantage
& vint enfin auprès de la pointe, où les deux
François & les quatre Nègres étoient affis. Il
fe retira vers l'eft, le long d'un herbage qui
eft au pied de ce rocher. Il fe tourna plufieurs
fois, & s'arrêta long-tems fur l'eau, comme s'il
eut pris plaifir à voir & à être vu, & fans mar-
quer le moindre étonnement. Ceux qui le virent lui trouvèrent le vifage farouche, peut-
être parce qu'ils étoient encore effrayés. Ils ont
tous affuré qu'ils l'avoient vu fouffler du nez,
& qu'ils lui avoient vu paffer la main fur fon
vifage & fur fon nez, comme pour s'effuyer
& fe moucher ; mais il ne fit aucun bruit de
la bouche, qui pût faire connoître s'il avoit de
la voix.

On a donc vu plus d'une fois de femblables
monftres, & toutes les relations des Voyageurs
qui en parlent, s'accordent affez à les décrire
de la même manière. Tous difent qu'ils ont la
taille ordinaire de l'homme, même configura-
tion & mêmes proportions jufqu'à la ceinture ;
la tête arrondie, les yeux un peu gros, le vifage large & plein, les joues plattes, le nez
fort camus, les dents très-blanches, les che-

veux grisâtres, quelquefois bleus, plats & flot-
tans sur les épaules ; une barbe grise & pen-
dante sur l'estomac, garni aussi de poils gris,
comme dans les vieillards ; la peau blanche &
assez délicate. Le mâle qu'on appelle *triton* &
la femelle *syréne*, ont le sexe distingué comme
dans l'homme & dans la femme. Les femelles
ont des mamelles fermes & arrondies comme
les ont les vierges. Les bras sont assez larges,
courts & sans coudes sensibles ; les doigts, à
moitié palmés, leur servent de nageoires ; mais
la partie inférieure, à prendre de l'ombilic, est
semblable à celle du poisson qu'on appelle *dau-
phin*, & elle se termine en une queue large &
fourchue.

HYDROPHOBIE, horreur singulière pour
l'eau. C'est l'un des symptômes qui accompagnent
la rage. Mais ces deux accidens ne sont point
inséparables. On voit des hydrophobes qui ne
sont point attaqués de rage.

On lit dans le Journal d'Allemagne, centur. 5
& 6, observ. 30, qu'une femme de trente-quatre
ans, étant dans un bourg, & ayant bu un verre
de vin, resta quatre ans & demi sans pouvoir en
boire, malgré l'envie extrême qu'elle en avoit.
Il ne lui étoit pas même possible d'avaler une
goutte d'eau, ni de bière, ni de prendre des
fruits succulens, ni même des alimens cuits dans
l'eau. Cependant elle rendoit depuis vingt jusqu'à
trente onces d'urine tous les jours, & ne cessa
point d'être bien réglée, ayant toujours de belles
couleurs, & conservant son état de santé, à
quelques douleurs d'estomac près, qui n'étoient

point de longue durée. Après avoir mangé, ajoute l'Obſervateur, on ſe trouve engagé à prendre quelque boiſſon. La chaleur extérieure, les exercices & les évacuations excitent la ſoif; les alimens ſalés & épicés font encore beaucoup boire. Or, la femme dont il eſt ici mention ne ſe privoit point d'alimens, néanmoins elle ne pouvoit vaincre la haine qu'elle avoit pour les liquides, malgré la ſoif dont elle étoit tourmentée, & cet état perſévéra pendant l'eſpace de quatre ans & demi.

On lit dans les Eſſais de Médecine d'Edimbourg, un phénomène à-peu-près ſemblable, rapporté par le Docteur *Waugh*. Il s'y agit d'une fille qui avoit d'étranges convulſions, lorſqu'elle vouloit s'efforcer de boire ou de manger. Sur la fin de l'accès, elle tomboit à terre comme morte; mais au bout d'un quart-d'heure la parole lui revenoit. Alors elle ſe plaignoit d'une douleur inſupportable à la poitrine, d'une peſanteur & d'une anxiété qu'elle ne pouvoit exprimer. Elle marquoit avec ſon doigt la partie affectée, & c'étoit immédiatement au-deſſus du ſternum, & l'endroit préciſément où il reçoit les deux clavicules. Deux mois environ auparavant elle avoit eu une eſquinancie, accompagnée d'une fièvre violente, & dans le tems qu'on s'attendoit à tous momens qu'elle alloit être ſuffoquée, l'enflure de ſon goſier ayant diſparu tout-à-coup, elle s'étoit trouvée conſidérablement ſoulagée; mais il lui étoit reſté une peſanteur douloureuſe à la poitrine, à l'endroit même qu'elle montroit. Trois jours après il lui perça une tumeur, d'où il ſortit une très-grande quantité de matière extrêmement fétide, & ce fut ce qui la ſauva.

Dans le premier volume des Obſervations d'Edimbourg, on y lit qu'un jeune homme fut ſaiſi d'une douleur violente à l'orifice ſupérieur de l'eſtomac ; ſon pouls étoit intermittent. Il étoit près d'être ſuffoqué : il pouſſoit de profonds ſoupirs & fréquemment. Il avoit les yeux hagards, & crachoit à chaque inſtant. Lorſque l'accès ſe paſſoit, il demandoit à boire ; mais dès qu'il voyoit la boiſſon, il étoit ſaiſi d'horreur, & ſi on la lui approchoit, il treſſailloit, paroiſſoit effrayé, avoit des convulſions, ſur-tout à la bouche, & la repouſſoit avec la main d'un air fâché, la ſuivant des yeux, d'une façon qui marquoit de la répugnance & de l'effroi. Bientôt après il la redemandoit, & recommençoit ſouvent ces mêmes ſcènes. Il fut enfin guéri par un grand nombre de ſaignées.

Mais voici un fait bien plus ſurprenant que les précédens. C'eſt un exemple d'hydrophobie ſpontanée & périodique, dont il ſeroit bien difficile de donner une explication ſatisfaiſante. Nous en devons la connoiſſance & le détail à M. *Mazars de Cazeles*, Médecin de Bedarieux.

La nommée *Richard*, âgée de cinquante-cinq ans, femme très-raiſonnable, & d'une conſtitution bilieuſe, habitante de Bedarieux, eſſuya conſtamment une hydrophobie ſpontanée, les quatre premiers mois de onze groſſeſſes qui ſe ſuccédèrent à deux ans de diſtance les unes des autres. Cette maladie ſe déclaroit d'abord après la conception, par quelqu'éloignement à boire, & enſuite par une ſi grande horreur de la boiſſon, qu'elle étoit non-ſeulement réduite à la dure néceſſité de s'en priver, ainſi que de tous mets liquides, mais encore à ne pouvoir souffrir que les autres bussent en sa présence.

La vue & le murmure de l'eau ne lui étoient pas moins insupportables, & lui causoient des frémissemens & des défaillances les plus allarmans, en sorte qu'étant obligée d'en avoir chez elle, on avoit la précaution, pour obvier à ces accidens, qui ne furent cependant jamais accompagnés de l'envie de mordre, de la tenir dans des endroits cachés, & quand on la versoit d'un vase dans un autre, de le faire avec tant de ménagement, qu'elle ne pût point en entendre le bruit.

Le dépérissement dans lequel cette funeste aversion la jettoit de jour en jour, la soif dont elle étoit dévorée, & les autres besoins de la vie, lui prêchoient avec autant d'énergie, contre la répugnance involontaire dont elle étoit la victime, & la menaçoient de si grands dangers, qu'il n'y eut point d'artifice & de violence qu'elle ne mît en usage pour se tromper elle-même, & se contraindre à boire. Mais les changemens que la grossesse avoit produits dans son corps, avoient si fort effarouché l'imagination, que les efforts de la raison furent toujours inutiles, & en attendant l'époque où celle-ci rentroit peu-à-peu dans ses droits, l'infortunée hydrophobe n'avoit d'autre parti à prendre, lorsque des affaires pressantes l'obligeoient de traverser la rivière, pour se rendre à la ville, que de se boucher les oreilles, de se bander les yeux, & de se faire conduire ainsi malgré elle, en s'accrochant aux bras de deux amies, jusqu'à ce qu'elle eût passé le pont, où la singularité de la scène appelloit toutes les fois nombre de spectateurs.

Plufieurs cas de cette efpèce ont fait croire à quelques-uns que cette fâcheufe maladie n'étoit point tant occafionnée par un virus particulier, que par l'effet d'une imagination déréglée & d'une hypocondriachie : mais quelqu'hypothèfe qu'on embraffe, il fera toujours difficile, pour ne pas dire impoffible, d'expliquer convenablement des faits de cette efpèce.

Nous pourrions citer encore nombre d'exemples du même genre, & dont il ne feroit pas plus facile de donner des raifons fatisfaifantes ; mais pour l'ordinaire cette horreur pour l'eau & pour les boiffons en général, eft le fymptôme le moins équivoque d'une maladie plus furieufe encore, c'eft le caractère de la rage ; & comme cette dernière maladie eft toujours accompagnée d'une horreur pour l'eau, on a coutume de défigner celle-ci fous le nom d'*hydrophobie*. Nous ne nous arrêterons point à décrire les fymptômes & les effets de cette cruelle maladie. Quelque extraordinaires qu'ils foient réellement, & quelque difficulté qu'il y ait à les expliquer, ils font trop connus pour trouver place ici. Mais nous rapporterons feulement quelques phénomènes de ce genre, bien plus furprenans & bien plus difficiles à expliquer, que ceux qu'on obferve communément.

On fait & on éprouve trop fouvent, malheureufement, qu'on eft attaqué de cette terrible maladie, lorfqu'on a été mordu de quelques chiens ou de quelques autres animaux atteints de la rage. On fait qu'après des accidens de cette efpèce, il eft rare que la rage tarde à fe manifefter, & on regarde communément comme un

phénomène

phénomène bien furprenant, qu'on foit plufieurs
mois, & à plus forte raifon, l'efpace d'une année
tranquille, après une morfure. Ce phénomène
doit donc paroître bien plus furprenant encore
s'il fe paffe plufieurs années fans qu'on s'ap-
perçoive de ce fâcheux événement. Or, l'expérience nous prouve qu'il s'eft trouvé des perfonnes qui ont été plufieurs années tranquilles
après avoir été mordues, & chez lefquelles la
rage ne s'eft déclarée qu'au moment où elles
vivoient dans la plus grande fécurité ; & ce qui
doit paroître plus furprenant encore, c'eft de voir
des perfonnes attaquées de cette maladie, fans
avoir été mordues.

Grandelius rapporte, dans la feconde décade
des Ephémérides d'Allemagne, qu'il avoit connu
une petite fille de fix ans, qui fut mordue par un
chien enragé. La plaie, dit-il, étoit peu de chofe,
& on n'y voyoit aucun figne de malignité. Elle fut
guérie en peu de tems. A dix ans cet enfant eut
la petite vérole. Avant l'éruption elle fut tourmentée par différens fymptômes. Elle avoit le
tranfport, elle aboyoit comme un chien, & elle
avoit la plus grande horreur pour l'eau ; fymptômes non équivoques de la rage. On lui adminiftra
des remèdes appropriés à fon état ; l'éruption de
la petite vérole fe fit, & les fymptômes de cette
fâcheufe maladie difparurent.

Mais veut-on un exemple de ce terrible venin
engourdi pendant bien plus de tems dans les
veines de celui qui en étoit atteint ? Confultons
le Journal de Médecine de M. *de la Roque*, pour
l'année 1683, & nous y trouvons l'hiftoire d'un
homme devenu enragé vingt ans après avoir été

mordu. Le Docteur *Schmidt* fait à ce sujet une observation bien sage & bien fondée. Il dit que les causes des maladies peuvent demeurer cachées pendant long-tems dans le corps sans y produire d'effet sensible, & qui puisse les faire suspecter : c'est ce qu'on remarque, dit-il, tous les jours dans la rougeole & dans la petite vérole, qui ne paroissent quelquefois que dans la vieillesse ; il suppose, comme on voit, que chacun porte avec soi le germe de ces fâcheuses maladies ; & c'est un point de doctrine qui n'est pas universellement adopté. Il peut arriver de même, continue-t-il, que les corpuscules qui causent la peste, soient portés en des endroits éloignés, par le moyen d'une simple lettre, & il n'y a point de doute que le linge & les habits des pestiférés ne puissent, s'ils ne sont lavés & secoués exactement, conserver ces corpuscules, & occasionner une nouvelle peste ; ce dont nous avons des exemples plus frappans les uns que les autres. Or, dit-il, il en est de même du venin qui occasionne l'hydrophobie ou la rage. *Salmuth*, qu'il appelle ici en témoignage, l'a observé plusieurs fois. Il a vu ce venin caché, & comme engourdi pendant sept, huit, neuf, dix ans, & même plus long-tems.

Mais le fait suivant est encore plus surprenant. La femme d'un Tailleur de pierre, nommé *Guillaume Richter*, fut attaquée d'une fièvre maligne, pour laquelle elle fit appeller M. *Schmidt*. Il la fit d'abord saigner, & lui ordonna ensuite des cordiaux, pour résister à la malignité. Elle faisoit tout ce qu'elle pouvoit pour prendre ces remèdes, qui étoient en forme liquide ; mais tous les efforts étoient inutiles. Dès qu'elle approchoit le verre de sa bouche, elle étoit si fort émue, qu'elle étoit prête à tomber en convulsions. Le quatrième jour de la maladie les accidens augmentèrent; la bouche & le palais se dessèchèrent si fort, faute de liqueur, qu'on voyoit une grande inflammation dans ces parties. Cette aversion pour les bouillons, les juleps & les potions augmentoit toujours, & elle en vint jusque-là, qu'elle ne pouvoit même entendre parler d'eau, ou de toute autre liqueur, sans frémir. Le Docteur *Schmidt* lui demanda si elle n'avoit point été mordue de quelque chien enragé : elle répondit que oui; mais qu'il y avoit vingt ans que ce malheur lui étoit arrivé, & qu'elle n'en avoit ressenti aucune incommodité jusqu'alors. Comme on ne pouvoit, dans l'état où elle étoit, lui administrer aucun remède propre à arrêter la malignité qui la dévoroit, la maladie augmenta de jour en jour, & elle mourut le huitième jour.

On a vu cette maladie se guérir, & revenir néanmoins assez régulièrement pendant plusieurs années. C'est ce qu'on remarque dans le Journal de Médecine que nous avons cité plus haut. L'Auteur dit qu'une Servante ayant été mordue par un chien enragé, le fit appeller avec le sieur *Brandi*, Chirurgien très-habile; qu'ils lui ordonnèrent d'abord des alexipharmaques & des spécifiques, qu'ils lui firent prendre sous forme solide, autant qu'il étoit possible, & à dessein de ne la point trop tourmenter. Ces remèdes firent leur effet. Elle sua considérablement. On avoit grand soin de la plaie : elle étoit au doigt. On mêloit de la thériaque à tous les remèdes qu'on y appliquoit. Elle guérit enfin. Mais pendant quelques années, au terme ou environ de la morsure, elle en avoit quelque léger ressentiment, qui consistoit dans une petite rêverie, & dans une espèce d'aversion qu'elle avoit alors pour tout ce qui étoit liquide. Enfin, ces symptômes cessèrent, & elle vécut encore quelques années après en assez bonne santé.

Etre pris de cette cruelle maladie après une morsure faite par un animal qui en est atteint, c'est un phénomène qui n'a de surprenant que le laps du tems qui peut se passer entre là cause & l'effet ; mais ce qu'on doit regarder comme tout-à-fait surprenant, & ce qu'on ne peut expliquer facilement, c'est de voir cette maladie se déclarer après une morsure faite par un animal qui n'est ni colère, ni malade ; c'est encore de se la procurer par sa propre colère. Les faits suivans prouvent manifestement que ces deux cas ne sont point sans exemple.

La troisième décade du Journal d'Allemagne, fait mention d'un Etudiant en Droit, âgé de vingt-deux ans, qui étoit tourmenté d'une soif ardente, d'anxiétés intérieures, de mouvemens convulsifs, & généralement des symptômes qui annoncent la rage. Comme il avoit bien soupé la veille, dit le D. *Albrecht*, je lui fis prendre deux grains d'émétique, & après l'opération du remède, je lui fis prendre une potion alexipharmaque. J'y retournai le lendemain, & j'appris qu'il avoit vomi des choses fort amères, & je fis continuer la potion. J'y revins l'après-midi : il avoit un peu sué ; mais il étoit très-agité : les doigts, sur-tout ceux de la main droite, étoient tors. J'apperçus à l'endroit du poignet, où l'on tâte le pouls, une petite plaie en long : le père me dit que c'étoit une légère morsure d'un petit chien, qui n'étoit ni colère, ni malade. Je voulus faire scarifier la partie blessée, & appliquer les ventouses; mais le malade ne voulant point y consentir, je fis frotter la plaie avec de l'eau salée, & ayant fait tomber la cicatrice, j'y fis appliquer chaudement un topique fait avec l'eau thériacale & l'esprit thériacal camphré, & autres remèdes semblables. Je lui fis prendre plusieurs fois le sel volatil de vipère. Les symptômes disparurent peu-à-peu, & le jeune homme guérit.

On lit dans le même Ouvrage, qu'un homme de vingt-sept ans s'étant mis en colère, & n'ayant pu la décharger sur son ennemi, la tourna sur lui-même, en se mordant le second doigt de la main. Il passa fort mal la nuit ; il vomit beaucoup de bile verte, & ces vomissemens furent suivis de frisson & d'une fièvre ardente. Le lendemain il eut tous les symptômes de l'hydrophobie, & bientôt après il devint véritablement enragé, & si furieux, que plusieurs hommes avoient peine à le tenir dans la situation nécessaire pour le saigner. La saignée lui donna un peu de tranquillité; mais les symptômes de la maladie reparurent avec plus de force, & il périt.

I

IMAGINATION. Perſonne ne doute du pouvoir de l'imagination ſur les facultés de l'homme. Nous en donnerons des preuves convaincantes dans le cours de cet article ; mais une queſtion, ou plutôt un problême difficile à réſoudre ſur ce ſujet, & ſur lequel on diſcute depuis long-tems dans l'Ecole, c'eſt de ſavoir ſi l'imagination des femmes enceintes opère réellement ſur le fœtus qu'elles portent ; ſi ces monſtres ſinguliers, ſi ces marques particulières qu'on déſigne communément ſous le nom d'*envies*, dépendent effectivement de l'imagination de la mère. Perſonne n'a traité cette queſtion d'une manière plus curieuſe & plus intéreſſante en même-tems que le célèbre *Eller*, dans un Mémoire très-ſavant, imprimé parmi ceux de l'Académie de Berlin. Voici comment il s'exprime à ce ſujet.

Les taches, les difformités, & quelquefois la ſtructure monſtrueuſe des enfans nouveaux nés, ſont des choſes trop connues pour qu'on en puiſſe douter. Les Phyſiciens, & ſur-tout les Médecins, ſe ſont efforcés dans tous les tems, chacun ſelon ſes lumières ou ſes préjugés, de développer l'origine ou les véritables cauſes de ces défauts. *Hypocrate* tâchant déjà d'en rendre raiſon, dit, dans ſon Ouvrage intitulé : *Lib. de Genitura, art.* 8 & *9*, que l'enfant dans la matrice peut être mutilé par les coups que la mère reçoit, ou par les

chûtes qu'elle fait. Il ajoute ensuite qu'il sera
estropié s'il n'a pas assez d'espace pour y demeurer à son aise, tout comme une plante qui, trouvant une pierre ou autre chose qui la gêne dans
son accroissement, devient peu-à-peu tortue
& de travers, mince d'un côté, épaisse de l'autre, &c. ; & à l'égard des taches extérieures, il
prétend que les envies des femmes grosses sont
capables d'imprimer sur la peau du tendre enfant
la forme de ce qu'elles ont desiré.

Il est fort probable que dans les siècles suivans,
les Physiciens ont pris occasion de ce dernier passage d'*Hypocrate*, d'accuser la force de l'imagination des femmes enceintes comme la cause
unique de toutes les taches & difformités avec
lesquelles les enfans viennent souvent au monde.
Cette opinion a tellement prévalu, sur-tout dans
les deux derniers siècles, que personne n'osoit la
révoquer en doute. Les Savans de ce tems-là se
faisoient même un mérite de rendre raison de ces
effets prétendus de l'imagination. C'est ce que nous
prouvent les écrits des Médecins & Chirurgiens
d'une réputation distinguée, tels que *Hildanus*,
Fienus, *Horstius*, *Thomas Bartholin*, *Ambroise
Paré*, &c. Ce ne furent pas les Médecins seuls
qui adoptèrent cette chimère. Des Philosophes
du premier ordre lui accordèrent leur suffrage, témoin le Père *Malebranche*, dans son second Livre
sur la Recherche de la vérité. Ce grand Philo-
sophe voulant rendre raison de quelques fractures
des os des bras & des jambes avec lesquelles un
enfant naquit, dit-on, en France, & qu'on attribuoit à l'imprudence de la mère, qui avoit vu
rompre les os à un criminel pendant qu'elle étoit

groſſe de cet enfant, s'explique de la manière ſuivante :

Les enfans voient ce que leurs mères voient; ils entendent les mêmes cris; ils reçoivent les mêmes impreſſions des objets, & ils ſont agités des mêmes paſſions..... Tous les coups qu'on donna à ce miſérable frappèrent avec force l'imagination de cette mère, & par une eſpèce de contre-coup, le cerveau tendre & délicat de ſon enfant. Les fibres du cerveau de cette femme furent étrangement ébranlés, & peut-être rompus en quelques endroits, par le cours violent des eſprits produit à la vue d'une action ſi terrible; mais elles eurent aſſez de conſiſtance pour empêcher leur bouleverſement entier. Les fibres au contraire du cerveau de l'enfant, ne pouvant réſiſter au torrent de ces eſprits, furent entièrement *diſſipées*, & le ravage fut aſſez grand pour lui faire perdre l'eſprit pour toujours. C'eſt-là la raiſon, conclut le Père *Malebranche*, pour laquelle il vint au monde privé de ſens.

Je crois, dit M. *Eller*, qu'un habile Anatomiſte auroit aſſigné toute autre cauſe au mal en queſtion; car ſi la léſion des os avoit été telle qu'on la ſuppoſe, les muſcles qui ont leur attache fixe aux extrémités de ces os, auroient ſans doute fléchi & tiraillé de telle ſorte chaque portion des os fracturés, qu'il en ſeroit réſulté autant de boſſes, ou angles ſaillans, qu'il y avoit de fractures aux bras & aux jambes; ce qu'on n'a pourtant pas marqué dans le récit. Mais la diſcuſſion ultérieure de ce cas, & de bien d'autres encore de la même trempe, où l'on trouve toujours une relation peu fidèle, ou défectueuſe de témoins suspects & de juges incompétens, m'écarteroit trop de mon but, qui est seulement d'examiner s'il y a quelque possibilité, que dans une femme enceinte, la force de l'imagination, ébranlée par une frayeur extraordinaire, soit capable d'estropier ou de mutiler son enfant dans la matrice, de changer la figure humaine en quelques endroits de son corps, de lui faire croître des pattes, des griffes, des cornes, &c. ou que cette femme puisse par un desir excessif auquel elle n'a pu satisfaire, lui attacher sur la peau les empreintes des choses qu'elle n'a pu obtenir, comme des cerises, des fraises, des grappes de raisin, des souris, des poissons, &c.

Tous ces phénomènes, & d'autres semblables, ayant donc été attribués à la force de l'imagination des femmes enceintes, il faut considérer d'abord ce que c'est qu'imaginer, & de quelle manière cette fonction s'exécute en nous. Pour peu qu'on y réfléchisse, on trouve que l'imagination n'est autre chose que cette faculté de l'ame qui nous retrace l'image, ou les idées des objets absens introduits auparavant par les organes des sens. Mais cette représentation des objets absens exige nécessairement l'intervention de quelqu'agent capable de faire une impression ou changement à l'endroit du cerveau où l'être pensant exerce ses fonctions. Or, ces agens ne peuvent être que les nerfs, puisque la destruction de ces émissaires du cerveau détruit en même-tems la perception des idées qu'on appelle sensuelles, parce qu'elles nous viennent des sens. Aussi voyons-nous que la lésion du nerf optique, par exemple, nous ôte la perception des idées que nous recevons par la vue; l'obſtruction du nerf acouſtique efface celles que nous ſaiſiſſons par les ſens, & ainſi des autres; en ſorte que les nerfs ayant fourni les idées ſenſuelles au cerveau, établiſſent enſuite en nous cette opération de l'ame, qu'on appelle imagination.

D'ailleurs, l'expérience nous apprend que ces idées ſenſuelles ſont capables d'exciter des paſſions très-violentes, ſur-tout chez les femmes, lorſqu'il leur arrive de ſe trouver dans un grand danger, tel qu'un incendie, la vue d'un aſſaſſinat, l'aſpect d'un animal affreux, ou le récit de quelque grand malheur, &c. Quelle émotion exceſſive dans toute la maſſe du ſang, & quelle violente conſtriction ſpaſmodique dans tous les nerfs ne voyons-nous pas s'exciter alors, particulièrement chez les femmes enceintes? Auſſi les frayeurs de cette nature ne laiſſent pas d'être très-nuiſibles aux enfans qu'elles portent. La liaiſon entre l'enfant & la mère eſt trop étroite, pour qu'une agitation ſi vive ne ſe communique point à la matrice, & que les parties délicates du fœtus, ſur-tout dans les premiers mois de ſon accroiſſement, puiſſent ne pas s'en reſſentir. De-là viennent quelquefois des bouleverſemens dans la matrice, qui s'annoncent par de grandes pertes de ſang, & par des avortemens même; & lorſque de pareilles commotions extraordinaires du ſang & des eſprits arrivent dans les premiers jours, ou les premières ſemaines de la conception, la ſtructure délicate du petit embryon court grand riſque d'être endommagée. La conſtriction ſpaſmodique de la matrice peut mettre obſtacle, par exemple, au développement de certaines parties, principalement dans les extrémités; boucher telle ou telle branche d'artère, en forte qu'elle ceffe de pouffer le fang dans la partie à laquelle elle fe rapporte, & dont elle devroit opérer l'accroiffement. Une telle obftruction arrivant, par exemple, à l'artère brachiale, ou à celle du poignet, le bras ou la main ne pourront fe développer, & lorfque l'enfant viendra à terme, il lui manquera une portion du bras ou du poignet, &c. C'eft ainfi que peuvent fe former & naître les *monftres par défaut.*

En adoptant cette théorie, il ne fera pas plus difficile de comprendre comment peuvent fe former les différentes taches, ou marques imprimées à la peau de l'enfant : car fi les veines fe trouvent comprimées dans quelque endroit du corps du fœtus, foit par une pofition forcée dans la matrice, foit par une violence reçue du dehors, par l'entortillement du cordon ombilical autour du cou, ou enfin par l'habillement trop ferré de la mère, l'égalité de la circulation entre les artères qui pouffent le fang du cœur aux extrémités, & les veines qui le ramènent au cœur, peut en être troublée. Suppofons donc une petite branche de veine refferrée par une caufe quelconque ; la branche de l'artère à laquelle cette veine répond, continuera à pouffer le fang qu'elle a reçu du cœur dans cette branche bouchée ; mais la réfiftance qu'elle y trouvera lui fera forcer le diamètre des petites artères latérales lymphatiques, lefquelles feront obligées de recevoir, au lieu de la lymphe déliée & tranfparente, les globules rouges du fang.

La caufe de cette dilatation des vaiffeaux ayant

ſubſiſté trop long-tems, les artères lymphatiques élargies ſe convertiront en vaiſſeaux ſanguins, leſquels étant placés, comme on ſait, en très-grand nombre ſous l’épiderme tranſparent de la peau, où ils forment un tiſſu très-ſerré, ce tiſſu de vaiſſeaux ſanguins y fera paroître néceſſaire-ment une rougeur plus ou moins foncée, & plus ou moins étendue, ſelon que les cauſes qui y auront donné lieu, auront agi avec plus ou moins de force. Les taches rouges de cette eſpèce, qui ont l’étendue d’un ou de pluſieurs pouces, ſont appellées, *nævi materni*. Les autres plus petites taches ſphériques d’un rouge foncé, ou quelque-fois d’un rouge pâle, auſſi-bien qu’un amas de ces petites taches rouges confondues enſemble, ſont des empreintes que pendant la groſſeſſe d’une femme, un deſir manqué de ceriſes, de fraiſes, de raiſins, &c. doit avoir deſſinées ſur la peau tendre de l’enfant, ſi nous voulons nous en rapporter à la crédulité des bonnes femmes.

Les taches un peu larges & élevées, que les racines des poils dilatées & pouſſées au-dehors ont rendu velues, taches cauſées apparemment par un ſang épais & bilieux, dérivé vers la ma-trice, ſont attribuées à l’épouvante de l’apparition d’une ſouris qui aura effrayé la mère pendant ſa groſſeſſe. Mais qui ſeroit aſſez crédule pour ne pas voir que ce ſont-là des fictions ridicules, que des préjugés vulgaires ont perpétuées de géné-rations en générations ? Pour découvrir dans les taches dont on vient de parler, des images de ceriſes, de fraiſes, de ſouris, &c. il faudroit avoir l’imagination bien plus forte que ces bonnes mères ne l’ont eue, lorſqu’elles ont cru barbouiller ces empreintes sur le corps de leurs enfans.

Pour savoir enfin à quoi s'en tenir sur la prétendue imagination formatrice des taches, des fruits, & des bêtes même, que les enfans reçoivent quelquefois, dit-on, dans leur première demeure, il n'y a qu'à considérer que la frayeur ou l'épouvante qu'on prend pour la source de cet accident, ne peut opérer autre chose qu'une altération dans la circulation du sang de la mère, qui se trouvera trop accélérée, ou trop rallentie, ainsi qu'une constriction spasmodique dans la matrice : effets qui dépendent tous les deux d'une commotion violente des esprits dans les nerfs, ou dans le cerveau de la mère. La connoissance du corps humain & de ses fonctions établit la vérité de cette thèse, & prouve encore que les nerfs de la mère n'ont point de liaison avec ceux de l'enfant, puisque la connexion de l'un avec l'autre dépend uniquement de l'arrière-faix, qui ne tient point à la matrice par une vraie continuité, mais seulement par une contiguité de vaisseaux qu'on ne déchire pas lorsqu'on le dégage de l'utérus. Ces vaisseaux, dont le nombre est prodigieusement grand, forment par leurs plus petites divisions, des entrelacemens infiniment multipliés avec ceux de la matrice, & leur distribution est telle, que les petites veines du placenta, semblables aux racines des végétaux, peuvent sucer le sang qui suinte des extrémités des artères utérines, & d'un autre côté, que les petites veines de la matrice peuvent à leur tour resorber le sang que les artères ombilicales de l'arrière-faix ramènent de l'enfant à la matrice,

Ce fang, après avoir fervi à la nourriture du fœtus, eft reçu par les veines utérines, & rentre dans la maffe de celui de la mère.

Il n'y a donc point de continuité, ou d'anaftomofe entre les vaiffeaux fanguins de la mère & ceux de l'enfant, & par conféquent point de circulation de fang commune de l'une à l'autre.

En outre les nerfs de la mère, comme nous l'avons déjà remarqué, n'ont point la moindre connexion avec ceux du fœtus, ainfi qu'il eft prouvé par les obfervations anatomiques les plus conftantes. D'où il fuit que le fœtus eft un individu diftinct de celui de la mère, & qui agit par fes propres nerfs. Or, puifque les nerfs font les feuls inftrumens par lefquels l'imagination de la mère pourroit opérer les effets qu'on lui attribue, ou produire quelque changement fur le corps de l'enfant, il eft évident que tout ce qu'on débite en cette occafion du pouvoir de l'imagination, eft entièrement chimérique.

Il eft donc clairement démontré que les taches & les empreintes de diverfes chofes étrangères, qui paroiffent fur la peau de quelques enfans nouveaux-nés, de même que les *monftres par défaut*, ne peuvent procéder d'une imagination déréglée; mais qu'ils font plutôt l'effet d'une émotion extraordinaire des efprits & du fang, occafionnée par des paffions violentes, auxquelles les femmes enceintes font extrêmement fujettes.

On rencontre, nous dira-t-on, quelquefois certains fœtus dont la conformation vicieufe ne paroît pas pouvoir être expliquée par les mêmes principes : ce font principalement les *monftres*

par excès, qui ont une ou plusieurs parties essen-
tielles de trop, ou un membre ou une partie
principale tout-à-fait étrangère à leur espèce,
comme, par exemple, la tête d'un animal attachée
au tronc d'un enfant, que quelques Auteurs, tels
que *Hildanus*, *Thomas Bartholin*, &c. assurent
avoir vu. Nous pourrions parler encore de plusieurs autres combinaisons monstrueuses de cette
nature, dont le Docteur *Turner*, Médecin Anglois, a fait une collection intéressante, dans son
Traité *de Morbis cutaneis*. Mais le D. *Jean
Blondel* a suffisamment démontré l'extrême crédulité de son compatriote.

Quoi qu'il en soit, on a vu naître à Berlin,
non un enfant monstrueux, avec une tête empruntée d'une autre espèce d'animal, mais un petit
chien dont la tête ne ressembloit point mal à la
tête d'un coq d'Inde. Celui chez lequel ce monstre avoit pris naissance, le donna à un Chirurgien,
en l'assurant que la chienne, lorsqu'elle étoit
pleine, se promenoit souvent dans la basse-cour
où il nourrissoit un coq d'Inde, qui, ne pouvant
souffrir la chienne, l'avoit toujours chassée en la
becquetant, & la forçant de se retirer dans la
maison : d'où il conclut que cette chienne effrayée avoit imprimé à son petit l'image des armes
redoutables de son ennemi.

Après avoir examiné avec soin ce monstre,
qui mourut en naissant, on a remarqué que la
difformité étoit uniquement à la tête & au col.
Cette tête étoit un peu ovale, dépourvue de la
gueule & du nez, en sorte que les mâchoires
allongées du chien y manquoient entièrement :
mais en leur place, il se présentoit une espèce

de pendeloque ronde d'une chair rougeâtre, approchant par sa figure & sa longueur du couvrebec d'un coq d'Inde. Le diamètre de cette excroissance charnue vers sa base, étoit de huit à neuf lignes, mais elle étoit creuse en dedans, pour recevoir & loger une espèce de bec, ou plutôt un crochet osseux tout-à-fait solide & sans ouverture, de quatre lignes ou environ de diamètre, & de douze de longueur. Ce crochet ne se trouvoit point attaché à l'os frontal, mais adhérent par une espèce de suture aux os des tempes, à l'endroit où ces deux os se joignent vers la base du crâne, dans lequel au reste on ne trouvoit point la moindre marque des orbites, de sorte que les yeux y manquoient entièrement. On découvrit ensuite les oreilles à la base de la tête, où le col commence. Elles étoient entourées d'une espèce de menton difforme, élevé en bourlet, & tout parsemé de petits boutons rougeâtres ressemblans à ceux d'un coq d'Inde. Les petites oreilles, de la même couleur, étoient chauves, & leurs conduits perçoient les os des tempes à la base du crâne, lequel étoit enfin soutenu de huit au lieu de six vertèbres.

Les femmes ne doivent donc point se glorifier d'être seules en possession de faire des monstres par la force de leur imagination. Mais comme on a déjà prouvé que nous ne saurions rien imaginer que par le moyen des sens, dont l'exercice exige toujours une liaison étroite entre les nerfs & le cerveau, & qu'il n'y a pas la moindre communication entre les nerfs du fœtus & le cerveau de la mère, j'en conclus de nouveau que l'imagination de la mère, quelque forte qu'elle qu'elle puiſſe être, ne peut rien opérer de plus ſur le corps du fœtus, que ce que nous avons obſervé précédemment. Il faut donc chercher d'autres cauſes d'un changement ſi frappant, qui convertit l'embryon bien formé en un *monſtre par excès*, pourvu de quelque membre de trop, ou qui attache au corps de cet embryon des parties tout-à-fait étrangères à ſon eſpèce.

Pour éclaircir des difficultés de cette eſpèce, il faudroit remonter juſqu'à la ſource de la génération. Mais quelle obſcurité ſe préſente alors ! Ce ne ſont pas les ſyſtêmes qui nous manquent: mais ce ſont les preuves de leur ſolidité. N'importe, il ſera toujours curieux d'avoir une idée de ce qu'on a penſé juſqu'à préſent ſur cet important ouvrage de la Nature.

Le plus ancien & le plus ſimple en même-tems de ces ſyſtêmes, c'eſt celui d'*Hypocrate*, qui ne ſuppoſe rien que le mélange des deux liqueurs ſéminales. Suivant ce ſyſtême, la portion la plus forte & la plus active produit des mâles, & la plus foible des femelles. *Ariſtote* prétend au contraire que le ſang menſtruel fournit la matière, le ſperme de l'homme la forme du fœtus, & que la faculté génératrice achève l'ouvrage. *Harvey*, qui, par la découverte de la circulation du ſang, a rendu ſon nom immortel, fut le premier qui entreprit une recherche exacte dans les matrices des biches & de pluſieurs autres animaux récemment couverts, pour en former un nouveau ſyſtême de génération. Les circonſtances ne furent point favorables au travail de ce grand homme; & il n'en ſuivit point toute l'exécution. Il réſulte cependant de ce qu'il fit à cet égard, que tout l’appareil de la génération fe rapporte à des œufs qu’il dit avoir trouvés dans la matrice après la conception.

De nouvelles recherches anatomiques avoient déjà fait découvrir à chaque côté de la matrice de la femme & des quadrupèdes un corps blanchâtre, parfemé de glandes ou véficules tranfparentes, qui contiennent une liqueur femblable à du blanc d’œuf. Cette analogie avec les oifeaux fit donner à ces deux corps le nom d’*ovaires*. *Falloppe*, célèbre Médecin d’Italie, apperçut deux tuyaux ou trompes inférées dans la matrice, dont les extrémités flottantes & terminées en franges, peuvent embraffer l’ovaire, recevoir ces véficules tranfparentes, ces petits œufs, & les tranfporter au fond de la matrice. *Regnier de Graaf*, habile Anatomifte Hollandois, étaya par des expériences ultérieures, ce nouveau fyftême, & prétendit, ainfi que fes fectateurs, *Malpighi* & *Valifnieri*, que l’œuf détaché de l’ovaire contenoit déjà le petit fœtus tout formé, & que le fperme viril le fécondoit feulement par une exhalaifon, un efprit fpermatique qu’il nomme *aura feminalis*.

Bientôt après, deux célèbres Phyficiens Hollandois, *Hartfoeker* & *Lewenhoeck*, examinant avec d’excellens microfcopes la liqueur féminale des mâles, y trouvèrent une multitude étonnante de petits vers vivans. Ils prirent ces vers pour des ébauches complettes de petits animaux de la même efpèce que ceux dont la femence provient. Rien de plus fimple en effet, que d’imaginer que ces petits vers poftés dans la matrice, pouvoient y trouver leur nourriture, leur accroiffement, & en fortir à leur terme fous la forme d'un animal complet. Voilà donc un nouveau fyftême de génération, mais qui fait déchoir les femelles de la prérogative de former l'embryon, & la rend aux mâles.

Cependant, on pourroit demander pour quelle raifon plufieurs enfans reffemblent à leurs mères, fi le petit ver fpermatique contenoit déjà le fœtus, & d'où viennent la queue & les oreilles d'âne ou mulet, fi le petit poulain exifte déjà tout formé dans l'ovaire de la jument?

Ces difficultés donnèrent naiffance au fyftême mixte des deux précédens, en envoyant les vers fpermatiques à la recherche des œufs, foit dans l'ovaire ou dans la matrice même, lorfqu'ils y étoient defcendus par la trompe, pour s'en emparer & y trouver leur première nourriture.

Ce dernier fyftême paroît favorable aux *monftres par excès*. En fuppofant que deux ou trois de ces vers prolifiques entraffent enfemble dans la *cicatricule* ou petite ouverture de l'œuf, le plus robufte s'y maintiendroit fans doute, & quant aux autres, il pourroit arriver que quelques-unes de leurs parties fuffent détruites, & que d'autres reftant dans leur entier fe joigniffent au premier, & lui attachaffent des membres furnuméraires. C'eft ce que nous voyons arriver aux fœtus à deux têtes ou à deux corps, ou à plufieurs bras, &c. dans lefquels on apperçoit les reftes d'un fecond fœtus anéanti.

Mais ce fyftême ne peut nous faire concevoir l'exiftence ou la production d'un monftre, qui préfente des membres ou des parties tout-à-fait étrangères à fon efpèce, comme par exemple, notre chien monstrueux, dont la tête tient plus de celle du coq d'Inde que de celle d'un chien. Ces sortes de monstres, à la vérité, sont extrêmement rares dans l'espèce humaine, & la difficulté ne sera pas levée dans le système de quelques Physiciens modernes, qui s'efforcent de prouver que comme les végétaux, tous les fœtus préexistans ont déjà renfermé toutes les traces passées, présentes & futures, & qu'il ne faut qu'un simple développement pour la production successive de tous les animaux. Si on vouloit attribuer, comme *Winslow*, à la Puissance divine la création de certains fœtus monstrueux, on ne trouveroit point une raison suffisante du dessein que se seroit proposé la Sagesse éternelle.

· Toutes ces difficultés & plusieurs autres, ont engagé M. *de Buffon* à embrasser un autre système. *Anaxagore* lui en a peut-être fourni la première idée par son prétendu arrangement des plus petites parties corporelles, homogènes ou similaires, & sur lesquelles *Plutarque*, *Ciceron*, *Lucrèce* nous ont donné quelques éclaircissemens. Mais il paroît sur-tout lui avoir été suggéré par l'illustre Auteur de la *Vénus Physique*, qui, à l'occasion de ses conjectures sur la formation du fœtus, réfléchissant sur certains rapports, ou affinités entre les substances homogènes qu'on voit se rapprocher, se réunir dans les opérations chimiques, fait à la fin l'observation suivante.

Si cette force, dit M. *de Maupertuis*, existe dans la Nature, n'auroit-elle pas lieu dans la formation des animaux? Qu'il y ait, poursuit-il, dans chacune des semences des deux sexes, des

parties deſtinées à former la tête, le cou, les entrailles, les bras, les jambes, & que ces parties
aient chacune un plus grand rapport d'union
avec celle qui, pour la formation de l'animal,
doit être ſa voiſine, qu'avec toute autre, le fœtus
ſe formera; & fût-il mille fois plus organiſé, il
ſe formeroit encore, &c. Il ajoute à cela une
obſervation très-propre à appuyer cette hypo-
thèſe; c'eſt que dans les *monſtres par excès*, les
parties ſuperflues ſe trouvent toujours aux mêmes
endroits que les parties néceſſaires. Si un monſtre, par exemple, a deux têtes, elles ſont l'une &
l'autre placées ſur un même col, ou ſur l'union de
deux vertèbres. S'il a deux corps, ils ſont joints
de la même manière; & les doigts ſurnuméraires
ne ſe trouvent jamais qu'à la main ou au pié d.

M. *de Buffon* ayant examiné de nouveau la
liqueur ſéminale, a bien vu les vers ſpermatiques
de *Lewenhoeck*; mais il a été plus loin que celui-
ci, & il a découvert le premier, conjointement
avec ſon ami le célèbre Naturaliſte *Needham*, de
petits corps mouvans, tout-à-fait ſemblables à
ceux des mâles, dans les prétendus œufs, ou
véſicules lymphatiques de l'ovaire de toutes
ſortes de femelles, dans le tems de leur chaleur.
Ne s'arrêtant pas-là, il a retrouvé encore, non
ſans étonnement, les mêmes corps agiſſans &
mobiles dans les infuſions des ſemences des
végétaux, ſur-tout dans les amandes. Les morceaux même de viande infuſés & préſervés de
toute communication avec l'air extérieur, lui
ont fait voir au microſcope nombre de molécules
en mouvement. Ayant enfin remarqué que l'agitation de ces petits corps étoit preſque toujours

uniforme , & n'offroit rien de fpontané dans
tous ces différens liquides fpermatiques, & qu'ils
y confervent leur mobilité à une chaleur confidérable , comme celle de l'ébullition , il n'a pu
continuer à les prendre pour de petits vers ; mais
il les regarde comme les premiers élémens , ou
principes corporels généralement de tous les
animaux & de tous les végétaux , & leur donne
en conféquence le nom de *molécules organiques*.
Ces molécules effentiellement actives & agif-
fantes, fervent également à la nutrition & à la
réproduction des êtres fentans & végétans. L'il-
luftre Auteur paroît entendre ici par l'organifa-
tion , cette méchanique dont la Nature fe fert
pour modeler les élémens de la matière , non-
feulément par rapport à leur figure extérieure ,
mais auffi pour la forme intérieure appropriée à
chaque efpèce d'animal ; & c'eft ce qu'il appelle
paffer par le moule intérieur. Il ajoute enfin que
la réproduction ou la génération des animaux
s'opère par la réunion réciproque des molécules
organiques des deux fexes, renvoyées de chaque
partie du corps dans un réfervoir commun ,
favoir, les tefticules & les ovaires. Après la
conception, ou le mêlange des deux liqueurs
féminales , continue M. *de Buffon*, l'affimilation
ou l'établiffement local des molécules , fe fait
felon les loix d'affinité qui font entre les différentes parties , & qui déterminent les molécules
organiques à fe placer comme elles l'étoient
dans les individus qui les ont fournies ; en forte
que les molécules qui viennent de la tête , & qui
doivent la former , ne peuvent, en vertu de ces
loix, fe placer ailleurs , & ainfi des autres , &c.

Voilà en deux mots le nouveau fyftême orga-
nique de M. *de Buffon* : fyftême qui détruit les
précédens, & qui paroît propre en quelque
manière à expliquer l'exiftence des *monftres à
membres étrangers*. Il faut remarquer préalable-
ment que M. *de Buffon*, dans fes recherches
infatigables fur les molécules organiques, les a
découverts même dans le jus de la viande rôtie.
Ils font donc inaltérables à ce degré de feu, & par
conféquent ils ne peuvent être détruits par la
chaleur de l'eftomac. Si donc ces molécules
organiques fpécifiées dans le germe d'un animal,
entrent dans le corps d'un animal d'une autre
efpèce, & qu'elles foient portées par la circulation vers la matrice, pendant l'acte de la conception, elles pourront facilement s'introduire
dans le mêlange féminal, & altérer la forme de
quelques parties de l'embryon. C'eft auffi ce qui
a pu arriver à la chienne de notre monftre, foit
qu'elle ait leché vers le tems de fon accouple-
ment de la femence de coq-d'Inde, répandue
par hafard, ou qu'elle ait avalé quelque chofe
d'un œuf caffé & fécondé auparavant par ce
coq, &c.

D'ailleurs, s'il eft permis de hafarder encore
une conjecture, en prenant les parties organiques
de M. *de Buffon* dans la femence, pour les vrais
élémens des animaux, ne pourroit-on pas fup-
pofer qu'il eft poffible que les molécules organiques que la tête, par exemple, ou quelqu'autre
partie fournit à la compofition du fperme, fuffent,
par une impreffion violente, modelées à la façon
ou d'après la figure d'un objet effrayant, lorfque
l'idée en refte long-tems préfente à l'efprit, &

que ces molécules organiques moulées de cette façon étrangère, se trouvant déjà mêlées avec les autres parties séminales, dans les réservoirs spermatiques d'une femelle, avant l'imprégnation, fussent capables d'opérer un changement notable à la tête, ou à quelqu'autre partie du fœtus à naître, lorsque la conception arrive bientôt après; & ne pourroit-on pas expliquer, d'après cette idée, la naissance de notre chien monstrueux? Ce seroit sans doute un effet réel de la force de l'imagination de la mère, non pas sur le fœtus, mais sur les molécules organiques qu'elle fournit à sa composition.

Cette dernière idée est, à la vérité, on ne peut plus ingénieuse. Elle concilieroit assez bien l'opinion vulgaire en la rectifiant, comme il est absolument nécessaire de le faire, d'après sa fausseté suffisamment démontrée précédemment; mais aussi cette idée suppose la vérité, ou la certitude du systême de M. *de Buffon* sur la génération, & c'est une supposition qui ne sera pas universellement admise. Nous conclurons donc ici de bonne foi que la génération & la réproduction des animaux est encore un mystère impénétrable, malgré les recherches immenses que les plus célèbres Physiciens ont faites pour le pénétrer, & nous n'avons donné cette digression que pour satisfaire la curiosité de nos Lecteurs, & pour leur fournir des moyens de raisonner sur des phénomènes aussi extraordinaires & aussi merveilleux.

Si l'imagination n'a aucune part à la production des phénomènes dont nous avons parlé précédemment, il n'en est pas de même des fuivans, qui ne font pas moins merveilleux & moins difficiles à expliquer.

Nous en citerons plufieurs de différentes ef-pèces & bien propres à démontrer, & le pouvoir & l'étendue de l'imagination fur les facultés de l'homme.

Théodoric, Roi des Goths, avoit l'imagination tellement affectée du meurtre qu'il avoit commis en la perfonne de fon beau-père, qu'un jour, dit *Procope*, fes Officiers ayant fervi fur fa table la tête d'un grand poiffon, il crut voir dans le plat la tête de *Symmaque* fraîchement coupée, qui fe mordoit la lèvre & le regardoit d'un air furieux. Il en fut fi épouvanté, qu'il lui prit un grand friffon. Il fe mit au lit, & il mourut en pleurant amèrement fon crime.

L'amour, l'infamie & le défefpoir qui inondent une ame affligée, peuvent produire de femblables illufions. Madame *Guerin* en fournit un exemple tragique. Ayant appris que fon époux, Avocat Général au Parlement d'Aix, devoit avoir la tête tranchée à Paris, elle s'a-bandonna à une fi grande trifteffe, fon imagination & fes fens furent tellement ébranlés par l'excès de fa douleur, que le jour, à l'heure même de l'exécution, elle crut voir, fur une de fes mains, le vifage agonifant de ce cher époux, qui lui jettoit un regard tendre, & qui lui difoit le dernier adieu.

Nombre de maladies ne giffent que dans l'i-magination. Elles n'en font pas moins fâcheufes, & les fuites en font fouvent dangereufes, par l'empire que l'imagination exerce fur nos or-ganes. Les Médecins eux-mêmes, plus faits que perſonne pour être à l'abri de ces ſortes de terreurs paniques, n'en ſont pas plus exempts que les autres, comme le remarque très-bien *Olaus Borrichius*, & comme il le confirme par l'exemple d'un de ſes confrères, le Docteur *Eldenbourg*, Médecin de l'armée. Celui-ci s'imagina avoir gagné une fièvre maligne pétéchiale, en traitant pluſieurs Officiers qui en étoient attaqués. En conſéquence il ſe fit tranſporter à Copenhague, pour que je lui donnaſſe mes ſoins, dit *Borrichius*. Pendant trois jours je ne trouvai rien dans le pouls ni dans les urines qui marquât, ni fièvre, ni malignité. Je le purgeai cependant, imaginant qu'il avoit beaucoup ſouffert de la mauvaiſe qualité des vivres & des eaux, au ſiège de Chriſtiandſtad. Le lendemain de la purgation, je le trouvai fort effrayé de ſon état. Il avoit apperçu ſur ſes cuiſſes & ſur ſes jambes des taches ſcorbutiques, & il s'étoit perſuadé que c'étoient des taches pétéchiales & des ſignes certains d'une grande malignité. Il blâma fort ma conduite de l'avoir purgé dans le fort d'une fièvre maligne, & malgré tout ce que je pus lui dire, il ne revint de ſon erreur, que lorſqu'il vit ces taches ſe diſſiper & ſa ſanté revenir par le ſeul uſage des anti-ſcorbutiques.

Le même Auteur rapporte un autre fait d'un mal imaginaire, qui n'eſt pas plus facile à expliquer, & même qui paroît plus ſingulier que le précédent, puiſqu'il y avoit une altération réelle dans la ſanté de celui qui fait le ſujet de ce dernier, & que, vu les circonſtances, tout concouroit à favoriſer l'erreur du malade imaginaire. Il y avoit une maladie réelle dans le sujet de cette observation ; mais elle n'eut rien de commun au fait dont il s'agit & que voici.

Il y avoit, dit *Borrichius*, un Marchand à Copenhague, qui souffroit depuis quelques jours d'un violent mal de tête, qui ne lui laissoit aucun instant de repos, ni jour ni nuit. Je lui administrai inutilement toutes sortes de remèdes ; mais à la fin je me déterminai à lui proposer un cautère au bras, pour détourner l'humeur ; & afin qu'il fît plus promptement son effet, je lui dis qu'il étoit nécessaire de plonger la lancette jusque dans les chairs. Or, pendant que je tâtois avec le bout du doigt, pour trouver l'interstice des muscles, le malade, frappé de ce que je lui avois dit, & ayant la tête tournée de l'autre côté, prit mon doigt pour la lancette, & criant de toutes ses forces que je lui avois enfoncé l'instrument jusqu'aux os, il se trouva mal, & fut plus d'un quart-d'heure à revenir à lui.

On lit, dans le Journal de Médecine de M. *la Roque*, pour l'année 1686, un effet bien surprenant du pouvoir de l'imagination.

Une femme, dit-il, logeant chez un Apothicaire de cette ville, se souvenant, comme par hasard, d'avoir vu un homme paralytique d'un bras, sentit incontinent son bras s'engourdir. Elle court pour prendre une bouteille d'eau-de-vie, afin de s'en frotter le bras ; mais elle n'eut pas la force de la tenir, elle s'échappa & elle fut cassée. Il lui vint alors dans l'esprit l'idée d'un homme paralysé de tout un côté, & elle le devint au même instant. Sa frayeur redouble & lui fait appréhender de devenir impotente de tout son corps, & au même instant elle tombe dans une paralysie universelle de mouvement & de sentiment, avec une grande difficulté de respirer. On courut au bruit qu’on entendit dans la chambre où elle étoit. On la fit saigner, on lui donna l’émétique, & elle reprit ses sens. Elle raconta alors comment ces maladies lui survenoient au moment qu’elle y pensoit; ce qui est d’autant plus surprenant, qu’elle n’en avoit jamais eu d’atteinte. Sa paralysie de la moitié du corps continua, & elle mourut d’apoplexie quelques mois après.

Voici encore une maladie qui survient à mesure que l’idée de cette maladie frappe l’imagination.

J’expliquois un jour, dit *Nebelius, Act. Phys. Med. Germ. vol. 5, obs. 117*, comment se produisoient les paroxismes des fièvres intermittentes. Je disois que la matière fébrile, transportée avec le sang jusqu’aux extrémités des vaisseaux les plus déliés, s’y arrête, irrite, resserre les fibrilles nerveuses, entraîne les nerfs voisins dans les mêmes actions, & par conséquent, non-seulement excite un sentiment de froid, mais resserre encore les extrémités des vaisseaux. Ce resserrement pousse le sang de ces extrémités, dans les vaisseaux internes, avec plus d’abondance. Alors l’action du sang & sa réaction contre les vaisseaux est augmentée; son mouvement devient plus fort & sans ordre; la chaleur fébrile se fait sentir, la matière étrangère se sépare, se divise & se dissipe avec la sueur. Pendant que j’étois occupé à parler ainsi, mon disciple devient pâle & frissonne. Je lui demande s'il étoit incommodé ? Il me répond qu'il se portoit bien d'abord ; mais que depuis que je parlois, il avoit senti, dans le même ordre, les phénomènes que j'avois expliqués. Il alla se coucher. Le lendemain il se portoit bien. Le surlendemain il eut la fièvre. Il eut ainsi trois ou quatre paroxismes, & il fut guéri par les remèdes ordinaires.

Le fait suivant est encore du même genre. On le lit dans le troisième volume du même Ouvrage, observ. 109. Une fille de vingt-cinq ans, ayant vu ouvrir un abscès sous l'aisselle, sentit au même instant de la douleur en cet endroit, & il y survint une tumeur inflammatoire, qu'on guérit par les remèdes ordinaires.

Si l'imagination occasionne des maladies, elle peut aussi quelquefois les calmer. En voici un exemple rapporté par *Paulin*, Médecin de l'Evêque & Prince de Munster. Le printems de l'année 1676, un homme de considération, après avoir souffert cinq à six jours des douleurs vagues à l'estomac & aux hypocondres, sans faire aucun remède, me fit appeller & me témoigna ardemment que je lui fisse prendre des *pilules de Francfort*, dont on attribue la composition à *Beier*, se persuadant qu'il n'y avoit que ces seules pilules qui pussent lui procurer la guérison, & se refusant opiniâtrément à tout autre remède. Surpris d'une fantaisie aussi singulière, qui n'avoit nul fondement, je lui promis de le satisfaire, & que je composerois moi-même ces pilules. Mais ne jugeant point ce remède convenable à son état, & même pour éprouver le pouvoir de son imagination, je fis, avec de la mie de pain frais & de la salive, dix-huit petites boules en forme de pilules, que je lui envoyai, après les avoir bien dorées. Le malade, dès le point du jour suivant, les prit avec avidité, & sur le soir il vint me trouver dans la meilleure disposition, & parfaitement guéri, élevant jusqu'aux nues la vertu de ces pilules. Il m'assura qu'il avoit vomi une fois, & qu'il avoit évacué cinq fois par le bas, & abondamment. J'avois peine à ajouter foi à ce qu'il me disoit : je l'accompagnai jusque chez lui, pour constater le fait de ses déjections, & j'y trouvai, comme il me l'avoit dit, une très-grande quantité de matières pituiteuses épaissies.

Si on peut attribuer à la disposition du corps l'effet de ces pilules, en voici qui produisirent leur effet par la seule irritation qu'elles causèrent à leur simple inspection.

Un homme des plus distingués de Copenhague, dit *Olaus Borrichius*, dans les Actes de Copenhague, pour l'année 1678, que j'avois guéri d'une fièvre, & purgé après sa maladie, me pria d'ordonner aussi un doux purgatif pour son épouse. Je prescrivis seulement cinq pilules purgatives. Cette Dame, un peu délicate, fit beaucoup de façon pour les avaler en présence de son mari. Celui-ci qui prenoit assez bien les médicamens liquides, avoit une espèce d'horreur pour les pilules. Celles-ci lui frappèrent tellement l'imagination, qu'il pria instamment son épouse de les avaler promptement, sans quoi il se sentoit sur le point de vomir ; mais l'irritation étoit faite & suffisante. Il en fut purgé

beaucoup plus promptement que sa femme, &
il le fut même beaucoup plus qu'elle, car il vomit deux fois, outre trois selles abondantes qu'il
rendit comme elle.

Le Journal d'Allemagne rapporte un fait de
même espèce. Il assure qu'une femme voyant
apporter une médecine à son mari, en fut tellement frappée, qu'elle commença par vomir;
puis alla à la selle si copieusement, qu'elle en
pensa périr, & qu'elle fut long-tems à recouvrer sa santé. *Cent. 1 & 2, obs. 129, pag. 263.*

Un rêve seul peut monter l'imagination au
point de lui donner tout l'empire qu'elle peut
avoir sur nos organes. On lit, dans le même
Journal, *Décad. 1, an. 3, obs. 234*, que la
fille d'un Consul d'Hanovre, âgée de dix-huit
ans, ayant à prendre une médecine pour le lendemain, & cette médecine étant composée d'extrait de rhubarbe qu'elle détestoit, elle rêva
qu'elle l'avoit prise. Les tranchées qu'elle sentit
l'éveillèrent & lui procurèrent cinq à six selles
copieuses. Le même événement arriva à un Religieux qui devoit pareillement se purger le lendemain. Ce fait est consigné dans le même Journal, *Décad. 2, an. 4, append. observ. 26.*

Une simple méprise dans l'administration d'un
remède, suffit souvent pour causer le dérangement le plus fâcheux, sans que cette erreur
soit propre par elle-même à produire cet effet.
Ce fut ce qui arriva, au rapport d'*Olaus Borrichius*, à un Officier qu'il traitoit d'une fièvre
continue. On lui fit avaler un gargarisme, au
lieu d'un julep fortifiant. Il eut l'imagination
tellement frappée, & fut si persuadé qu'il étoit

empoisonné, que *Borrichius* le trouva sans parole, dans une sueur froide, & se plaignant de vertiges. En un mot, il étoit à toute extrémité.

Le même Médecin fut encore témoin d'un phénomène de même genre, dans la femme d'un Sculpteur, attaquée d'une fièvre tierce opiniâtre. Je lui prescrivis, dit-il, un sudorifique à prendre immédiatement avant l'accès, & un extrait d'absynthe, de petite centaurée, &c. à prendre dans l'espace de vingt jours. Ces deux potions lui ayant été apportées dans le même tems, elle avala l'une pour l'autre avant son accès, & se tint au lit pour suer. Un de ses frères s'étant apperçu de la méprise, lui en fit part, & ne lui cacha pas le danger d'avoir pris en une seule fois un médicament qui ne devoit être pris qu'en une vingtaine de jours. Aussi-tôt il lui survint une sueur froide & des anxiétés. Elle pensoit mettre ordre à ses affaires, lorsque je la rassurai. Jusque-là rien d'extraordinaire; ce sont les effets naturels d'une peur, lorsqu'elle est forte. Mais cette révolution lui emporta la fièvre, & elle fut guérie. *Borrichius* eût pu ajouter que l'extrait d'absynthe, de centaurée & autres drogues de cette espèce, pris en si grande dose, pouvoit bien avoir contribué à cette guérison.

INCENDIES. Il n'est pas rare, dit l'Historien de l'Académie des Sciences, qu'à la suite d'un embrasement considérable, & dans lequel le feu a pu se développer en liberté, il se présente quelques faits singuliers, ou au moins plus frappans qu'ils ne le sont dans les circonstances ordinaires.

ordinaires. Tout, eſt conduit avec trop de ménagement & trop en petit, dans les laboratoires
où on étudie les effets du feu , & d'ailleurs on a
trop de motifs de s'en garantir & de les borner
aux uſages ordinaires de la vie, pour qu'on puiſſe
les connoître dans toute leur étendue. Il faut,
pour juger de la violence terrible du feu , qu'il
puiſſe ſe développer rapidement ſur un aſſemblage prodigieux de matières combuſtibles ; que
d'autres matières capables , par leur nature , de
lui réſiſter à un certain point, s'y trouvent confondues , & qu'elles ſoient long-tems expoſées
à ſon action. Alors ces effets tiennent de la
force de l'embraſement. Ils offrent des variétés
dues à des mélanges de matières qu'on n'auroit pas imaginés, & ils ont toujours de quoi
attirer par quelqu'endroit l'attention d'un obſervateur.

L'Egliſe de l'Abbaye de Royaumont, qui
eſt un de nos plus beaux morceaux d'architecture gothique, fut frappée de la foudre, le 26
Avril 1760, à deux heures du matin. Le feu
commença à ſe manifeſter un peu au-deſſous
de la croix du clocher, par une lumière vive
& blanchâtre. Il ne gagna le beffroi qu'inſenſiblement & au bout de trois heures. Mais, une
fois parvenu là, il ſe communiqua rapidement
aux quatre combles qui aboutiſſoient au bas du
clocher, & toute la charpente de ces parties
de l'édifice fut conſumée en moins d'une heure.
A meſure que le bois ſe réduiſoit en cendres,
elles étoient diſſipées par un vent du nord qui
ſouffloit violemment : ce qui étoit reſté de braiſe
après la combuſtion des combles, joint au plomb

Tome I. E e

fondu, avoit un peu attaqué les voûtes, en achevant de s'y confumer ; mais le dommage de ce côté fut très-fuperficiel.

Pendant que le feu, occafionné par la foudre, ravageoit l'Eglife de Royaumont, celle de Notre-Dame de Ham éprouvoit un défaftre de même nature, beaucoup plus confidérable, & qui avoit la même caufe. Le même jour, 26 Avril, à quatre heures du matin, une nuée, plus chargée que le refte de l'horifon & fort baffe, s'arrêta au-deffus de cette Eglife. Un éclair, le bruit du tonnerre, la foudre, tout partit en même-tems. Deux minutes après la foudre tomba une feconde fois. Au bout d'un quart-d'heure ou environ, elle frappa l'Eglife pour la troifième fois. Le feu fe manifefta alors, & la flamme fe fit jour, tant à la pointe qu'au bas de la flèche. Un vent de nord s'éleva dans l'inftant : la nuée fondit en eau : les coups de tonnerre redoublèrent pendant deux heures. De la flèche embrafée, le feu fe communiqua à la charpente de la nef & à la fauffe voûte de cette nef qui n'étoit qu'en bois, & qu'un plancher folide revêtiffoit. L'incendie devint général, & tout fut confumé en peu de tems. Les cloches de Royaumont ne furent point fondues par l'effet immédiat du tonnerre, & il paroît que celles de l'Eglife de Ham ne le furent auffi que par une fuite de l'incendie qui détruifit l'édifice.

La charpente entière de l'Eglife Cathédrale de Troyes fut confumée par un accident pareil, le 9 Octobre de 1700 ; la foudre étant tombée fur la flèche qui étoit très-élevée. Ce ne fut d'abord qu'au bas de la croix que le feu se déclara par une lumière vive, & telle qu'un flambeau l'auroit donnée. Il y gagna sourdement la charpente de l'Eglise, & bientôt elle fut réduite en cendres.

Dès que MM. *Tillet* & *Desmarest* furent instruits du désastre de l'Eglise de Royaumont, le desir de juger par eux-mêmes des effets du feu, considérés en grand, les engagea de se transporter à cette Abbaye, & d'y demander quelques détails sur cet accident. Une des choses que les Religieux avoient remarquée, & qu'ils rappellèrent dans le récit qu'ils firent à ces Messieurs, ce fut la communication très-rapide qui se fit de la flamme dans une charpente aussi considérable qu'est celle de l'Abbaye de Royaumont, quoique le feu parût d'abord arrêté très-long-tems où il s'étoit déclaré. Cette observation fut faite à Ham, & on sait que cette prompte communication eut aussi lieu dans l'incendie de la Cathédrale de Troyes.

On seroit porté à croire, d'après cet effet qui a eu la même cause dans ces trois endroits différens, que la matière du tonnerre, répandue sur toute la charpente, n'attendoit pour se développer que le contact de la plus légère flamme.

Il semble que dans les incendies ordinaires, & qui n'ont point été occasionnés par la foudre, on observe que le feu n'a pas une aussi prodigieuse rapidité. Il paroît moins difficile de lui couper toute communication. La charpente d'une Eglise, il est vrai, semble être disposée pour se prêter à toute l'action de la flamme ; mais on sera toujours étonné que les trois quarts ou environ de l'Eglise de Royaumont aient été consumés en moins d'une heure, pendant que le feu a été limité au clocher seul durant trois heures, & n'a eu toute sa violence & toute son activité qu'après être descendu aux combles.

Quelle que soit la cause d'un embrasement aussi prompt, & ne fût-il arrivé que par une suite des loix que le feu observe dans son développement, à mesure qu'il se porte sur une plus grande quantité de matières combustibles, il avertit au moins que dans la circonstance où les commencemens d'un incendie sont dûs à la foudre, où il a été précédé par des coups de tonnerre redoublés, & un orage violent, il faut redouter la moindre communication du feu, & la regarder alors comme plus dangereuse pour la rapidité des suites, que dans les incendies où les effets du tonnerre n'ont eu aucune part.

Une des principales choses que MM. *Tillet & Desmarest* remarquèrent sur les voûtes mêmes de l'Eglise de Royaumont, en y examinant les débris de l'incendie, fut l'état absolument différent des ardoises qu'ils y trouvèrent. Les unes n'étoient que foiblement altérées par le feu, ou avoient éprouvé un commencement de vitrification, en conservant leur épaisseur ordinaire. Les autres étoient extraordinairement boursoufflées, fort poreuses & assez semblables à de la mie de pain. Elles nageoient sur l'eau, & avoient acquis jusqu'à trois quarts de pouce d'épaisseur.

Dans les morceaux d'ardoises, soit simples, soit soudées ensemble, qui provenoient de l'incendie de Notre-Dame de Ham, aucun n'étoit bourfoufflé & ne nageoit fur l'eau. On auroit cru, au premier coup d'œil, que les ardoifes de Royaumont avoient éprouvé une plus violente action du feu que celles de Ham. Les premières paroiffoient plus éloignées de leur état primitif, & il n'étoit pas poffible, fans quelques expériences particulières, de donner à ce fait une explication plaufible. Auffi MM. *Tillet & Defmareft* y ont-ils eu recours. Ils ont reconnu, par des épreuves répétées, que cette bourfoufflure fingulière, fur laquelle nous n'avons point encore d'obfervations, provient de la nature de l'ardoife, & nullement du degré feul de chaleur qu'elle a pu fubir. Des morceaux du nombre de ceux qui avoient été pris fur les voûtes de l'Eglife de Royaumont, dont la couleur feule étoit devenue un peu brune, & qui avoient confervé leur épaiffeur naturelle, furent expofés à un feu de forge affez vif. Ils fe bourfoufflèrent, nagèrent fur l'eau & devinrent tout-à-fait femblables à ceux qui dans l'incendie avoient été pouffés par le feu à cet état; au lieu que les morceaux d'ardoife qui avoient été envoyés de Ham, ayant été expofés au même feu de forge, ne purent jamais parvenir à cet état de gonflement. Ils fe ramollirent, fe plièrent fur eux-mêmes, & entrèrent en fufion comme du verre.

Le hafard fit tomber fous la main de ces deux Académiciens quelques morceaux d'ardoife. Ils fe bourfoufflèrent au feu, & acquirent l'épaiffeur de ceux de Royaumont. Les ardoifes peuvent paffer de cet état de gonflement à un commencement de fufion, fi le feu eft violent & soutenu. La cause de cette variété doit donc être recherchée dans la nature même de l'ardoise, & dans l'arrangement de ses lames ou feuillets élémentaires.

MM. *Tillet* & *Desmarest* croient appercevoir ici plusieurs rapports entre la pierre-ponce & l'ardoise, portée à cet état de gonflement. Il faut lire le détail de leurs observations dans le savant Mémoire qu'ils ont donné à ce sujet, & qui se trouve imprimé parmi ceux de l'Académie, pour l'année 1760.

Ils terminent ce Mémoire en faisant observer que les effets du tonnerre ne sont jamais plus redoutables que lorsque l'air est froid & condensé ; parce qu'alors la foudre devient capable d'une plus grande explosion : qu'après la chûte du tonnerre, il semble que les matières combustibles dont il s'est approché sans y mettre le feu, s'embrasent plus facilement au moindre contact de la flamme, qu'elles ne l'auroient fait, si on leur eût communiqué le feu par la voie ordinaire. Ils remarquent encore combien les clochers élevés sont susceptibles d'une forte électricité, & capables par leur disposition, d'ouvrir une route à la foudre. Dans les trois incendies considérables dont nous venons de parler, le feu ne s'est déclaré d'abord qu'à la pointe des flèches, par une lumière vive, & telle qu'un flambeau l'auroit donnée. On se garantiroit de ces funestes accidens, si ces pointes étoient munies de conducteurs, qui détournassent la foudre du corps du bâtiment. (*Voyez* TONNERRE.)

Sans être occasionnés par la foudre, il est des

incendies dont les effets font auffi curieux. Nous n'en citerons qu'un exemple. Ce fut celui qui dévaſta Bourbonne-les-Bains en Champagne, le premier Mai 1717. Voici l'extrait d'une lettre qui fut écrite à ce fujet à M. le Prince *de Talmond*.

Le feu prit dans une maiſon où l'on faiſoit de l'eau-de-vie. L'embraſement fut ſi violent que cinq cens maiſons, qui compoſoient Bourbonne, furent réduites en cendres en deux heures de tems. On ne retrouva pas un bout de bois : on ne vit aucun veſtige de poutres : tout l'étain & le cuivre ont été engloutis : la plupart des caves enfoncées : le vin répandu, ou gâté par la chaleur du feu : les vignes, les jardins, les champs, les prés, les arbres d'alentour, les chariots, les halles, les preſſoirs, les fours bannaux, les couvertures des puits, les fourrages, bleds, avoines, farines, les vivres, les fonds de boutique, les outils des ouvriers, &c. tout a été conſumé. . . . . Des ſcélérats, ajoute-t-on, ont volé impunément juſqu'au métal de nos cloches, qui furent fondues ſur le champ par la violence du feu. Dix perſonnes ou environ ont péri dans cet incendie. M. *du Clerget* fils ſauva ſur ſes épaules ſon père paralytique, bien plus ſûrement qu'*Enée* ſauva le ſien de l'embraſement de Troye.

INCENDIES SPONTANÉS. Il eſt d'autres eſpèces d'incendies plus ſurprenans que tout ce que la foudre, ou tout autre moyen méchanique peuvent offrir à notre curioſité. Ce ſont ceux qu'on appelle ſpontanés, qui ſe produiſent d'eux-mêmes ſans le ſecours de l'art ou de toute autre cauſe étrangère aux mouvemens inteſtins qui s'excitent dans les corps incendiés, ou qui pro-cèdent de quelque caufe naturelle qui fe pré-fente au moment où on s'y attend le moins, & dont les exemples ont fans contredit quelque chofe de merveilleux, quoique dans un fiècle éclairé comme le nôtre, on n'ignore point la caufe de ces fortes de phénomènes.

On fait, par exemple, que certaines fubftances raffemblées & renfermées enfemble, acquièrent fouvent une chaleur confidérable ; mais cette chaleur peut-elle aller jufqu'à produire un feu capable d'embrafer & de confumer ces fubftan-ces ? C'eft ce dont il n'eft guère poffible de douter, lorfqu'on fait attention aux embrafemens des volcans, à ceux de certaines portions de mines de charbon de terre qui brûlent depuis des tems immémorials, & à quantité d'autres fem-blables accidens. Enfin, plus les obfervations fe multiplient, plus cette vérité, qu'il eft fi intéreffant pour la Phyfique & la vie civile de conftater, fe trouve confirmée. Nous en avons déjà donné quelques exemples à l'article *Feux fouterrains*, qu'on peut réunir à ceux que nous allons ajouter. Voici deux de ces embrafemens fpontanés arrivés à Breft en 1741 & 1757, On doit ces deux obfervations à M. *Duhamel.*

La grande confommation de charbon de terre qui fe fait dans ce port, y avoit fait établir un enclos fermé de planches groffièrement jointes, qui en contenoit plufieurs centaines de bariques amoncelées enfemble, & expofées aux injures de l'air. On n'avoit point mémoire que depuis le rétabliffement du port de Breft, depuis 1681, il y fût jamais arrivé aucun accident.

Cependant on imagina que le charbon de terre ainsi exposé à l'air, perdoit de sa qualité, & peut-être avoit-on raison. On imagina donc de faire un magasin clos & couvert, que l'on partagea en deux autres plus petits par un mur de refend. On mit dans le premier douze cens bariques de charbon, qui le remplirent entièrement.

L'événement ne tarda pas à montrer combien cette précaution étoit dangereuse. La fumée, qui sortit par les fentes de la porte, annonça bientôt que le feu y avoit pris. On l'ouvrit, & il en sortit une fumée fort épaisse, & si abondante, qu'on fut obligé d'y jetter beaucoup d'eau, avant de pouvoir y entrer & en tirer le charbon.

On y trouva un tambour de bois de sapin, situé vis-à-vis de l'entrée, à demi-brûlé, de même qu'une porte à laquelle le monceau de charbon touchoit. Ces bois n'étoient pas enflammés, mais simplement grillés & réduits en charbon. Le charbon fossile de la superficie du monceau, n'étoit qu'échauffé par la fumée qui l'avoit traversé ; mais celui du centre & d'un peu plus bas, avoit déjà perdu sa partie inflammable, & n'étoit plus qu'une espèce de mâche-fer, tandis que celui de dessous étoit très-bon, & n'avoit pas même contracté de chaleur.

Après cet accident on mit une partie du charbon non altéré qu'on avoit retiré du premier magasin, dans le second. On proposa de nouveau de donner de l'air à l'un & à l'autre, en représentant que si le feu n'y prenoit pas d'une manière si surprenante, le charbon pourroit au moins perdre de fa qualité ; mais le magafin étoit fait. On crut prévenir tout accident en ne le rempliffant pas entièrement. Cependant une grande quantité de charbon de terre étant arrivée à Breft, on n'ofa pas en mettre dans le premier, par la mauvaife raifon que le feu y avoit pris. Tout fut pour le fecond, qu'on en rémplit ou à-peu-près. Le feu en conféquence y prit bientôt, comme il avoit fait dans l'autre, & avec les mêmes circonftances. Le deffus du charbon étant fimplement échauffé, le centre en partie confumé, & le deffous entièrement frais. Mais comme on s'apperçut plutôt du feu, & que la quantité de charbon y étoit moindre, il n'y eut pas tant de dommage.

Le fecond exemple d'embrafement fpontané eft encore plus fingulier. Il eft arrivé à des balots de toile faite avec de gros fil d'étoupes, qu'on mouille d'abord, & qu'on imprime d'un côté feulement, avec de l'ocre rouge broyée à l'huile.

Des toiles de cette efpèce, de foixante à quatre-vingt pieds de long, ayant été imprimées le 18 Juillet 1757, pour en faire trois fourreaux de voiles, & ayant été expofées au foleil, la chaleur étoit fi grande, qu'elles furent féchées en très-peu de tems. Le 20, vers les trois ou quatre heures après-midi, un orage qui menaçoit, fit, que quoiqu'elles fuffent confidérablement échauffées, on les plia précipitamment, peinture contre peinture, en faifant de chacune un balot particulier, qu'on lia fortement, pour les réduire au plus petit volume poffible. On plaça enfuite ces balots l'un fur l'autre dans l'attelier de la voilerie, qu'on fermoit tous les foirs, fur un grillage clair, fait de tringles de bois, élevées d'environ un pied au-dessus du plancher.

Un Voilier ayant été se coucher sur les balots de ces toiles, le 22 à quatre heures après-midi, il les trouva brûlantes, & voulant mettre la main entre les plis, la chaleur l'obligea promptement de la retirer. Le Maître Voilier averti, & connoissant que le feu étoit dans ces balots, les fit porter dehors. En les ouvrant, il en sortit une fumée épaisse. Quelques-uns prétendent même en avoir vu sortir de la flamme.

Alarmé de cet accident, on craignit bientôt qu'on n'eût mis le feu exprès dans ces balots. L'Intendant, M. *de Lhuis*, fit lever le grillage & visiter tout autour : on n'en apperçut point le moindre vestige ; mais les soupçons de feu mis à dessein furent bientôt dissipés, lorsqu'en ouvrant les balots, on trouva que le feu ayoit pris au milieu de chacun d'eux ; que l'extérieur n'étoit point endommagé ; que les endroits réduits en cendres étoient les plis, & principalement ceux qui avoient été les plus serrés par la corde.

D'anciens Voiliers déclarèrent que pareil accident étoit arrivé quelques années auparavant, mais que n'imaginant pas que le feu pût prendre de lui-même dans les toiles, ils l'avoient dissimulé, crainte d'être taxés de négligence, ou d'être punis. Il semble ainsi que cet accident n'est pas extrêmement rare, & qu'il est particulièrement dû à l'huile qui avoit servi à imprimer ces toiles. Cela paroît confirmé par d'autres faits semblables, dont nous allons faire mention.

On vit un phénomène de cette espèce en 1725. Plusieurs pièces de serge d'Alais ayant été mises

en tas, avant d'avoir été dégraiſſées, s'échauffèrent
au point que celles de deſſous furent réduites,
ſans qu'il parût ni feu ni fumée, en une maſſe
noire, caſſante, luiſante, ſentant la corne brûlée,
ſe fondant au feu, & s'allumant à la chandelle,
comme de véritable bitume. Ce fait fut atteſté
dans le tems par M. *le Fèvre*, Médecin d'Uzès.

M. *Montet*, de l'Académie de Montpellier,
étant dans les Cevènes, apprit que chez un habitant de Saint-André-de-Mangecoules, Diocèſe
d'Alais, il y avoit eu pour la valeur de quatre
cens écus de ces étoffes de laine, qu'on nomme
Impériales dans le pays, qui avoient péri par un
ſemblable accident. Elles étoient entaſſées les
unes ſur les autres à un rez-de-chauſſée, & on
ne s'apperçut que le feu y avoit pris que par
l'odeur qu'elles répandirent. On y courut, mais
trop tard ; elles étoient déjà réduites en charbon.

M. *Montet* vit quelque tems après un ſemblable accident arriver en un endroit où pluſieurs
Manufacturiers dépoſent ces étoffes, & il en
trouva un fort occupé à faire tranſporter les
ſiennes au-dehors, pour les mettre à l'air. Il
apprit que plus de cent pièces ayant été miſes
en tas, avant qu'on les portât au moulin à fou-
lon, le propriétaire paſſant, avoit appris, par
l'odeur qu'elles répandoient, qu'elles s'échauf-
foient, & qu'ayant porté la main en dedans, il
avoit ſenti une chaleur ſi forte, qu'il avoit été
obligé de la retirer. En effet, celles du milieu du
tas étoient ſi échauffées, que M. *Montet* remarqua qu'elles avoient changé ſenſiblement de
couleur, & ſi on eût tardé un inſtant à les ſépa-
rer, elles euſſent été réduites en charbon.

M. *Montet* apprit alors que ces étoffes ne risquent & ne sont exposées à cet accident que pendant l'été, lorsqu'elles sont entassées en grande quantité, & dans un endroit où l'air a peu d'accès. En hiver cet accident n'arrive point, quoique fortement entassées, & lorsqu'elles sont bien dégraissées, il n'arrive en aucun tems de l'année.

Pour rendre raison de cet accident, il faut savoir, qu'avant de filer la laine qui entre dans ces étoffes, on l'imbibe d'une grande quantité d'huile d'olives, & dont l'odeur marque bien que ses principes se désunissent. Il n'est donc point étonnant que la fermentation qui s'excite dans ces étoffes entassées, aidée de la chaleur de l'été, achève cette désunion, & mette le phlogistique en liberté.

C'est par une fermentation de cette espèce qu'on voit certains fumiers s'échauffer & quelquefois s'embraser. Il n'est pas rare, & tout le monde sait qu'ils s'échauffent & répandent une très-grande quantité de vapeurs, ou de fumées, mais il est, à la vérité, on ne peut plus rare que cette vapeur s'enflamme particulièrement pendant l'hiver, & sur-tout lorsque ces fumiers sont exposés en plein air. Ce fut cependant ce qui arriva au haras du Ris, en Normandie, vers la fin de 1758. On s'apperçut vers les derniers jours de Décembre de cette année, qu'il s'élevoit d'une des mares à fumier de cet haras une vapeur enflammée fort considérable, & que le feu étoit dans ce fumier à une profondeur de plus de huit pieds. On y jetta une très-grande quantité d'eau pour l'éteindre, mais ce secours fut inutile. Il brûla pendant plus de sept jours. On fut obligé à la fin d'y faire une tranchée, pour le féparer du refte, & de l'emporter fur les prés, où il brûloit encore le dixième jour. Il y avoit de l'eau au-deffous de ce fumier, qui ne l'empêcha pas de prendre feu, & fa chaleur étoit fi grande, qu'elle échauffa l'eau confidérablement. On ne remarque dans la relation de ce fait, qui fut envoyée à M. *Guettard*, aucune circonftance qui paroiffe avoir donné lieu à ce phénomène, qu'on ne put attribuer qu'à l'acte de la fermentation putride.

Si ces phénomènes paroiffent furprenans, les fuivans doivent bien le paroître davantage, la caufe en étant plus cachée & bien moins connue. Cependant il n'eft pas difficile de la fufpecter, depuis les connoiffances que nous avons acquifes fur l'air inflammable affez abondamment répandu, ou mieux, qui peut s'engendrer dans différentes parties de notre globe, & depuis que nous favons qu'il eft nombre de météores enflammés qui fe précipitent vers la furface de la terre, fans explofion, & fans que rien annonce leurs éruptions.

Au mois de Septembre 1670, le village de Boncourt, près Anet, & non loin de l'endroit où la petite rivière de Vefgre, qui vient du Perche, va fe joindre à l'Eure, commença à brûler d'un feu qui prit à la plupart des maifons, en divers tems & à diverfes reprifes, fans aucune caufe apparente. Il s'allumoit indifféremment dans les maifons, les granges ou les écuries. Il prenoit aux murailles & aux fumiers; il étoit très-ardent & d'une couleur bleuâtre; il s'en exhaloit une puanteur affez grande. Semblable à un feu follet, il alloit & venoit, fe

portoit fur toutes fortes de matières. .... Ce feu
s'alluma plufieurs années & à plufieurs reprifes,
& le tems de fa plus grande force fut toujours
vers la fin d'Août ou au commencement de Septembre, la température étant à-peu-près la même, & la fertilité égale. On prétend qu'on pouvoit annoncer le retour de ce feu par des nuages
rougeâtres qui s'élevoient au-deffus du village,
& qui étoient vraifemblablement un effet immédiat de l'évaporation excitée par la fermentation
du terrain où ils s'allumoient. Ce fait mérite plus
de détail, & nous le trouvons dans une lettre que
M. *Etienne* écrivit de Chartres au mois de Février
de l'année fuivante 1671. Il marquoit que M. l'Intendant de la Généralité de Rouen lui avoit fait
voir l'année précédente un procès-verbal, attefté
par le Lieutenant de Paffy & un Doyen rural du
Diocèfe d'Evreux, qui portoit que le village de
Boncourt, dont nous venons de parler, avoit
été brûlé depuis quatre ans, à diverfes fois, par
un feu qui prenoit, fans aucune caufe apparente,
dans les maifons, les granges, &c...... que
de trois maifons qui fe touchoient, il avoit brûlé
la première & la dernière, fans toucher à celle
du milieu, & qu'un homme s'étant couché fur
une botte de paille au milieu d'une chambre,
le feu avoit pris un moment après à la paille.

Je me fuis tranfporté, ajoute-t-il, dans ce
village. Les habitans n'avoient point encore re-
bâti leurs maifons. Je remarquai qu'il y en avoit
bien quatre-vingt avant ces incendies, & il n'en
reftoit que deux ou trois.... Quelques habitans
m'ont affuré que ce feu ayant pris à la fablière
d'une grange, la brûla de telle forte, qu'il y

laiffa une croûte de charbon, fans brûler le chaume dont cette fablière étoit couverte. On éteignit, à la vérité, ce feu auffi promptement qu'il fut poffible; mais toujours la fablière fut réduite en charbon.

On m'a fait auffi remarquer, continue M. *Etienne*, un hameau d'environ quinze ou feize maifons, qui n'eft qu'à cinquante pas de ce village, & qui a été exempt de ces fortes d'incendies.

Au mois de Juin de l'année 1685, le feu prit pareillement en plufieurs villages autour d'Evreux. Il fut produit par des feux fouterrains qui crevoient la terre, s'élançoient & s'attachoient aux corps combuftibles qu'ils rencontroient. A-peu-près dans le même tems M. *Etienne*, Chanoine de Chartres, & dont nous avons parlé ci-deffus, écrivoit à M. *de Lahire*, qu'un feu femblable venoit de ravager un village du Perche, nommé Berchere. Le feu prit tout-d'un-coup, fans qu'on pût en deviner la caufe, & il ne fut pas poffible de l'éteindre.

On vit encore des feux de cette efpèce, au mois d'Août 1743, dans la Paroiffe de Bomenil, entre Liton & l'Eure. Un feu fpontané, dont on ne put fufpecter la caufe, confuma environ quinze acres de bois taillis en quinze jours qu'il dura. Il étoit tantôt vif, tantôt lent, de couleur bleuâtre, & rendoit une odeur fulfureufe. La terre brûloit, ainfi que le bois, les racines mêmes étoient confumées avant leurs tiges, & le fol, qui paroiffoit fans feu, s'embrafoit quand on fouffloit deffus.

On lit dans une lettre, écrite par le célèbre
Père

Père *Frisi*, Professeur de l'Université de Pise, qu'au commencement du printems de 1754, la Marche Trévisane, & particulièrement le bourg de Loria, ont commencé à être inquiétés par des feux d'une espèce singulière. Ces feux, dit le Père *Frisi*, naissoient de la surface même des corps qu'ils attaquoient, & sur-tout de celle des toîts de paille & des haies de roseau. Ils n'avoient point d'heure marquée, paroissant, tantôt le jour, tantôt la nuit; l'humidité ni le vent ne paroissoient point leur être contraires. Les grandes pluies même qu'il fit pendant le printems, ne les interrompirent point. On ne les observa jamais dans des lieux clos, mais toujours au-dehors, & ils parurent affecter certains endroits par préférence. Un seul hameau en fut attaqué une trentaine de fois, & une seule maison seize. On a remarqué plusieurs fois, pendant ce tems, des étincelles voltigeantes dans la campagne, mais elles avoient si peu de consistance, que l'approche du spectateur les faisoit évanouir. Ces feux furent presque toujours précédés par une assez forte odeur de soufre, dont le pays abonde, & par le chant des coqs & les hurlemens des chiens, causés vraisemblablement par cette odeur. Ce n'est pas au reste, ajoute le Père *Frisi*, la première fois que de semblables phénomènes aient été observés dans ce pays. *Gottigne*, *Rossan*, *Rainou* & *Gallière*, lieux situés un peu au sud de Loria, ont été infectés autrefois de feux de cette espèce, dont le célèbre M. *Riva* a consacré l'histoire. On remarque cependant quelque différence entre les feux observés par M. *Riva*, & ceux de cette année. Les premiers ne paroiſſoient que pendant la ſéchereſſe, au lieu que les derniers ont paru malgré l'humidité. On obſervoit, du tems. de M. *Riva*, des flammes volantes. Cette année on n'a vu que des étincelles, & les flammes ont toujours paru naître des corps mêmes qu'elles attaquoient. Un ſeul des feux, décrits par M. *Riva*, a paru le jour, & aucun n'a paru attaquer les haies de roſeau. Les derniers au contraire n'ont point affecté d'heures particulières, & ſemblent avoir attaqué de préférence les haies de roſeau. Il n'eſt pas inutile d'ajouter ici que le terrain de la Marche Tréviſane eſt en général aſſez fertile, quoique coupé en quelques endroits par quelques amas de gravier, & par quelques autres parties hétérogènes que dépoſent les débordemens d'un torrent, appellé *le Murjon*.

Quelque ſurprenans que paroiſſent ces ſortes d'incendies, ils le ſont ſans doute moins que ceux qui ſe font quelquefois obſerver ſpontanément dans le corps des animaux, & même dans le corps de l'homme. Nous avons cependant une multitude d'exemples de ces derniers, parmi leſquels nous choiſiſſons les ſuivans.

Sur la fin du mois d'Octobre 1751, un habitant du bourg d'Enans, près de Neufchâtel, Bailliage de Baume en Franche-Comté, ayant un bœuf malade depuis quelque tems & extrêmement gonflé, lui fit prendre la valeur d'une bonne charge de fuſil, de poudre à canon, détrempée dans de l'eau fraîche ; ce qui le fit déſenfler. Mais, comme l'enflure revenoit toujours, & que le remède ne produiſoit qu'un effet paſſager, il réſolut de le tuer. Pluſieurs perſonnes voulurent s'aſſurer de l'état de la viande. Un Boucher tira avec force hors du corps le ventricule ou la panſe de l'animal, & creva, ſans y penſer, ce qu'on appelle le *panſerot*. Auſſi-tôt il ſortit avec bruit par l'ouverture, une flamme qui s'éleva à plus de cinq pieds de haut; elle lui brûla les cheveux, les ſourcils, & lui affecta tellement les yeux, qu'il fut long-tems ſans pouvoir ſouffrir la lumière. Une jeune fille qui l'éclairoit avec une lampe, eut tous ſes cheveux brûlés, & eût été peut-être plus maltraitée, ſi ſa mère qui étoit préſente ne lui eût jetté ſon tablier ſur la tête, pour éteindre le feu & la préſerver. Cette flamme dura, en diminuant toujours de grandeur, l'eſpace de deux ou trois minutes. A meſure qu'elle continuoit, la panſe ſe défenfloit, & il reſta dans l'endroit une odeur inſupportable. M. *de Maillebois* fit certifier ce fait à l'Académie.

Tout extraordinaire & merveilleux que ce fait paroiſſe, il n'eſt point le ſeul de ſon eſpèce. On a obſervé pluſieurs fois de ſemblables phénomènes dans les amphithéâtres d'Anatomie.

Fortunius Licetus nous apprend dans ſon Traité *de Lucernis Antiquorum reconditis*, qu'en 1597, le Profeſſeur d'Anatomie de Piſe ayant approché une bougie allumée de l'eſtomac qu'il venoit d'ouvrir dans un ſujet qu'il diſſéquoit, il en ſortit des vapeurs qui s'enflammèrent. *Bonami* & *Ruyſch* furent témoins de ce phénomène. Ce dernier en obſerva un ſemblable qui ſe manifeſta dans la même ville, entre ſes mains, à l'ouverture de l'eſtomac d'une femme qui n'a-

voit pris aucune nourriture depuis quatre jours,
mais qui avoit le ventre tellement gonflé, qu'on
la soupçonnoit d'être grosse. *Ruysch* pressant
cet estomac d'une main, pour procurer de la
tension dans la partie où il vouloit faire une
ouverture, & un Etudiant présentant en cet endroit une bougie allumée, il en sortit avec explosion une vapeur qui s'enflamma & qui donna
une lumière jaune tirant sur le verd, mais elle
fut de peu de durée.

Il arriva à Lyon un phénomène semblable
dans la dissection d'une femme, dont l'estomac
ne fut pas plutôt ouvert, qu'il en sortit une
flamme si considérable, qu'elle remplit, dit-on
dans une lettre écrite à ce sujet à M. *René Mo-*
reau, de la Faculté de Paris, l'endroit où on faisoit cette dissection.

Ce n'est pas seulement de l'estomac des cadavres qu'on a vu sortir des flammes. Plusieurs
Auteurs, tels que *Thomas Bartholin, Sturmius,*
Eusebe de Nuremberg, *Marcellus Donatus,*
Ezéchiel de Castro, Albert Cantzius & plusieurs
autres nous ont conservé des faits de cette espèce. M. *le Cat* en a rassemblé plusieurs, qu'il
a consignés dans un savant Mémoire sur les incendies spontanés de l'économie animale.

On lit, dans les Actes de Copenhague, qu'en
1692, une femme du peuple qui, depuis trois
ans, faisoit excès de liqueurs fortes, au point
de ne vouloir plus de nourriture, s'étant arran-
gée un soir sur une chaise de paille, pour y
dormir, s'embrasa pendant la nuit, & fut consumée avec sa chaise par un feu intérieur. On
ne trouva le lendemain matin que son crâne &

les dernières articulations de ses doigts. Tout le reste fut consumé & réduit en cendres, au rapport de *Mathias Jacobæus*.

Le célèbre *Bianchini*, Médecin & Ecclésiastique de Véronne, nous a laissé une relation détaillée d'un événement de cette espèce, dont voici l'extrait tel qu'il fut communiqué à la Société Royale de Londres, par M. *Paul Rolli*.

La Comtesse *Cornelia Bandi*, de la ville de Cezène, âgée de soixante-deux ans, se portoit aussi bien qu'elle avoit coutume, lorsqu'un soir on observa pendant son souper qu'elle étoit pesante & assoupie. Elle se retira pour se coucher. Quand elle eut passé trois heures & même plus, à causer avec sa femme-de-chambre & à faire ses prières, elle s'endormit, & on ferma sa porte. Le lendemain la femme-de-chambre, voyant que sa maitresse ne se réveilloit point à son ordinaire, entra dans sa chambre, & l'appella. Elle n'en eut point de réponse. Craignant quelque fâcheux accident, elle ouvrit les fenêtres, & vit le corps de sa maitresse dans l'état déplorable que nous allons décrire.

A quatre pieds de distance du lit étoit un tas de cendres, dans lequel on distinguoit deux jambes entières, depuis les pieds jusqu'aux genoux, avec les bas. Entre ces jambes étoit la tête de cette Dame, dont le cerveau & la moitié du derrière du crâne, & toute la peau étoient réduits en cendres, parmi lesquelles on trouva encore trois doigts en charbon. Tout le reste étoit réduit en cendres, qui avoient cette qualité particulière, qu'en les touchant elles laissoient aux doigts une humidité graffe & puante. On obferva que l'air de la chambre étoit chargé d'une efpèce de fuie lé-gère. Il y avoit fur le plancher une petite lampe fans huile, couverte de cendres, & fur la ta-ble deux chandelles dans leurs chandeliers. Ces chandelles avoient perdu leur fuif & confervé leurs mèches entièrement. Il y avoit un peu d'humidité autour du pied des chandeliers. Le lit n'étoit endommagé en rien ; les couvertures & les draps étoient feulement relevés & jetés de côté, comme on a coutume de le faire en fe levant ou en fe mettant au lit. Toute la gar-niture du lit, auffi bien que le lit même, étoient couverts d'une fuie couleur de cendres & hu-mide, qui avoit pénétré jufque dans les tiroirs d'une commode, & même avoit taché le linge dont ils étoient remplis. Cette fuie avoit encore paffé dans une cuifine près de cette chambre, & s'étoit attachée aux murs, aux meubles & aux uftenfiles de cet endroit. Le pain, dans le garde-manger, étoit couvert de cette même fuie & devenu noir. On en préfenta à plufieurs chiens, qui ne voulurent point en manger.

Dans la chambre au-deffus de l'appartement de la Dame, on remarqua qu'il diftilloit du bas des fenêtres une liqueur jaunâtre, graiffeufe & dégoûtante. On fentoit aux environs une odeur puante & inconnue, & on diftinguoit dans l'air cette fuie dont on vient de parler. Le plancher de la chambre étoit enduit d'une humidité gluante, fi épaiffe qu'on ne put l'en détacher, & la puanteur s'en répandit de plus en plus dans les autres appartemens.

Comme on ne peut douter du récit d'un

homme du caractère de M. *Bianchini*, qui a publié une brochure entière sur cet événement, & qui d'ailleurs n'a essuyé aucune contradiction sur tous ces faits, dans le pays même où ils se font passés, on ne peut pas non plus attribuer cet accident à un incendie ordinaire, qui n'eût pas manqué de réduire la maison en cendres, ou au moins qui, en fondant le suif des deux chandelles, n'eût point épargné les mèches, & en couvrant le lit, le plancher & les meubles de suie, n'eût pas respecté le linge, les étoffes, la menuiserie de cet appartement, sur-tout après avoir eu la puissance de réduire en cendres un corps humain, ses entrailles, ses os même, qui dans l'état ordinaire font, après les métaux, les moins combustibles de toutes les matières.

Le savant Auteur de cet extrait ne doute pas non plus que cette Dame n'ait été consumée par un feu intérieur, invisible, qui, concentré d'abord dans la poitrine, a commencé par lui donner la pesanteur qu'on lui avoit remarquée à souper. Il conjecture que ce feu s'étant développé pendant le sommeil, & cette Dame en ayant senti les impressions, elle s'est levée pour prendre l'air, & peut-être pour aller ouvrir une fenêtre, mais qu'elle n'a pu gagner qu'à quatre pieds de son lit, où elle a été saisie par les violens effets auxquels elle a succombé.

Je pense, dit M. *le Cat*, à ce sujet, que l'embrasement a commencé par les entrailles, par les matières contenues dans l'estomac & dans les intestins, & que les jambes, le sommet de la tête & quelques doigts, ont été conservés comme étant les parties les plus éloignées de ce foyer.

M. le Marquis *Scipion Maffey*, qui a écrit sur le même événement, dit que cette Dame avoit coutume de se frotter le corps avec de l'esprit-de-vin camphré. Il pense que l'usage de cette drogue est une des causes de ce phénomène, qu'il regarde comme une espèce de foudre particulière à l'économie animale.

Les Mémoires de la Société Royale de Londres contiennent encore trois relations sur un phénomène semblable arrivé à Jpswich, Capitale du Duché de Suffolk. Elles sont des mois de Juin, Juillet & Septembre de l'année 1744, & s'accordent toutes sur les principales circonstances du fait. Tous les Savans qui les ont écrites les tiennent de témoins oculaires, & elles méritent de trouver place ici.

M. *Gibbons*, en particulier, l'un de ces Auteurs, tient sa relation de la propre fille de la femme dont il est question, & de deux autres personnes logées dans la maison où l'accident étoit arrivé.

La nommée *Grace Pitt*, femme d'un Marchand de poisson, de la Paroisse de S. Clément d'Jpswich, âgée d'environ soixante ans, avoit coutume, depuis plusieurs années, de descendre de sa chambre toutes les nuits à demi-déshabillée, pour fumer une pipe, ou pour quelqu'autre besoin. La nuit du 9 au 10 Avril 1744, elle sortit de son lit à son ordinaire. Sa fille couchée auprès d'elle s'endormit, & ne s'apperçut que sa mère lui manquoit qu'en s'éveillant le lendemain de grand matin. Alors s'habillant & descendant l'escalier, elle trouva le corps de sa mère couchée sur le côté droit, sa tête près de la grille du foyer, son corps étendu fur l'âtre, les jambes fur le plancher, qui étoit de fapin, le tout ayant la figure d'une fouche de bois qui fe confume par un embrafement fans flamme apparente. A cet afpect, la fille s'empreffe de verfer fur le corps de fa mère l'eau de deux grands vafes pour éteindre l'incendie. La fumée & la puanteur qui s'en exhalèrent penfèrent fuffoquer les voifins qui étoient accourus aux cris de la fille. Le tronc étoit en quelque forte réduit en cendres, & reffembloit à un tas de charbons couverts de cendres blanches : la tête, les bras, les jambes & les cuiffes avoient auffi participé beaucoup à cet incendie.

On dit que cette femme avoit bû largement ce foir-là des liqueurs fpiritueufes, en réjouiffance de la nouvelle du retour d'une de fes filles, de Gibraltar. La difficulté, ajoute l'Auteur, eft d'expliquer cet incendie. Il n'y avoit pas le moindre feu dans le foyer, & la chandelle avoit été brûlée en entier dans la bobèche du chandelier, qui étoit auprès d'elle. On trouva de plus, auprès de ce cadavre confumé d'un côté, les habits d'un enfant, de l'autre un écran de papier, qui n'avoient point la moindre atteinte de feu. Cependant, la fonte de la graiffe de cette femme avoit pénétré fi profondément dans l'âtre, qu'on ne put jamais le nettoyer, & l'on remarqua que le plancher de fapin n'avoit pas été feulement effleuré par le feu; qu'il n'en avoit pas même changé de couleur; en forte que toutes les circonftances de cet incendie prouvent qu'il fut l'ouvrage d'une caufe intérieure, & non l'effet de l'embrafement des habits de cette femme, qui n'étoient qu'une robe de coton & un jupon.

Tout ceci eſt tiré mot pour mot des Tranſactions Philoſophiques, Ouvrage auquel on ne
peut refuſer la confiance la plus entière.

Ajoutons à ces faits quelques autres obſervés
par M. *le Cat*. Je paſſai, dit-il, quatre ou cinq
mois de l'année 1724, & un mois ou deux de
1725 dans la ville de Reims. Je logeois chez le
ſieur *Millet*, Aubergiſte & Marchand de merrain
(*bois dont on fait les futailles*). La femme de
cet homme étoit ſans ceſſe yvre ; ſon ménage
étoit conduit par une jeune perſonne de Lorraine fort jolie, ce que nous ne devons pas oublier de faire obſerver, pour qu'on puiſſe ſaiſir
toutes les circonſtances qui accompagnèrent cet
accident. Cette femme fut trouvée conſumée le
20 Février 1725, dans ſa cuiſine, à un pied &
demi de l'âtre du feu. Une partie de la tête
ſeulement, une portion des extrémités inférieures, y compris le bas & le ſoulier, quelques vertèbres & quelques extrémités de gros os avoient
échappé à l'embraſement qui avoit tout réduit
en une terre noire & graſſe, ſemblable à celle
qu'on trouve dans les ſépulcres. Un pied & demi
du plancher ſous le cadavre avoit été conſumé ; un
pétrain où l'on fait la pâte pour le pain, & un ſaloir tout proche de cet incendie n'y avoient point
participé. Il y avoit peu de jours, ajoute M. *le
Cat*, que j'avois quitté la Ville quand cet accident arriva.

M. *Chrétien*, Chirurgien, alors réſident à
Reims, & de mes amis, releva lui-même ces
reſtes de cadavre avec toutes les formalités juri-
diques dont il me rendit un compte exact.

L'affaire examinée par les Juges, qui s'en ſaifirent, *Jean Millet*, mari de l'incendiée, déclara que le 19 Février, vers les huit heures du soir, il s'étoit couché avec sa femme dans une chambre basse, séparée de la cuisine par une allée ; que vers les dix heures, *Jeanne le Maire* sa femme, ne pouvant dormir, s'étoit levée, & avoit été dans la cuisine, où il pensoit qu'elle s'étoit chauffée & habillée ; que lui *Millet* s'étant endormi, il avoit été éveillé vers les deux heures, par une odeur infecte : qu'il courut à la cuisine, où il trouva d'abord la tête de sa femme ; ensuite les restes tels que les décrit le Procès-verbal des Médecins & des Chirurgiens ; qu'il a appellé sa servante pour jetter de l'eau sur sa femme ; qu'il s'étoit trouvé à côté d'elle un chauffoir d'airain, appellé vulgairement *couvoir* ; qu'ils ont remarqué que le feu de l'âtre étoit éteint, & les cendres répandues.

Il n'est pas difficile de remarquer que l'histoire de *Jeanne le Maire* a une grande ressemblance avec toutes les précédentes, & que cette ressemblance seroit encore plus parfaite, si *Millet*, fort excusable de n'en savoir pas assez pour penser que sa femme avoit pu se consumer toute seule, n'avoit point eu intérêt de persuader aux Juges qu'elle avoit été brûlée dans le feu, ou au moins par le feu de la cuisine, & si les gens de l'art même, qui n'ont point tous une érudition assez vaste pour être informés de toutes les observations extraordinaires de leur compétence, n'avoient point été dans la même opinion, soit de bonne foi, soit pour favoriser *Millet*.

Il étoit cependant difficile d'attribuer au feu éteint d'une cheminée un incendie du corps hu-

main auſſi complet, conſumé à un pied & demi
de l'âtre de cette cheminée, des vaiſſeaux de bois,
tels qu'un ſaloir, un pétrain, reſtans intacts à côté
du cadavre incendié, pendant que tout le monde
ſait qu'il n'eſt rien de ſi difficile à brûler, & que
dans les exécutions publiques il faut employer
des cordes entières de bois, & aider encore l'action de ces grands bûchers par le dépécement des
corps qu'on y veut conſumer.

Son chauffoir, qu'on place à côté d'elle, a encore moins pu produire un tel incendie. Nous
avons nombre d'obſervations de brûlures faites
par de pareils inſtrumens, & de gens tombés &
laiſſés dans le feu, & péris même en conséquence ; mais nous ne trouvons dans aucune de ces
obſervations, ni une conſomption auſſi entière
que celle de la Dame *Millet*, ni une conſomption commencée par les entrailles, par les viſcères, par le centre du corps, & complette en
ces régions, ni enfin une conſomption auſſi conſidérable arrivée à un pied & demi de l'âtre du
feu. Ce ſont là autant de circonſtances qui ca-
ractériſent l'incendie ſpontané, qui peut bien au
reſte avoir été excité par le voiſinage du feu.

Auſſi, les Juges voyant dans ce cas auſſi peu
de vraiſemblance à le regarder comme les ſuites
d'un incendie ordinaire & extérieur, & n'en de-
vinant pas la véritable cauſe, pourſuivirent vivement cette affaire.

La jolie ſervante fit le malheur de *Millet*, que
ſa probité & ſon innocence ne ſauvèrent point
du ſoupçon de s'être défait de ſa femme par des
moyens mieux concertés & plus efficaces, &
d'avoir arrangé le reſte de l'aventure de façon

à lui donner l'air d'un accident. Il essuya donc toute la rigueur de la loi, & quoique par appel à une Cour supérieure & très-éclairée, qui reconnut l'incendie spontané, il sortît victorieux, il n'en fut pas moins ruiné, consumé de chagrin, & réduit à aller achever ses tristes jours à l'Hôpital.

On lit encore dans le même Mémoire de M. *le Cat*, une observation du même genre, qui lui fut communiquée par une lettre de M. *Boinnean*, Curé de Plerguer, près Dol, datée du 22 Février 1749, & dont voici la teneur.

Permettez-moi, Monsieur, de vous exposer un fait arrivé sous nos yeux depuis quinze jours, & de vous dire que je souhaite fort de savoir ce que vous en pensez, sur-tout si la boisson de l'eau-de-vie est capable de produire un effet semblable.

La Dame *de Boiseon*, Dame de la Paroisse de Pleidet, Evêché de Dol, à deux lieues de Dinan, étant âgée d'environ quatre-vingts ans, fort maigre, & ne buvant que de l'eau-de-vie depuis plusieurs années, jusqu'à la valeur de quatre pots par mois, étoit assise il y a quelques jours dans son fauteuil devant le feu. Sa femme-de-chambre s'absenta pour quelques momens. A son retour, elle vit sa maitresse tout en feu. Elle crie : on vient ; quelqu'un veut abattre le feu avec sa main, & le feu s'y attache comme s'il l'eût trempée dans de l'eau-de-vie ou dans de l'huile enflammée ; on apporte de l'eau, on en jette avec abondance sur la Dame, & ce feu n'en paroît que plus vif ; il ne s'éteignit point que toutes les chairs de la Dame ne fussent consumées. Son ſquelette fort noir reſta entier dans le fauteuil, qui n’étoit qu’un peu rouſſi. Une jambe ſeulement & ſes deux mains ſe détachèrent des os. On ne ſait point ſi le feu du foyer avoit pris dans ſes habits ; mais il n’y a nulle apparence. La Dame étoit dans la même place où elle ſe mettoit tous les jours : le feu n’étoit point extraordinaire, & elle n’étoit point tombée. Ce qui me fait ſoupçonner, ajoute M. *Boinnean* à la fin de ſa lettre, que l’uſage de l’eau-de-vie pourroit produire de pareils effets, c’eſt que Mademoiſelle *du Verger Goyon* m’a aſſuré qu’il y a environ trente ans il arriva pareil accident à une autre femme à la porte de Dinan, dans des circonſtances à-peu-près ſemblables.

Quelque ſuprenans que paroiſſent les faits que nous venons de rapporter, ils ne ſont point inexplicables. On ſait que l’homme & tous les animaux en général contiennent un principe ignée, une quantité donnée de matière électrique, qui ſe trouve ſouvent ſurabondamment accumulée dans quelques-uns, & qui ſe manifeſte plus ou moins facilement au dehors : que cette matière tend à l’inflammation & à l’embraſement des matières combuſtibles. Quel ſera donc ſon effet, ſi l’homme fait des excès réitérés de matières inflammables, telles que ſont toutes les liqueurs ſpiritueuſes ! Si on pouvoit former quelques ſoupçons ſur la préſence habituelle de cette matière ignée, nous la confirmerions par une multitude d’obſervations connues de tout le monde ; & nous dirions que perſonne n’ignore qu’en frottant à contre-ſens les poils d’un chat pendant l’hyver, on voit ſortir de toutes les parties frottées une multitude d’é-

tincelles ; nous ajouterions que ce phénomène
se fait souvent observer avec la même activité
sur plusieurs parties du corps humain. *Pierre de
Castro*, dans son Ouvrage intitulé : *De Igne lam-
bente*, & plusieurs autres Auteurs très-célèbres,
font mention de ce phénomène qu'ils ont observé plusieurs fois. *Daniel Horstius* assure qu'un
gouteux nommé *Antoine Godefroy*, fut fort surpris de voir ses jambes toutes resplendissantes de
lumière lorsqu'il les frotta à la suite d'un accès
de la maladie qui le tourmentoit. Le D. *Simpson*
parle d'une femme qui tiroit des étincelles de
ses cheveux chaque fois qu'elle les peignoit. *Cardan* atteste le même fait observé sur un Carme
auquel il suffisoit de frotter sa tête pour en faire
sortir de la lumière. Mais ces phénomènes sont
trop connus pour rassembler ici un plus grand
nombre d'autorités.

INONDATIONS. Que les rivières & les
ruisseaux se gonflent après la chûte des grandes
pluies, ou après la fonte des neiges sur les montagnes, on ne voit rien là d'extraordinaire. Des
volumes d'eau aussi considérables augmentent
nécessairement celui des rivières & des ruisseaux ;
& ne pouvant plus être contenus dans leurs lits,
il est très-naturel qu'ils débordent & qu'ils inondent des terrains qu'on a coutume de voir à sec.
Mais quelquefois les effets de ces inondations
très-naturelles en soi, n'en sont pas moins surprenans & extraordinaires : tels sont ceux que
nous allons rapporter.

La Ville de Remiremont & le bourg de Plombières, célèbres par leurs eaux minérales, sont

fitués dans les vallées qui reçoivent les écoulemens de plufieurs montagnes voifines, dont ils
font entourés, & de-là on conçoit qu'ils font
expofés à des inondations annuelles occafionnées
par la fonte des neiges ; mais leur pofition n'eût
jamais pu faire prévoir l'accident qui leur arriva
le 25 Juillet 1770.

Il y eut à Remiremont, le jour que nous venons
d'indiquer, un orage très-violent après le coucher
du foleil. Les habitans fe crurent hors de tout
danger par la ceffation de cet orage. Ils étoient
cependant bien éloignés d'être échappés à l'accident qui paroiffoit les avoir menacés ; & cet
orage, tout violent qu'il avoit été, n'étoit que
le prélude de la fcène affreufe qui alloit fe paffer. L'air même n'avoit point été rafraîchi. Bientôt on vit des nuées très-noires fe raffembler en
maffes énormes, & fe mouvoir d'une façon effrayante au gré du vent, qui paroiffoit fouffler
à la fois de tous les points de l'horifon.

Bientôt il fe déclara un fecond orage plus furieux que le premier, & que l'obfcurité des nuées
jointe à celle de la nuit rendoit encore plus terrible. Cependant les ravages du vent, les éclairs
redoublés & le tonnerre qui rouloit & éclatoit
prefque fans interruption, ne furent que la moindre caufe du dégât qu'éprouva ce malheureux
canton.

L'énorme quantité de pluie que cet orage verfa
fur les montagnes voifines, en fut, à proprement
parler, le fléau deftructeur. La quantité d'eau
qu'elle produifit engendra en peu de tems un
nombre prodigieux de torrens qui, roulant im-
pétueufement par les gorges des montagnes, entraînèrent

traînèrent tout ce qui se trouva sur leur route, & couvrirent les vallées qui formoient auparavant des prairies riantes & des terres bien cultivées, d'un amas informe de débris de terre, de sable, d'arbres & de rochers ; en sorte que ce canton n'offrît plus alors qu'un informe chaos.

Les collines, & sur-tout celles dont le terrain n'étoit pas extrêmement tenace, furent coupées & entamées en un très-grand nombre d'endroits ; & il s'y creusa de profonds ravins qui ressembloient à des précipices.

On jugera aisément que dans ce désordre général, les habitations ne furent point épargnées. Toutes celles qui se trouvèrent sur la route des torrens furent entraînées avec tout ce qu'elles contenoient ; & celles qui se trouvèrent en bas furent ensévelies sous les énormes monceaux de débris que les eaux y avoient amenés. On n'entendoit de tous côtés que les cris des malheureux Habitans qui périssoient accablés sous leurs maisons ruinées , & qui trouvoient dans leur fuite la mort qu'ils vouloient éviter. Ces cris joints à l'obscurité & au fracas que faisoient les vents, les eaux & le tonnerre, imprimoient la dernière touche d'horreur à cet affreux tableau.

Dans le nombre des maisons détruites avec leurs Habitans, on a sur-tout mentionné une huilerie placée dans une petite plaine au pied des collines. Cette plaine autrefois prairie agréable, est devenue un amas de rochers, de cailloux, de terre, de sable, entourée de côteaux à moitié détruits , & ce vaste amas de décombres sert aujourd'hui de tombeau à l'huilier & à toute sa famille, dont aucun n'a pu échapper.

Tome I.   Gg

On regarda comme un phénomène singulier, ce qui arriva dans le même tems dans une autre plaine pareille. Les torrens l'ont comblée de débris d'une maſſe énorme de terrain qu'il a ſappé par le pied, & des arbres d'un bois de ſapin qui la couvroit. Les arbres renverſés & entraînés pêle-mêle avec la terre, & les rochers, forment une maſſe dans l'endroit où étoit la plaine. Un ſeul de ces arbres, au milieu de tout ce ravage, a gliſſé parallèlement à lui-même, & s'eſt trouvé planté debout au milieu de tous ces débris. Il ſeroit peut-être difficile d'aſſigner le degré de probabilité d'un tel événement.

Plombières ne pouvoit manquer, par ſa ſituation, d'avoir part à ce déſaſtre. La vallée où le Bourg eſt ſitué eſt ſi étroite, qu'elle n'a pu comporter qu'un ſeul rang de maiſons au nombre d'environ quatre-vingt. La petite rivière d'Eaugrogne qui y paſſe, y porte non-ſeulement les eaux de ſa ſource, placée ſur la montagne d'Olichamp, à une lieue & demie de Plombières, mais encore les écoulemens des eaux pluviales qu'elle reçoit dans ce trajet. Auſſi Plombières avoit-il eſſuyé déjà du dommage en 1660, par le débordement de cette rivière ; & on avoit fait, pour l'en garantir, un large canal revêtu de groſſes pierres de taille dans toute la longueur de ce Bourg.

Malgré cette précaution, ce Bourg ne fut point exempt du ravage qu'eſſuya tout le canton. Dès quatre heures après midi, la rivière commença à croître vraiſemblablement par l'écoulement de la pluie du premier orage ; & une demi-heure ou environ après, elle étoit augmentée de trois pieds, mais toujours dans son lit. Vers les dix heures du soir, elle commença à déborder, & mit un pied d'eau dans la rue ; & en moins d'une heure, elle étoit montée à six pieds au-dessus du sol des maisons, desquelles il y eut plusieurs de renversées & quelques-unes fort entamées. Vers minuit, les eaux baissèrent considérablement ; mais bientôt après elles remontèrent, parce que les foins entraînés par l'eau & les débris des maisons engorgèrent le canal. Mais enfin elles s'écoulèrent, & la rivière rentra dans son lit. Les petits bains & les deux étuves qui étoient vis-à-vis, ainsi que le grand bain, furent comblés de décombres.

Ce qu'il y a de plus singulier, c'est que les sources minérales ne parurent pas donner avec plus d'abondance qu'à l'ordinaire, pendant que les sources d'eau commune étoient considérablement augmentées. Vraisemblablement l'origine des premières est assez profonde & assez éloignée pour qu'elles n'aient pu recevoir les eaux de cette espèce de déluge, qui ravagea la superficie du terrain.

Au reste, il est impossible de se former une idée du bouleversement affreux de tout ce canton dans une étendue de pays de plus de douze lieues quarrées. Il étoit tel, que ceux qui l'avoient vu la veille s'y trouvèrent comme étrangers, & la quantité d'eau étoit encore énorme quinze jours après l'accident, & les torrens couloient aussi dans plusieurs endroits avec assez de vîtesse. On tient ce détail de M. *Guerre*, Docteur en Médecine, pensionné de la Ville & de l'Abbaye de Remiremont, qui passe ordinairement toute la saison aux eaux de Plombières.

INSENSIBILITÉ. Qu'on trouve des personnes dans lesquelles le sentiment est émoussé,
& dont les nerfs ne soient que difficilement ir-
ritables ; qu'on en trouve qui aient perdu entièrement le sentiment à la suite de quelque fâcheuse & grave maladie, ces phénomènes se
font souvent remarquer en Médecine : mais
qu'une personne perde tout-à-coup la faculté
de sentir, & tombe dans une espèce de léthargie, par une commotion violente de l'ame ;
quoique ce fait soit très-explicable, il n'en est
pas moins surprenant & extraordinaire, & nous
en avons plusieurs exemples, parmi lesquels
nous choisirons le suivant.

Georges Rochantzi, Polonois, Soldat dans
les Troupes Prussiennes, avoit déserté. Il fut
pris dans un moment où il se divertissoit. Il
étoit alors à chanter & à danser. Aussi-tôt il
devint insensible & stupide. Etant amené à Glo-
gau, & conduit devant le Conseil de Guerre,
on lui lut sa sentence, & il souffrit, sans la
moindre marque de sentiment, tout ce qu'on
lui fit. Il resta immobile comme une statue, &
ne proféra aucune parole. Pendant sa prison,
il ne mangea, ni ne but, ni ne dormit. Il n'eut
aucune évacuation sensible. On envoya de ses
camarades pour le voir. Les Officiers & les
Prêtres ne purent rien tirer de lui. Il n'étoit susceptible d'aucune impression. Les prières, les
menaces, les promesses, rien ne l'émouvoit.
Les Médecins qu'on consulta le déclarèrent in-
curable. On lui ôta ses fers, & on le laissa aller
où il voulut. La liberté ne l'affecta pas davantage. Il resta immobile, roulant les yeux de

côté & d'autre. Son visage étoit décharné & tout son corps amaigri. Il passa vingt jours en cet état, & mourut en poussant de profonds soupirs & sans s'en appercevoir.

L'imbécillité & la folie peuvent produire des phénomènes du même genre, mais différens dans leurs espèces. En voici un assez singulier, consigné dans une lettre écrite, le 15 Juin 1774, de Sillé-le-Guillaume.

Il y avoit alors, dit-on, à la forge de Laune, à deux lieues de Sillé, un homme imbécille qui marchoit pieds nus sur une barre de fer embrasée. Il tenoit dans sa main un charbon ardent, & le souffloit pour en augmenter l'activité. Sa peau étoit épaisse & huileuse au tact, mais sans callosités. Ce qu'il y avoit de plus surprenant, c'est qu'on n'y voyoit aucune crevasse, ni de ces marques inévitables que le feu laisse ordinairement sur ses traces. On ne pouvoit cependant soupçonner la moindre supercherie de sa part. Cet homme étoit trop imbécille pour chercher à employer aucun moyen propre à tromper. Il s'exposoit aux plus grands périls sans connoître & sans craindre le danger. Il montoit sans échelle, avec l'adresse & la légéreté d'un chat, sur les toits des bâtimens les plus élevés. Parvenu au faîte, il se couchoit transversalement sur le comble, s'y balançoit, se relevoit & descendoit ensuite comme il y étoit monté. Madame la Marquise *de Dreux* l'a vu monter au haut d'un mur de trente pieds d'élévation, en s'aidant seulement des ongles de ses pieds & de ses mains.

G g iij

INSTINCT. Ce que nous nommons *intelligence* dans l'homme, s'appelle *inſtinct* dans la brute, & certainement il y a une différence bien marquée entre le principe & les effets de ces deux puiſſances. Cependant elles ſe rapprochent tellement quelquefois, qu'on eſt étonné de voir que l'inſtinct ſurpaſſe dans quelques animaux l'intelligence de certains hommes. Malgré cela cependant, il n'en eſt pas moins conſtant qu'il ne faut pas les confondre dans ces circonſtances mêmes, mais ſeulement admirer la bienfaiſance avec laquelle la Nature a gratifié certains animaux. Nous ne diſcuterons point ici leur conſtitution particulière. Nous ne chercherons point à découvrir ſi ce ſont de ſimples machines, de ſimples automates, comme il a plu à *Deſcartes* de l'imaginer & de le prétendre, ou s'ils ſont doués d'une intelligence particulière qui leur ſoit propre. Nous laiſſons cette diſpute aux Métaphyſiciens & à ceux qui aiment à raiſonner ſur tout. Nous nous bornerons à la ſimple expoſition de quelques faits ſinguliers & admirables qui prouvent au moins un inſtinct bien perfectionné dans quelques-uns de ces êtres.

Un jeune étranger ſe préſenta, en 1777, au Waux-hall de la Foire S. Germain à Paris, avec un chien auquel on refuſa la porte. Il le mit au Corps-de-garde, & il entra. A peine y fut-il entré, qu'on lui vola ſa montre. Il deſcendit au Corps-de-garde pour y faire ſa déclaration, & dit au Sergent que ſi on vouloit lui permettre de rentrer avec ſon chien, il découvriroit le voleur, s'il ne s'étoit point évadé. On le lui permit. Le maître indiqua à son chien, & par gestes, ce qu'il avoit perdu. Le chien se mit en quête & s'attacha opiniâtrément au voleur, qui fut saisi, fouillé & convaincu. On trouva six montres dans ses poches. L'instinct de l'animal ne fut point en défaut, il choisit parfaitement celle de son maître, & la lui rapporta.

Si ce phénomène est admirable, il peut s'expliquer facilement dans le système des émanations, & ne prouve qu'une extrême sensibilité dans l'organe de l'odorat du chien. En voici un autre du même genre, & également admirable.

On mandoit de Nantes, en 1777, qu'une Dame de distinction, déjà avancée en âge, vivoit dans un petit bien aux environs de cette ville. Elle y passoit la belle saison, & ensuite elle revenoit en ville. Cette Dame aimoit beaucoup les abeilles, & elle en avoit une grande quantité à sa campagne. Elle y prenoit un plaisir singulier à leur procurer toutes les douceurs dont ces petits insectes sont susceptibles. Dans les derniers jours de Mai 1777, on amena cette Dame malade à Nantes, où peu après elle mourut. Toutes les abeilles vinrent de la campagne, & s'assemblèrent sur son cercueil, qu'elles n'abandonnèrent qu'au moment de l'inhumation. Un voisin de cette Dame qui s'apperçut de l'arrivée de ces mouches, & qui savoit que cette Dame en avoit à sa campagne, s'y rendit promptement, & trouva effectivement toutes les ruches vuides. On peut encore expliquer assez facilement ce fait dans la même hypothèfe; mais il n'en eft pas de même des fuivans. Ils fuppofent des raifonnemens ou des combinaifons d'idées qu'on ne remarque pas communément dans les animaux. Nous devons la connoiffance du premier au célèbre *Hartfoeker*. Il fe trouve imprimé dans fes Conjectures Phyfiques. Un chien, dit-il, étant accoutumé d'aller régulièrement tous les Dimanches à Charenton, près Paris, avec fon maître qui y alloit pour entendre le prêche, fut un jour laiffé au logis; ce qui ne lui plut nullement. Il imagina apparemment que ce ne feroit que pour cette fois qu'on lui joueroit ce mauvais tour, & il prit patience. Mais, comme le Dimanche fuivant on le renferma de nouveau, il comprit bien que c'étoit un parti pris, & qu'on ne vouloit point de fa compagnie. Il prit fi bien fes précautions, qu'on ne le rattrappa point une troifième fois. Que fit-il ? il partit de Paris dès le famedi au foir, & alla attendre fon maître à Charenton, qui l'y trouva à fon arrivée, & apprit qu'effectivement il y étoit dès la veille. Un homme pourroit-il mieux raifonner? demande M. *Hartfoeker*. Si j'attends jufqu'à demain, dit le chien en lui-même, je ferai renfermé comme les deux fois précédentes. Il faut que je prenne mon parti & que je parte dès la veille.

Ce chien favoit donc compter les jours de la femaine? Oui fans doute, & ce fait n'eft pas fi extraordinaire qu'on n'en trouve plufieurs exemples. Il y a des chiens dans le voifinage de certaines villes, & qui ne manquent jamais de s'y trouver les jours de marché, pour y attraper quelque chofe. Ceux qui tournent la broche, favent bien diftinguer les jours maigres des jours gras, & on a affez de peine à la leur faire tourner les jours maigres, comme fi ce n'étoit point alors de leur devoir. Il y a plus, lorfque plufieurs chiens font occupés de ce miniftère à leur tour, il eft difficile d'en faire travailler un lorfque fon tour n'eft pas venu. Voici un fait arrivé au Collège de la Flèche, du tems que les Jéfuites tenoient ce Collège, & que je puis garantir d'après l'autorité d'un homme intègre & incapable d'en impofer, & qui en fut témoin. Le Cuifinier ayant un jour garni fes broches pour faire cuire fon fouper, ne trouva point dans la cuifine le chien qui devoit tourner ce jour-là. Il le chercha & il l'appella inutilement de tous côtés, tandis qu'un de fes camarades, qui n'étoit point de fervice, fe tenoit étendu nonchalamment devant le feu. Au défaut du premier, le maître voulut faire tourner celui qui fe trouvoit fous fa main. Il fut pour le prendre & le mettre dans la roue, il en fut très-mal accueilli, & après quelques grognemens, il en fut fortement mordu, & l'animal prit enfuite la fuite. L'homme refta étonné de ce mauvais traitement de la part d'un animal fort doux, & qui l'aimoit beaucoup. La plaie étoit profonde, faignante, & méritoit qu'on y mît un appareil. Tandis que cet homme étoit occupé de cet objet, il entendit des aboiemens réitérés. C'étoit le chien qui venoit de s'enfuir, qui pourfuivoit à coups de dents le délinquant, & le ramenoit à fon devoir. Il étoit allé le chercher dans le parc, & l'ayant trouvé, il le pour-

chaſſoit devant lui, en le conduiſant à la cuiſine, où il ne ſe fit pas prier pour monter dans
la roue.

J'ai vu, dit M. *Hartſoeker* dans le même
Ouvrage cité ci-deſſus, un chien qui jeûnoit
tous les Dimanches juſqu'à quatre heures du
ſoir, ſans qu'on pût lui faire manger quelque
choſe que ce fût. On trouva, après y avoir fait
attention, la raiſon de cette ſobriété ſingulière.
Une perſonne qui ne manquoit jamais ce jour-
là de venir vers les quatre heures à la maiſon,
lui apportoit des amandes liſſées, dont il étoit
très-friand, & lui en donnoit tant qu'il en pouvoit manger. Il ne vouloit pas ſans doute gâter
ce bon repas par toute autre choſe.

Les ſinges, les caſtors, les éléphans & quantité d'autres animaux nous offrent une multitude de phénomènes qui décèlent un véritable
raiſonnement ou un inſtinct ſingulièrement perfectionné; mais ces faits ſont trop connus pour
nous y arrêter plus long-temps.

L

LAIT. Tout le monde ſait que c'eſt une
liqueur blanche qui ſe ſépare du ſang dans les
mamelles des femmes & des femelles de pluſieurs animaux, & tout le monde ſait qu'il n'eſt
que certaines circonſtances dans la vie où les
mamelles ſont remplies de cette précieuſe liqueur. Elle ne s'engendre point avant l'âge de
puberté, & dès que la femme a perdu la faculté

de devenir mère, la Nature qui ne fait rien d'inutile, enlève aux glandes de ces mamelles, celle
de féparer le lait de la maffe du fang. Voilà
les loix générales de la Nature; mais quelque
générales qu'elles foient, elles fouffrent quelquefois des exceptions, & delà des phénomènes
dont on ne peut rendre facilement raifon. Qui
croiroit, par exemple, qu'il y ait eu des hommes dont les mamelles fe foient remplies de lait?
Malgré l'autorité d'*Hippocrate*, on en a vu plufieurs exemples. *Scholzius*, étudiant au Collège
de Regiomont en Pruffe, en 1641, affure avoir
connu un Etudiant en Médecine, dont la mamelle gauche diftilla tous les jours, pendant plus
d'un an, une liqueur laiteufe, & cela fans douleur. Cette liqueur, ajoute-t-il, étoit quelquefois fi épaiffe & fi graffe, qu'elle s'attachoit au
mamelon, & y formoit un enduit vifqueux.
Thomas Bartholin parle d'un homme dont les
mamelles fourniffoient une fi grande quantité
de lait, qu'on le tira par curiofité, & qu'on en
fit un fromage.

Santorelli dit avoir connu un homme de Ca-
labre, qui, après la mort de fa femme, n'é-
tant pas en état de payer une nourrice, avoit
nourri fon enfant de fon propre lait. *Gafpard
Deries* rapporte un fait femblable.

M. *Jean Schimd*, Profeffeur de Phyfique à
Dantzick, affure qu'en preffant les mamelles
d'un jeune homme de fes parens, qui les avoit
affez groffes, il en fortit du lait abondamment.
Ce lait étoit clair à la vérité, & aqueux. Quelquefois il s'écouloit de lui-même, & mouilloit
en cet endroit la chemife de cet enfant,

S'il eſt contre l'ordre ordinaire de la Nature qu'un homme ait du lait, il ne l'eſt pas moins d'en trouver dans les mamelles d'une vierge. Cependant ce dernier fait eſt encore moins rare que le précédent. On trouve pluſieurs obſervations de ce genre dans les Ouvrages de *Schenckius*, de *Chriſtophe Avega*, de *Rodrigue de Caſtro*, de *Pierre Caſtel* & de pluſieurs autres Médecins, qui aſſurent qu'il s'eſt trouvé de jeunes filles en état d'allaiter des enfans.

M. *Jean Schmid*, dont nous venons de parler, aſſure encore qu'il a été témoin qu'une petite fille, d'une famille diſtinguée, a rendu, à l'âge de quinze jours, par les mamelons, une liqueur blanche, abſolument ſemblable à du lait, dont l'écoulement a continué à ſe faire pendant l'eſpace de huit jours, & que cette petite fille ſe portoit très-bien. Ce fait ſe rapporte très-bien avec celui que raconte *Joachim Camerarius*, au ſujet d'une petite fille de trois mois, dont les mamelles étoient très-ſaillantes, & dont on faiſoit ſortir du lait.

Il n'eſt pas moins extraordinaire qu'une femme ait du lait, lorſqu'elle n'eſt plus propre à engendrer, & cependant on ne peut diſconvenir que ce phénomène ne ſe faſſe remarquer quelquefois. On le remarqueroit peut-être plus fréquemment, ſi on multiplioit davantage les obſervations de ce genre. En voici quelques-unes atteſtées par différens Auteurs dignes de ſoi.

Bodin, dans le troiſième livre de ſon Ouvrage, intitulé : *Theatr. Nat.* rapporte qu'une vieille femme de Vermandois ayant préſenté ſon ſein à l'enfant de ſa fille qui venoit de mou-

rir, il en fortit affez de lait pour le nourrir, &
elle devint fa nourrice.

On écrivoit de Befançon, le premier Juillet
1672, que quelques années auparavant une
veuve âgée d'environ foixante ans, éloignée de
cette ville de quatre lieues, ayant eu la charité
de retirer dans fa maifon un enfant-trouvé, dans
le deffein de l'élever, fut incommodée des cris
de cet enfant; ne fachant comment l'appaifer,
elle lui préfenta fes mamelles, quoique flétries
& defféchées; elle lui en mit le mamelon dans
la bouche. L'enfant, à force de fucer, y fit venir
du lait affez abondamment pour fe nourrir l'efpace de fept femaines, & elle l'eût, ajoute-t-on,
nourri plus long-tems, fi un accident, tout-à-
fait indépendant de fa manière de vivre, ne l'eût
fait mourir.

On lit une obfervation du même genre dans
les Mémoires de l'Académie de Stockholm, &
cette obfervation eft de M. *Arwid Faxe*, Docteur en Médecine. On y lit qu'une femme étoit
âgée de foixante ans, que le plus jeune de fes
enfans en avoit trente, & que fa bru laiffa en
mourant un enfant âgé de fix mois. La grand'mère
lui préfenta fon fein, à deffein de l'amufer feulement, & de l'empêcher de crier, il en fortit
du lait, & la grand'mère devint la nourrice de
fon petit-fils.

Les Ephémérides des Curieux de la Nature
font mention d'un femblable phénomène, moins
extraordinaire à la vérité, puifque la femme étoit
encore réglée. Une femme, dit-on, étant morte
huit jours après fa couche, fa mère prit chez
elle fon petit-fils, & lui préfenta fon fein. Dans

l'espace de huit jours elle eut du lait, mais non point affez, à la vérité, pour en nourrir entièrement l'enfant. Peut-être cependant parce qu'elle prenoit elle-même une chétive nourriture. Néanmoins elle allaitoit cet enfant pendant la nuit, & elle le nourriffoit pendant le jour avec du lait tiède. Il y avoit onze ans que cette femme n'étoit accouchée. Après un an de nourriture, fon lait fe tarit, & fes règles qui avoient ceffé, ne reparurent plus.

Ce fait s'accorde très-bien avec le fuivant. Une femme âgée de quarante-huit ans, de ftructure médiocre, & de fanté toujours égale, avoit mis au monde fix enfans qu'elle avoit nourris. Elle avoit allaité le dernier un an & fix femaines. Dix ans s'étoient écoulés depuis fa dernière groffeffe, & près de neuf depuis fa dernière nourriture. Sa voifine mourut, & laiffa un enfant de deux jours. Elle le prit chez elle jufqu'à ce qu'on lui eût trouvé une nourrice. Mais, pour qu'il ne perdît point l'habitude de prendre le fein, elle lui préfentoit le fien tous les jours, & elle le nourriffoit avec du lait tiède. Après le fixième jour, elle fentit, avec la plus grande furprife, fon mamelon un peu humide. Le lendemain fes aiffelles étoient gonflées & douloureufes. Elle eut au fein des démangeaifons, une chaleur extraordinaire dans tout le corps, & enfin la fièvre. Le lait vint en abondance, comme fi elle fût accouchée depuis peu de jours. Elle nourrit l'enfant pendant deux ans & demi, & ne mangea point de lait. Elle avoit même des douleurs au fein, lorfqu'elle étoit une demi-journée éloignée de fon nourriffon,

Lorsqu'elle devint nourrice, ses règles cessèrent & ne reparurent plus. Sa santé s'affoiblit,
lorsqu'elle cessa de nourrir, & elle fut sur-tout
sujette à la goutte.

Louis Bourgeois fait également mention d'une
femme de cinquante ans qui avoit du lait, &
qui cependant n'avoit jamais eu d'enfans. *Henri
de Heer* parle d'une femme plus âgée encore,
qui n'avoit point eu d'enfans depuis onze ans,
& dont les mamelles se remplirent si abondamment de lait, qu'elle fut en état de faire une
nourriture.

On lit dans les Affiches de Montauban un fait
bien plus moderne & semblable aux précédens.

Une jeune femme étant morte, dit-on, en
1776, laissa une fille âgée de trois mois, qui fut
confiée aux soins de son aïeule, âgée alors de
soixante-dix ans. Fatiguée des cris de cette petite
fille, elle lui présenta son sein pour l'amuser.
Les succions réitérées de l'enfant attirèrent une
si grande quantité de lait, que les mamelles de
la vieille femme reprirent le volume & la fermeté qu'elles avoient dans le tems de sa jeunesse,
& l'enfant n'eut pas besoin d'une autre nourrice.

Si les phénomènes précédens contrarient les
loix générales & ordinaires de la Nature, les
suivans ne sont pas moins extraordinaires dans
leur genre, ni moins contraires à l'ordre général, les mamelles étant sans contredit la seule
partie du corps organisé pour séparer le lait
du sang, & pour le recueillir.

M. *Bourdon*, Médecin de Cambrai, rapporte
dans le Journal des Savans, année 1690, qu'il
fut consulté pour une fille qui eut à sept ans ses

évacuations périodiques, & qui fut depuis cette époque conftamment bien réglée. Dès qu'elle fut parvenue à l'âge de quatorze à quinze ans, fes jambes & fa cuiffe gauche devinrent fort enflées, avec des puftules rouges qui paroiffoient fur la partie fupérieure & intérieure de la cuiffe, & qui devenoient blanches comme les grains de petite vérole, lorfqu'ils font en fuppuration. Ces puftules, dit M. *Bourdon*, crevoient d'elles-mêmes quand on ne les ouvroit pas, & il en couloit beaucoup de liqueur blanche, femblable en confiftance, en couleur & en faveur à du lait forti des mamelles, excepté qu'on y remarquoit un peu d'âcreté falée.

Cette liqueur étant repofée, il s'en féparoit une crême en quantité proportionnée à celle du lait, & quand on y jettoit de l'acide, il s'en précipitoit un caillé ou fromage qui laiffoit une férofité femblable au petit-lait ordinaire.

Cette fille rendoit une fi grande quantité de lait par ces puftules, que dans l'efpace d'un *miferere* on en amaffoit aifément une chopine. La tumeur de la jambe & de la cuiffe diminuoit à proportion de la quantité de lait qui en fortoit, & quand cette quantité devenoit trop confidérable, cette fille devenoit auffi foible qu'elle l'eût été après une faignée copieufe. C'eft pourquoi elle étoit obligée de fe bander la jambe & la cuiffe pour empêcher ces puftules de crever trop fouvent, & la liqueur de s'épancher trop abondamment.

Outre cela elle jettoit encore du lait affez abondamment par les mamelles, pour en raffafier deux petits chiens qu'elle nourrit long-tems.

On

On lui adminiſtra différens remèdes, & pendant l'adminiſtration de ces remèdes, elle évacua du ſang au lieu de lait. Celui-ci eſt revenu lorſqu'on a ſupprimé les remèdes, & lorſqu'elle arrêtoit trop long-tems cette évacuation, par la compreſſion, outre qu'elle étoit fort incommodée de ſa tumeur, il lui ſurvenoit des vomiſſemens, qui l'empêchoient de garder aucune nourriture. Depuis qu'elle eut fait des remèdes, il ne lui eſt plus ſurvenu de puſtules, mais le lait eſt ſorti comme une eſpèce de ſueur des pores de la peau, depuis le haut de la cuiſſe juſqu'au genou. Elle avoit à cette époque vingt-trois ou vingt-quatre ans, irréprochable dans ſa conduite & dans ſes mœurs.

Ces faits, quelqu'extraordinaires qu'ils paroiſſent, ne ſont pas rares. On voit ſouvent dans des ſaignées, ſortir une humeur laiteuſe à la place du ſang qu'on attend ; & nombre d'Auteurs font mention de phénomènes de cette eſpèce. Cette liqueur blanche qui ſe manifeſte alors eſt moins un véritable lait, qu'un chyle groſſier, qui n'eſt point encore aſſez élaboré pour ſe convertir en ſang. C'eſt au moins le jugement qu'en porte le célèbre *Jungius*, dans les Tranſactions Philoſophiques, en parlant de l'ouverture d'un cadavre dans l'Hôpital de Vienne, où le ſujet étoit mort à la ſuite d'une bleſſure faite à la cuiſſe par un ſanglier. On trouva, dit-il, une liqueur blanche comme du lait, dans le ventricule gauche du cœur, dans les vaiſſeaux du poumon, & dans la veine cave. Il y a quelques années, ajoute-t-il, qu'on nous fit voir la même chofe, dans le cœur & dans les vaiffeaux du poumon d'une femme, à une démonftration Anatomique à laquelle j'affiftai.

M. *Boyle* rapporte un fait à-peu-près femblable, dans les Tranfactions Philofophiques. Une fille, dit-il, après avoir bien déjeûné à fept heures du matin, fe fit faigner du pied à onze. On reçut dans une écuelle le premier fang, qui devint blanc quelques momens après. On reçut le dernier dans une faucière, & il devint pareillement blanc immédiatement après. Le hafard voulut que cinq à fix heures après, on examinât ce fang. On remarqua que dans l'écuelle, il y avoit moitié fang & moitié chyle, & que fur le tout il furnageoit une liqueur femblable à de la férofité, & blanche comme du lait. La faucière étoit entièrement remplie d'une liqueur femblable à du véritable chyle, fans qu'il y eût aucune goutte de fang. Nous pourrions rapporter encore plufieurs obfervations du même genre ; mais celles-ci fuffifent pour nous faire voir qu'on trouve quelquefois ailleurs que dans les mamelles une férofité laiteufe.

Souvent cette liqueur précieufe fe détériore, & change de caractère par le feul changement de climat ; c'eft ce que M. *Homberg* fit obferver à l'Académie en 1707, en affurant que les Européennes qui vont à Batavia, n'y peuvent nourrir leurs enfans, parce que leur lait y devient fi falé, qu'ils n'en veulent point, au lieu que celui des Négreffes, quoiqu'elles ufent des mêmes alimens, eft doux & fucré à l'ordinaire. Auffi ce font celles-ci qui y nourriffent les

enfans des Anglois & des Hollandois qui y
passent. M. *Homberg* lui-même, quoique né à
Batavia, y fut nourri par une Négresse.

LANGUE. Tout le monde connoît cet
organe, & l'usage auquel il est particulièrement
destiné ; & il paroît difficile de croire qu'il soit
possible de s'en passer lorsqu'il s'agit de communiquer ses idées aux autres par le moyen de la
parole. C'est cependant un fait qui, tout incroyable qu'il paroisse, s'est fait observer nombre de
fois, ainsi que nous allons le confirmer par les
observations suivantes.

Don *Joseph Guillan* & Don *Joseph Cagetano
d'el Castillo*, Médecins de Grenade, attestèrent
vers la fin de 1774, qu'ils venoient de traiter
d'une petite vérole très-maligne un enfant de
sept à huit ans ; qu'à la suite de cette cruelle maladie, la langue de cet enfant s'étoit gangrenée &
détruite entièrement ; que malgré cela, l'enfant
ne laissoit point de parler & même d'articuler les
syllabes les plus difficiles à prononcer, & pour
lesquelles l'usage de la langue semble le plus
nécessaire.

On a vu à une Foire, en Franche-Comté,
une femme qui, sans langue, parloit, chantoit,
buvoit & mangeoit comme toute autre personne
auroit pu faire. Cette femme, qui voyageoit
avec son mari, & se faisoit voir pour de l'argent,
se disoit de Poitou. La langue, selon son rapport,
lui étoit tombée dès l'âge de sept ans, à la suite
d'une petite vérole. Elle assuroit qu'elle étoit restée muette pendant deux ans, mais que depuis
elle s'étoit habituée à se passer de cet organe,

& y avoit suppléé par diverses inflexions des parties de la bouche.

On lit dans les Mémoires de l'Académie pour l'année 1718, que M. *de Jussieu* étant en Portugal, il y vit, chez M. le Comte *de Riceira*, commandant une partie des troupes Portugaises, une fille d'environ quinze ans, née sans langue, dans un village de Lallentejo, petite Province de Portugal ; & que malgré cela elle parloit avec assez de facilité, à l'exception de quelques lettres qu'elle prononçoit plus difficilement. Au reste, elle s'acquittoit très-bien de toutes les fonctions de la bouche, auxquelles la langue participe. Ce fut à l'occasion de cette fille que le Seigneur Portugais chez lequel M. *de Jussieu* la vit, fit le distique suivant :

Non mirum elinguis mulier quòd verba loquatur :
Mirum cum linguâ quòd taceat mulier.

On l'a rendu ainsi en vers François :

Qu'une femme sans langue ait encor du caquet,
   Le cas est assez vraisemblable :
   Mais qu'elle garde le tacet,
   Avec cet organe indiscret,
Non, je ne croirai pas un fait si peu croyable.

Jean Doleus vient fort à propos ici pour contrarier notre Poëte, & il ne s'agit pas seulement d'une femme qui ne fait point usage de sa langue, mais d'une femme munie de deux langues & qui ne peut parler. La fille, dit-il, d'un citoyen François, âgée de près de cinq ans, est née avec deux langues, & elle eſt muette ; ce qui vient, ajoute-t-il, de la grandeur, de la peſanteur & de l'épaiſſeur de ces langues poſées l'une ſur l'autre, & ſeulement ſéparées à l'entour par une fente ; elle peut à peine les remuer & encore moins parler.

Les exemples rapportés ci-deſſus de gens qui parlent ſans langue, ne ſont point auſſi rares qu'on pourroit l'imaginer. *Roland de Belebat*, Chirurgien à Saumur, fait mention, dans ſon Traité intitulé *Agloſſoſtomographie*, d'un nommé *Pierre Durand*, Paroiſſe S. George, près Montaigu en bas-Poitou, qui avoit perdu la langue vers l'âge de ſept à huit ans, à la ſuite d'une petite vérole maligne, & qui parvint, malgré cela, à parler par la ſuite.

Tulpius, qui nous a conſervé une très-belle ſuite d'obſervations de Médecine, parle d'un jeune homme à qui des Pirates barbareſques coupèrent la langue. Il paſſa trois ans ſans parler. Un jour s'étant expoſé à un orage terrible, un éclair lui cauſa une ſi grande frayeur, qu'il recouvra ſur le champ l'uſage de la parole.

Les organes de la voix & de la parole ſont ſujets à mille accidens qui vicient plus ou moins leurs facultés. Trop de tenſion, trop de relâchement dans leurs fibres, une inflammation, un catharre, &c. leur enlèvent le libre exercice de leurs fonctions. Mais outre ces accidens ordinaires & dans l'ordre de la Nature, qui ſuivent de la conſtitution de ces organes, il en eſt nombre qu'on ne peut expliquer, & qui méritent, par leur ſingularité, de trouver place ici. Nous tenons l'obſervation ſuivante de M. *Reiſelius*. Il s'agit d'un muet qui parle tous les jours depuis midi jusqu'à une heure. C'est, sans contredit, un phénomène des plus singuliers & des moins faciles à expliquer, selon les loix de l'économie animale. Voici le fait :

George Algager, fils d'un Cabaretier à Jersing, dans le Duché de Wirtemberg, d'un tempérament colérique, âgé de vingt-cinq ans, se trouva, il y a plus de quinze ans, si mal de tout son corps après son souper, qu'il ne pouvoit se tenir dans quelque situation quelconque. Il fut pris d'un si grand mal de cœur, qu'il ne fut point soulagé par un vomissement qui lui fit rendre une quantité très-copieuse de matière. On craignoit qu'il ne fût suffoqué. Cependant, une heure après cette évacuation, il parut se mieux porter ; mais pendant l'espace de trois mois entiers, il devint fort triste & fort mélancolique, & quelquefois il paroissoit comme saisi de crainte. Ce tems étant passé, il perdit pour la première fois presqu'en un seul moment la parole & la voix. Cet accident fut d'abord momentané, & se réitéroit de jour en jour en augmentant de durée. Ce période devint d'une heure, de deux heures, de trois heures, & parvint enfin à persister régulièrement pendant vingt-trois heures. Enfin la parole, depuis quatorze ans, ne lui est revenue chaque jour qu'à midi exactement. Il parle tous les jours depuis cette heure jusqu'à une heure.

Pendant qu'il jouit de la faculté de parler, il bégaye un peu, & il ne remue que difficilement la langue, soit tandis qu'il parle, soit tandis qu'il reste muet. Du reste il n'éprouve aucun autre dérangement dans quelque fonction que ce soit. Il entend très-bien & répond exactement par ĝeſtes ou par écrit. Il n'a eu, depuis cette époque, d'autre maladie qu'une fièvre quotidienne, dont il a été tourmenté pendant trois mois vers la fin de l'époque dont nous avons parlé, & dont il étoit guéri lorſque M. *Gmelin*, Médecin de la Cour, fit les obſervations précédentes par ordre du Séréniſſime Duc de Wirtemberg, en 1679.

Cet homme, dit M. *Reiſelius*, vint à Stutgard le 22 Mars 1680, par ordre du Séréniſſime Prince, & à la prière du ſavant *Vepfer*, qui étoit curieux de le voir; & après l'avoir bien examiné, M. *Vepfer* & moi, & n'avoir rien découvert d'extraordinaire, intérieurement ni extérieurement, dans les parties qui ſervent à la parole, nous l'entendîmes parler à midi précis ſur méridien, ſans aucun ſigne préliminaire qui pût indiquer qu'il alloit parler. Il répondit prudemment à tout ce qu'on lui demanda, ſans un bégayement trop remarquable. Il tira la langue, la remua aſſez aiſément. Il cria, ſiffla, mangea, but, & il continua ces exercices juſqu'au moment précis d'une heure pris ſur une horloge fort exacte. Il a, par une longue habitude, acquis la faculté de connoître ce dernier moment. Je l'examinai pluſieurs jours de ſuite, ajoute M. *Reiſelius*, & toujours les mêmes phénomènes. Je l'avois occupé à lire, mais la parole lui manqua à l'heure préciſe.

Qui croiroit que le chant n'exige pas une diſpoſition ſi parfaite dans les organes que la parole; qu'on pourroit chanter, prononcer & articuler comme il convient en chantant, des paroles qu'on ne peut prononcer en parlant? On ſait à la vérité qu'un bègue perd en chantant la difficulté qu'il éprouve en parlant; mais au moins un bègue parle-t-il, & peut-être ne faut-il que forcer l'organe pour vaincre la difficulté qu'il éprouve dans la parole : mais un muet qui chante est un phénomène, & ce phénomène nous est attesté par M. *Olof Dalin*, Bibliothécaire du Roi & Historiographe de Suède, dans les Mémoires de l'Académie de Stockholm. Voici le fait :

Un Paysan âgé de trente-trois ans, ayant eu une attaque d'apoplexie, demeura paralytique du côté droit, & perdit entièrement la parole. Après avoir été six mois dans le même état, il reprit un peu de mouvement, mais il ne put porter le bras qu'en écharpe. Il prit, deux ans après, des eaux minérales, qui le soulagèrent un peu, & il parvint à prononcer le mot *ia*. Cet homme avoit appris à chanter quelques Pseaumes avant de tomber malade, & il acquit, après l'usage des eaux, la faculté de les chanter aussi-bien qu'auparavant, & que l'homme dont la langue est très-libre ; mais ce qu'il y avoit de singulier, il falloit que quelqu'un l'aidât dans cet exercice, & commençât avec lui. Il y avoit même certaines prières que cet homme prononçoit assez bien, sans chanter, mais en psalmodiant, pourvu qu'on commençât avec lui. D'ailleurs, il étoit resté muet, & étoit obligé de se faire entendre par signes, ne pouvant prononcer comme il faut en parlant, que le seul mot *ia*. Cet homme avoit toujours été un peu simple ; mais, ni son jugement, ni son oreille, ne paroissoient altérés par sa maladie. Son caractère étoit doux & ses mœurs réglées. Plusieurs personnes l'examinèrent avec soin, pour savoir si ce n'étoit point un jeu imaginé à dessein de vivre plus à son aise pour profiter des libéralités des curieux & de ceux qui prennent intérêt aux infirmités humaines : mais on ne trouva en lui aucune idée de fupercherie.

L'obfervation fuivante nous offre une guérifon bien fingulière de l'organe de la parole. Le fujet dont il eft ici queftion retrouva la liberté de cet organe dans un remède qui produit communément l'effet contraire. O Nature ! que tes fecrets font impénétrables !

Henri Axford étoit fils d'un Avocat dans le Comté de Wilt (Wilts-hire). Dans fon enfance, il fut fujet aux convulfions ; & ces accidens l'accompagnèrent jufqu'à la vingt-cinquième année de fon âge. Alors fa fanté fe rétablit entièrement. Trois ans après, c'eft-à-dire à l'âge de vingt-huit ans, & fe portant très-bien, il accompagna quelques Dames qui alloient voir la Terre de Longleat, appartenante au Vicomte *de Weymouth.* Il s'apperçut en chemin qu'il étoit enroué, & il reconnut bientôt tous les fymptômes d'un rhume ordinaire. Six jours après, il perdit l'ufage de la voix, au point de ne pouvoir faire entendre le moindre cri. Cependant fon rhume fe guérit. Il fut de nouveau très-bien portant ; mais il continuoit à être muet. On confulta tous les Médecins des environs. Leurs confeils furent inutiles ; la langue demeura liée. On défefpéroit de lui en rendre l'ufage ; & depuis quatre ans, il étoit dans ce mauvais état, lorfqu'au mois de Juillet 1741, il fit une promenade à Stocke, dans le Wilts-hire. Il s'y enivra. En revenant, il tomba trois ou quatre fois de cheval. Enfin, un voifin en eut pitié, le ramaffa fur le chemin où il étoit étendu après une nouvelle chûte, & le mit dans un lit ; il s'endormit promptement & rêva, comme il l'a raconté depuis, qu'il étoit tombé dans une cuve de bière en fermentation. Cela l'effraya tellement, qu'il fit tous ses efforts pour crier, & en effet il appella du secours. En se réveillant, il fut singulièrement surpris d'avoir retrouvé l'usage de la parole sans avoir conservé le moindre vestige d'enrouement & sans que le son de sa voix eût changé aucunement. Depuis cet instant, il jouit d'une santé parfaite, & se plut à raconter son aventure en observant que c'étoit la première fois de sa vie qu'il s'étoit enivré.

Il ne faut souvent que quelques secousses données à propos à la machine pour rappeller l'usage de la parole lorsqu'on l'a perdue par un accident. L'exemple rapporté par *Samuel le Delius*, en fournit la preuve. On lui amena, dit-il, en 1687, une petite fille âgée de neuf ans, qui venoit de perdre l'usage de la parole, à la suite d'anciens ulcères qu'elle avoit à la tête, & qui s'étoient desséchés. Il lui fit prendre un vomitif ; & dès la première secousse du vomissement, elle commença à proférer quelques paroles, & elle revint par la suite en son premier état, sans avoir fait d'autres remèdes.

Poterius fait mention d'un fait semblable. Le sujet avoit perdu la parole à la suite d'une chûte qu'il avoit faite de dessus un arbre. *Godefroi Samuel* parle d'une personne qui avoit un ulcère à la main. Cet ulcère fut répercuté, & la personne devint muette pendant cinq semaines. Il lui resta ensuite un bégaiement.

Laissant de côté le défaut des organes de la

pàrole, que nous avons obfervé dans les premiers faits rapportés dans cet article, nous voyons dans les autres des organes originairement bien conftitués, & faifant bien leurs fonctions, viciés par différens accidens, & enfuite ramenés en tout ou en partie à leur état primitif, & rien ne paffe ici les forces de la Nature. Mais voir le rétabliffement des organes naturellement dépravés & maléficiés d'origine, c'eft un fait plus difficile à concevoir : en voici un de cette efpèce configné dans les Mémoires d'une célèbre Compagnie, & attefté par un homme d'une probité reconnue.

M. *Felibien*, de l'Académie des Infcriptions, fit part à fa Compagnie, en 1703, de l'événement fuivant, arrivé à Chartres. Un jeune homme de vingt-trois à vingt-quatre ans, fils d'un Artifan, étoit fourd & muet de naiffance. A cette époque, il commença tout-d'un-coup à parler, au grand étonnement de toute la Ville, qui connoiffoit fon état. On fut de lui que trois ou quatre mois auparavant, il avoit entendu le bruit des cloches, & avoit été étonnamment furpris de cette fenfation nouvelle. Enfuite il lui étoit forti une efpèce d'eau de l'oreille gauche, & il avoit entendu parfaitement des deux oreilles. Il fut ces trois ou quatre mois à écouter fans rien dire, s'accoutumant à répéter tout bas les paroles qu'il entendoit, & s'affermiffant dans la prononciation & les idées attachées aux mots. Enfin, il fe crut en état de rompre le filence, & il parla. Il parla à la vérité affez imparfaitement d'abord.

Si la plûpart des faits précédens ont de quoi furprendre celui qui les examine phyfiquement & en cherchant à s'en rendre raifon, le fuivant,

s'il eſt auſſi certain qu'on l'a aſſuré dans le tems,
& s'il n'eſt point l'effet de quelque ſupercherie,
eſt bien plus ſurprenant encore, quoique d'un
genre bien différent de ceux dont nous venons de
faire mention.

Le ſieur *Corbeau* écrivoit de Tours, le 10 Novembre 1697, qu'un ſien neveu ayant atteint l'âge
de deux mois & demi, on avoit vu des lettres ſe
former ſur ſa langue, ce qui avoit continué depuis. Ces lettres paroiſſoient tantôt ſur le côté,
tantôt ſur le haut, tantôt au milieu, quelquefois
au bout de la langue. Quelquefois ces lettres
étoient moulées, d'autres fois elles étoient itali-
ques, d'autres fois c'étoient des lettres rondes.
Tantôt elles ſe préſentoient comme une broderie de gros fil blanc, tantôt comme faites avec
une groſſe ſoie rouge ; mais toujours elles étoient
très-diſtinctes & très-bien faites. Le Dimanche
3 Novembre, il parut un C ſur le côté de ſa langue. Le lundi 4, on y vit les trois lettres C O O ;
le mardi 5, les trois ſuivantes, D O C ; le mer-
credi les deux O E ; le jeudi de même ; le vendredi un A ; le ſamedi & le Dimanche une M.
Ces lettres changeoient la nuit imperceptible-
ment, & n'empêchoient l'enfant ni de manger,
ni de parler. Tous ces faits ſont atteſtés par une
foule de témoins oculaires, qui ſignèrent la lettre
du ſieur *Corbeau*, qui s'adreſſoit aux Savans,
auxquels il demandoit l'avis ſur un fait auſſi extraordinaire.

L'Auteur du Journal des Savans, en rapportant ce fait, s'adreſſe mieux que le ſieur *Corbeau*,
en demandant aux Chimiſtes s'il n'y auroit point
de liqueur dans leur laboratoire, laquelle miſe

artiſtement ſur la langue, pût y produire de ſemblables effets.

LUMIÈRE. Tous les phénomènes de la lumière ſont admirables : tous peüvent, ſans contredit, être regardés comme autant de merveilles
de la Nature ; mais il faut que ces ſortes de phénomènes ne ſoient point ordinaires pour trouver
place ici, & nous nous bornerons à rapporter
le ſuivant ; il concerne la réflexion de la lumière.

Cardan rapporte qu'étant à Milan, le bruit s'y
répandit qu'on voyoit un Ange en l'air ; & qu'é-
tant accouru ſur la place, il le vit lui-même avec
plus de deux mille perſonnes que ce ſingulier
phénomène avoit raſſemblées. Comme les plus
Savans, dit-il, étoient dans l'admiration, & étoient
occupés à rechercher la cauſe de ce prodige, ſur
lequel chacun raiſonnoit à ſa manière, arriva un
célèbre Juriſconſulte, qui ne ſe piquoit point d'ê-
tre un grand Phyſicien, mais qui bientôt termina
la diſpute. Il obſerva le phénomène avec beaucoup d'attention ; & l'ayant bien ſaiſi, il fit obſerver aux ſpectateurs que ce qu'ils prenoient pour
une apparition n'étoit que la figure d'un ange de
pierre placé ſur le haut d'un clocher voiſin, laquelle étant imprimée dans une nuée épaiſſe par
le moyen des rayons du ſoleil qui donnoit deſſus, ſe réfléchiſſoit aux yeux des admirateurs ; &
voilà comme ce n'eſt pas toujours le plus ſavant
& le plus exercé dans la Phyſique qui ſaiſit le
mieux les opérations de la Nature.

Fin du Tome premier.

www.ingramcontent.com/pod-product-compliance
Lightning Source LLC
LaVergne TN
LVHW050031070726
842526LV00015B/181